"十三五"职业教育国家规划教材
"十二五"职业教育国家规划教材
高等职业教育农业农村部"十三五"规划教材

全国优秀教材二等奖

家禽生产

第二版

段修军　李小芬　主编

中国农业出版社
北　京

内容简介

根据现代家禽生产企业工作流程，本教材包含禽场规划设计、养禽设备使用与维护、家禽良种繁育体系等8个教学项目，共计39个工作任务。教材编写深入浅出、结构紧凑、图文并茂、通俗易懂，同时汲取了现代家禽生产的新技术、新成果，反映了国内外研究新进展，充分体现了职业性、实践性、可操作性和开放性。

本教材可作为高职高专畜牧兽医类专业教材，也可作为中职养殖类专业学生、基层畜牧兽医人员、专业化养禽场的技术人员和饲养人员的参考书。

第二版编审人员

主　编　段修军　李小芬

副主编　王素梅　金丽娜　胡天正
　　　　赵朝志

编　者（以姓氏笔画为序）
　　　　王素梅　孙国波　李小芬
　　　　张　蕾　金丽娜　赵朝志
　　　　胡天正　段修军　郭瑞萍
　　　　曹威荣

审　稿　周新民

数字资源建设名单
　　　　张　玲　杨晓志　张　尧

第一版编审人员

主　编　周新民　蔡长霞
副主编　段修军　肖发沂　蔡吉光
编　者（以姓名笔画为序）
　　　　邬立刚　肖发沂　吴东滨
　　　　吴春琴　周大薇　周新民
　　　　段修军　蔡长霞　蔡吉光
审　稿　王克华

第二版前言

家禽生产是农业高职院校畜牧兽医类专业的一门核心课程，实践性、操作性和技术性很强。本教材按照高等职业教育教学改革相关要求，组织国内从事高等职业教育家禽生产及疫病防治等方面的专家进行编写，充分体现了"立足职业教育、重视综合素养、强化专业技能、紧跟产业发展"的编写理念。

编者面向国内现代养禽企业开展广泛调研，剖析适应产业发展应具备的素养和家禽生产工作岗位应具备的能力，贯彻"以立德树人为根本、以强农兴农为己任"的教育方针，构建"以服务产业发展为目标、以工作任务为驱动，以典型案例为引导"的教材体系，培养适应我国产业发展的德智体美劳全面发展的社会主义建设者和接班人。

本教材在保留第一版教材精华内容的基础上，根据家禽生产岗位能力，将教材分为禽场规划设计、养禽设备使用与维护、家禽良种繁育体系等8个教学项目，共计39个工作任务，使学生系统地掌握家禽生产的全过程。在编写体例上，每个项目都对知识目标、能力目标、素质目标提出明确要求，并设计了典型案例和中国家禽文化等知识链接，将素质要求、职业资格标准、技术规范、现代企业生产新技术等融入教材，以"必需、够用"为度，着重培养学生的综合素养和岗位核心能力。

本教材由江苏农牧科技职业学院段修军任第一主编、李小芬任第二主编，负责全书的编写提纲设计和统稿。黑龙江职业学院王素梅、玉溪农业职业技术学院胡天正、南阳农业职业学院赵朝志、甘肃农业职业技术学院金丽娜任副主编。朔州职业技术学院曹威荣、江苏农牧科技职业学院孙国波、山东畜牧兽医职业学院郭瑞萍等老师参与编写，项目三家禽的良种繁育体系中的4个数字资源由江苏农牧科技职业学院张蕾老师提供。本教材由第一版主编、知名家禽专家江苏农牧科技职业学院周新民教授审稿。

本教材在编写中，由于时间紧、任务重，书中难免有不妥之处，敬请读者提出宝贵意见。

编　者

2019年1月

第一版前言

家禽生产是畜牧类学科遗传育种、兽医、饲料与动物营养、动物生产及相关专业的主干课程之一。随着我国高等职业教育的不断深入发展，极大促进了学科建设和教学改革，对课程教材的质量提出了新的要求，即融"教、学、做"为一体，注重实用性、操作性、科学性。本教材是按照《国家中长期教育改革和发展纲要（2010—2020年）》《国家高等职业教育发展规划（2011—2015）》中有关教学改革、人才培养等相关要求，组织国内从事高等职业教育家禽生产及疫病防制等方面的专家教授进行编写的，充分体现了"立足职业教育、重视实践技能、体现实用科技"的编写理念。

本教材在编写中体现了三大特色，分别是职业性、操作性和实用性。在职业性方面，立足职业教育的特点，尽可能与生产实际相结合，与岗位设置相协调，做到理论联系生产实际，将家禽分为蛋鸡、肉鸡、水禽三大类，并按场址建设、繁殖技术、家禽（蛋鸡、肉鸡、水禽）生产、疫病防制、综合管理等环节融入到企业（公司）的生产实际，使学生（读者）能够系统地掌握家禽生产的全过程；在操作性方面，通过设置教学情境，并分技能目标、拓展知识、情境小结、复习思考题和实训技能等几个情节，使学生（读者）能够掌握家禽生产中的生产管理、专业技术的操作方法和注意环节，并开展一定的实训操作，以提高其动手能力和专业技能；在实用性方面，充分考虑专业特点，将家禽生产中的实用技术和最新技术在本教材中得以反映，有利于学生（读者）学习后增强其社会适应能力，并能满足21世纪家禽生产发展的需要。

此外，本教材为了体现特色，删除了理论性过强的家禽繁育机理、环境控制以及营养调控部分，注重于学生（读者）掌握家禽生产的具体操作和对整个家禽生产专业的宏观认知。本教材按照情境设置为编写理念，将全书分为七个情境，由周新民（江苏畜牧兽医职业技术学院）任第一主编，蔡长霞（黑龙江生物科技职业学院）任第二主编，段修军（江苏畜牧兽医职业技术学院）、肖发沂（山东畜牧兽医职业学院）、蔡吉光（辽宁农业职业技术学院）任副主编。其中，蔡长霞编写了情境一，吴东滨（黑龙江科技职业学院）、蔡吉光编写了情境二，肖发沂编写了情境三，吴春琴（温州科技职业学院）编写了情境四，周新民、段修军编写了情境五，周大薇（成都农业科技职业学院）编写了情境六，邬立刚（黑龙江农业职业技术学院）编写了情境七。最后由知名家禽专家中国农业科学院家禽研究所副所长王克华审定。

本教材在编写过程中，由于时间紧、任务重，书中难免有不妥之处，敬请读者提出宝贵意见。

编 者

2011 年 8 月

目 录

第二版前言
第一版前言

项目一　禽场规划设计 ·· 1
　　任务一　禽场规划 ··· 1
　　任务二　禽场设计 ··· 6
　　　知识链接 ·· 11
　　　实践训练 ·· 11
　　　　技能一　中小型鸡场设计 ··· 11
　　　　技能二　饲养10万只肉用仔鸡场的建筑设计 ·· 14

项目二　养禽设备使用与维护 ·· 16
　　任务一　家禽生产设备使用与维护 ··· 16
　　任务二　环境控制设备使用与维护 ··· 23
　　任务三　防疫设备使用与维护 ··· 29
　　任务四　孵化设备使用与维护 ··· 32
　　　知识链接 ·· 34
　　　实践训练 ·· 35

项目三　家禽的良种繁育体系 ·· 36
　　任务一　家禽的生产性能 ·· 36
　　任务二　现代家禽繁育 ··· 40
　　任务三　种禽选择 ··· 43
　　任务四　家禽的人工授精 ·· 44
　　任务五　种蛋的管理 ·· 47
　　任务六　家禽的人工孵化 ·· 49
　　任务七　初生雏禽的处理 ·· 59

知识链接 …………………………………………………………………… 61
　　实践训练 …………………………………………………………………… 67
　　　技能一　鸡的人工授精 …………………………………………………… 67
　　　技能二　照蛋 ……………………………………………………………… 71
　　　技能三　雏鸡的翻肛鉴别法 ……………………………………………… 72
　　　技能四　初生雏的免疫接种 ……………………………………………… 73

项目四　蛋鸡生产 ……………………………………………………………… 74
　　任务一　蛋鸡品种选择 ……………………………………………………… 74
　　任务二　育雏前的准备 ……………………………………………………… 79
　　任务三　雏鸡的饲养管理 …………………………………………………… 81
　　任务四　育成鸡的饲养管理 ………………………………………………… 89
　　任务五　产蛋鸡的饲养管理 ………………………………………………… 94
　　任务六　蛋用种鸡的饲养管理 ……………………………………………… 103
　　任务七　鸡的强制换羽 ……………………………………………………… 108
　　知识链接 …………………………………………………………………… 112
　　实践训练 …………………………………………………………………… 116
　　　技能一　雏鸡的断喙 ……………………………………………………… 116
　　　技能二　鸡群均匀度的测定与调整 ……………………………………… 117
　　　技能三　产蛋率曲线的绘制与分析 ……………………………………… 118

项目五　肉鸡生产 ……………………………………………………………… 120
　　任务一　肉鸡品种选择 ……………………………………………………… 120
　　任务二　肉用仔鸡的饲养管理 ……………………………………………… 130
　　任务三　优质肉鸡的饲养管理 ……………………………………………… 138
　　任务四　肉种鸡的饲养管理 ………………………………………………… 141
　　任务五　肉鸡的屠宰与分割 ………………………………………………… 148
　　任务六　肉鸡体重均匀度控制 ……………………………………………… 151
　　知识链接 …………………………………………………………………… 155
　　实践训练 …………………………………………………………………… 156
　　　技能　肉鸡的屠宰与分割技术 …………………………………………… 156

项目六　水禽生产 ……………………………………………………………… 158
　　任务一　水禽品种的选择 …………………………………………………… 159
　　任务二　蛋鸭的饲养管理 …………………………………………………… 177
　　任务三　肉鸭的饲养管理 …………………………………………………… 194
　　任务四　肉用仔鸭的填肥技术 ……………………………………………… 199
　　任务五　鹅的饲养管理 ……………………………………………………… 203

知识链接 ··· 217

项目七　禽场综合防制技术 ··· 223
　任务一　禽场防疫制度 ··· 223
　任务二　禽场消毒技术 ··· 229
　任务三　家禽用药与免疫接种技术 ··· 239
　　知识链接 ··· 244
　　实践训练 ··· 248
　　　技能　家禽尸体剖检技术 ··· 248

项目八　禽场经营管理 ··· 251
　任务一　禽场的经济性状指标 ··· 251
　任务二　禽场预算 ··· 255
　任务三　禽场成本核算与效益分析 ··· 260
　任务四　家禽生产计划的制订 ··· 267
　　实践训练 ··· 274
　　　技能　2万只商品蛋鸡场的鸡群周转计划、产蛋计划和饲料供应
　　　　　计划制订 ··· 274

参考文献 ··· 276

项目一

禽场规划设计

知识目标

1. 熟悉禽场规划设计的原则，掌握养殖场建设环评标准。
2. 熟知禽场场址选择应考虑的因素。
3. 熟悉禽场生产工艺流程。

能力目标

1. 能对禽场内的建筑物进行合理布局，并能绘制建筑布局平面图。
2. 学会分析现有禽场的自然条件和社会条件状况。
3. 能根据现场条件设计出最低成本的现代化鸡舍。

素质目标

1. 坚持绿水青山就是金山银山的理念，具有保护生态环境的强烈意识。
2. 具有严谨的工作态度和较强的理解能力。
3. 培养团队协作能力和吃苦耐劳的职业精神。

任务一　禽场规划

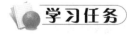

跟鸡有关的成语故事

畜禽养殖业的快速发展为人类提供了优质的动物性食品，改善了人民的生活水平，但是，畜禽养殖业产生的大量的废弃物污染了环境。因此，在禽场设计过程中必须考虑预防及治理养殖过程中的污染问题，实现养殖生产污物的减量化，从而促进养禽业的可持续协调发展。

一、禽场规划设计程序

（一）建场前需了解的基本内容

1. 建场计划　根据禽场的发展规划，确定经营的禽种、经济用途及规模，制订今后三年的建场计划。计划中应考虑地势地形、禽场面积以及建筑分布等。

2. 融资方式　根据建筑要求及生产规模,估算出固定资产投入资金需求额。在资金不足的情况下,需制定禽场融资方案。列出禽场建设过程中所需要的资金额、资金来源、资金需求的时间性、资金用途等。若非独资企业,需说明禽场的投资人及所占股份等。

3. 财务分析　制订资金需求计划,初步估算禽场建筑需要固定资产投资与流动资金投入情况,并制订偿还贷款计划。

4. 品种选择　确定禽场饲养品种及其经济用途、经营方式（自繁自养还是直接外购）、产品上市特点（四季均衡供应还是分批上市）,与同行业其他禽场同类产品比较具有的先进性、新颖性和独特性。

5. 禽场管理

（1）禽场定位。包括饲养方式、生产条件、管理水平、产品质量、品牌定位等内容。

（2）禽场管理。禽场场址选择；禽场注册时间、注册资本、经营性质、技术力量、规模、员工人数、员工素质等。准备今后每年陆续设立哪些机构,各机构配备多少人员,人员年收入情况等。

（3）公司文化。公司的目标、宗旨、理念、使命、愿景、寄语等。

（二）禽场规划设计的步骤

禽场总体规划设计的步骤包括场址的选择、生产工艺流程设计、禽场的规划与布局、配套设施的规划、禽舍建筑设计、禽舍内布局规划等。场址选择是禽场总体设计的开始,与家禽生产关系密切。生产工艺流程设计是总体设计的前提,应根据家禽需求、经济条件、技术力量和社会需求,并结合环境保护进行合理设计。禽场合理规划与布局是建立良好的禽场环境和组织高效率家禽生产的先决条件。禽场配套设施合理、健全的设置,是保证家禽健康、家禽生产顺利进行以及提高生产效率的重要保障,也是禽场环境保护的重要措施。禽舍建筑设计和舍内规划是总体设计的最后步骤,其也有特殊要求,既要满足家禽的生活和生产需要,又要便于饲养管理,还要考虑环境调控及当地气候等因素。

二、场址选择与布局

禽场场址的选择、规划和建筑物布局影响到禽场小气候、兽医防疫、经营管理及环境保护等,为了创造适宜的生产环境条件、利于经营管理和长远发展,必须重视禽场的规划建设。

（一）场址的选择

场址选择既要考虑禽场生产对周围环境的要求,又要尽量避免禽场产生的气味、废弃物对周围环境的影响；既要考虑自然条件,又要考虑社会条件,科学地、因地制宜地处理好相互之间的关系。

1. 地势地形　禽场应选择在地势较高、平坦干燥、向阳背风和排水良好的地方,避开低洼潮湿地,远离沼泽地。平原地区场地一般比较开阔、平坦,场址应选在较周围地段稍高的地方,以便排水,地下水位至少低于建筑物地基 0.5 m；靠近河流、湖泊地区的场地应比当地最高水位高 1~2 m；山区场地应选稍平的缓坡，坡度最大不超过 25%，坡面向阳，有利于保暖、采光、通风和干燥，地形应整齐开阔、不要过于狭长或边角太多，以免影响建筑物的合理布局，拉长生产作业线，增加施工难度和工程投资。场址应有足够的面积，为今后扩建留有余地。

2. 地质土壤 建禽场的土壤要求未被禽的致病细菌、病毒和寄生虫所污染，且透水性、透气性好，对于采用机械化装备的禽场还要求土壤压缩性小而均匀，以承担建筑物和将来使用机械的重量。最好选择沙壤土，这样的土壤排水性能好，易于保持干燥，雨后不会泥泞，不利于病原微生物的繁殖，符合禽场的卫生要求。

3. 水源水质 家禽场要求水源充足、水质良好。养禽场用水量较大，除家禽饮用外，还有清洗消毒和生活用水等。禽场须有专用储水池，应能储存 2~3 d 的全场用水量。水质标准可按照原农业部在《无公害食品 畜禽饮用水质量标准》（NY/5027—2001）和《无公害食品 畜禽产品加工用水水质》（NY/5028—2008）两项标准中对无公害畜牧生产用水的要求，或可按照人的公共卫生饮水标准，要求清洁不含细菌、寄生虫卵及矿物毒物。选择地下水时，要调查是否因水质不良而出现过某些地方性疾病。此外，还应便于防护，不易受污染，取用方便，处理技术简单。

4. 气候因素 规划禽场时要了解当地的气象资料，如无霜期、降水量、气温、日照情况、主导风向、最大风力等，从而确定禽舍方位朝向、排列距离、排列次序，有利于防疫工作等。

5. "四通"条件 "四通"是指通水、通电、通路、通信。"四通"条件是办好禽场的必备条件。禽场应交通方便，以便于饲料、粪便、产品的运输，场址尽可能接近饲料产地和加工地，靠近产品销售地，确保其有合理的销售半径。禽场生产、生活用电都要求有可靠的供电条件，一些家禽生产环节如孵化、育雏、机械通风等电力供应必须绝对保证。通常，禽场需自备发电机，以保证场内供电的稳定可靠。

6. 环境疫情 为防止禽场受到周围环境的污染，应避开居民点的污水排出口，不得将场址选在化工厂、水泥厂、屠宰场、制革厂等容易产生环境污染企业的下风向或附近，不在旧禽场、曾发生严重疫病的地方及已经污染了的土壤上新建禽场或扩建。场址应与居民点或其他人类集中活动场所相距不少于 3 000 m，与铁路间的距离不少于 2 000 m，与交通主干道距离不少于 500 m，且必须在城乡建设区常年主导风向的下风向。

（二）禽场的布局

禽场的布局是指禽场总平面布置，主要是各种建筑物平面相对位置的确定。包括各种房舍分区规划、道路规划、绿化的布置、供水供电管线布置及场内卫生防疫环境保护措施的安排。合理的布局可以阻止传染病的传入和扩散，可以节省建场投资，节省占地面积，便于组织生产，提高劳动生产率。

1. 禽场布局的基本要求 禽场各种建筑物的分区规划，不仅要考虑员工和生活场所环境，尽量减少饲料粉尘、粪便气味和其他废弃物的影响，更要考虑生产禽群的防疫卫生。要根据生产功能、生产流程以及朝向、采光、通风、防火、防疫等技术要求，进行各种建筑与设施的布置，生产区要与行政区、生活区分开，各禽舍之间要有一定的距离，净道与污道要分开，各个有关的生产环节要尽量邻近，尽可能地减少道路、管道线路，合理利用场地。建造禽舍时要考虑当地的主风向和场地的坡度，有利于防疫、排污和防火。

2. 禽场建筑物的种类 按照建筑设施的用途，禽场建筑物可分为五类。

（1）管理区。也称场前区，是禽场从事经营管理活动的功能区，与社会环境具有极为密切的联系。包括办公室、接待室、财务室、会议室、图书资料室、值班门房以及配电、水泵、锅炉、车库、机修等用房。

（2）生活区。是职工日常活动的场所，可以和行政管理区邻近。包括宿舍、食堂、医务室、浴室、厕所等。

（3）生产区。是禽场的核心区，是从事家禽养殖的主要场所，主要布置不同类型的禽舍。包括孵化室、育雏舍、育成舍、产蛋舍、种禽舍、育肥舍等。

（4）生产辅助。主要包括饲料加工车间、蛋库、消毒更衣室、兽医室等。

（5）粪污处理区。主要有病禽隔离区、尸体解剖室、病尸高压灭菌或焚烧处理设备、粪便和污水储存与处理设施。

3. 各种房舍的分区规划 根据场地地势和当地全年主风向，按图1-1所示模式图顺序安排各区。根据拟建场地段条件，也可用林带相隔，拉开距离使空气自然净化。对人员流动方向的改变，可建筑隔墙阻止。禽场分区规划的总体原则是人、禽、污三者以人为先、污为后，风与水则以风为主的原则来排列顺序。

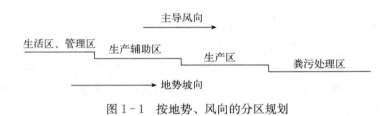

图1-1 按地势、风向的分区规划

（1）禽场内生活区、管理区及生产区应严格分开并相隔一定距离，生活区可设置于禽场之外，否则如果隔离措施不严，易造成重大防疫失误，造成各种疫病不断地发生，使养禽失败。管理区应在靠近场区大门内侧集中布置，以方便与外界的联系和防疫。管理区和生活区应位于场区主导风向上风处和地势较高处，并设主大门和消毒池。

（2）生产区是禽场布局中的主体，应慎重对待，禽场生产区入口处要设置第二次更衣消毒室和车辆消毒池。孵化室应和所有的禽舍相隔一定距离，最好设立于整个禽场之外，单独建场。大型禽场可将各种年龄或经济用途的家禽各自设立分场，且分场之间留有一定的防疫距离并实行全进全出制。确定禽舍的间距主要考虑日照、通风、防疫、防火和节约占地面积。一般情况下禽舍间距是两舍平均檐高的3～5倍。祖代禽舍之间的距离以60～80 m为宜，父母代禽舍之间距离为40～60 m，商品代禽舍之间距离为20～40 m。每栋禽舍之间应有隔离措施，如围墙或沙沟等。管理区与生产区间距应在100 m以上并设有隔离屏障。

生产区内布局还应考虑风向，从上风向至下风向依次为祖代、父母代、商品代。种禽舍应设置在禽场的深处，商品禽舍设置在靠近大门处，育雏舍、育成舍居于种禽场和商品禽舍之间，禽舍平行整齐排列，横向成排，纵向成列。同时育雏舍、育成舍和成禽舍三者的建筑面积比例一般为1∶2∶3。北方地区禽舍的纵墙与夏季主风向呈30°～45°角，南方地区禽舍纵墙与夏季主风向垂直有利于通风降温。因此全国各地区禽舍的朝向是有差别的，但多数为南偏东15°～45°。

种用水禽（鸭、鹅）舍必须具有配套的水面供种禽交配、洗澡，种用水禽舍常常一边是河道或湖泊，另一边是旱地。不具备这种条件需要挖一条人工洗浴池，洗浴池的大小和深度根据禽群数量而定。一般洗浴池宽2.5～3.0 m，深0.5～0.8 m，用水泥砌成，洗浴池应设在运动场的最低处，要修一个沉淀井，利于排水，可将泥沙、粪便等沉淀下来，以免堵塞排水道。

（3）生产辅助区的设施要紧靠生产区布置，饲料库应设在生产区和辅助区交界处，要求卸料口开在生产辅助区内，场外车辆由靠生产辅助区一侧的卸料口卸料。取料口开在生产区内，各禽舍用场内车辆在靠近生产区一侧的取料口领料。对于产品的外运，应靠围墙处设装车台，车辆停在围墙外装车。杜绝外来车辆进入生产区，保证生产区内外运料车互不交叉使用。

（4）粪污处理区应设在全场的下风向和地势最低处，且与其他区的间距不小于50 m。该区尽可能与外界隔离，四周应有隔离屏障，并设单独的通道和出入口。处理病死禽尸体的坑或焚尸炉更应严密隔离。

（三）禽场的环境保护

1. 禽场的道路 禽场内道路与卫生防疫密切相关，要求直而短，保证各生产环节最方便的联系。生产区道路分为净道和污道，互不交叉，出入口分开。净道主要运送饲料和产品；污道主要运送粪便、死禽、淘汰禽以及废弃设备等。道路应不透水，路面（向一侧或两侧）有1‰～3‰的坡度。各种道路两侧应植树并设排水沟，净道和污道应用草坪、林带或池塘隔离。

2. 禽场的消毒 在禽场大门（设在管理区）、生产区入口和各禽舍入口处，应设相应的消毒设施，如车辆消毒池、脚踏消毒槽、喷雾消毒室、更衣换鞋间、淋浴间等，对进入场区的车辆、人员进行严格消毒。在生产区入口处设紫外线消毒室和淋浴室，对进入人员和衣物进行消毒。各禽舍门口也应设消毒池和洗手盆。

3. 禽场的绿化 根据本地区的气候、土壤和绿化区域选择适合的树木、花草，建立防风林、隔离林带，种植遮阳植物，对道路和场地进行绿化。其作用在于改善场区小气候和舍内环境，美化环境、净化空气、净化水源、减弱噪声，并且有利于防疫、防火，有利于提高生产率。绿化设计必须注意不影响场区通风和禽舍的自然通风效果。

4. 排水设施 禽场排水设施是为了排除雨水、雪水，保持场地干燥卫生。排水系统多设在道路一侧或两侧，一般采用斜坡式排水沟，以防污物积存，沟壁、沟底可砌砖石，也可将土夯实做成梯形或三角形断面。排水沟最深处不能超过30 cm，沟底应有1‰～2‰的坡度，上口宽30～60 cm。如果是场地坡度较大的小型禽场，也可采用地面自由排水，但不宜与禽舍内排水系统的管沟通用。隔离区要有单独的下水道将污水排到场外的污水处理设施。

5. 储粪池 储粪池是家禽粪便临时堆放的场所，应设在生产区下风口一角或场外，储粪池要与生活区保持 200 m 以上的间距，与禽舍至少保持 100 m 的卫生间距（有围墙及防护设备时，可缩小为 50 m），并便于运出。储粪池易造成环境污染，故堆放时间越短越好，最好配备粪污处理设施（如堆肥发酵设备、污水净化设施或沼气发酵设备等）。

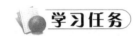

1. 禽场场址应考虑哪些因素？
2. 简述禽场分区规划的原则。
3. 根据当地条件，分析某禽场在场址选择方面的优点、缺点，提出改进建议。从禽场性质和规模、生产工艺、环境卫生等方面综合考虑，合理布局某肉鸡或蛋鸡场各功能区域，并绘制出规划布局设计图。

任务二　禽场设计

一、禽场工艺设计

（一）禽场生产工艺流程

禽场生产工艺参数主要有家禽种类、品种、禽群结构、主要生产性能指标（公母比例、种蛋受精率、种蛋孵化率、年产蛋量、各饲养阶段死淘率、饲料消耗等）及饲养环境条件等。通常禽场内有两条最主要的流程，一条是从饲料库到禽舍再到产品库，这三者之间的联系最为频繁、劳动量最大；另外一条是从饲料库到禽舍再到粪污场，其末端为粪污处理场。因此在规划禽场时饲料库、产品库和粪场均要靠近生产区，但不能在生产区内，因为三者需与场外联系。

（二）禽舍设计

禽舍设计包括建筑设计和技术设计。禽舍建筑设计就是要确定禽舍的样式、结构类型、大小尺寸、材料性能等。禽舍技术设计包括结构设计和给排水、通风、采暖、电气等的设计，需按建筑设计要求进行。禽舍设计是否合理，不仅关系到禽舍的安全和使用年限，而且对舍内小气候状况具有重要影响。

禽舍设计须遵循以下原则：
（1）保证家禽有良好的小气候环境，通风良好，保持干燥，采光正常，冬季保温，夏季凉爽。
（2）有完善的舍内卫生消毒设备。
（3）有充足清洁的水源及排出污水的设施。
（4）有足以维持家禽正常生活和生产所需的面积。
（5）禽舍结构合理，便于操作，以提高劳动生产率。
（6）适合工厂化、集约化经营管理的需要，满足机械化、自动化所需条件。
（7）在设计及施工中贯彻因地制宜、就地取材的经济原则，降低建筑造价。

1. 禽舍的类型

（1）开放式禽舍。此种禽舍适宜于炎热地区。舍内与外部直接相通，空气流通主要靠自然通风，光照是自然光照加人工补光。由立柱或砖垛支撑房顶，墙面部分或全部敞开，敞开部分可附设塑料薄膜或树脂制成的活动卷帘，以遮风挡雨。此种禽舍具有防暑容易保温难和基建投资运行费用少的特点。

（2）半开放式禽舍。此种禽舍适宜建于冬季需保温、夏季要防暑的地区。一种是前墙和后墙上部敞开1/2～2/3，敞开部分装上卷帘，另一种是安装透明窗户和湿帘风机降温系统。此类禽舍既能充分利用阳光和自然通风，又能在恶劣气候条件下对室内环境进行人工调控，在通风形式上实现了横向、纵向通风相结合，兼具开放式和密闭式禽舍的优点。

（3）密闭式禽舍。密闭式禽舍也称无窗禽舍，适宜建于寒冷地区的现代化禽场。这种禽舍与外界隔离，屋顶与墙壁保温性能好，各种现代化设备的控制与调节作用，使舍内小气候适宜于家禽生理特点的需要，减少了自然界不利因素对家禽的影响。但其缺点是要利用通风设备进行通风换气，利用灯具进行采光，其建筑和设备投资较高，对电的依赖性很大，饲养管理技术要求高。

2. 禽舍外形结构设计 禽舍外形结构主要包括地面、墙壁、屋顶、天棚、门、窗、通风口及地面等。进行这些建筑设计时，首先要考虑保暖防寒、隔热防暑、采光照明、通风换气等要求，合理设计各部分结构与材料，包括门、窗及通风口的数量、尺寸和安装位置。

（1）地面。禽舍地面要求表面坚固无缝隙，平坦，有弹性，既能起到保暖防滑作用，又有足够的抗机械能力和抗各种消毒液和消毒方式的能力，导热性小，不透水，也便于清扫和消毒、保持干燥。地面质地如为水泥，要求高出舍外 $0.3～1.0$ m，笼养禽舍地面设有浅粪沟，比地面深 $15～20$ cm。为了有利于舍内清洗消毒时排水，纵向中间地面与两边地面之间应有一定的坡度，坡度为 $1\%～3\%$。

（2）墙壁。墙壁要求坚固耐用，应具有一定的厚度且严密无缝，还应有足够的强度，抗震性强；要有良好的保温隔热性能，选用隔热性能良好的材料，保证最好的隔热设计，墙体的热阻大于 1.6 K/W 时，既保温又隔热。如果采用空心砖、多孔砖等轻质砖，或采用填充墙（墙体内填充炉渣、锯末等导热性小的材料）、空斗墙（墙体中形成空气间层），其墙体厚度达 37 cm 时，热阻就可以大于 1.6 K/W。还要求耐水、防火、防冻、墙体表面平整光滑，多用砖或石头垒砌，墙外面用水泥抹缝，墙内面用水泥或白灰粉刷，以便防潮、清扫和冲刷消毒。禽舍两侧墙上还应留进风口并安装湿帘，另一端山墙上安装风机，风机和进气口的大小根据存栏禽数的多少确定。

（3）屋顶。屋顶必须具有较好的保温隔热性能，常在天棚与屋面之间设保温隔热层，间层处可用玻璃棉、聚苯乙烯泡沫塑料、聚氨酯板等填充，起到保温隔热作用；或用混凝土板做屋面，不仅保温隔热性能好，而且施工方便。此外，屋顶还要求承重、防水、防火、不透气、光滑、耐用、结构轻便、简单、造价低。小跨度鸡舍为单坡式，一般鸡舍常用双坡式、拱形或平顶式。在气温高、降水量大的地区屋顶坡度要大一些，屋顶两侧加长房檐。

(4) 门窗。门通常设在南向禽舍的南面。门的大小一般单扇门高 2 m，宽 1 m；双扇门高 2 m，宽 1.6 m 左右。开放式禽舍的窗户应设在前后墙上，南窗应宽大，与地面的距离可较低，以便于采光。窗户与地面面积之比为 1∶(10～18)。北窗应小，面积约为前窗的 2/3，与地面的距离可较高，有利于夏季通风。密闭式禽舍不设窗户，只设应急窗和通风进出气孔。

3. 禽舍内布局 禽舍平面布置形式如下（以鸡舍为例）。

(1) 平养鸡舍的平面布置。根据走道与饲养区的布置形式，平养鸡舍分为无走道式、单走道单列式、中走道双列式、双走道双列式、双走道四列式等。

无走道式：鸡舍长度由饲养密度和饲养定额来确定；跨度没有限制，跨度在 6 m 以内设一台喂料器，12 m 左右设两台喂料器。饲养区内无走道，只是利用活动隔网来分成若干小区，以便于控制鸡群的活动范围，提高平面利用率。鸡舍一端设置工作间，用于休息更衣、饲料储藏和放置喂料器传动机构、输出装置及控制台等，工作间与饲养间用墙隔开；鸡舍另一端设出粪和鸡转运大门。无走道式平养鸡舍的主要缺点是鸡群管理时需要进入饲养区，操作不方便，也不利于防疫。

单走道单列式：多将走道设在北侧，有的南侧还设运动场。饲养员管理无须进入鸡栏，可在走道集蛋，管理操作方便，也有利于防疫。但该布局形式的走道只服务单侧饲养区，利用率低，受喂饲宽度和集蛋操作长度限制，建筑跨度小，主要用于种鸡饲养。

中走道双列式：这类鸡舍的跨度通常较单列式大。平面布置时，将走道设在两列饲养区之间，走道为两列饲养区共用，利用率较高，比较经济。但这种鸡舍如只用一台链式喂料机，存在走道和链板交叉问题。若为网上平养，必须用两套喂料设备。此外，对有窗鸡舍，开窗困难。

双走道双列式：在鸡舍南北两侧各设一走道，配置一套饲喂设备和一台清粪设备即可。虽然走道面积增大，但利于开窗，窗户与饲养区有走道隔开，有利于防寒和防暑。

(2) 笼养鸡舍的平面布置。根据笼架配置和排列方式上的差异，笼养鸡舍的平面布置分为无走道式和有走道式两类。

无走道式：一般用于平置笼养鸡舍，把鸡笼分布在同一平面上，两个鸡笼相对布置成一组，合用一条食槽、水槽和集蛋带。通过纵向和横向水平集蛋机定时集蛋；由笼架上的行车完成给料、观察和捉鸡等工作。这种布置方式比其他形式节省了走道面积和一些水槽、食槽，鸡舍面积利用充分，鸡群环境条件差异不大，但增加了行车等机械，对机械和电力依赖较大。

有走道式：双列单走道，鸡笼悬挂在支撑屋架的立柱上，并布置在同一平面上，笼间设走道供机具给料、人工拣蛋使用。双列三走道布置两列鸡笼架，靠两侧纵墙和笼架中间共设三个走道，适用于阶梯式、层叠式和混合式笼养，虽然走道面积增大，但使用和管理方便，鸡群直接受外界影响较小，有利于鸡群的生长发育。三列双走道一般在中间布置三阶梯或两列阶梯全笼架，靠墙两侧纵墙布置阶梯式半笼架，由于半笼架几乎紧靠纵墙，因此外侧鸡群受外界条件影响较大，也不利于通风。

4. 禽舍的建筑方式 禽舍建筑方式有砌筑型和装配型两种。砌筑型常用砖瓦和其他建筑材料。装配型禽舍复合板块材料有多种，房舍表层有金属镀锌板、玻璃钢板、铝合金、耐用瓦面板，保温层有聚氨酯、聚苯乙烯等高分子发泡塑料以及岩棉、纤维材料等。

二、鸡舍设计

1. 鸡舍跨度、长度、高度和面积

（1）鸡舍的跨度根据鸡舍屋顶的形式，鸡舍类型和饲养方式而定。一般开放式鸡舍跨度不宜太大，常在 6～10 m，这样自然通风效果较好。密闭式鸡舍采用机械通风，跨度可在 9～12 m。笼养鸡舍要根据安装列数和走道宽度来决定鸡舍的跨度。

（2）鸡舍的长度取决于设计容量，应根据每栋鸡舍具体需要的面积与跨度来确定。大型机械化生产鸡舍较长，过短机械效率较低，房舍利用也不经济，一般为 60 m、90 m、120 m；中小型普通鸡舍为 36 m、48 m、54 m。密闭式鸡舍长度视成年鸡舍的容鸡量而定。密闭式鸡舍跨度为 9～10 m 时，其长度一般为 30～60 m，当跨度达到 12 m 时，其长度一般为 70～80 m。

（3）鸡舍的高度应根据饲养方式、清粪方法、跨度与气候条件而定。跨度不大、平养及不太热的地区，鸡舍不必太高，一般鸡舍屋檐高度 2.0～2.5 m；跨度大，又是多层笼养，鸡舍的高度为 3 m 左右，或者以最上层的鸡笼距屋顶 1.0～1.5 m 为宜；密闭式鸡舍高度 3.0～3.2 m、鸡舍檐高 2.8～3.0 m，鸡舍的高度以最上层的鸡笼距天棚或屋顶 1.0～1.5 m 为宜；若为高床密闭式鸡舍，由于下部设粪坑，高度一般为 4.5～5.0 m（比一般鸡舍高出 1.8～2.0 m）。

（4）鸡舍面积的大小应根据饲养规模、饲养方式和饲养密度来决定，一般取决于鸡舍的跨度和管理的机械化程度。

2. 鸡舍舍内布局 鸡舍的舍内布局常因笼具及通道的宽度而采用双列式或多列式排列。育雏舍以多列为主，育成舍以三列为主，产蛋舍则以双列多见。准备间是饲养员工作前期准备和存放工具的地方。鸡舍的长度若不超过 40 m，准备间可设在鸡舍的一端，若鸡舍长度超过 40 m，则应设在鸡舍中央。

通道的位置视鸡舍的跨度而定，跨度大于 9 m 时，中间通道宽度为 1.5～1.8 m，单侧通道宽度为 1.0～1.2 m。育雏舍笼具之间的通道为 0.8～1.0 m，采暖所用的烟道或煤炉设在靠窗侧且炉灶具两侧。

三、水禽舍设计

（一）鸭舍设计

1. 鸭舍 鸭的品种、日龄及各地气候不同，对鸭舍面积的要求也不同。鸭舍长一般为 40～50 m、宽 7～8 m，应隔成 5～10 个小间，每个小间可养鸭 400～500 只，在鸭舍一端建 3 个小间分别作为仓库、饲料室和管理人员宿舍。鸭舍窗户与地面面积之比为 1∶12 左右，北窗面积为南窗面积的 1/2；窗户下缘距离地面 60～70 cm。

2. 鸭滩 也称陆上运动场，一端紧连鸭舍，另一端直通水面，可为鸭群提供采食、梳理羽毛和休息的场所，其面积应超过鸭舍面积 1 倍以上。鸭滩略向水面倾斜，有利于排水，地面以水泥地为好。在鸭滩连接水面之处做成倾斜的小坡，此处是鸭群入水和上岸的必经之地，使用率极高，而且还要受到水浪的冲击，很容易凹陷坍塌，必须用块石砌好，浇上水泥，把坡面修得平整坚固，并且深入水中。鸭滩上可种植落叶的乔木或落叶的果树（如葡萄等），这样不仅能美化环境，还可以在盛夏季节遮阳降温。

3. 水围 也称水上运动场，就是鸭洗澡、嬉戏的运动场所，若条件许可，应尽量把水围扩大些，以便于鸭群运动。在鸭舍、鸭滩、水围这三部分的连接处，均需要围栏把它围成一体，使每一单间都自成一格独立体系，以防鸭互相走乱混杂。围栏在陆地上的高度为60～80 cm，水上围栏的上沿高度应超过最高水位50 cm，下沿最好深入河底，或低于最低水位50 cm。

（二）鹅舍设计

1. 雏鹅舍 每栋雏鹅舍以容纳500～1 000只雏鹅为宜，应隔成5～10个小间。每个小间可容纳3周龄以内的雏鹅100只，要求舍檐高2.0～2.5 m。前3周的饲养密度分别为12～20只/m²、8～15只/m²、5～10只/m²。鹅舍长一般为40～50 m，宽为7～8 m。窗户与地面面积之比为1:（10～15），南窗距地面60～70 cm，北窗面积为南窗面积的1/3～1/2，距地面1 m左右。

舍前设运动场和水浴池，运动场是晴天无风时的喂料场，略向水面倾斜，喂料场与水面连接的斜坡长3.5～5.0 m。运动场宽度为3～6 m，长度与鹅舍长度等齐。运动场外接水浴池，池底不宜太深，且应有一定坡度，便于雏鹅入水、上岸和浴后站立休息。

2. 育肥鹅舍 育肥鹅舍也称青年鹅舍，基本要求是能遮风挡雨、夏季通风、冬季保暖、室内干燥。育肥鹅舍内可设计成栅架，分单列式或双列式两种，四面可用竹子围成栏栅，围高60～70 cm，每根竹竿间距5～6 cm，以利鹅头伸出采食和饮水。外设料槽和水槽，料槽上宽30 cm、底宽24 cm、高25 cm，水槽宽20 cm、高12 cm。育肥栅架距地面70 cm以上，栅底竹条编成间隙2.5～3.0 cm。育肥舍分若干小栏，每小栏10～15 m²，可容纳中等体型育肥鹅70～90只。也可不用棚架，鹅群直接养在地面上，但须每天清扫，常更换垫草，并保持舍内干燥。

3. 种鹅舍 种鹅舍有标准鹅舍和简易鹅舍两种，舍内鹅栏有单列式和双列式两种。双列式鹅舍中间设走道，两边都有陆上运动场和水上运动场，在冬季温度达0 ℃以下的地区，不宜采用双列式。单列式鹅舍冬暖夏凉，较少受季节和地区的限制。单列式鹅舍走道应设在北侧，种鹅舍要求防寒、隔热性能好，有天棚或隔热装置更好。每栋种鹅舍以养400～500只种鹅为宜。鹅舍内可分割成5～6个小间，每小间饲养鹅70～90只。产蛋期种鹅舍由舍内、陆上运动场和水上运动场三部分组成。大型种鹅饲养密度2.0～2.5只/m²，中型种鹅饲养密度3只/m²，小型种鹅饲养密度3.0～3.5只/m²。陆上运动场面积一般应为舍内面积的2.0～2.5倍。水上运动场与陆上运动场的面积应几乎相等，或至少有陆上运动场面积的1/2，水深要求为80～100 cm。

北方鹅舍屋檐高度为1.8～2.0 m，这样有利于保暖；南方则应提高到3 m以上，有利于通风降温。窗户与地面面积之比要求1:（8～10），特别是在南方地区南窗应大些，距地面60～70 cm，北窗可小些，距地面100～120 cm。鹅舍地面设排水沟，舍内地面比舍外高10～15 cm。设计时还需设立产蛋间（栏）或安置产蛋箱，产蛋间可用高 60 cm 的竹竿围成，开设 2~3 个小门，让产蛋鹅自由进出；地面上铺细沙或稻草。

知 识 链 接

建筑设计图的种类

1. 总平面图　它表明一个工程的总体布局，是禽场全场地势地形、道路、绿化、建筑物等的水平投影。主要表示原有或新建禽舍的位置、标高、道路布置、构筑物、地形、地貌等，作为新建禽舍定位、施工放线、给排水、采暖、土方施工及施工总平面布置的依据。总平面图上一般都标有图例、说明、南北线、主风向、等高线和比例尺等。

2. 平面图　禽舍建筑的平面图，就是一栋禽舍的水平剖视图。标示房舍平面形状的尺寸，主要包括禽舍占地大小，内部的分割，房间的大小，通道、门、窗、台阶等局部位置和大小，墙体的厚度等。一般施工放线、砌砖、安装门窗等都用平面图。

3. 立面图　说明房舍外观的建筑图，主要表示禽舍建筑物的外观形式、门窗及通风口的位置、形状、数量、装修及使用材料等。一般有正、背、侧 3 种立面图。立面图应与周围建筑物协调配合。

4. 剖面图　主要表明建筑物内部在高度方面的情况，如房顶的坡度、房间的门窗各部分的高度。同时也表示出建筑物所采用的形式。剖面图的剖面位置，一般选择建筑物内部有代表性、空间变化比较复杂的位置。

5. 详图　某些建筑物的主要构筑部分或细致结构，如用上述图不能明确表示出的，则另绘制放大的各类尺寸详细图纸，使其清晰详细，便于施工，称为详图，也称大样。

思与练

1. 开放式、半开放式、密闭式禽舍各有哪些优缺点？
2. 简述各地区禽舍建筑设计的特点及要求。

实 践 训 练

技能一　中小型鸡场设计

【实训目标】掌握中小型鸡场场址选择、规划布局和鸡舍设计方法。

【材料和用具】提供鸡场的性质、规模、当地自然条件、社会条件及养鸡现状等。

【实训场所与师资配置】本实训在实训教室进行，实训时 1 名教师指导 40 名学生，技能考核时 1 名教师指导 20 名学生。

【实训时间】设计时间为 1 学时,学生研讨、互评、答辩时间为 1 学时。
【实训内容】
1. 选择鸡场的场址 主要从地形地势、地质土壤、水源水质、"四通"条件、周围居民点等方面综合考虑。

2. 平面图设计

(1) 规划场区。根据场地地势和当地全年主风向,规划出生活区、管理区、生产区及隔离区。如果地势与风向不一致时则以风向为主。

(2) 鸡舍栋数的确定。蛋鸡一般实行两阶段饲养,即育雏育成为 1 个阶段、成鸡为 1 个阶段,需建 2 种鸡舍,一般 2 种鸡舍数量的比例是 1∶2。如为三阶段饲养,是育雏、育成、成鸡均分舍饲养,3 种鸡舍的数量比例一般是 1∶2∶6。

(3) 建筑物的排列与布置。各栋鸡舍的排列应东西横向成排、南北纵向成列,根据场地形状、鸡舍的栋数和每幢鸡舍的长度,布置为单列、双列或多列式。生产区最好按方形或近似方形布置,按育雏鸡舍、育成鸡舍、产蛋鸡舍的顺序布置,饲料库、蛋库和粪场均布置在靠近生产区的地方。

(4) 鸡舍的朝向。鸡舍的朝向要根据地理位置、气候环境等来确定。一般鸡舍应采取南向或稍偏西南或偏东南为宜,利于冬季防寒保温,夏季防暑。

(5) 鸡舍的间距。鸡舍间距为前排鸡舍高度的 3～5 倍。一般密闭式鸡舍间距为 10～15 m;开放式鸡舍间距约为鸡舍高度的 5 倍。

(6) 鸡舍的道路。场内道路分为清洁道和脏污道,两者互不交叉,道路应不透水,材料可选择柏油、混凝土、砖、石或焦渣等,路面断面的坡度为 1%～3%,道路宽度根据用途和车宽决定。

(7) 场区绿化。场区设置防风林、隔离林、遮阳绿化、行道绿化、绿地等。绿化布置要根据不同地段的不同需要种植不同种的树木或花草。

3. 生产工艺设计

(1) 饲养制度。规模鸡场采用全进全出的饲养制度。

(2) 饲养方法。蛋鸡多采用两段式饲养和三段式饲养。

(3) 饲养方式和饲养密度。饲养方式分为平养和笼养。平养鸡舍的饲养密度小,建筑面积大,投资较高。笼养鸡舍的饲养密度较大,投资相对较少,便于防疫及管理。

4. 鸡舍的建筑设计

(1) 确定鸡舍的形式。

① 密闭鸡舍。

② 有窗鸡舍。

③ 全敞开、半敞开鸡舍。

(2) 确定鸡舍具体设计方案。

【实训方法】

(1) 把学生分成 6 组,指派 1 名学生任组长,由组长安排本组学生设计分工,设计时间为 45 min。

(2) 设计时间结束时,每组学生代表讲解各组设计思路(约 15 min)。

(3) 让学生互相评价各组的设计优势及不足（约 10 min）。
(4) 教师提问，学生答辩（约 10 min）。
(5) 每名学生除本组外对其他组别的设计进行评分，由 2 名学生统计最后得分（约 5 min）。
(6) 教师评学（约 3 min）。
(7) 公布互评成绩（约 2 min）。

【技能考核标准】
技能考核标准见表 1-1。

表 1-1 技能考核评分表

考核方式	考核项目	评分标准		考核方法	考核分值
		分值	扣分依据		
学生互评		20	根据小组代表发言、小组学生讨论发言、小组学生答辩及小组间互评打分情况而定		
考核评价	场址选择因素	5	缺 1 项扣 1 分	小组操作考核	
	规划场区	10	生活管理区、生产区、隔离区排列不合理扣 3 分		
	鸡舍栋数的确定	10	各种鸡舍的比例不合理扣 2 分；鸡舍栋数不合理扣 2 分		
	建筑物的排列与布置	10	建设排列不整齐扣 1 分；场区地形利用有浪费扣 1 分；建筑物之间的联系不合理扣 3 分；消毒卫生房舍未设计扣 3 分		
	鸡舍的朝向和间距	10	建设朝向不合理扣 1 分；舍间距不合理扣 2 分		
	鸡场的道路和绿化	5	主干道或小路设计不合理扣 1 分；净道和污道未分设扣 1 分；绿化类别不合理扣 1 分；选择苗木或花卉不合理扣 1 分		
	生产工艺设计	10	饲养制度不合理扣 2 分；饲养方式不合理扣 2 分；饲养密度不合理扣 2 分		
	鸡舍建筑设计	10	鸡舍类型选择不合理扣 3 分，鸡舍建筑不合理扣 3 分		
	完成时间	10	要求在 90 min 内完成总体设计。每增加 5 min 扣 1 分，直至 5 分止		

【复习与思考】
(1) 如何选择鸡场的场址？
(2) 如何根据鸡场生产流程设计鸡场的总平面图？

技能二　饲养 10 万只肉用仔鸡场的建筑设计

【实训目标】了解拟建鸡场的地形，熟悉鸡场管理区、生产区、隔离区的布局，能运用所学知识绘制肉用仔鸡场总平面图。

【材料和用具】鸡场的地形为长方形；每栋鸡舍饲养 5 000 只肉用仔鸡，饲养方式是网上平养，饲养密度为 10 只/m^2；建筑地点在山东菏泽市。用具有绘图纸、铅笔、橡皮、尺等。

【实训场所与师资配置】本实训在实训教室进行，实训时 1 名教师指导 40 名学生，技能考核时 1 名教师指导 20 名学生。

【实训时间】设计时间为 1 学时，学生研讨、互评、答辩时间为 1 学时。

【实训内容】

1. 确定管理区、生产区、隔离区的位置和建筑总面积　根据鸡场组织机构、福利用房、附属用房设计管理区用房数量和建筑总面积。根据饲养规模、饲养方式、饲养密度求得生产区的鸡舍建筑总面积。根据肉用仔鸡发病规律设计隔离区，并计算其建筑面积。

2. 鸡场布局　根据建场地形设计场门和围墙。根据气候因素设计鸡舍方位、鸡舍排列、鸡舍朝向及鸡舍间距等，根据管理和防疫要求，设计道路、绿化、消毒防疫等公共卫生设施。

3. 绘制该肉用仔鸡场的总平面图　要求管理区、生产区和隔离区各建筑物布局合理，建筑物之间密切联系，图题或指北针要规范标注，尺寸线要标记规范；图题下面的图注要清楚无误。

【实训方法】

（1）把学生分成 6 组，指派 1 名学生任组长，由组长安排本组学生设计分工，设计时间为 45 min。

（2）设计时间结束时，每组学生代表讲解各组设计思路（约 15 min）。

（3）让学生互相评价各组的设计优势及不足（约 10 min）。

（4）教师提问，学生答辩（约 10 min）。

（5）每名学生除本组外对其他组别的设计进行评分，由 2 名学生统计最后得分（约 5 min）。

（6）教师评学（约 2 min）。

（7）公布互评成绩（约 2 min）。

（8）布置复习思考题（约 1 min）。

【技能考核标准】技能考核标准见表 1-2。

表 1-2　技能考核评分表

考核方式	考核项目	评分标准		考核方法	考核分值
		分值	扣分依据		
学生互评		20	根据小组代表发言、小组学生讨论发言、小组学生答辩及小组间互评打分情况而定		

(续)

考核方式	考核项目	评分标准		考核方法	考核分值
		分值	扣分依据		
考核评价	三区位置建筑面积	10	管理区、生产区和隔离区各建筑物有缺漏，1处扣1分；建筑位置不符合地势和主风向扣2分；建筑总面积设计有较大误差扣2分	小组操作考核	
	鸡舍布局	10	建设排列不整齐扣1分；场区地形利用有浪费扣1分；建设朝向不合理扣1分；舍间距不合理扣2分		
	附属用房	10	附属用房位置不合理扣2分；面积不合理扣2分		
	道路	10	主干道或小路设计不合理扣2分；净道和污道未分设扣2分		
	绿化	10	绿化类别不合理扣2分；选择苗木或花卉不合理扣2分		
	绘制总平面图	20	围墙和场区大门及各区小门未设计扣5分；建筑物之间的联系不合理扣3分；消毒卫生房舍未设计扣3分；图题或指北针未标出或不正确扣3分；尺寸线不规范扣3分；图注表述不清楚扣3分		
	完成时间	10	要求在90 min内完成总体设计。每增加5 min扣1分，直至5分止		

【复习与思考】

(1) 鸡场的总平面图包括哪些内容？

(2) 指北针在总平面图中的作用有哪些？

(3) 附属用房包括哪些？

项目一习题

习题答案

项目二

养禽设备使用与维护

知识目标

1. 能查阅资料了解当前家禽生产设备发展状况。
2. 掌握家禽生产设备种类、结构和用途。
3. 掌握家禽生产设备操作规程。

能力目标

1. 能初步选择养禽生产设备。
2. 能初步操控养禽生产设备。
3. 能初步维护和保养养禽生产设备。

素质目标

1. 培养团队协作精神。
2. 培养操作规范、安全操作的素养。
3. 培养爱护设备、掌握设备维护及保养的能力。

任务一 家禽生产设备使用与维护

学习任务

一、饲喂设备使用与维护

饲喂设备使用时常将相关设备连接起来形成料线。料线是由驱动装置、料斗、输料管、绞龙、饲喂器、悬挂升降装置、防栖装置和料位传感器等组成,其主要功能是把料斗中的饲料输送到每个饲喂器中去,保证禽类的正常采食,并由料位传感器来自动控制电机的输送启闭,达到自动送料、减少人力成本和减少人员进入鸡舍带入病原的目的。

（一）料线种类

料线主要有螺旋弹簧式、索盘式和轨道车式等种类，目前使用较多的是前两种，多数养禽场的料线都会有主料线和副料线两个系统。

1. 螺旋弹簧式料线（图2-1） 螺旋弹簧式料线由储料塔、输料机、弹簧螺旋、输料管、饲喂器、控制安全开关、接料筒和料箱组成，一般只用于平养鸡舍，其优点是结构简单，便于自动化操作和防止饲料被污染。

图2-1 螺旋弹簧式料线

2. 索盘式料线（图2-2） 索盘式料线由料斗、驱动装置、索盘、输料管、转角轮和饲喂器组成。索盘式喂饲系统既可用于平养，也可用于笼养。索盘式喂饲系统的优点是饲料在封闭的管道中运送，清洁卫生，不浪费饲料；工作平稳无声，不惊扰鸡群；可进行水平、垂直与倾斜输送；运送距离可达300～500 m。缺点是当钢索折断时，修复困难，故要求钢索有较高的强度。

3. 轨道车式料线（图2-3） 轨道车式料线由料槽、料箱、牵引架、驱动装置、控制装置等组成，用于多层笼养鸡舍，可防止鸡采食时挑选饲料和将饲料抛出槽外。

家禽生产设备

图2-2 索盘式料线

图2-3 轨道车式喂饲机

(二) 料线主要设备

1. 储料塔（图2-4） 储料塔用于大、中型机械化鸡场，主要用作短期储存干粉状或颗粒状配合饲料。储料塔由料仓主体、翻盖、爬梯、立柱等部分组成。储料塔上部为圆柱体，下部为锥形体，下锥部分设有透视孔，可察看料仓料位。按制作材料不同，储料塔可分为不锈钢储料塔、碳钢储料塔、玻璃钢储料塔等。此外，根据容积储料塔还可分很多型号。

2. 输料机（图2-5） 输料机是储料塔和舍内饲喂器的连接纽带，将储料塔或储料间的饲料输送到舍内饲喂器的料箱内。输料机有螺旋弹簧式、螺旋叶片式、链式等种类。

图2-4 储料塔　　　　　图2-5 输料机

3. 饲喂器（图2-6） 家禽常用的饲喂器主要有料盘、料桶和饲槽。料盘常用于雏禽开食或与输料机配合用；料桶常用于育雏阶段和平养禽类的饲喂；饲槽常用于立体笼养种鸡和蛋鸡的饲喂，其大小规格因鸡龄不同而不一样。

料盘　　　　　料桶　　　　　饲槽

图2-6 料桶、料盘和饲槽

(三) 家禽饲喂设备的使用和维护

（1）使用养禽自动料线前仔细阅读说明书，了解其基本构造和操作。

（2）定时、定次数上料。要计算出上料的次数和时间间隔，上料不要太多，也不要太少，要定时、定次数地上料。

(3) 调节定量器来控制每次上料的量。为了保证规定时间内把料吃完，要首先计算出大约每次上料的量，再算出每个饲喂器的料量，然后再调节定量器以控制每次上料的量，满足禽类本时间段的采食量。

(4) 尽量减少饲料在空气中的暴露时间。舍外料箱内不得存放饲料，在往舍内小料箱上料时，应一袋一袋倒料，以打不进去舍内饲料为标准，不得多倒料以防止饲料受潮。

(5) 采取有效措施确保禽类在舍内分布均匀。禽舍内设固定分栏，防止家禽在极端情况下饲养密度不均匀。

(6) 舍内料线饲喂器要随着鸡龄增加而渐渐调高，调节的高度以不影响到鸡采食为止，调节料线的饲喂器高度到 24 日龄为宜，采食稳定后不再上调，等到 30 日龄后再把料线调低，以饲喂器底离地面或网面 5 cm 以内为宜。

二、饮水设备使用与维护

禽类饮水设备使用时常将相关设备连接起来形成水线（图 2-7），水线是由过滤器、减压装置、管路和饮水器等组成。其主要功能是把水箱中的水输送到每个饮水器中，保证禽类的正常饮水，达到自动送水、减少人力成本和减少人员进入鸡舍带来病原的目的。

图 2-7 禽自动水线

（一）禽类饮水设备种类

1. 饮水器（图 2-8） 常用的家禽饮水器有真空式、吊塔式、乳头式、杯式和水槽式。

饮水壶　　　　吊塔式饮水器　　　　乳头饮水器　　　　双乳头饮水器

图 2-8 各种类型饮水器

(1) 真空式饮水器。真空式筒内的水由筒下部壁上的小孔流入饮水器盘的环形槽内，能保持一定的水位。真空式饮水器主要用于平养鸡舍。

(2) 吊塔式饮水器。吊塔式又称普拉松饮水器，靠盘内水的重量来启闭供水阀门，即当盘内无水时，阀门打开，当盘内水达到一定量时，阀门关闭。主要用于平养鸡舍，用绳索将饮水器吊在离地面一定高度（与雏鸡的背部或成鸡的眼睛等高）。该饮水器的优点是适应性广，不妨碍鸡群活动。

(3) 乳头式饮水器。乳头式饮水器有锥面、平面、球面密封型三大类。该设备采用毛细管原理，使阀杆底部经常保持挂有一滴水，当鸡啄水滴时便触动阀杆顶开阀门，水便自动流出供其饮用。平时则靠供水系统对阀体顶部的压力，使阀体紧压在阀座上防止漏水。乳头式饮水设备适用于笼养和平养鸡舍给成鸡或 2 周龄以上雏鸡供水，要求配有适当的水压和纯净的水源，使饮水器能正常供水。

(4) 杯式饮水器。杯式饮水设备分为阀柄式和浮嘴式 2 种，该饮水器耗水少，并能保持地面或笼体内干燥。平时水杯在水管内压力下使密封帽紧贴于杯体锥面，阻止水流入杯内。当鸡饮水时将杯舌下啄，水流入杯体，达到自动供水的目的。

(5) 水槽式饮水器。水槽一头通入长流动水，使整条水槽内保持一定水位供鸡饮用，另一头通过管道将水流入鸡舍。槽式饮水设备简单，但耗水量大，安装要求在整列鸡笼几十米长度内，水槽高度误差小于 5 cm，误差过大不能保证正常供水。

2. 过滤器　过滤器的作用是滤去水中杂质，使减压装置和饮水器能正常供水。过滤器是由壳体、放气阀、密封圈、上下垫管、弹簧及滤芯等组成。

3. 减压装置　减压装置的作用是将供水管压力减至饮水器所需要的压力，减压装置分为水箱式和减压阀式两种。

4. 管路　禽类常用供水管路主要有镀锌管、UPVC 管、铝塑管、PPR 管、铜管和不锈钢管等，各类禽场应根据当地气候条件、用途和经济能力进行选用。

（二）禽类饮水设备的使用与维护

(1) 运用自动饮水线前应仔细阅读说明书，了解自动饮水线的基本构造和操作。

(2) 夏季饮水温度的控制。水温过高或过低都不利用于家禽的生长和健康。要把储水罐放在禽舍靠近水帘的一边，或搭建防暴晒的设施，从而保持饮水的清凉；同时炎热的中午要把舍内的水线内的水放空再灌水，或者在水线末端让其保持长流水状态，从而有效降低管道内的水温。

(3) 饮水量的标准。饮水量可按周龄递增，例如 1~6 周龄雏鸡，每只每天鸡 20~100 mL；7~12 周龄的青年鸡，每只每天 100~200 mL；不产蛋母鸡，每只每天 200~300 mL；产蛋母鸡，每只每天 230~300 mL。

(4) 提高出水量的措施。一是增加水压，提升减压阀的高度和提高水箱水位的高度（高出饮水平线 15~20 cm）；二是如果饮水中加入药物或维生素使用过多，应定期在用药或是使用维生素后用高压水枪对水线进行冲洗，以防药物或维生素残留在饮水器中；三是定期使用专用的水线清洁剂清洁水线；四是如果使用地下深井水应进行多次过滤，保证良好的水质很关键。

三、集蛋设备使用与维护

（一）集蛋设备构造和种类

集蛋设备（图 2-9）由底座、鸡蛋上传系统、鸡蛋过滤系统、集蛋带及集蛋带驱动系统、鸡蛋前端收集系统、配电系统组成。可以完成纵向、横向集蛋工作，将纵向水平集蛋带放在蛋槽上，集蛋带宽度通常为 95~110 mm，运行速度为 0.8~1.0 m/min。由纵向水平集蛋带将鸡蛋送到鸡舍一端后，再由各自的垂直集蛋机将多层鸡笼的鸡蛋集中到一个集蛋台，由人工或吸蛋器装箱。

1. 集蛋带 集蛋带是通过特殊工艺制造而成的，纬线采用的是高密度和低密度混纺的单线，兼顾了强度并有一定的柔软度，能够降低鸡蛋在运输中的破损率，并且在运输中起到清理鸡蛋的作用，更具有抗菌、防静电和阻碍灰尘的作用。

2. 集蛋机 由底座、鸡蛋上传系统、软破蛋过滤系统、集蛋带及集蛋带驱动系统、鸡蛋前端收集系统、配电系统组成。

3. 吸蛋器 目前使用较多是真空吸蛋器，通过真空泵产生吸力，通过软管传到吸蛋盘产生吸力，将鸡蛋从一个蛋盘（或蛋托）吸起，然后放入另一个蛋盘（或蛋托）。其标准配置为一个真空泵，一个吸蛋盘。使用设备速度快、效率高、破蛋率降低，可以减少污染，并可以减少操作人员数量，降低成本。

图 2-9 集蛋设备

（二）集蛋设备的使用与维护

（1）每日检查传送带是否损坏。

（2）每日仔细检查配电系统是否安全。

（3）定期维护，提高利用率。

（4）定期消毒，保证机器的卫生清洁。

四、笼具使用与维护

（一）笼具种类

笼具按使用禽类生长阶段分为育雏笼、育成笼、产蛋笼和种禽笼。

1. 育雏笼（图 2-10） 目前广泛使用的是叠层式育雏笼，此种育雏笼具有结构紧凑、占地面积小、饲养密度大的特点，对于全舍加温的鸡舍使用效果很好。也有的禽场使用叠层式电热育雏笼，这种育雏笼在每层设有加热笼、保温笼和运动笼，刚出壳的雏鸡只能在加热笼内活动，随日龄增加可逐渐扩大其活动范围。加热笼和保温笼前后都有门封闭，运动笼前后则为网。雏鸡在加热笼和保温笼内时，料盘和真空饮水器放在笼内。雏鸡长大后保温笼门可卸下，并装上网，饲槽和水槽可安装在笼的两侧，每层笼下设有粪盘，人工定期清粪。叠层式育雏笼有 4 层

图 2-10 叠层式育雏笼

和5层2种。整个笼组用镀锌铁丝网片制成，用笼架固定支撑，每层笼间隙50～70 mm，笼高330 mm，两层笼之间设置一个承粪板。

2. 育成笼（图2-11、图2-12） 育成笼从结构分为半阶梯式和叠层式两类，育成笼有3层、4层和5层之分，可以与喂料机、乳头式饮水器、清粪设备等配套使用。

图2-11 叠层式育成笼

图2-12 半阶梯式育成笼

3. 产蛋笼（图2-13） 我国目前生产的产蛋笼有适用于轻型蛋鸡的轻型蛋鸡笼和适用于中型蛋鸡的中型蛋鸡笼，多为3层全阶梯或半阶梯组合方式。产蛋笼由笼架和笼体组成。笼架由横梁和斜撑组成，一般用2.0～2.5 mm厚的角钢或槽钢制成。笼体包括顶网、底网、前网、后网、隔网和笼门等。一般前网和顶网压制在一起，后网和底网压制在一起，隔网为单网片，笼门作为前网或顶网的一部分，有的可以取下，有的可以上翻。笼底网要有一定坡度，一般为3‰～5‰，伸出笼外12～16 cm形成集蛋槽。笼体的规格，一般前高20～25 cm，深度为25 cm左右。在笼内前下方1条镀锌薄铁皮为护蛋板，下缘与底网间距为5.0～5.5 cm。1个大笼体由4个或5个小笼体组成。

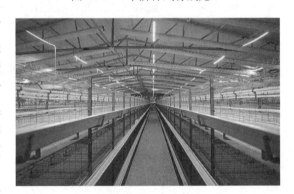

图2-13 产蛋笼

叠层式蛋鸡笼在国内已开始使用，鸡笼上下重叠，共5～7层，每层之间有12 cm高的间隔，其中由传送带承接和运送粪便，清粪、喂饲、供水、集蛋以及环境条件控制均为自动化。

4. 种禽笼（图2-14） 种禽笼可分为蛋用种禽笼和肉用种禽笼，从配置方式上又可分为2层和3层。种禽笼与蛋禽笼养设备结构差不多，只是尺寸放大一些，但在笼门结构上做了改进，以方便抓禽进行人工授精。

图2-14 种禽笼

(二) 笼具使用与维护

(1) 仔细阅读说明书，了解家禽笼的基本构造和使用操作。

(2) 笼具的日常维护保养是设备维护的基础工作，必须做到制度化和规范化。

(3) 笼具的内外整洁，设备周围的切屑、杂物、脏物要清扫干净；工具、附件、工件（产品）要放置整齐，管道、线路要有条理，不超负荷使用设备。

(4) 设备放置要防腐和安全。

任务二　环境控制设备使用与维护

一、供暖设备使用与维护

禽类供暖设备主要有保温伞、热风炉和其他供暖设备。

1. 保温伞　保温伞适用于垫料地面和网上平养育雏期供暖，有电热式和燃气式两类。

(1) 电热式保温伞。热源主要为红外线灯泡和远红外板，伞内温度由电子控温器控制，可将伞下距地面 5 cm 处的温度控制为 26~35 ℃，温度调节方便。电热式热源具有产生睡眠弱光、提高雏禽免疫力、自动智能调温、加热均匀、不占地、安全及安装方便等特点，分上加温式和下加温式（温床）两种。

(2) 燃气式保温伞。主要由辐射器和保温反射罩组成。可燃气体（天然气、液化石油气、沼气等）在辐射器处燃烧产生热量，通过保温反射罩内表面的红外线涂层向下反射远红外线，以达到提高伞下温度的目的。育雏室内应有良好的通风条件，以防由于不完全燃烧产生一氧化碳而使雏禽中毒。

2. 热风炉（图 2-15）　热风炉供暖系统主要由热风炉、送风风机、风机支架、电控箱、连接弯管、有孔风管组成，是目前广泛使用的一种供暖设备。它以空气为介质，采用燃煤板式换热装置，送风升温快，热效率达 70% 以上，比锅炉供热成本降

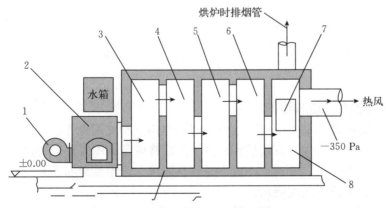

图 2-15　热风炉

1. 燃烧风机　2. 燃烧器　3. 聚合室　4. 第一沉降室　5. 第二沉降室
6. 第三沉降室　7. 冷风口　8. 混合室

（邱文然，欧阳清芳，2014）

低 50% 左右，使用方便、安全。热风炉有卧式和立式两种，可根据禽舍供热面积选用不同功率热风炉。

二、降温设备使用与维护

（一）降温设备种类

禽类降温设备目前主要有湿帘风机降温系统和喷雾降温系统。降温设备能降低禽舍内温度，加速空气的流动，中和空气中过量的正离子，增加负离子含量，从而改善饲养环境，抑制细菌滋生，减少禽类疾病，提高禽类成活率，促进家禽健康生长。

1. 湿帘风机降温系统（图 2-16） 该系统是由湿帘（或湿垫）、风机、循环水路与控制装置组成。该系统具有设备简单、成本低廉、降温效果好、运行经济等特点，比较适合高温干燥地区。湿帘的厚度以 100~200 mm 为宜，干燥地区应选择较厚的湿帘，潮湿地区所用湿帘不宜过厚。

2. 喷雾降温系统（图 2-17） 常用的喷雾降温系统主要是由水箱、水泵、过滤器、喷头、管路及控制装置组成。用高压水泵通过喷头将水喷成直径小于 0.1 mm 的雾滴，雾滴在空气中迅速汽化而吸收舍内热量使舍温降低。该系统设备简单，效果显著，但易导致舍内湿度升高。若将喷雾装置设置在负压通风禽舍的进风口处，雾滴的喷出方向与进气气流相对，雾滴在下落时受气流的带动而降落缓慢，延长了雾滴的汽化时间，提高了降温效果。但鸡舍雾化不全时，易淋湿羽毛，影响生产性能。

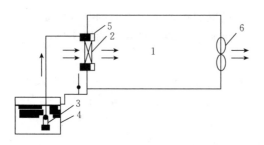

图 2-16 湿帘风机降温系统示意
1. 禽舍 2. 湿帘 3. 水泵 4. 蓄水池
5. 喷淋装置 6. 风机
（邱文然，欧阳清芳，2014）

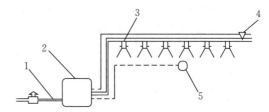

图 2-17 喷雾降温系统
1. 供水源 2. 微雾机 3. 喷头
4. 排水电磁阀 5. 湿控器
（邱文然，欧阳清芳，2014）

（二）降温设备使用与维护

（1）仔细阅读说明书，了解降温设备的基本构造和使用操作。
（2）避免喷雾或冷空气直接喷到禽身上造成冷应激而引发感冒等疾病。
（3）注意设备功率，设备功率过小时容易造成室内温度分布不均匀。
（4）循环水尽量不使用硬水。
（5）当循环水有病菌时应进行及时消毒处理。
（6）当系统长期不用时应进行全面检查，看设备是否正常，有无尘土等杂质。

三、通风设备使用与维护

（一）通风设备种类

通风设备主要有轴流风机和离心风机。

1. 轴流风机 轴流风机主要是由外壳、叶片和电机组成，叶片直接安装在电机的转轴上。轴流风机的风向与轴平行，具有风量大、耗能少、噪声低、结构简单、安装维修方便、运行可靠等特点，叶片可以逆转，以改变输送气流的方向，且风量和风压不变，因此既可用于送风，也可用于排风，但风压衰减较快。目前禽舍的纵向通风常用节能、大直径、低转速的轴流风机。

2. 离心风机 离心风机分右旋和左旋两种，主要是由蜗牛形外壳、工作轮和机座组成。这种风机工作时，空气从进风口进入风机，旋转的带叶片工作轮形成离心力将其压入外壳，然后再沿着外壳经出风口送入通风管中。离心风机不具逆转性，但产生的压力较大，多用于禽舍热风和冷风输送。

（二）通风设备使用与维护

（1）仔细阅读说明书，了解风机的基本构造和使用操作。

（2）使用环境应保持整洁，风机表面保持清洁，进、出风口不应有杂物，定期清除风机及管道内的灰尘等杂物。

（3）只能在风机完全正常情况下运转，同时要保证供电设施容量充足、电压稳定，严禁缺损运行，供电线路必须为专用线路，不应长期用临时线路供电。

（4）风机在运行过程中发现有异常声音、电机严重发热、外壳带电、开关跳闸、不能启动等现象，应立即停机检查。为了保证安全，不允许在风机运行中进行维修，检修后应进行试运转 5 min 左右，确认无异常现象再开机运转。

（5）根据使用环境不定期对轴承补充或更换润滑油。

（6）风机应储存在干燥的环境中，避免电机受潮。风机露天存放时，应有防御措施。在储存与搬运过程中应防止风机磕碰，以免风机受到损伤。

四、光照设备使用与维护

禽类养殖过程中经常使用光照设备，光照设备不仅便于生产、生活，且合适的光照制度也是禽群适时开产、提高产蛋量和保障家禽健康的重要技术措施之一，必须运用得当、严格执行。

（一）主要光照设备种类

1. 人工光照灯具（图 2-18） 目前广泛使用的照明灯有白炽灯、节能灯、荧光灯和 LED 灯。白炽灯发光效率低，耗电量大，荧光灯在舍温低等条件下不易启动，因此禽舍推荐使用节能灯和 LED 灯。

2. 照度计（图 2-19） 照度计可以直接测出光照度的数值。由于家禽对光照的反应敏感，禽舍内要求的照度比日光低得多，应选用精确的仪器。

3. 光照控制仪（图 2-20） 光照控制仪基本功能是自动启闭禽舍照明灯，即利用定时器的多个时间段自编程序功能，实现精确控制舍内光照时间。

白炽灯　　　节能灯　　　荧光灯　　　LED灯

图2-18　人工光照灯具

图2-19　照度计　　　图2-20　光照控制仪

（二）光照设备使用与维护

（1）仔细阅读说明书，了解光照设备的基本构造和使用操作。

（2）一定要制订周全的光照计划，并切实付诸实施，不得半途而废。在产蛋期，每天光照时间应当保持恒定或逐渐增加，切勿减少，但每天光照时间不要超过17 h；在育雏及育成期，每天光照时间应当保持恒定或逐渐减少，切勿增加。

（3）光照度应当均匀一致，不得随意改变光的颜色和光照时间，否则会引起停产。一般都采用红色或白色光照，其结果无论在产蛋量及蛋的质量方面都有改进，而且能防止或减少啄羽、啄肛、斗殴等恶癖的发生。同时对家禽的生长和饲料消耗等方面也能起到较好的效果。

（4）加强饲养管理，要切实做好家禽的疫病防治工作，以确保人工光照的效果。

（5）当设备长期不用时应进行全面检查，看设备是否正常，有无尘土等杂质。

（6）防止电冲击，防止发生瞬态过电流。一般发生电冲击的都是由于极大的瞬态过电流引起，其造成的直接后果就是导致靠近焊接线的其他部分损坏。

五、清粪设备使用与维护

（一）禽类清粪设备种类

清粪设备包括禽粪输送带和清粪机。禽粪输送带主要将禽舍内粪污收集，交清粪机输送到集粪污池，由粪污处理设备进行禽粪污处理。清粪机常用有刮板式清粪机和输送带式清粪机。

1. 禽粪输送带(图 2-21) 主要由电机减速装置、链传动、主动及被动辊和承粪带等组成,适用于阶梯式、叠层式笼养。

2. 刮板式清粪机(图 2-22) 刮板式清粪机主要是由主机座、转角轮、牵引绳、刮粪板等组成,电机运转带动减速机工作,通过链轮转动牵引刮粪板运行完成清粪工作。主要用于网上平养和笼养,安置在禽笼下的粪沟内,刮板略小于粪沟宽度。每开动一次,刮板做一次往返移动,刮板向前移动时将禽粪刮到禽舍一端的横向粪沟内,返回时,刮板上抬空行。横向粪沟内的禽粪由螺旋清粪机排至舍外。

清粪设备

图 2-21 鸡粪输送带

根据禽舍设计,一台电机可负载单列、双列或多列,多在半阶梯笼养和叠层笼养时采用多层式刮板,其安置在每一层的承粪板上,排粪设在安装有动力装置相反一端。

3. 输送带式清粪机(图 2-23) 适用于层叠式笼养禽舍清粪。承粪带安装在每层禽笼下面,启动时由电机、减速器通过链条带动各层的主动辊运转,将禽粪输送到一端,禽粪被端部设置的刮粪板刮落,从而完成清粪作业。

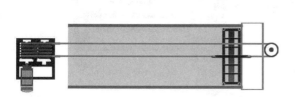

图 2-22 刮板式清粪机

图 2-23 输送带式清粪机

(二)禽类清粪设备使用与维护

(1)仔细阅读说明书,了解禽类清粪设备的基本构造和使用操作。

(2)当自动清粪机清粪带跑偏接近头端被动滚筒边沿 10 mm 时,可以通过拧紧张紧杆上的螺栓调节,当清粪带往回移动 1/3 的时候,要适当地放松螺栓,以防止清粪带回跑过头。

(3)当清粪带跑偏靠近被动滚筒边沿时,可以放开张紧链条,将清粪带用手移动到被动滚筒的中间,再将张紧链条安装在链轮上,然后用管钳拧紧六棱轴至能动为止,最后上紧杆上的螺栓。

(4)如果自动清粪机出现卷带的情况,只将清粪带在被动滚筒的部位展开平铺即可。

(5)清粪带使用一段时间后,会出现延长松垮的现象,要剪切掉一段再重新焊接。一定要备有一台超声波塑焊机,焊接时两头要对正,不能偏斜。

(6) 每月定期检查轴承和胶辊，轴承要定期加润滑油，胶辊要保持紧压无松动的状态。

六、粪污处理设备使用与维护

(一) 粪污处理设备种类

规模化养殖场粪污处理设备包括输送设备、固液分离设备和发酵及干燥设备。

1. 输送设备 禽粪污输送设备主要有旋流式无堵塞泵、螺旋离心泵、切割离心泵和单通道无堵塞泵等设备。

(1) 旋流式无堵塞泵由泵体、叶轮、吸入段等组成，端面填料密封，泵轴采用滚动轴承与角接触球轴承定位，通过联轴器将泵与电机联结起来。该泵适合于输送含固率小于7%的粪污。

(2) 螺旋离心泵为防止固态物质堵塞，使之顺利地流出，开（闭）式叶轮中有一扭曲的螺旋叶片，在锥形轮毂体上由吸入孔沿轴向延长，叶片的半径铸件增大，形成螺旋推进作用，能输送含固率高达20%的粪污。

(3) 切割离心泵采用先切割后输送的方法，带有切割杂质的定刀和动刀，适用于含垫草较多禽粪的输送，其缺点是泵效率低。

(4) 单通道无堵塞泵，与旋流式无堵塞泵的性能相似，所不同的是杂质通过叶轮流道而排出的泵效率较高，但叶轮磨损较大。

2. 固液分离设备（图2-24） 粪水分离是处理家禽粪便的关键环节，固液分离设备主要有斜板筛分离机、挤出式分离机和过滤式离心分离机等。

(1) 斜板筛分离机筛条截面形状为楔形，具有结构简单、不堵塞的特点，但固体物质去除率较低，一般为20%～25%，分离出的固体物的含水率大于80%，虽然能够堆放和运输，但进一步处理时含水率仍然偏高。

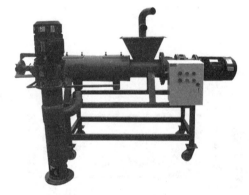

图2-24 固液分离机

(2) 挤压式分离机具有体积小、转速低、操作简单、安装维修方便、费用省、效率高、投资回收快、不需添加任何絮凝剂等优点。

(3) 过滤式离心分离机性能良好，可用于分离猪粪和鸡粪，去除率为55%，固体物含水率为74.7%。这种设备需要经常更换滤布。

3. 发酵及干燥设备

(1) 禽粪发酵设备有发酵塔、发酵槽、动态充氧发酵机等。

① 发酵塔主要部件为垂直布置的多层（一般为7层）钢制翻板，结构紧凑、占地面积小，翻板每天仅操作1次，采用液压驱动，结构简单、动力消耗小、运行费用低、二次污染小，缺点是金属耗量大成本高。

② 发酵槽优点是节能、处理成本低，缺点是受搅拌机设计原理的限制，肥料堆层不能过高，占地面积大且处理时间长，因此处理能力小，在发酵过程中氧气供给不充分，产生恶臭气味，污染环境。

③ 动态充氧发酵机需要配置增温锅炉，发酵前的物料含水率必须低于70%，因此要进行摊晒或加入稻草等处理。发酵好的物料含水率为40%左右，不宜久存，需要及时处理。

（2）禽粪干燥设备主要有太阳能大棚干燥设备、快速高温干燥设备、微波干燥设备、气流干燥设备和禽粪烘干机。

① 太阳能大棚干燥设备的搅拌机在大棚内往复行走、翻动、捣碎和推动粪便，排风机将棚内湿气排出，使粪便干燥。该设备的缺点是易受季节和气候的影响，同时有臭气排出，主要优点是节能、运行成本低。

② 快速高温干燥设备主要用于鸡粪干燥，可将含水率为75%～80%的湿粪干燥、加工成粉状或颗粒状有机复合肥或饲料。

③ 微波干燥设备可以一次完成干燥或灭菌作业，但对禽粪要做前处理，每次干燥的降水幅度较小，设备费用也较高。

④ 气流干燥设备通常与固液分离设备配套使用，将分离出的禽粪（含水率60%～75%）投入干燥机进行干燥处理，其特点是能耗低，但烘干时间较长。

⑤ 禽粪烘干机主要由输送绞龙、干燥机、出料绞龙、旋风卸料器、煤气发生炉等构成。脱水后的湿物料加入干燥机后，在抄板翻动下，物料在干燥机内均匀分散与热空气充分接触，加快了干燥传热、传质。在干燥过程中，物料在带有倾斜度的抄板和热气质的作用下，至干燥机另一端旋风卸料阀排出成品（图2-25）。

图2-25　禽粪烘干机

（二）粪污处理设备使用与维护

（1）操作人员要注意，养成定时检查和维护的好习惯，以便尽可能降低故障出现的概率，延长它的使用时间，同时一定程度上降低设备维修、更换的成本。

（2）具体的维护、保养措施包括：在正式启动粪污处理设备前，需要先打开各管路总阀门，如水阀、蒸汽阀和空气阀等，检查是否正常，保持气体通畅。另外，其轴承要经常上润滑油，它的摩擦越小，寿命就越长。

（3）设备运行过程中，固液分离系统十分重要，要注意清理其部件内外的粪便，以延长寿命，提高固液分离的工作效率。并且，要注意过滤器应安装在蒸汽和进水口端，疏水阀要安装在蒸汽出口端。

任务三　防疫设备使用与维护

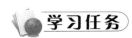

一、多功能清洗机使用与维护

多功能清洗机（图2-26）具有冲洗和喷雾消毒两种用途，使用220 V电源作动力，适用于禽舍、孵化室地面冲洗和设备洗涤消毒。该产品具有体积小、耐腐蚀、水流量大、压力高、使用方便等优点，配上高压喷枪，比常规手工冲洗快而洁净。

多功能清洗机使用与维护：

（1）仔细阅读说明书，了解多功能清洗机的基本构造和使用操作。

（2）定期清理高压清洗机油箱

图 2-26　多功能清洗机

里的沉淀杂质，及时添加足够的机油保证发动机运行正常，可以延长发动机运行寿命。

（3）当作业完毕时，要及时将高压清洗机的防护套盖好，以免受腐蚀、过早磨损和粘上灰尘造成某部件堵塞，并且要给阀和密封圈涂上润滑剂，防止下次使用时卡住。

二、禽舍固定管道喷雾消毒设备使用与维护

禽舍固定管道喷雾消毒设备（图 2-27）是一种用机械代替人工喷雾的设备，主要是由泵组、药液箱、输液管、喷头组件和固定架等构成，克服了手持喷雾器消毒劳动强度大、消毒剂喷洒不均的缺点。采用固定式机械喷雾消毒设备，只需 2～3 min

防疫设备

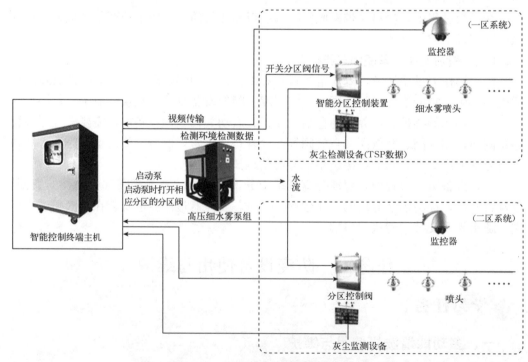

图 2-27　禽舍固定管道喷雾消毒设备

即可完成整个禽舍消毒工作,药液喷洒均匀。固定管道喷雾设备安装时,根据禽舍跨度确定装几列喷头,一般 6 m 以下装 1 列,7~12 m 为 2 列,喷头组件的距离以每 4~5 m 装 1 组为宜。此设备在夏季与通风设备配合使用,还可降低舍内温度 3~4 ℃,配上高压喷枪还可作为清洗机使用。

禽舍固定管道喷雾消毒设备使用与维护:

(1) 仔细阅读说明书,了解禽舍固定管道喷雾消毒设备的基本构造和使用操作。

(2) 消毒剂的选择和配制。根据家禽的日龄、体质状况以及季节选择高效低毒、使用简便、质量可靠、价格便宜、容易保存的消毒剂,如 0.02% 百毒杀、0.1% 新洁尔灭、0.3%~0.6% 毒菌净、0.3% 过氧乙酸等。

(3) 喷雾前要对环境进行物理清扫。进行带禽喷雾消毒前应打扫禽舍,清洁设备,及时清除粪便、灰尘和污物,防止其与消毒药作用,降低杀菌效果。

(4) 消毒次数。带禽喷雾消毒以育雏期每周 2 次、育成期每周 1 次、成年禽每周 3 次为宜,疫情期间应每天消毒 1 次。雾粒直径应为 80~120 μm。

(5) 喷雾时喷头切忌直对家禽头部,应距离禽体约 60 cm,喷雾量以地面和家禽体表面达到微湿的程度为宜,喷雾结束后应及时通风。

(6) 禽群接种疫苗期间前后 3 d 禁止喷雾消毒,以防影响免疫效果。

三、火焰消毒器使用与维护

火焰消毒器(图 2-28)是一种以石油液化气或煤气作燃料产生强烈火焰,通过高温火焰来杀灭环境中的细菌、病毒、寄生虫等有害微生物的仪器。火焰消毒器体积小、重量轻、携带方便、操作简单;火焰温度任意调节,性能稳定,无污染;可直接对禽舍的料盘、笼具等金属工具消毒;对发生过严重传染

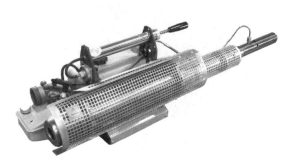

图 2-28 火焰消毒器

病的圈舍、室舍进行火焰直接消毒是最有效的消毒方法。它可以弥补其他消毒方法遗留的空白区域。火焰消毒器的杀菌率可达 97%,一般用药物消毒后,再用火焰消毒器消毒,可达到禽场防疫的要求,而且消毒后的设备和物体表面干燥。而只用药物消毒,杀菌率一般仅达 82%,达不到规定的必须在 93% 以上的要求。火焰消毒器不可用于易燃物品的消毒,使用过程中也要做好防火工作。对草、木、竹结构禽舍更应慎重使用。

火焰消毒器使用与维护:

(1) 仔细阅读说明书,了解火焰消毒器的基本构造和使用操作。

(2) 注意在操作时,不要把喷头对着气罐方向喷火,以防引起意外。

(3) 消毒前要把家禽移出笼舍,待消毒完毕才能放进去,注意最好不要改变家禽的原住笼舍,将笼舍各归各位,以免引起应激反应。

(4) 夏季高温时使用本品不宜时间过长，每人每次工作时间不要超过 30 min，以免高温引起中暑。

(5) 消毒完毕将气罐关紧，消毒器开关也要关紧，连同气罐一起放在儿童不易接触的地方。

任务四　孵化设备使用与维护

一、孵化设备种类

孵化设备是指孵化过程中所需物品的总称，包括孵化机、出雏机、孵化机配件、孵化房专用物品、加温设备、加湿设备及各个测量系统等。主要孵化设备为孵化机和出雏机。

1. 孵化机　孵化机是指人工模拟卵生动物母体，创造温度、湿度和翻蛋等条件，经过一定时间将受精蛋发育成生命的机器，主要用于种蛋孵化，一般按照孵化量分为微型孵化机、小型孵化机、中型孵化机和大型孵化机（图 2-29）。

微型孵化机　　　　　　　　　　小型孵化机

图 2-29　孵化机种类

全自动孵化机由箱体、控制器、温度探头、湿度探头、风扇、加热管、排气扇、通风口、水盘、加湿管、出雏筐、蛋架（蛋车）、蛋盘、翻蛋电机、行程开关、灯口等组成。

箱体：由两层复苏钢板中间夹一层保温材料组成，可起到很好的保温作用。

控制器：是整个孵化机的最主要电器元件，控制各个部件之间的协调工作，并及时反馈工作结果。

温度探头：探测孵化机内部的实际温度，传达到控制器，由控制器显示出来。

湿度探头：探测孵化机内部的实际湿度，传达到控制器，由控制器显示出来。

风扇和加热管：加热管是孵化机的主要供温部件，风扇安装在加热管的前面，把加热管散发出的热量均衡分散到孵化机的各个角落。

排气扇：当孵化机内的实际温度超过设定温度的时候，排气扇自动工作，及时排出孵化机内多余的热量，以保证孵化机内温度平衡。

通风口：当禽蛋孵化到一定的时间，随着雏禽的发育，需要的氧气越来越多，打开通风口，可以大大增加孵化机内部的空气流动，以增加孵化机内部的氧气含量，满足雏禽对氧的需求，种蛋落盘后通风口全部打开。

水盘和加湿管：加湿管安装在水盘内部，水盘加满水，通过加湿管加热水盘中的水，促进水的蒸发，来增加孵化机内部的湿度。

出雏筐：在水盘的上面，种蛋孵化后期移到出雏筐里面，供雏禽出壳。

蛋架和蛋盘：孵化机的型号不同，蛋架的层数不同；孵化品种不同，蛋盘也不相同；蛋盘放置在蛋架的各层，禽蛋的前、中期孵化都在蛋盘上进行。

翻蛋电机和行程开关：翻蛋电机安装在蛋架侧面上方的正中央，两边各安装一个行程开关；翻蛋电机是孵化机自动翻蛋的主要部件；当到达设定的翻蛋时间，控制器就会发出指令，翻蛋电机便开始转动，当蛋架翻转到一定的角度接触到行程开关，此时翻蛋停止。

灯口：主要作用是给孵化机内部照明，通过观察窗可以清楚地看到孵化机的内部情况。

2. 出雏机 出雏机结构跟孵化机差不多，只是少了翻蛋系统。出雏机温度一般比孵化机低 0.4 ℃ 左右，湿度要比孵化机高 15% 以上，通风量比孵化机大，也有孵化场使用的是孵化出雏一体机。

二、孵化设备使用与维护

（1）仔细阅读说明书，了解孵化设备的基本构造和使用操作。

（2）使用前应对整机做一次全面系统检查，如机内是否有杂物，运动部件是否灵活，保险是否完好，外接线是否正确，使用的电源电压是否合格，若电压不稳，最好配稳压器。

（3）机器正式孵化前应放在合适的位置，要求通风良好，机器平稳，放在一层砖厚的方木或水泥台上。

（4）开机时应首先开总的进线开关（稳压器），其次开电源开关，电控显示灯亮，然后开风扇开关，大风扇转动，加热指示灯亮，而且加热管工作，最后再开翻蛋开关。报警按钮可检查报警线路是否良好。照明开关可根据需要即开、即关。

（5）开机后应观察风扇转动是否正常，翻蛋机器是否正常工作，翻转的角度是否合适，控制情况是否良好，待开机调试 2 d 后确定机器工作正常，再放种蛋进行孵化。

（6）当放取种蛋时，翻蛋开关一定要关上。用摇把把蛋架摇平，再放、取种蛋。而后，打开翻蛋开关，翻蛋机器运转到设定角度，恢复到工作状态。手摇翻蛋时一定要沿着箭头所示方向摇动摇把。

（7）经常检查皮带的松紧度，过松则风量小，通风不良，机内温差大；过紧则会影响皮带及电机寿命。

（8）每年在生产不忙时，要进行整机清洗，有轴承的地方加注润滑油进行保养。

知 识 链 接

知识链接一　孵化机使用的技巧

（1）孵化机应安装在混凝土地面上，地面应保持平整，安装时孵化机应稍向前（有的机型向后）倾斜，以便于清洗时排放污水，机门前要留 2～3 m 的操作空间。

（2）孵化室的温度应保持在 20～27 ℃，温度高于 27 ℃或低于 20 ℃时，应考虑安装空调设备或采取其他措施。湿度应保持在 50％左右。室内要有良好的通风换气条件，孵化机（特别是出雏机）排出的废气要用管道引至室外。孵化室要经常清扫、冲洗、粉刷和消毒。

（3）整机安装完毕后要通电试机，检查温度、湿度控制系统是否正常，并根据要求调好温度。还要检查超温、低温报警系统有无故障，自动定时翻蛋系统是否正常等，待运转 1～2 d，一切正常后方可正式入孵。

（4）使用中随时注意观察机门上温度计指示的温度，如有不正常现象要及时检查控温系统，排除故障。

（5）随着胚龄的增长应适当开启进气口和排气口，后期应全部打开，以保证胚胎正常发育对氧气的需要，但前期不应开启过大，以免加温较慢，浪费电能。

（6）要注意翻蛋角度是否达到要求，定时是否准确，最好使所有的孵化机翻蛋方向一致，以便于管理。每翻蛋一次都要做好记录。

（7）要注意控湿装置的水箱（盘）内不能断水，感受元件的纱布与水盒内要经常换水，纱布被脏物污染后要洗净后重装。对于无自动控湿装置的孵化机，要定时往水盘内加温水并根据不同孵化期对湿度的要求，调整水盘的数量，以确保胚胎发育对湿度的要求。

（8）每孵化 1 批或出雏 1 批后，要对孵化机或出雏机进行彻底冲洗并消毒 1 次。然后检查机械部分有无松动、卡碰现象，检查减速器内润滑油情况，并清除电器设备上的灰尘、绒毛等脏物。通电试运转一段时间，调好温度和湿度后入孵下一批。

知识链接二　新型整体保温禽舍

思与练

1. 养禽设备分为哪几类？各有什么用途？
2. 什么是料线？料线有哪些种类？
3. 简述鸡粪烘干工艺流程。

4. 撰写孵化机操作规程。
5. 请绘制学校孵化场的布局,并进行分析。

实 践 训 练

实地观摩合作企业的养禽设备,以小组为单位展示养禽设备一览表,课后每位同学以任务完成报告的形式提交观察结果。

项目二习题

习题答案

项目三

家禽的良种繁育体系

知识目标

1. 掌握我国优良家禽品种，熟悉家禽的良种繁育体系。
2. 掌握种公禽和种母禽的选择方法及不同家禽的配种比例。
3. 掌握家禽生产性能计算方法。
4. 掌握家禽的人工孵化技术。

能力目标

1. 能操作孵化机。
2. 能做好孵化机的调试、孵化条件的设定及孵化机的管理。
3. 能做好种公鸡的采精和种母鸡的输精。
4. 能做好种蛋的选择、种蛋的保存和种蛋的消毒。
5. 能做好雏鸡和雏鸭的雌雄鉴别。
6. 能对胚蛋照蛋。
7. 能对初生雏进行免疫接种。

素质目标

1. 具有振兴我国优良家禽品种的价值追求。
2. 具有团队协作精神。
3. 具有吃苦耐劳、爱护动物的职业精神，珍爱生命。

任务一　家禽的生产性能

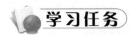

一、产蛋性能

（一）产蛋量

产蛋量指母禽在一定时期的产蛋个（枚）数。年产蛋量是指饲养到72周龄或

500日龄的产蛋总量。

1. 产蛋量的计算 产蛋量可用饲养日产蛋量和入舍母禽产蛋量表示，计算公式如下：

$$饲养日产蛋量=\frac{统计期内的总产蛋量}{统计期内的总饲养只数/统计日数}$$

1只母禽饲养1 d为一个饲养日。用前一天的存栏禽数减去当天下班前的死亡数、淘汰数，为当天的存栏禽数，即为当日的饲养只数。若计算每周的饲养日就是将7 d的饲养日相加总和。一个月的饲养日以此类推。从饲养日产蛋量的计算公式得知：饲养日产蛋量不受禽只死亡、淘汰的影响，反映实际存栏禽的平均产蛋能力。

$$入舍母禽产蛋量=\frac{统计期内的总产蛋量}{入舍母禽数}$$

由入舍母禽产蛋量的计算公式得知：在入舍母鸡相同时，死亡和淘汰的越多，总产蛋量必然越少，入舍母禽的平均产蛋量数值会越低。所以，死亡和淘汰数量也是制约统计期内总产蛋量的因素。入舍母禽产蛋量则综合体现了禽群的产蛋能力及存活率和淘汰率的高低。如果母禽饲养日产蛋量很高，但产蛋期间母禽的死亡率也很高，那么按实际饲养日计算的产蛋量，就不能反映出死亡率这一因素。目前普遍使用500日龄（72周龄）入舍母鸡产蛋量来表示母鸡的产蛋数量，不仅客观准确地反映了鸡群的实际产蛋水平和生存能力，还进一步反映了鸡群的早熟性。计算公式如下：

$$500日龄（72周龄）入舍母鸡产蛋量=\frac{500日龄（72周龄）的产蛋量}{入舍母鸡数}$$

2. 影响产蛋量的生理因素

（1）开产日龄。包括个体开产日龄和群体开产日龄。个体日龄以产第一个蛋的日龄计算。群体开产日龄又分蛋用禽群的开产日龄和肉用禽群的开产日龄。蛋用禽群的开产日龄按日产蛋率达50%的日龄计算，肉用禽群的开产日龄按日产蛋率达5%的日龄计算，鹅按日产蛋率达5%的日龄计算。新母鸡开始产第一个蛋称开产，也称性成熟。一般早熟的禽全程产蛋数也多，但过于早熟的禽产的蛋小，产蛋持续性差，其全程产蛋量也低。因而饲养家禽时强调适时开产。

（2）产蛋周期。母禽在产蛋期中产1个蛋或连续产若干个蛋后，紧接着停产1 d或1 d以上，然后再连续产若干天蛋，紧接着又停产1 d或1 d以上。这样，2次连续产蛋与停产就构成了一个产蛋周期，此周期重复出现。在产蛋期内，连续产蛋天数越多，停产天数越少，产蛋量就越高。

（3）产蛋持久性。指禽开产至停产换羽的产蛋期长短。持久性越好，其产蛋量越高。

（4）就巢性。就巢性也称为"抱窝"，是家禽繁殖后代的一种生理现象。在就巢期间，母禽停止产蛋，因此就巢性强的禽产蛋少。

（5）冬休性。又称冬歇、冬季休产性。在冬季，如果休产在7 d以上，而又不是抱窝时，称产蛋冬休性。冬休的时间越长的家禽年产蛋量越低。

（二）产蛋率

产蛋率指母禽在统计期内的产蛋百分率。计算产蛋率的公式如下：

$$饲养日产蛋率=\frac{统计期内的总产蛋量}{统计期内的总饲养日}\times100\%$$

$$入舍母禽产蛋率=\frac{统计期内的总产蛋量}{入舍母禽数×统计日数}×100\%$$

$$日产蛋率=\frac{当日产蛋总数（含破蛋、软壳蛋）}{当日存栏数}×100\%$$

式中，当日存栏数，即当日下班前实际在群数，按前一天存栏数减去当日死亡、淘汰数后的余数计算。

(三) 蛋重

蛋重指蛋的大小，单位以克计。产蛋量相同的家禽，蛋重大，总蛋重也大。蛋重用平均蛋重和总蛋重表示。鸡、鸭在300日龄左右所产的蛋即可达全期平均蛋重。

1. 蛋重的测定

(1) 平均蛋重。从300日龄开始计算，以克为单位。个体记录需连续称取3个以上的蛋重求平均值；群体记录时，则应连续称取3 d总产蛋重除以产蛋总个数求平均值；大型禽场按日产蛋量的5%称测蛋重，求平均值。

(2) 总蛋重。

$$总蛋重（kg）=平均蛋重（g）×产蛋量/1\,000$$

2. 影响蛋重的因素 除饲养管理因素外，受品种和年龄因素影响。

(1) 品种。蛋重因品种而异，有的品种产的蛋大，有的品种产的蛋小。同一品种不同个体蛋重也有差别。

(2) 年龄。刚开产时蛋重较小，随着日龄的增加，蛋重逐渐增大，到7月龄、8月龄以后，蛋重增加越来越缓慢，达到最大后趋于稳定。

(四) 蛋的品质

蛋的品质包括蛋形指数、蛋壳强度、蛋壳厚度、蛋壳密度、蛋壳颜色、蛋黄色泽、哈氏单位、血斑率和肉斑率等几个方面。在现代养禽业中蛋的品质很受重视，蛋品质好，则受消费者欢迎，从而直接影响家禽生产的效益。

(五) 料蛋比

料蛋比是指产蛋期耗料量除以总产蛋重。计算公式为：

$$料蛋比=\frac{产蛋期耗料量（kg）}{总产蛋重（kg）}$$

即在产蛋期产1 kg蛋所需要的饲料量。料蛋比是表示饲料利用率的一项指标，又称饲料转化比或饲料报酬。目前饲养的商品蛋鸡在产蛋期内料蛋比一般为 (2.2～2.8)∶1。

二、产肉性能

(一) 生长速度

现代肉禽生产主要指肉用仔禽的生产，肉用仔禽生产取决于早期生长速度，只有早期生长速度快才能早出栏，早期生长速度快具有饲料效率高、肉质嫩、减少疾病的感染等优点。所以早期生长速度是肉禽生产性能的一项重要指标。测定肉鸡的早期生长速度多以7～8周龄体重来表示。

(二) 体重

体重也是肉用性能的一项指标，包括初生重和成禽体重。初生重与早期生长速度有关，初生重大，早期生长速度快。体重越大，屠宰率越高，肉质也较好。

（三）屠宰率

$$屠宰率 = \frac{屠体重}{活重} \times 100\%$$

屠体重指放血去羽后的重量。活重指在屠宰前停喂 6~12 h 后的重量。二者均以克或千克为单位。

屠宰率的高低，反映肉禽肌肉丰满程度，屠宰率越高产肉量越多。

（四）屠体品质

屠体品质包括胸肌丰满度，胸部囊肿，肌肉纤维的粗细和拉力等指标。

1. 胸肌丰满度 是肉用仔禽育种的重要指标之一，可用胸角器测量胸肌肉量。

2. 胸部囊肿 肉用仔禽出现胸部囊肿，屠体品质会降低。

3. 肌纤维的粗细和拉力 可以判断肉质的老嫩，纤维粗和拉力大的，肉质较差。

（五）料肉比

$$肉用仔鸡料肉比 = \frac{肉用仔鸡全程耗料量（kg）}{总活重（kg）}$$

料肉比是饲料利用率的一项指标，又称饲料转化比或饲料报酬，即产 1 kg 活重所需要的饲料量。饲料转化比小，就可节省饲料，降低成本，提高经济效益。目前饲养的商品肉用仔鸡在 45 日龄料肉比一般为（1.8~2.0）∶1。

三、繁殖力

（一）种蛋合格率

种蛋合格率指母禽在规定的产蛋期内所产符合本品种或品系要求的种蛋数占产蛋总数的百分比。一般要求种蛋合格率达到 98% 以上。

$$种蛋合格率 = \frac{合格的种蛋数}{产蛋总数} \times 100\%$$

（二）种蛋受精率

种蛋受精率指受精蛋数占入孵蛋数的百分比。血圈蛋、血线蛋按受精蛋计算，散黄蛋按无精蛋计算。一般要求蛋用种禽种蛋受精率达到 90% 以上，肉用种禽种蛋受精率达到 85% 以上。

$$种蛋受精率 = \frac{受精蛋数}{入孵蛋数} \times 100\%$$

（三）孵化率

1. 受精蛋孵化率 指出雏数占受精蛋数的百分比。

$$受精蛋孵化率 = \frac{出雏数}{受精蛋数} \times 100\%$$

2. 入孵蛋孵化率 指出雏数占入孵蛋数的百分比。

$$入孵蛋孵化率 = \frac{出雏数}{入孵蛋数} \times 100\%$$

一般要求受精蛋孵化率达到 90% 以上，入孵蛋孵化率达到 85% 以上。

（四）健雏率

健雏率指健康雏禽数占出雏数的百分比。一般要求健雏率达到98％以上。

$$健雏率 = \frac{健雏数}{出雏数} \times 100\%$$

四、生活力

家禽的生活力是指其在一定的外界环境下的生存能力。用如下指标来衡量。

（一）雏禽成活率

雏禽成活率也称育雏率，指育雏期末成活雏禽数占入舍雏禽数的百分比。

$$雏禽成活率 = \frac{育雏期末成活雏禽数}{入舍雏禽数} \times 100\%$$

其中，雏鸡育雏期为0～6周龄，蛋用雏鸭为0～4周龄，肉用雏鸭为0～3周龄，雏鹅为0～4周龄。一般要求雏禽成活率达到90％以上。

（二）育成禽成活率

育成禽成活率也称育成率，指育成期末成活禽数占育成期初入舍活禽数的百分比。

$$育成禽成活率 = \frac{育成期末成活禽数}{育成期初入舍活禽数} \times 100\%$$

其中，蛋用鸡育成期为7～20周龄，肉用种鸡育成期为7～22周龄，蛋用鸭育成期为5～16周龄，肉用鸭育成期为4～22周龄，鹅的育成期为5～30周龄。一般要求育成禽成活率达到96％以上。

（三）母禽存活率

母禽存活率指入舍母禽数减去死亡、淘汰后的存活数占入舍母禽数的百分比。

$$母禽存活率 = \frac{入舍母禽数 - 死亡数 - 淘汰数}{入舍母禽数} \times 100\%$$

一般要求母禽存活率达到88％以上。

1. 家禽的产蛋性能有哪些指标衡量？产蛋量怎样计算？产蛋率和料蛋比怎样计算？
2. 家禽的产肉性能有哪些指标衡量？屠宰率和料肉比怎样计算？
3. 家禽的繁殖力有哪些指标衡量？怎样计算？
4. 家禽的生活力有哪些指标衡量？怎样计算？

任务二　现代家禽繁育

学习任务

一、杂种优势的利用

1. 杂种优势的概念　在生产中，家禽的不同品种或品系间的个体交配，产生的杂种在生活力、生产性能等方面优于其双亲纯繁群体，这种现象称为杂种优势。应当指出，并不是所有品种或品系之间交配都有杂种优势，杂种优势是大是小，要经过配合力测定才能知道。

2. 杂种优势的利用 杂种优势利用有如下三种方式。

(1) 二元杂交。即两个品种或品系间杂交，其杂交一代用于商品生产（图3-1）。

由于父本、母本是纯种或纯系，而不是杂种，因而不能在父母代利用杂种优势来提高繁殖性能。

(2) 三元杂交。是利用三个品种或品系，这三个品种或品系分别称为A、B、C，先用B公禽和C母禽杂交，杂交子一代的母雏留种，再与A公禽交配，其后代用于商品生产（图3-2）。

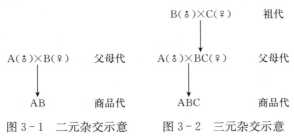

图3-1 二元杂交示意　　图3-2 三元杂交示意

三系或三品种配套杂交由于父母代母禽是杂种，因而其繁殖性能可获一定的杂种优势。

(3) 四元杂交。即双杂交，是用四个品种或品系先两两杂交，所得后代再杂交（图3-3）。所得后代可结合四个品种或品系的优点，且生活力很强。

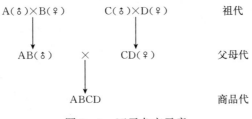

图3-3 四元杂交示意

无论是几元杂交，其商品代只能利用一代，商品代不能再作为种用繁殖。因为商品代再繁殖，由于基因的分离，其产生杂种优势的基因组合会分开，不再有杂种优势，使得生产性能下降。

二、现代家禽繁育体系概况

(一) 家禽繁育的基本环节

现代家禽繁育的基本环节包括保种、育种和制种三个基本环节。

1. 保种 保种是指饲养一些纯种或某品种中的品系等，为育种提供育种素材，其饲养场称品种场。

2. 育种 育种是指育种场从品种场获得育种素材，从中培育出许多品系。

3. 制种 制种是指利用育种场育成的品系，开展配合力测定，从中选出最优的杂交组合，然后按最优的杂交组合的杂交要求生产商品杂交禽，提供给商品场。

（二）良种繁育体系

良种繁育体系是培育现代禽种的基本组织形式，它是由品种场、育种场、原种场（曾祖代场）、一级种禽场（祖代场）、二级种禽场（父母代场）、商品场等组成。品种场是保种环节；育种场是育种环节；原种场、一级种禽场、二级种禽场是制种环节。

（1）品种场的建立应根据国家和地区统一规划，由国家或地方建立。品种场的任务是向育种场提供育种素材，也称禽种基因库。

（2）育种场的任务是利用从品种场获得的素材培育新品系（纯系）。育成的新品系（纯系）一部分送品种场保存，另一部分送原种场进行配合力测定。育种场必须根据国家任务或市场需要，确定选育新品种或新品系的方案，根据选育方案的要求到品种场挑选品种素材，育成新品种或品系（纯系）。

（3）原种场也称曾祖代场，任务是利用各育种场育成的纯系或由品种场提取符合要求的素材，进行饲养观察和品系杂交配合力测定，根据配合力测定结果，拟定杂交制种配套方案，按配套方案进行纯系扩繁，为一级种禽场提供祖代种禽。杂交制种的配套方案有两系杂交、三系杂交和四系杂交（双杂交）。

（4）一级种禽场也称祖代场，任务是接受原种场提供的配套方案和祖代配套种禽进行第一次杂交制种，为二级种禽场提供单一性别的父母代种禽。

（5）二级种禽场也称父母代场，任务是接受一级种禽场提供的父母代配套种禽进行杂交制种，为商品场提供商品禽苗。

（6）商品场的任务是接受二级种禽场提供的商品禽苗，进行商品生产，为市场提供商品禽蛋和禽肉。家禽良种繁育体系参见图3-4。

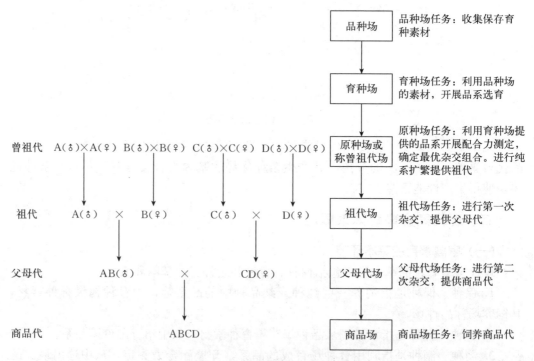

图3-4 家禽良种繁育体系

思与练

1. 什么是杂种优势？
2. 家禽常用的三种杂交方式是什么？
3. 品种场、育种场、原种场、一级种禽场、二级种禽场和商品场的任务分别是什么？

任务三　种禽选择

学习任务

一、种禽选择的方法

（一）根据外貌和生理特征选择

1. 种用雏禽的选择

（1）肉用系。肉用种禽应在6～8周龄时，选留生长迅速、体重大、羽毛丰满、没有生理缺陷的雏禽，淘汰与此相反的雏禽。

（2）蛋用系。选留羽毛生长迅速、体重适当的雏禽，淘汰所有生长缓慢、外貌和生理有缺陷的雏禽。选留和淘汰时间也在6～8周龄。

2. 种用育成禽的选择　选留体型结构、外貌特征符合本品种要求，外貌结构良好，身体健康，生长发育健全的育成禽，淘汰发育不全（眼瞎、跛脚、伤残）和消瘦的个体。选留和淘汰时间在20～22周龄。

3. 成年种禽的选择（以鸡为例）

（1）种母鸡的选择。高产母鸡头清秀，头顶宽，呈方形，冠、髯较大，发育充分、细致，喙短、宽而微弯曲。胸宽、深，向前突出，胸骨长而直。体躯背部长、宽、深，腹部柔软，容积大，胸骨末端与耻骨间距4指以上。耻骨软而薄，相距3指以上。换羽迟、迅速。皮肤色素褪色依序进行，褪色彻底。

（2）种公鸡的选择。应选留身体各部匀称，发育良好的公鸡。如为单冠品种，冠叶应大而直立，冠、髯颜色鲜红，组织细致，皮肤柔软有弹性，胸宽、深，向前突出，羽毛丰满，姿势雄伟而健壮。不符合上述要求的公鸡应予淘汰。

种公鸡选择
（视频）

（二）根据记录成绩选择

育种场应做好系统的记载工作。记载育种工作需要的数据、资料，作为选择与淘汰的依据。记载统计的项目应根据育种需要，记录生产性能等性状。

根据记载资料有下列四个方面选择法：

1. 系谱选择法　即根据谱系资料进行选择。对于尚无生产性能记载的家禽或选择公禽时，根据它们的谱系资料进行选择，也就是依据它们祖先生产性能进行选择。在运用谱系资料时，血缘愈近的影响愈大，因此一般着重比较亲代和祖代即可。

2. 个体选择法　即根据本身成绩进行选择。谱系选择只能说明生产性能可能怎么样，而本身成绩则说明生产性能已是怎么样，因此是选择的重要依据。但应注意个体本身成绩的选择只适宜于遗传力高的性状。

3. 同胞选择法 即根据全同胞和半同胞生产成绩进行选择。选择种禽，尤其是选择公禽，本身不产蛋，又尚无女儿产蛋，要鉴定它的产蛋力，只有根据它的全同胞和半同胞的平均产蛋成绩来鉴定。

4. 后裔测定法 即根据后裔成绩进行选择。这是根据记录成绩选择的最高形式，因为这一形式选择的种禽表明确实是优秀的，能够把遗传品质真实稳定地遗传给下一代。

二、配偶比例与种禽利用年限

（一）配偶比例

配偶比例，也就是公母比例。家禽应保持配偶比例适当，以保证较高的受精率。如果配偶比例不适当，母禽过多，不能得到公禽配种；公禽过多，产生争配现象，这两种情况都会降低种蛋的受精率。各种家禽的适宜配偶比例如下：轻型蛋用种鸡，1∶(12～15)；中型蛋用种鸡，1∶(10～12)；肉用种鸡，1∶(8～10)；蛋用种鸭，1∶(15～20)；兼用型种鸭，1∶(10～15)；肉用种鸭，1∶(8～10)；鹅，1∶(4～6)。

（二）种禽利用年限

家禽的种类和禽场的性质不同，种禽利用年限也不一样。公鸡配种以第一年受精率最高，以后随着年龄的增加而降低。母鸡第一个产蛋年的产蛋量最高，以后每年递减15%～20%。所以为确保每年能繁殖出数量多的雏鸡后代，在繁殖场的种公鸡、种母鸡一般都利用1年；育种场为育种的需要，种公鸡、种母鸡利用2～3年。鸭在第一个产蛋年产蛋率最高，以后逐年下降，一般利用1.5～2年。鹅的生长期较长，成熟较晚，第二年产蛋量比第一年增加15%～20%，第三年比第一年增加30%～45%，所以鹅一般利用4～5年。

1. 怎样选择种公鸡？
2. 怎样选择种母鸡？
3. 不同类型家禽配种比例是多少？

任务四　家禽的人工授精

学习任务

一、家禽的生殖器官

（一）公禽的生殖器官

公禽的生殖器官由睾丸、附睾、输精管和交配器组成。睾丸位于腹腔内，以短系膜悬挂在肾前部下方，颜色由黄色变为淡黄色或白色；附睾呈长纺锤形，紧贴在睾丸的背内侧缘；输精管是一对弯曲的细管，为精子的储存处，呈乳白色；公鸡的交配器不发达，公鸭和公鹅的交配器发达，呈螺旋形，长2～3 cm，位于泄殖腔内侧，和母禽交配时翻出。

(二) 母禽的生殖器官

母禽的生殖器官由卵巢和输卵管两部分组成。母鸡的生殖器官如图3-5所示。

1. 卵巢 母禽只有左侧一个卵巢，位于腰椎腹面，肾前叶处，形似一串葡萄，右侧卵巢在孵化中期已停止发育。卵巢上有许多发育大小不同的卵泡，卵细胞位于卵泡内，卵泡有一小柄与卵巢相连。卵泡上布满血管，以供卵细胞发育所需的营养物质。卵的发育前期缓慢，后期迅速，卵细胞成熟需7～10 d。卵泡中间有一白色卵带（此处无血管），成熟的卵泡从此处破裂，掉入输卵管的漏斗部，称为排卵。

2. 输卵管 禽类输卵管是一条弯曲、直径不同、富有弹性的长管，由输卵管系膜悬挂于腹腔左侧顶壁。输卵管包括漏斗部、膨大部、峡部、子宫部和阴道部五部分组成。

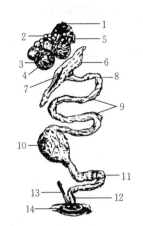

图3-5 母鸡的生殖器官
1. 卵巢基 2. 发育中的卵泡 3. 成熟的卵泡
4. 卵泡缝痕 5. 排卵后的卵泡 6. 漏斗部
7. 漏斗部入口 8. 漏斗部的颈部 9. 膨大部
10. 峡部（内有形成过程中的蛋） 11. 子宫部
12. 阴道部 13. 退化的右侧输卵管 14. 泄殖腔

（1）漏斗部。又称伞部、喇叭部，是输卵管的入口处，形似喇叭或伞状。成熟的卵细胞排出时，被漏斗部张开的边缘包裹。漏斗部是精子与卵子结合的场所。由于输卵管的蠕动，卵细胞进入膨大部。漏斗部与膨大部无明显界线。卵细胞在此部停留20～28 min。

（2）膨大部。又称蛋白分泌部，长30～50 cm，壁厚，黏膜有纵褶，并布满管状腺和单胞腺，前者分泌稀蛋白，后者分泌浓蛋白。膨大部主要分泌蛋白，其蛋白分泌量占全部重量的40%。卵下移时，由于旋转和运动，引起黏稠的蛋白发生变化，而形成蛋白的浓稀层次。蛋白内层的黏蛋白纤维受到机械的扭转和分离，形成螺旋形的蛋黄系带（钝端顺时针方向旋转，锐端逆时针方向旋转）。卵细胞在此部停留时间3～5 h。

（3）峡部。是输卵管最细部分，长约10 cm。蛋在峡部主要是形成内、外壳膜。卵细胞通过此部历时85 min左右。

（4）子宫部。输卵管的袋状部分，长8～12 cm。肌肉发达。它的主要作用是形成蛋壳及蛋壳表面的一层可溶性胶状物，在产蛋时起润滑作用，蛋排出体外后胶状物凝固，一定程度上可防止细菌侵入和蛋内水分蒸发，这种膜称为壳上膜（也称胶护膜或护壳膜）。在产前约5 h形成蛋壳色素。卵细胞在此停留16～20 h。

（5）阴道部。以括约肌为界线，区分子宫与阴道。阴道长8～12 cm，开口于泄殖腔背壁的左侧，它不参与蛋的成分形成。蛋在阴道停留约0.5 h。子宫与阴道结合部的黏膜皱襞，是精子储存场所。

二、鸡的人工授精技术

（一）人工授精的优点

（1）减少公鸡饲养量，节省饲料和鸡舍，降低生产成本。因为自然交配每只公鸡能配10~15只母鸡,而人工授精1只公鸡可以配30~50只母鸡。

(2) 克服公、母鸡体重相差悬殊,以及不同品种间的鸡因合群性差造成的困难,从而提高受精率。自然交配受精率高的可达85%,人工授精受精率高的可达97%。

(3) 对腿部或其他外伤的优秀公鸡,无法进行自然交配,人工授精可以继续发挥该公鸡作用。

(4) 笼养种鸡由于不能自然交配,必须进行人工授精,因而人工授精技术使种鸡笼养成为可能。

(5) 如能使用冷冻保存的精液,可以使优秀种公鸡的精液运往其他地方的种鸡场,将该鸡精液输给更多的母鸡,提高优秀公鸡的作用。

(二) 人工授精的操作步骤

鸡的人工授精包括采精、精液品质检查、输精等过程,其操作方法见实践训练。

三、水禽的人工授精技术(以鸭为例,鹅与鸭类同)

(一) 鸭的人工授精技术

1. 采精

(1) 采精前的准备。

① 种公鸭的选择:种公鸭第一次选择一般在2月龄进行,第二次选择一般在6月龄进行。选留的种公鸭应生长发育良好、阴茎发育正常(长度3 cm以上),性欲旺盛,按摩15~30 s就能勃起射精,并且精液品质达到标准。

② 采精前的隔离和训练:同种公鸡一样,种公鸭在采精前15 d应隔离饲养和进行采精训练,训练前应剪去肛门周围的羽毛。公鸭一般经过10~15 d的按摩训练,才能建立条件反射。

(2) 采精方法。采精者将鸭放在自己的膝盖上,尾部向右侧。助手在采精者右边,用左手握住两只鸭腿固定,使公鸭保持趴伏姿势,右手持采精杯。采精者左手在公鸭背部,掌心向下,由翅膀基部向尾部方向反复按摩。引起公鸭性兴奋部位是坐骨部,按摩此部位时要稍加用力,同时右手从下面用拇指和食指握住泄殖腔环,按摩8~10 s。当阴茎在泄殖腔内勃起并突出于泄殖腔,右手感觉到其变硬时,左手迅速翻转到尾巴下方,拇指和食指按压泄殖腔上1/3部位两侧。这时勃起的阴茎翻出,助手将采精杯置于泄殖腔下方,使伸出的阴茎正好插入杯内,采精者左手持续一松一紧地挤压泄殖腔(阴茎的基部),到精液排完为止。

也可将公鸭放在高50~60 cm的采精台上,助手双手握住公鸭的腿及翅膀前端,稍向下用力按压,使公鸭呈现爬伏状,采精者以上述方法采精。此法比放在膝上保定更为方便易行。

(3) 注意事项。

① 公禽阴茎伸出时,有节奏地挤压泄殖时间不应超过30 s,用力要适当,以免造成勃起组织受伤而流血。

② 一定要按压泄殖腔上1/3部位,这样阴茎上输精沟才能完全闭锁,精液便可从阴茎顶端射出,可收集到清洁的精液。否则,输精沟张开,精液从阴茎基部流出而

收集不到精液。

③ 公鸭射精量小，故采精前应先在集精杯内放 0.3~0.5 mL 加温到 40 ℃的稀释液或生理盐水。

④ 采精频率。公鸭隔天采精为好。

2. 输精

（1）输精量与输精频率。鸭的输精量为每次精子数在 0.8 亿~1.0 亿个，输精间隔时间以 5~7 d 为宜。

（2）输精时间。母鸭一般于夜间产蛋，故输精应在上午。

（3）输精方法。输精时一人坐于凳子上，以左右手的拇指和食指各握母鸭一只腿，其余三指伸直，在泄殖腔两侧压迫其腹部。在下压同时一并将母鸭两腿带向腹部，加重对母鸭后腹的压力。另一人用右手持吸取了精液的输精器，左手在母鸭泄殖腔尾侧向下稍加压力，泄殖腔即行翻出两孔，然后将输精器插入其左侧开口内约 5 cm，将精液注入。握鸭腿者配合慢慢松手放弃压迫，阴道口即可纳入泄殖腔。

（二）鸭的人工授精技术与鸡的人工授精技术的区别

（1）公鸡采精时和公鸭采精时的保定方法不同。

（2）母鸡和母鸭的输精方法也有区别。

（3）母鸡和母鸭的输精时间不同。

（4）公鸡和公鸭按摩训练形成条件反射所需的时间不同。

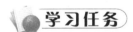

1. 采精的关键步骤有哪些？采精时有哪些注意事项？
2. 如何规范输精？人工输精有哪些注意事项？
3. 鸭的人工授精技术与鸡的人工授精技术主要有哪些区别？

任务五　种蛋的管理

（一）种蛋的选择

选择种蛋应从以下几个方面综合考虑：

1. 种蛋来源　种蛋必须来自生产性能高、无经蛋传播的疾病、受精率高（蛋用型种鸡蛋受精率达 90% 以上，肉用型种鸡蛋达 85% 以上，种鸭蛋受精率达 80% 以上）、饲喂营养全面的饲料、管理良好的种禽场。

2. 种蛋的新鲜度　种蛋越新鲜，孵化率越高。以保存 1 周以内的为好，以保存 3~5 d 为最好，若蛋源紧张 2 周以内的蛋还可使用。但保存 16 d 的蛋孵化率就会下降到 68%，所以，超过 2 周的蛋不宜使用。

3. 蛋壳表面应清洁无裂缝，颜色符合品种要求　蛋壳表面有粪便或破蛋液污染，不仅孵化率很低，而且会污染正常种蛋和孵化器，增加腐败蛋和死胚蛋，导致孵化率降低，雏禽质量下降。有裂缝的蛋如果受精也可发育，但往往在发育中期死亡。家禽往往在禽群有病时产异色蛋壳。

4. 蛋重和蛋形要合适 蛋重过大或过小,对孵化率或雏禽的质量都有影响。一般要求蛋用型鸡种蛋为50~65 g,肉用型鸡种蛋52~68 g,鸭蛋80~100 g,鹅蛋160~200 g。合格种蛋应为卵圆形,蛋形指数(短径长度除以长径长度)为0.72~0.75,以0.74最好。过长、过圆、橄榄形(两头尖)等异状蛋都不宜入孵。

5. 蛋壳应致密均匀 蛋壳过厚的钢皮蛋、过薄的沙皮蛋和蛋壳厚薄不均的皱纹蛋,都不宜用来孵化。

(二)种蛋的保存

1. 种蛋保存的适宜温度 种蛋产出母体外,胚胎发育暂时停止。保存中若温度超过23.9 ℃,胚胎会开始发育,在孵化时会因老化而死亡;温度低于10 ℃,则孵化率降低;低于0 ℃则失去孵化能力。

种蛋保存最适宜温度:保存1周以内,以15~17 ℃为好;保存超过7 d,则以12~14 ℃为宜;保存超过2周应降至10.5 ℃。

2. 种蛋保存的湿度 种蛋保存期间,蛋内水分通过气孔不断蒸发,其速度与储存室湿度成反比,为了尽量减少蛋内水分蒸发,储蛋室的相对湿度应保持在75%~80%为宜。南方2—4月是高湿季节,应注意储蛋室的干燥通风,因为湿度过高易导致蛋内外微生物的生长,造成孵化率和雏鸡质量下降。

3. 种蛋保存时间 种蛋即使储存在最适宜的环境下,孵化率也会随着存放时间的增加而下降,孵化期也会延长。存蛋时间对孵化率和孵化期的影响见表3-1。

表3-1 存蛋时间对孵化率和孵化期的影响

储存天数(d)	入孵蛋孵化率(%)	超过正常孵化时间(h)
0	87.16	
4	85.96	0.71
8	82.34	1.66
12	76.30	3.14
16	67.86	5.44
20	57.00	9.03
24	43.73	14.61

4. 种蛋保存时放置位置 种蛋保存7 d内,钝端朝上。7 d后锐端朝上,保持每天翻蛋1~2次,翻蛋时将蛋翻转180°,以防胚盘与蛋壳粘连。

(三)种蛋包装与运输

种蛋运输前可用专用蛋箱包装,如无专用蛋箱,也可用一般的纸箱或箩筐等,但蛋与蛋之间,层与层之间应用柔软物品(如碎稻草、木屑、稻壳等)填充。包装时,钝端向上放置。运输时,要求快速、平稳、安全,防雨淋、防冻、防震荡,因为震荡易使种蛋系带松弛,使胚盘与蛋壳膜粘连,造成死胎或破壳、裂纹,降低孵化率。

(四) 种蛋的消毒

蛋壳表面有许多细菌，这些细菌可进入蛋内，影响种蛋的孵化率和雏禽质量。所以，对保存前和入孵前的种蛋，必须各进行1次严格消毒。常用的种蛋消毒方法有以下几种：

1. 福尔马林熏蒸消毒法 此法消毒效果较好，操作简便。孵化消毒时，首先计算出消毒对象的容积，按每立方米熏蒸空间用福尔马林30 mL、高锰酸钾15 g准备药物。在消毒前，对消毒对象进行升温升湿，温度升到25~27 ℃、相对湿度升到70%~80%。将准备好的高锰酸钾倒入一个瓷容器（不能用金属容器，以免腐蚀，容器的大小以福尔马林用量的10倍以上为宜），放于消毒对象的中央，再将准备好的福尔马林加入，当2种药物相遇后产生大量的甲醛气体，关闭所有门窗及通气孔，熏蒸20~30 min，放出残留气体即可。

2. 高锰酸钾溶液浸泡法 将高锰酸钾配成0.01%~0.05%的水溶液，水温在40 ℃的情况下，将种蛋浸泡3 min捞出。

3. 碘溶液浸泡法 将种蛋浸入1∶1 000的碘溶液中浸泡，每次30~60 s。浸泡10次后，溶液浓度下降，可延长浸泡时间至90 s，或更换新碘液。水温要求在43~50 ℃。

4. 乙酸熏蒸法 种蛋消毒时，每立方米用含16%的过氧乙酸溶液40~60 mL，加入高锰酸钾4~6 g，熏蒸15 min。但必须注意：过氧乙酸不稳定，如在40%以上的浓度，加热至50 ℃易引起爆炸，应在低温下保存；过氧乙酸是无色透明液体，腐蚀性很强，不要接触衣服、皮肤，消毒时用陶瓷或搪瓷盆；要现用现配，稀释液保存不超过3 d。

1. 怎样选择种蛋？保存种蛋的适宜温度和湿度是多少？
2. 种蛋的消毒方法有哪些？怎样操作？

任务六　家禽的人工孵化

一、家禽的孵化期及影响因素

（一）各种家禽的孵化期

胚胎在孵化过程中发育的时期称孵化期。不同的家禽孵化期不同，各种家禽的孵化期见表3-2。

表3-2　各种家禽的孵化期

家禽种类	孵化期（d）	家禽种类	孵化期（d）
鸡	21	火鸡	27~28
鸭	28	珍珠鸡	26
鹅	30~33	鸽	18
瘤头鸭	33~35	鹌鹑	16~18

（二）影响孵化期的各种因素

同一种家禽孵化期亦有所差异，影响因素主要有以下几方面：

1. **种蛋保存时间**　保存时间越长，孵化期延长，且出雏时间不一致。
2. **孵化温度**　孵化温度偏高，则孵化期短；孵化温度偏低，则孵化期延长。
3. **家禽类型**　蛋用型家禽的孵化期比兼用型、肉用型的短。
4. **蛋重**　蛋重大的孵化期比蛋重小的长。
5. **近亲繁殖**　近亲繁殖的家禽，其种蛋孵化期延长，且出雏时间不一致。

孵化期的缩短或延长，对孵化率及雏禽的健康状况都有不良影响。

二、蛋形成过程中的胚胎发育

以鸡为例，成熟的卵细胞在输卵管漏斗部受精后形成受精卵，需要经过25~26 h才能形成完整的鸡蛋，并通过输卵管产出体外。卵细胞在输卵管漏斗部受精后不久即开始发育，到鸡蛋产出体外为止，约经 24 h 的不断分裂而形成一个多细胞的胚盘。受精蛋的胚盘为白色的圆盘状，胚盘中央较薄的透明部分为明区，周围较厚的不透明部分为暗区。无精蛋也有白色的圆点，但比受精蛋的胚盘小，并没有明、暗区之分。胚胎在胚盘的明区部分开始发育并形成两个不同的细胞层，在外层的为外胚层，内层的为内胚层。胚胎发育到这一时期就是原肠期。鸡胚形成两个胚层之后蛋即产出，遇冷暂时停止发育。

三、孵化过程中的胚胎发育

种蛋获得适合的条件后，可以重新开始继续发育，并很快形成中胚层。机体的所有器官都由这 3 个胚层发育而来，中胚层形成肌肉、骨骼、生殖泌尿系统、血液循环系统、消化系统的外层和结缔组织；外胚层形成羽毛、皮肤、喙、趾、感觉器官和神经系统；内胚层形成呼吸系统上皮、消化系统的黏膜部分和内分泌器官。

（一）胚胎发育的外部特征

胚胎发育过程相当复杂，以鸡的胚胎发育为例，其主要特征如下：

第 1 天，在入孵的最初 24 h，即出现若干胚胎发育过程。4 h 心脏和血管开始发育；12 h 心脏开始跳动，胚胎血管和卵黄囊血管连接，从而开始了血液循环；16 h 体节形成，有了胚胎的初步特征，体节是脊髓两侧形成的众多的块状结构，以后产生骨骼和肌肉；18 h 消化道开始形成；20 h 脊柱开始形成；21 h 神经系统开始形成；22 h 头开始形成；24 h 眼开始形成。中胚层进入暗区，在胚盘的边缘出现许多红点，称"血岛"。

第 2 天，25 h 耳、卵黄囊、羊膜、绒毛膜开始形成，胚胎头部开始从胚盘分离出来，照蛋时可见卵黄囊血管区形似樱桃，俗称"樱桃珠"。

第 3 天，60 h 鼻开始发育；62 h 腿开始发育；64 h 翅开始形成，胚胎开始转向成为左侧下卧，循环系统迅速增长。照蛋时可见胚和延伸的卵黄囊血管形似蚊子，俗称"蚊虫珠"。

第 4 天，舌开始形成，机体的器官都已出现，卵黄囊血管包围蛋黄表面的 1/3，胚胎和蛋黄分离。由于中脑迅速增长，胚胎头部明显增大，胚体更为弯曲，胚胎与卵黄囊血管形似蜘蛛，俗称"小蜘蛛"。

第5天，生殖器官开始分化，出现了两性的区别，心脏完全形成，面部和鼻部也开始有了雏形。眼的黑色素大量沉积，照蛋时可明显看到黑色的眼点，俗称"单珠"或"黑眼"。

第6天，尿囊达到蛋壳膜内表面，卵黄囊血管包围蛋黄表面的1/2，由于羊膜壁上的平滑肌的收缩，胚胎有规律地运动。蛋黄由于蛋白水分的渗入而达到最大的重量，由原来的约占蛋重的30%增至65%。喙和"破壳齿"开始形成，躯干部增长，翅和脚已可区分。照蛋时可见头部和增大的躯干部两个小圆点，俗称"双珠"。

第7天，胚胎出现鸟类特征，颈伸长，翼和喙明显，肉眼可分辨机体的各个器官，胚胎自身有体温，照蛋时胚胎在羊水中不容易看清，俗称"沉"。

第8天，羽毛按一定羽区开始发生，上下喙可以明显分出，右侧卵巢开始退化，四肢完全形成，腹腔愈合。照蛋时胚在羊水中浮游，俗称"浮"。

第9天，喙开始角质化，软骨开始硬化，喙伸长并弯曲，鼻孔明显，眼睑已达虹膜，翼和后肢已具有鸟类特征。胚胎全身被覆羽乳头，解剖胚胎时，心脏、肝、胃、食道、肠和肾均已发育良好，肾上方的性腺已可明显区分出雌雄。

第10天，腿部鳞片和趾开始形成，尿囊在蛋的锐端合拢。照蛋时，除气室外整个蛋布满血管，俗称"合拢"。

第11天，背部出现绒毛，冠出现锯齿状，尿囊液达最大量。

第12天，身躯覆盖绒羽，肾、肠开始有功能，开始用喙吞食蛋白，蛋白大部分已被吸收到羊膜腔中，从原来占蛋重的60%减少至19%左右。

第13天，身体和头部大部分覆盖绒毛，胫出现鳞片，蛋白全部进入羊膜腔，照蛋时，蛋小头发亮部分随胚龄增加而减少。

第14天，胚胎发生转动而同蛋的长轴平行，其头部通常朝向蛋的大头。

第15天，翅已完全形成，体内的大部分器官基本上已形成。

第16天，冠和肉髯明显，蛋白几乎全被吸收到羊膜腔中。

第17天，肺血管形成，但尚无血液循环，亦未开始肺呼吸。羊水和尿囊也开始减少，躯干增大，脚、翅、胫变大，眼、头日益显小，两腿紧抱头部，蛋白全部进入羊膜腔。照蛋时蛋小头看不到发亮的部分，俗称"封门"。

第18天，羊水、尿囊液明显减少，头弯曲在右翼下，眼开始睁开，胚胎转身，喙朝向气室，照蛋时气室倾斜。

第19天，卵黄囊收缩，连同蛋黄一起缩入腹腔内。

第20天，卵黄囊已完全吸收到体腔，胚胎占据了除气室之外的全部空间，脐部开始封闭，尿囊血管退化。喙进入气室，开始肺呼吸。雏鸡开始大批啄壳，啄壳时上喙尖端的破壳齿在近气室处凿一圆的裂孔，然后沿着蛋的横径逆时针敲打至周长2/3的裂缝，此时雏鸡用头颈顶，两脚用力蹬挣，20.5 d大量出雏。颈部的破壳肌在孵出后8 d萎缩，破壳齿也自行脱落。

第21天，雏鸡破壳而出，绒毛干燥蓬松。

鸡胚胎发育不同时期的特征见表3-3。

表 3-3 鸡胚胎发育不同时期的特征

胚龄（d）	照蛋特征（俗称）	胚胎发育的主要特征
1	"鱼眼珠"	器官原基出现
2	"樱桃珠"	出现血管
3	"蚊虫珠"	眼睛色素沉着，出现四肢原基
4	"小蜘蛛"	尿囊明显可见，胚胎头部与胚蛋分离
5	"单珠"	眼球内色素大量沉着，四肢开始发育
6	"双珠"	胚胎躯干增大，活动力增强
7	"沉"	出现鸟类特征，可区分雌雄性腺
8	"浮"	四肢成形，出现羽毛原基
9	"发边"	羽毛突起明显，软骨开始骨化
10～10.5	"合拢"	尿囊开始合拢，胚胎体躯生出羽毛
11～16	血管加粗、颜色加深	尿囊合拢结束，蛋白由羊膜通道输入羊膜囊，并逐渐被鸡胚消化吸收
17	"封门"	蛋白全部输入羊膜囊内
18	"斜口"	胚胎转身，喙伸向气室，蛋黄开始进入腹腔
19	"闪毛"	蛋黄大部分进入腹腔，尿囊萎缩
20	"起嘴""啄壳"	喙进入气室，肺开始呼吸，大批啄壳，少量出雏
21	出壳	出雏结束

鸡胚每天发育情况如图 3-6 所示。

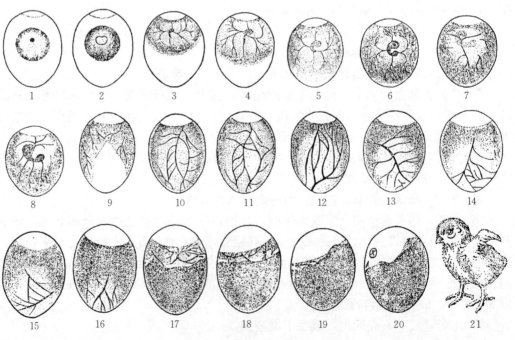

图 3-6 鸡胚发育图谱

（二）胎膜的发育及物质代谢

鸡胚胎发育为了适应在体外发育，在胚胎发育的早期形成 4 种胎膜，即卵黄囊、羊膜、浆膜和尿囊。

1. 卵黄囊 卵黄囊是包在卵黄外面的一个膜囊。孵化第 2 天开始形成，逐渐生长覆盖于卵黄的表面，第 4 天覆盖 1/3，第 6 天覆盖 1/2，到第 9 天几乎覆盖整个卵黄的表面。卵黄囊由囊柄与胎儿连接，卵黄囊上分布的稠密的血管构成了卵黄囊血液循环系统。胎儿通过卵黄囊血液循环系统从卵黄中吸收营养物质。卵黄囊既是胚胎的营养器官，又是早期的呼吸器官和造血器官，孵化到第 19 天，卵黄囊及剩余卵黄开始进入腹腔，第 20 天完全进入腹腔。

2. 羊膜 羊膜是包在胎儿外面的一个膜囊。在孵化后 33 h 左右开始出现，第 2 天即覆盖胚胎的头部并逐渐包围胚胎的身体，到第 4 天时羊膜合拢将胚胎包围起来，而后增大并充满透明的液体，即羊水。羊水起缓冲震荡、平衡压力、使鸡胚不受损伤，并防止粘连，促进胎儿运动的作用。

3. 浆膜 浆膜与羊膜同时形成，孵化第 6 天紧贴羊膜和卵黄囊外面，以后由于尿囊发育而与羊膜分离，贴到内壳膜上，并与尿囊外层结合起来，形成尿浆膜。由于浆膜透明而无血管，因此打开孵化中的胚胎看不到单独的浆膜。

4. 尿囊 尿囊位于羊膜和卵黄囊之间，孵化的第 3 天开始出现，而后迅速生长，第 6 天紧贴蛋壳膜的内表面。在孵化第 10~11 天包围整个胚胎内容物并在蛋的锐端合拢。尿囊以尿囊柄与肠相连，胎儿排泄的液体蓄积其中，然后经气孔蒸发到蛋外。尿囊的表面布满血管，构成尿囊血液循环系统，胚胎通过尿囊血液循环系统吸收蛋白中的营养物质和蛋壳的矿物质，并于气室和气孔吸入外界的氧气，排出二氧化碳。尿囊到孵化末期逐渐干枯，其内存有黄白色含氮排泄物，在出雏后残留于蛋壳里。

胚胎在孵化中的物质代谢主要取决于胎膜的发育。孵化头 2 d 胎膜尚未形成，无血液循环，物质代谢极为简单，胚胎以渗透方式吸收卵黄中的养分，所需气体从分解糖类而来。2 d 后卵黄囊血液循环形成，胚胎开始吸收卵黄中的营养物质和氧气。孵化 5~6 d 以后，尿囊血液循环也形成了，这时胎儿既靠卵黄囊吸收卵黄中的营养，又靠尿囊血管吸收蛋白和蛋壳中的营养物质，还通过尿囊循环经气孔吸收外界的氧气。当尿囊合拢后，胚胎的物质代谢和气体代谢方式同 2 d 后、合拢前，但大大增强，蛋内温度升高。当孵化 18~19 d 后，蛋白用尽，尿囊枯萎，胚胎啄穿气室，开始用肺呼吸，仅靠卵黄囊吸收卵黄中的营养物质，脂肪代谢加强，呼吸量增大。

四、家禽的孵化条件

家禽的孵化条件是指胚胎发育的外界条件，包括温度、湿度、通风、翻蛋及凉蛋五个条件。

（一）温度

1. 温度对胚胎发育的影响 温度是孵化的最重要条件，温度过高、过低都会影响胚胎的发育，严重时造成胚胎死亡。温度高则胚胎发育快，但很软弱，如温度超过 42 ℃经 2~3 h 以后则造成胚胎的死亡。相反，温度过低则胚胎的生长发育迟缓，如温度低至 24 ℃时经 30 h 便全部死亡。

2. 适宜的孵化温度 孵化温度包括孵化室的温度和孵化机的温度。孵化室的温度控制在 24～26℃，孵化的温度实施包括恒温孵化和变温孵化。恒温孵化最适宜的孵化温度是 37.8℃，在出雏机内的出雏温度为 37.3℃。恒温孵化一般适用于分批入孵，即每隔 5～7 d 上一批种蛋，"新蛋"和"老蛋"的蛋盘交错放置，以相互调节温度，使整个孵化期温度保持恒定。整批孵化常采用变温孵化，掌握温度的原则是前期高、中期平、后期低。变温孵化的温度实施参考表 3-4。

表 3-4 鸡、鸭、鹅蛋的变温孵化温度

| 鸡胚龄 | 室温（℃） | | 鸭胚龄 | 室温（℃） | | 鹅胚龄 | 室温（℃） | |
(d)	15～22	22～28	(d)	15～22	22～28	(d)	15～22	22～28
1～6	38.6	38.1	1～7	38.1	37.8	1～9	38.0	37.8
7～12	38.3	37.8	8～15	37.8	37.5	10～18	37.8	37.5
12～18	38.1	37.5	16～24	37.5	37.2	19～26	37.5	37.2
19～21	37.2	37.2	25～28	37.2	36.8	27～31	36.8	36.5

（二）湿度

1. 湿度的作用 湿度对家禽的胚胎发育也有很大作用。

（1）湿度与蛋内水分蒸发和胚胎的物质代谢有关。孵化过程中如湿度不足则蛋内水分加速向外蒸发，因而破坏了胚胎正常的物质代谢。孵化期中蒸发过快将导致尿囊绒毛膜复合体变干，因而阻碍胚胎代谢产物二氧化碳的排出和氧气的吸入。而尿囊和羊膜腔的液体失水过多，会因渗透压的增高而破坏其正常的电解质平衡。相反，湿度过高会阻碍蛋内水分正常蒸发，同样也要破坏胚胎的物质代谢，此时因尿囊绒毛膜和两层壳膜含水过多而妨碍胚胎的气体交换。

（2）湿度有导热的作用。孵化初期适当的湿度可使胚胎受热良好，而孵化末期可使胚胎散热加强，因而有利于胚胎的发育。

（3）湿度与胚胎的破壳有关。出雏时足够的湿度和空气中二氧化碳的作用，能使蛋壳的碳酸钙变为碳酸氢钙，蛋壳随之变脆，有利于雏鸡啄壳。

2. 适宜的孵化湿度 鸡蛋分批孵化时，相对湿度应保持在 55%～60%，出雏时为 65%～70%；整批孵化时湿度应掌握"两头高、中间低"的原则，孵化初期相对湿度为 60%～70%，中期相对湿度为 50%～55%，出壳时相对湿度为 65%～70%。鸭蛋孵化时相对湿度与鸡蛋基本相同，只是各期时间上有所差别。孵化湿度是否正常，可用干湿球温度计测定，也可根据胚蛋气室大小、失重多少和出雏情况判定。

（三）通风

1. 通风的作用 胚胎在发育过程中，不断吸入氧气，呼出二氧化碳，随着胚龄的增加，其需要的换气量也在增加。通风换气可保持空气新鲜，减少二氧化碳，以利于胚胎正常发育。一般要求孵化机内氧气含量达 21%，二氧化碳为 0.5%。当二氧化碳含量达到 1% 时，胚胎发育迟缓，死亡率增高，并出现胎位不正和畸形等。

2. 通风量的掌握 掌握通风换气量的原则是在保证正常温度、湿度的前提下，要求通风换气越充分越好。通过对孵化机内通风口位置、大小和进气孔开启程度，可以控制空气的流速及路线。通风量大，机内温度降低，胚胎内水分蒸发加快，增加能源消耗；通风量小，机内温度增高，气体交换缓慢。为了确保孵化机内的空气新鲜，必须经常保持孵化室的通风换气和清洁卫生。

通风换气与温度、湿度有着密切关系。通风不良，空气不流畅，湿度大，温度高；通风速度快，温度、湿度都难以保证。

（四）翻蛋

1. 翻蛋的作用

（1）翻蛋可避免胚胎与壳膜粘连。蛋黄因脂肪含量高，相对密度较小，总是浮于蛋的上部，而胚胎位于蛋黄之上容易与内壳膜接触，如长时间放置不动，则与壳膜粘连导致死亡。

（2）翻蛋可使胚胎各部受热均匀，供应新鲜空气，有利于胚胎发育。

（3）翻蛋也有助于胚胎的运动，保证胎位正常。

2. 翻蛋的要求 一般每2h翻蛋1次，翻蛋的角度以水平位置为标准，前俯后仰各45°。但孵化鹅蛋时翻蛋角度以180°为最好。翻蛋角度不当，会降低孵化率。翻蛋在孵化前期更为重要。机器孵化鸡蛋到18日龄（鸭蛋25日龄）后可停止翻蛋。翻蛋时要注意轻、稳、慢。据实验，进行不同的翻蛋处理和翻蛋角度对孵化率影响结果见表3-5和表3-6。

表3-5 不同翻蛋处理的孵化结果

翻蛋处理方式	孵化率（%）
整个孵化期间都不翻蛋	29
前7 d翻蛋，7 d后不翻蛋	79
前14 d翻蛋，14 d后不翻蛋	92
1~18 d进行翻蛋	95

表3-6 翻蛋角度对孵化率的影响

翻蛋角度	孵化率（%）
40°	69.3
60°	78.9
90°	84.6

（五）凉蛋

1. 凉蛋的目的 凉蛋的目的是更新孵化机内的空气，排除机内污浊的气体，供给新鲜空气，保持适宜的孵化温度。同时，用较低的温度来刺激胚胎，促使胚胎发育并提高雏禽对外界气温的适应能力。

水禽蛋一般需要凉蛋，因为鸭蛋、鹅蛋孵化至16~17 d以后，物质代谢增加而产生大量生理热，使孵化机内温度升高，胚胎发育加快，必须向外排出过多的热量。在炎热的夏季，整批入孵的鸡蛋到后期，如超温也要凉蛋。

2. 凉蛋的方法 一般每天上、下午各凉蛋 1 次，每次 20~40 min。凉蛋时间的长短，应根据孵化日期及季节而定，还可根据蛋温来定，一般用眼皮来试温，即以蛋贴眼皮，感到微凉（31~33 ℃）就应停止凉蛋。夏季高温情况下，应增加孵化室的湿度后再凉蛋，时间也可长些。鸭蛋、鹅蛋通常采用在蛋表面喷温水的办法来增加湿度和降温。凉蛋时间不宜过长，否则死胎增多，脐带愈合不良。凉蛋时要注意，若胚胎发育缓慢可暂停凉蛋。

五、孵化的方法

家禽的孵化方法包括自然孵化和人工孵化两种。自然孵化是利用母禽就巢获得雏禽，人工孵化是利用母禽就巢的原理，用人工控制环境条件从而得到雏禽。人工孵化法包括大型的机器孵化和我国的民间孵化，生产中多采用大型机器孵化。

（一）孵化器的构造

1. 机体 机体是胚胎发育的场所，要求隔热（保温）性能好，防潮能力强，坚固美观。箱壁外层常采用铁板、里层用铝板，夹层中填满玻璃纤维或聚苯乙烯泡沫，也可以用矿渣棉作隔热材料。控制器位置安排要合理，以便操作、观察及维修。中小型立体孵化器多为整体结构，大型孵化器多为拆卸式板墙结构，并且无底。

2. 种蛋盘 分孵化盘（1~19 d 用）和出雏盘（19~21 d 用）两种。出雏盘孔径不应超过 15 mm。

3. 活动翻蛋架 分为圆桶式、八角架式和架车式（又称跷板式蛋架车）三种，其中圆桶式已被淘汰。

八角架式活动翻蛋架，除上下两层孵化蛋盘较小外，其他规格一样，可以通用。翻蛋时，整个蛋架以中轴为圆心，向前或向后倾斜 45°。

架车式活动翻蛋架由很多层跷板式蛋盘组成，靠连接杆连接，翻蛋时以蛋盘中心为支点向上或向下倾斜 45°~60°。

4. 控温系统 由热源（电热管或远红外棒）以及调节器两部分组成。将热源安装在鼓风叶板与孵化器侧壁下方之间。电热管功率是每立方米配 220~250 W，并分组放置。另外，可附设两组预热电源（600~800 W），在开始入孵或外界温度低时，手动开启闸刀，待孵化器里温度正常后，马上关闭预热电源。

温度调节器有乙醚胀缩饼、双金属片、电子管继电器、晶体管继电器、热敏电阻、可控硅等，应根据条件选择使用。

5. 控湿系统 一般在孵化器的底部安装 2~4 个镀锌铁皮做的浅水盘，自然蒸发供湿。目前较先进的是叶片式供湿轮供湿，通过水银导电温度计及电磁阀对水源控制，但要注意水质，如果水质不好易出故障。

6. 报警系统 报警系统是监督控温系统正常工作的安全装置。采用温度调节器作为感温元件，加上电铃和指示灯泡，可作超温或低温报警。当超温时，孵化器自动切断电源，控制冷水管的电磁阀打开冷水以降低机温。冷水管是一根弯曲的铜管，安装在机壁与鼓风叶片之间。

7. 转蛋及均温系统 八角架式活动翻蛋架的孵化器转蛋及均温系统是由安装在中轴管一端的 90°扇形蜗轮与蜗轮杆相配合组成，可以手动或自动转蛋。转蛋角度以中心线前俯、后仰45°～50°为宜。

8. 通风换气系统 由进出气孔、电机和风扇叶组成。

顶吹式：风扇叶设在机顶中央部位内侧，进气孔设在机顶近中央位置，左右各1个，出气孔设在机顶四角。

侧吹式：风扇设在侧壁，进气孔设在近风扇轴处，出气孔设在顶部中央。进气、出气孔都采用手动控制。

9. 机内照明装置 机内照明装置一般手动控制，也有的将开关设在机门框上。开机房门时，机内照明灯亮电机停止转动；关机房门时，机内照明灯熄灭，电机转动。

（二）孵化操作技术

1. 孵化前的准备工作 孵化前的准备工作主要包括制订计划、检修机器、定温、调温及消毒等。

（1）制订计划、备好电机零件。要根据生产需要制订孵化计划，比如1年内孵化几批，是整批入孵还是每隔几天入孵一批等。同时要备好易损电源元件、温度计、消毒药品、记录表等。

（2）校正、检修机器。在孵化前1周要检查电孵化机各部件安装是否合理、结实。电源是否插好，温度计是否准确等。检查温度计准确度的方法是将标准温度计和孵化用温度计插入38℃水中，观察温差，如温差超过0.5℃以上，最好更换或贴上差度标记。

接通电源，扳动电热开关，观察供温、供湿、试机运转有无异常，然后分别接通或断开控温或控湿、警铃系统的接触点，看是否接触失灵，调节水银导电温湿度计至所需温度和湿度，待达到所需温、湿度时，看是否能自动切断电源，然后开机门降温（湿），再开关门反复测试几次；开启警铃开关，将控温水银导电温度计调至36℃（低温表）和38℃（高温表）分别观察能否自动报警。还需查看电机及传动部分是否需要加油，风扇和转蛋装置有否不妥之处等。上述部件均无异常，需试机运转1～2d，一切正常后方可入孵。

（3）孵化器消毒。新孵化器或搁置很久的孵化器在开始第一次孵化前，要进行消毒。消毒时间最迟不超过入孵前12h，消毒方法常采用福尔马林熏蒸消毒法。

（4）预热种蛋及码盘。入孵前4～6h或12～18h，将种蛋放在22～25℃环境下预热。也有在入孵前1～5h，在38℃条件下预热，或在入孵前6～8h，在38.3℃下预热。预热后将种蛋大头朝上放在孵化盘里。若小头向上不利于出雏和胚胎发育。

此外，在准备工作中，还应准备一个良好的孵化室，孵化室既要保温良好又要通风良好。孵化室要有专门通气孔，地面和墙壁要光滑。室内要备有火墙、烟道和暖器等保暖设备，有条件的还要预备发电机。

2. 入孵 经过消毒和预热的种蛋即可入孵。立体孵化机可实行整批入孵，也可采用分批入孵。分批入孵一般每隔5～7d入孵1批，如果入孵3批，每批间隔6d。再加上若在下午4:00～5:00入孵，这样可以在白天大批出雏。第1批入孵占孵化机容量1/3，放在1、4、7、10层等，第2批放在2、5、8、11层等，第3批放在3、6、9、12层等，第4批重复第一批的位置，依此类推。分批入孵可使各批蛋温均衡上升，不会使孵化机内温度短期骤降，有利于胚胎发育。为了防止不同批次的蛋混杂，要在各批蛋盘外侧贴上标记，记录批次、品种或入孵日期。

种蛋入孵的方法很简单，入孵时把装有种蛋的孵化盘插入孵化器即可，但要注意平衡，防止翻车。

3. 孵化机的管理 立体孵化机由于操作已经机械化、自动化，孵化期间的管理非常简单。主要应注意温度变化，观察调节仪器灵敏程度。遇有温度上升或下降时，应及时调整。

（1）照蛋。孵化期内照蛋2～3次，以便及时检出无精蛋和死胚蛋，并观察胚胎发育情况。其操作方法见实践训练。

（2）移盘。孵化第18天或第19天，将蛋架上的胚蛋移至出雏盘中，停止翻蛋。移盘时动作要轻、稳、快。尽量缩短移盘时间，减少破蛋，出雏机内应保持黑暗和安静，以免影响出雏率。

（3）出雏。孵化满20 d就可以开始出雏，20.5 d大批出雏，20 d另18 h基本出完。出雏过程中根据出雏情况分2～4次将绒毛已干的雏鸡和空蛋壳拣出以利于出雏。可在出雏30%～40%时拣第1次雏，60%～70%时拣第2次雏，最后拣第3次雏。不要经常打开机门，防止温度、湿度降低，影响出雏。

（4）出雏结束的处理。出雏结束后，对出雏室、出雏机进行彻底清扫和消毒然后晾干，准备下次再用。刚出壳的雏鸡分放入运雏鸡箱内，温度保持在25 ℃左右。

（5）停电措施。遇到停电先拉电闸。及时采取措施，使室温提高到27～30 ℃，不要低于25 ℃。每半小时翻蛋1次，保持上下部温度均匀。规模较大的孵化场、经常停电地区应备有发电机，遇到停电立即发电。

4. 孵化记录 为了使孵化工作顺利进行，正确统计孵化成绩，及时掌握情况，应对各种孵化记录表格进行认真填写和计算。孵化室日常管理记录见表3-7，孵化生产记录见表3-8。

表3-7 孵化室日常管理记录

机号　　　第　批　　　胚龄　　d　　年　月　日

时间	机器情况					孵化室		停电	值班员
	温度	湿度	通风	翻蛋	凉蛋	温度	湿度		

表3-8 孵化室记录

批次	入孵日期	种蛋来源	品种	入孵数量	头照		二照		出雏				受精率（%）	受精蛋孵化率（%）	入孵蛋孵化率（%）	健雏率（%）	备注
机号					无精	死胎	破损	死胎	破损	落盘数	毛蛋数	弱雏数	健雏数					

(三)我国民间孵化法

我国人工孵化的历史悠久,孵坊遍布全国各地,孵化方法也多种多样。其共同特点是设备简单、成本低廉、不需用电,在温度的控制上,符合胚胎发育的要求。

中国传统孵化法主要分炕孵、缸孵和桶孵三种,各种方法大同小异,一般均分为两大孵化时期,前半期靠火炕、缸或孵桶供温孵化,后半期均靠上摊床自温和室温孵化。各种方法只有前半期的给温方式不同,后半期则完全一致。

民间孵化,工人师傅常采用眼皮感温来判断孵化温度。眼皮感到的现象及胚蛋的温度见表3-9。眼皮感到有温暖感觉说明温度合适。

表3-9 眼皮感到的现象及胚蛋的温度

感到现象	胚蛋温度(℃)	感到现象	胚蛋温度(℃)
冷	35以下	热	39
凉	36	烫	40
温	37	火	41以上
暖	38		

思与练

1. 各种家禽的孵化期是多久?
2. 家禽的胚胎为适应在体外发育形成几种胎膜?每种胎膜有何功能?胚胎是怎样进行物质代谢的?
3. 家禽孵化需要哪些条件?每个条件是怎样要求的?
4. 怎样对孵化机进行消毒?怎样入孵?
5. 孵化机如何管理?
6. 眼皮感温感到哪些现象?胚蛋温度是多少?

任务七 初生雏禽的处理

学习任务

一、初生雏禽的雌雄鉴别

(一)雏鸡的雌雄鉴别

1. 伴性遗传鉴别法 伴性遗传鉴别法是利用伴性遗传原理,培育自别雌雄品系,通过不同品系间杂交,根据初生雏鸡羽毛的颜色、羽毛生长速度准确地辨别雌雄。

(1)羽色鉴别法。利用初生雏鸡绒毛颜色的不同,直接区别雌雄。如褐壳蛋鸡品种伊莎褐、罗斯褐、海兰褐、罗曼褐等都利用其羽色自别雌雄。用金黄色羽的公鸡与银白色羽的母鸡杂交(银白对金黄是显性),其后代雏鸡中,凡绒毛金黄色的均为母雏,银白色的均为公雏。

(2)羽速鉴别法。控制羽毛生长速度的基因存在性染色体上,且慢羽对快羽为显性。用慢羽母鸡与快羽公鸡杂交,其后代中凡快羽的均是母鸡,慢羽的均是公鸡。区别方法：初生雏鸡若主翼羽长于覆主翼羽是快羽为母雏；若主翼羽短于或等于覆主翼羽是慢羽，则为公雏。图3-7为翅羽各部位名称。

2. 翻肛鉴别 鉴别方法：左手握雏鸡，用中指和无名指轻夹雏鸡颈部，用无名指和小指夹雏鸡两脚，再用左拇指轻压腹部左侧髋骨下缘，借助雏鸡的呼吸，让其排粪。然后以左手拇指靠近腹侧，用右手拇指和食指放在泄殖腔两旁，三指凑拢一挤，即可翻开泄殖腔。泄殖腔翻开后，移到强光源（60 W乳白色灯泡）下，可根据雏鸡生殖突起的有无及组织形态的差异来判断公母，若无生殖突起则直接判定为母雏，若有生殖突起则根据生殖突起的大小、形状及生殖突起旁边的"八"字形皱襞是否发达来区别公母（表3-10）。翻肛鉴别初生雏鸡的整个操作过程动作

图3-7 翅羽各部位名称
1. 翼前羽 2. 翼肩羽 3. 覆主翼羽
4. 主翼羽 5. 覆副翼羽
6. 副翼羽 7. 轴羽

要轻、快、准。用此法鉴别雌雄，鉴别适宜的时间是在出壳后2～12 h进行，超过24 h，生殖突起开始萎缩，甚至陷入泄殖腔深处，难以进行鉴别。

表3-10 初生雏鸡生殖突起的形态特征

性别	类型	生殖突起	"八"字形皱襞
雏雌	正常型	无	退化
	小突起	突起较小，不充血，突起下有凹陷，隐约可见	不发达
	大突起	突起稍大，不充血，突起下有凹陷	不发达
雄雏	正常型	大而圆，形状饱满，充血，轮廓明显	很发达
	小突起	小而圆	比较发达
	分裂型	突起分为两部分	比较发达
	肥厚型	比正常型大	发达
	扁平型	大而圆，突起变扁	发达，不规则
	纵裂	尖而小，着生部位较深，突起直立	不发达

（二）雏鸭、雏鹅的雌雄鉴别

初生的雏鸭和雏鹅的性别鉴定比较容易。因鸭鹅均有外部生殖器，呈螺旋形，翻转泄殖腔时即可拨出。从雏鸭肛门上方开始，轻轻夹住直肠往肛门方向触摸，如触摸肛门上方稍微感到有突起物即为雏鸭的阴茎，可判断为公雏，如手指感到平滑没有突起，就是母雏。这种方法不需翻泄殖腔、操作简便，但需要有一个熟练过程。

二、初生雏的分级和免疫接种

1. 初生雏的分级 雏鸡孵出后稍经休息鉴别后，即可装箱运输。装箱清数同时，按强弱进行分级，实际上就是将弱雏分出单独装箱，运到养鸡场可以单独培育，提高成活率，发育均匀，减少疾病感染。

健康的雏鸡精神活泼，绒毛均整、干净，脐部收缩良好，两脚站立结实，体重正常，胫趾色素鲜浓。弱雏则不活泼，两脚站立不稳，腹大，脐带愈合不良或带血，喙脚颜色很淡，体重过小。较弱的雏鸡单独装箱，而腿、眼和喙有残疾的或畸形的以及过于软弱的雏鸡均不易养活，且易传染疾病，就立即全部淘汰。此外，由于种蛋的大小和保存时间的长短不同，孵出的时间有早有晚，应分别装箱，分别培育。

2. 初生雏的免疫接种 出壳后的雏鸡，在分级和雌雄鉴别后，要在 24 h 内接种马立克氏病疫苗，超过 24 h 接种，免疫效果就会降低。目前，接种的马立克氏病疫苗多为进口的液氮苗，保护率能达到 95% 以上。马立克氏病液氮苗要用专用的稀释液进行稀释，并且稀释的疫苗要在 1 h 内必须用完，否则保护率就会降低。注射时，为了提高疫苗用量的准确度和注射速度，要用专用的连续注射器进行注射，每只鸡颈部皮下注射 0.2 mL。

思与练

1. 雏鸡的伴性遗传鉴别法怎样分公母？
2. 雏鸡的翻肛鉴别法怎样进行？如何判断公母？
3. 雏鸭、雏鹅怎样分公母？
4. 初生雏如何分级？如何进行免疫接种？

知 识 链 接

知识链接一　家禽的自然交配

家禽的自然交配分为大群配种、小群配种和交换配种三种方法。

1. 大群配种 大群配种是指在一大群母禽内按公母比例放入一定数量的公禽，使每 1 只公禽随机与母禽交配。此法简单易行，种蛋受精率高，但后代的血缘不清，也就是不能确知雏禽的父母。一般适用于一级种禽场（祖代场）和二级种禽场（父母代场）种鸡平养。

2. 小群配种 小群配种是在一个配种小间放入一只公禽与一小群母禽配种的方法。母禽、公禽均编脚号或翅号，配置自闭产蛋箱，每个种蛋均记上配种间号数和母禽的脚号或翅号，这样可准确地知道雏禽的父母，血缘清楚，适用于育种场，可用来测母鸡的生产性能。

3. 交换配种（同雌异雄轮配） 同雌异雄轮配在育种工作中较多使用，其步骤为：① 在小群母禽内放入第 1 只种公禽；② 第 5 天开始收集种蛋，作为第 1 只公禽的后代；③ 第 12 天取出第 1 只种公禽，此后种蛋仍为其后代；④ 第 18 天放入第 2 只种公禽，停止留种蛋；⑤ 第 24 天开始收取种蛋，作为第 2 只种公禽的后代；⑥ 第 30 天取出第 2 只种公禽，仍留取种蛋；⑦ 第 37 天放入第 3 只种公禽，停收种蛋，如此往复，用同一群母禽可分别获得多只种公禽的后代。根据每只公鸡后代的表现测定公鸡的生产性能。

知识链接二　孵化效果的检查与分析

孵化过程中结合照蛋、出雏等情况，经常检查胚胎发育情况，随时发现孵化不良的现象和查明其原因，及时改进种鸡的饲养管理和孵化条件，可以经常保持良好的孵化成绩，常用的检查方法如下。

1. 照蛋　用照蛋器的灯光透视胚胎的发育情况，操作简单、效果准确，孵化期中照蛋2～3次。其详细内容见实践训练。

2. 蛋重和气室变化的观察　孵化期中，由于蛋内水分的蒸发，蛋重逐渐减轻。在孵化1～19 d中，蛋重减轻约为原蛋重的10.5%，平均每天减重为0.55%。如果蛋的减重超出正常的标准过多，则验蛋时气室很大，可能是湿度过低或温度过高；如低于标准过多，则气室小，可能是湿度过大或温度过低，蛋的品质不良。

3. 啄壳和出壳的观察　在移蛋时和出雏时期观察胚胎啄壳和出雏的时间，啄壳状态以及大批出雏和结束出雏的时间等是否正常，以检查胚胎发育情况。

4. 初生雏的观察　以雏鸡为例，雏鸡孵出后，观察雏鸡的活力和结实程度，体重的大小，蛋黄吸收情况，绒毛的色素、整洁程度和毛的长短。发育正常的雏鸡体格健壮，精神活泼，体重合适，蛋黄吸收良好，脐部收缩平整光滑，绒毛整洁，色素鲜浓，长短合适。此外还要注意有无畸形、弯喙、蛋黄未吸收、脐带开口而流血、骨骼弯曲、脚和头麻痹等。

5. 死胚的病理解剖　种蛋品质和孵化条件不良时，死胎常常表现出许多病理变化。如温度过高则出现充血、溢血现象，维生素B_2缺乏时出现脑水肿等。因此在清理孵化器时应解剖死胚进行检查。检查时首先判定死亡日龄，注意皮肤，肝、胃、心脏等内部器官，胸腔以及腹膜等的病理变化，如充血、贫血、出血、水肿、肥大、萎缩、变性、畸形等，以确定胚胎的死亡原因。对于啄壳前后死亡的胚胎还要观察胎位是否正常。

6. 胚胎死亡曲线的分析　孵化正常时，胚胎死亡的分布以4～5日龄和18～20日龄2个时期较高，特别是最后1个时期更高些。如果死亡曲线分布异常，需要仔细分析原因（表3-11）。例如，孵化初期死亡率过高，多半是种蛋保存得不好，配种比例不合适，孵化温度过高或过低，翻蛋不足以及种鸡患病等原因；孵化中期死亡率高，往往是种鸡饲养不良，胚胎的营养不足，到19 d验蛋时死亡率很高；孵化末期死亡率过高，可能是孵化条件不良造成的，啄壳未出的死胎蛋较多。优秀的孵化率，入孵蛋可达85%，无精蛋不超过5%，头照中死蛋2%，二照中死蛋2%～3%，移盘后的死胎蛋6%～7%。

表3-11　孵化不良原因分析一览

原因	新鲜蛋	第1次照蛋（5～6 d）	中间检查（10～11 d）	第2次照蛋（19 d）	死胎	初生雏
维生素A缺乏	蛋黄淡白	无精蛋多，死亡率高	发育略迟缓	生长迟缓、肾有盐类结晶的沉淀物	肾及其他器官有盐类沉淀物，眼睛肿胀	带眼病的弱雏多

(续)

原因	新鲜蛋	第1次照蛋 (5~6 d)	中间检查 (10~11 d)	第2次照蛋 (19 d)	死胎	初生雏
维生素D缺乏	蛋壳薄而脆,蛋白稀薄	死亡率略有增高	尿囊发育迟缓	死亡率显著增高	胚胎有营养不良的特征	出壳拖延,初生雏软弱
维生素B_2缺乏	蛋白稀薄	—	发育略迟缓	死亡率增高,蛋重损失少	死胚有营养不良的特征,绒毛卷缩,脑膜水肿	很多雏鸡的颈和脚麻痹,绒毛卷起
陈蛋	气室大,系带和蛋黄膜松弛	很多鸡胚在1~2 d死亡,剖检时胚盘的表面有泡沫出现	发育迟缓	发育迟缓	—	出壳时间拖长
冻蛋	很多蛋的外壳破裂	在第一日龄死亡率高,蛋黄膜破裂	—	—	—	—
运输不良	打碎后多数气室流动	—	—	—	—	—
前期过热	—	多数发育不好,不少胚胎充血、溢血、异位	尿囊早期包围蛋白	异位,心、胃、肝变形	异位,心、胃、肝变形	出壳早
后半期长时间过热	—	—	—	啄壳较早	很多胚胎破壳死亡,但蛋黄未吸入,残留浓蛋白,胚胎心脏充血、缩小	出壳较早,但拖延时间长,雏鸡绒毛黏着,脐带愈合不良
温度不低	—	生长发育非常迟缓	生长发育非常迟缓	生长发育非常迟缓,气室边界平齐	尿囊充血,心脏肥大,蛋黄吸入,但呈绿色,肠胃内充满蛋黄和粪	出壳晚而拖延,幼雏不活泼,脚站立不稳,腹大,有时腹泻
湿度过大	—	—	尿囊合拢迟缓	气室边界平齐,蛋重损失小,气室小	在啄壳时喙粘在蛋壳上,嗉囊、胃和肠充满液体	出壳晚而拖延,绒毛粘连蛋液,腹大

(续)

原因	新鲜蛋	第1次照蛋 (5～6 d)	中间检查 (10～11 d)	第2次照蛋 (19 d)	死胎	初生雏
湿度过低	—	死亡率高，充血并粘在蛋壳上	蛋重损失大，气室大	—	外壳膜干而结实，绒毛干燥	出壳早，绒毛干燥，发黄，有时粘壳
通风换气不良	—	死亡率增高	在羊水中有血液	在羊水中有血液，内脏器官充血及溢血	在蛋的锐端啄壳	—
翻蛋不正常	—	蛋黄粘于壳膜上	尿囊尚未包围蛋白	在尿囊之外有剩余的蛋白	—	—

除了从上述几方面进行检查分析以外，还要掌握种蛋的来源与种鸡的饲养管理和繁殖情况。如果是外地运进的种蛋，孵化之前应先用照蛋器检视蛋的新鲜程度。同时可打开3～5个蛋观察蛋黄颜色和浓蛋白与稀蛋白的比例。孵化时将不同来源的种蛋分别装盘，出雏时单独统计孵化成绩，这样可以及时地了解各场种蛋的品质是否正常，有时可有意识地同时孵化不同鸡场的种蛋，以判断本场种蛋的品质和孵化条件。

知识链接三　提高孵化率的途径

不论使用进口孵化器或国产孵化器，孵化成绩都达到了国际先进水平。但目前也有不少孵化场的孵化效果不理想，究其原因，虽有孵化技术方面的因素，但很大程度上是孵化技术以外因素的影响。下面介绍提高孵化率的几种途径。

（一）饲养高产健康种禽，保证种蛋质量

种蛋产出后，其遗传特性就已经固定。从受精蛋发育成一只雏禽，必需的营养物质只能从种蛋中获得。所以必须科学地饲养健康、高产的种禽，以确保种蛋品质优良。一般受精率和孵化率与遗传（禽种）关系较大，而产蛋率、孵化率也受外界因素的制约。影响孵化率的疾病，除维生素A、维生素B_2、维生素B_{12}、维生素D_3缺乏症外，还有新城疫、传染性支气管炎、副伤寒、曲霉菌病、黄曲霉毒素中毒、脐炎、大肠杆菌病和传染性喉气管炎等。必须指出，无白痢（或无其他疾病）种禽场引进种蛋、种雏，如果饲养条件差，仍会重新感染。同样，从国外引进种蛋无白痢等病的种禽，也会重新感染。只有抓好卫生防疫工作，才能保证种禽的健康。必须认真执行全进全出制度。种禽营养不全面，往往会导致胚胎在中后期死亡。

（二）加强种蛋管理，确保入孵前种蛋品质优良

开产最初2周的种蛋不宜孵化，因为其孵化率低，雏禽的活力也差。由于夏季种禽采食量下降（造成季节性营养缺乏）和种蛋在保存前置于环境差的禽舍，种蛋质量下降，以致7—8月孵化率降低4%～5%。在生产中，人们比较重视冬、夏季种蛋的管理，而忽视春、秋季种蛋保存，片面认为春、秋季气温对种蛋没有多大影响。其实此期温度是多变的，而种蛋对多变的温度较敏感。所以无论什么季节都应重视种蛋的保存。

实践证明,按蛋重对种蛋进行分级入孵,可以提高孵化率。主要是可以更好地确定孵化温度,而且胚胎发育也较一致,出雏更集中。

必须纠正重选择轻保存、重外观选择(尤其是蛋形选择)轻种蛋来源的倾向。照蛋透视选蛋法可以剔除肉眼难以发现的裂纹蛋,特别是可以剔除对孵化率影响较大的气室不正、气室破裂(或游离)以及肉斑、血斑蛋。虽然这样做增加了工作量,但从信誉和社会效益上看无疑是可取的。

为了减少平养种鸡的窝外蛋及脏蛋,可在鸡舍中设栖架,产蛋箱不宜过高,而且箱前的踏板要有适当宽度,不能残缺不全。踏板用合页与产蛋箱连接,傍晚驱赶出产蛋箱中的种鸡,然后掀起踏板,拦住产蛋箱入口,以阻止种鸡在箱里过夜、拉粪,弄脏产蛋箱,第 2 天亮灯前放下踏板。肉用种鸡产蛋箱应放在地面上或网面上,以利母鸡产蛋。种鸭产蛋多在深夜或凌晨,要及时拣蛋保存。

(三)创造良好的孵化条件

提高孵化技术水平所涉及的问题很多,但主要抓好以下两方面,就能够获得良好的孵化效果。概括为两句话:掌握 3 个主要孵化条件,抓好 2 个孵化关键时期。

1. 掌握 3 个主要孵化条件 掌握好孵化温度、孵化场和孵化器的通风换气及其卫生,对孵化率和雏禽质量至关重要。

(1) 正确掌握适宜的孵化温度。

① 确定最适宜孵化温度。温度是胚胎发育的最重要条件,而国内各地区的气候条件及使用的孵化器类型千差万别,给正确掌握孵化温度增加了难度。在"孵化条件"中所提出的"变温"或"恒温"孵化的最适温度,是所有种蛋的平均孵化温度。实际上最适孵化温度,除因孵化器类型和气温不同而异外,还受遗传(品种)、蛋壳质量、蛋重、蛋的保存时间和孵化器中入孵蛋的数量等因素影响。应根据孵化器类型、孵化室(出雏室)的环境温度灵活掌握,特别是新购进的孵化器,可通过几个批次的试孵,摸清孵化器的性能,结合本地区的气候条件、孵化室(出雏室)的环境,确定最适孵化温度。

② 孵化操作中温度掌握。尽可能使孵化室温度保持在 22～26 ℃,以简化最适孵化温度的定温;用标准温度计校正孵化温度计,并贴上温差标记。注意防止温度计移位,以免造成胚胎在高于或低于最适温度下发育;新孵化器或大修后的孵化器,需要用经过校正的体温计,测定孵化器里的温差,求其平均温度。然后将控温水银导电表的孵化给温调至 37.8 ℃,试孵 1～2 批,根据胚胎发育和孵化效果,确定适合本地区和孵化器类型的最适孵化温度。

(2) 保持空气新鲜清洁。

① 胚胎发育的气体交换和热量产生。孵化过程中,胚胎不断与外界进行气体交换和热量交换。它们是通过孵化器的进出气孔、风扇和孵化场的进气排气系统来完成的。胚胎气体交换和热量交换,随胚龄的增长成正比例增加。胚胎的呼吸器官尿囊绒毛膜的发育过程,是同胚胎发育的气体交换渐增相适应的。21 d 胚龄尿囊绒毛膜停止血液循环,于此相衔接的是鸡胚在 19 d 胚龄时,进入气室以后又啄破蛋壳,通过肺呼吸直接与外界进行气体交换。

从 7 d 胚龄开始胚胎自身才有体温,此时胚胎的产热量仍小于损失热量,至 10～

11 d 胚龄时，胚胎产热才超过损失热。以后胚胎代谢加强，产热量更多。如果孵化器各处的孵化率比较一致，说明各处温差小、通风充分。绝大部分孵化器的空气进入量都超过需要，氧气供应充分。但应避免过度的通风换气，因为这样孵化器里的温度和湿度难以维持。

② 通风换气的操作。第一，整个 21 d 孵化期，前 5 d 可以关闭进、出气孔，以后随胚龄增加逐渐打开进、出气孔，以至全打开。用氧气和二氧化碳测定仪器实际测量，更直观可靠。若无仪器，可通过观察孵化控制器的给温或停温指示灯亮灯时间的长短，估测通风换气是否合适。在控温系统正常情况下，如给温指示灯长时间不灭，说明孵化器里温度达不到预定值，通风换气过度，此时可把进出气孔调小。若停温指示灯长亮，说明通风换气不足，可调大进出气孔。

第二，如孵化 1~17 d 鸡胚发育正常而最终孵化效果不理想，有不少胚胎发育正常但闷死于壳内或啄壳后死亡，可能是孵化 19~21 d 通风换气不良造成的，往往通过加强通风措施，能改善孵化效果。有些孵化器设有紧急通风口，当超温时能自动打开紧急通风口。

第三，高原地区空气稀薄，氧气含量低。增加氧气输入量可改善孵化效果。

(3) 孵化场卫生。如果分批入孵，要有备用孵化器，以便对孵化器进行定期消毒。如无备用孵化器，则应定期停机对孵化器彻底消毒。

2. 抓住孵化过程中的 2 个关键时期　整个孵化期，都要认真操作管理，但是根据胚胎发育的特点，有 2 个关键时期，即 1~7 d 胚龄和 18~21 d 胚龄（鸭 24~28 d 胚龄；鹅 26~32 d 胚龄）。在孵化操作中，尽可能地创造适合这两个时期胚胎发育的孵化条件，即抓住了提高孵化率和雏禽质量的主要矛盾。一般是前期注意保温，后期重视通风。

(1) 1~7 d 胚龄。为了提高孵化温度，尽快缩短达到适宜孵化温度的时间。有下列措施：

① 种蛋入孵前预热，既利于禽胚的苏醒、恢复活力，又可减少孵化器中温度下降，缩短升温时间。

② 孵化 1~5 d，孵化器进出气孔全部关闭。

③ 用福尔马林和高锰酸钾消毒孵化器里种蛋时，应在蛋壳表面凝水干燥后进行，并避开 24~96 h 胚龄的胚蛋。

④ 5 d 胚龄（鸭 6 d 胚龄、鹅 7 d 胚龄）前不照蛋，以免孵化器及蛋表温度剧烈下降。整批照蛋应在 5 d 胚龄以后进行。

照蛋时就将小头朝上的胚蛋更正过来，因小头朝上约 60% 胚胎头部在小头，啄壳时喙不能进入气室进行气体交换，增加胚胎死亡及弱雏率。另外，应剔除破蛋。

⑤ 提高孵化室的环境温度。

⑥ 要避免长时间停电。万一遇到停电，除提高孵化室温度外，还可在水盘中加热水。

(2) 18~21 d 胚龄。鸡胚 18~21 d 胚龄（鸭 24~28 d 胚龄；鹅 26~32 d 胚龄）是胚胎从尿囊绒毛膜呼吸过渡到肺呼吸时期，需氧量剧增，胚胎自温很高，而且随着

啄壳和出雏,壳内病原微生物在孵化器中迅速传播。此期的通风换气要充分。解决供氧和散热问题,有下列措施:

① 避开在18 d胚龄(鸭22~23 d胚龄;鹅25~26 d胚龄)移盘到出雏盘,转入出雏器中出雏。可提前在17 d胚龄(甚至15~16 d胚龄),或延长至19 d胚龄(约在10%鸡胚啄壳)时移盘。

② 啄壳、出雏时提高湿度,同时降低温度。一方面是防止啄破蛋壳,蛋内水分蒸发加快,不利破壳出雏;另一方面可防止雏禽脱水,特别是出雏持续时间长时,提高湿度更为重要。在提高湿度的同时降低出雏器的孵化温度,避免同时高温高湿。19~21 d胚龄时,出雏器温度一般不得超过37.5 ℃。出雏期间相对湿度提高到70%~75%。

③ 注意通风换气,必需时可加大通风量。

④ 保证正常供电,此时即使短时间停电,对孵化效果的影响也是很大的,万一停电,应急措施是:打开机门,进行由上而下倒盘,并用体温表测蛋温,此时,门表温度计所示温度绝不能代表出雏器里的温度。

⑤ 拣雏时间的选择。一般在60%~70%雏禽出壳,绒毛已干净时进行第1次拣雏。在此之前仅拣去空蛋壳。出雏后,将未出雏胚蛋集中移至出雏器顶部,以便出雏,最后再拣1次雏,并扫盘。

⑥ 观察窗的遮光。雏鸡有趋光性,已出壳的雏鸡将拥挤到出雏盘前部,不利于其他胚蛋出壳。所以观察窗应遮光,使出壳雏鸡保持安静。

⑦ 防止雏禽脱水。雏禽脱水严重影响成活率,而且是不可逆转的,所以雏禽不要长时间待在出雏器里和放在雏禽处理室里,雏禽不可能同一时刻出齐,即使比较整齐,最早出的和最晚出的时间也相差32~35 h,再加上出雏后的一系列工作(如分级、打针、剪冠、鉴别),时间就更长,因此从出雏到送至饲养者手中,早出壳者,可能超过2 d,所以应及时送至育雏室或送交用户。

此外,如果种禽健康、营养好,种蛋管理得当,在正常孵化情况下,则2个关键时期以外的胚胎死亡率很低。为了解胚胎发育是否正常,可在10~11 d胚龄照蛋,若尿囊绒毛膜合拢,说明孵化前半期胚胎发育正常;还可抽照17 d胚龄胚蛋,如胚蛋小头"封门",说明胚胎发育正常,蛋白全部进入羊膜腔里,并被胚雏吞食。

实 践 训 练

技能一 鸡的人工授精

一、鸡的采精

【材料和用具】公鸡数只,母鸡一群、毛剪、采精杯、集精杯、干燥箱、消毒盒、脱脂棉球、刻度吸管、试管、显微镜、载玻片、盖玻片、血球计数板、恒温箱、保温瓶(杯)、pH试纸、消毒药品等。

【实训内容与方法】

1. 采精前的准备

（1）公鸡的隔离和调教。公鸡在配种前3~4周，转入单笼饲养，便于熟悉环境和管理人员。在配种前2~3周，开始训练公鸡采精，每天1次或隔天1次，一旦训练成功，则应坚持采精。经3~4次训练，大部分公鸡都能采到精液。对经多次训练不能建立反射的公鸡应予以淘汰。

（2）剪去公鸡泄殖腔周围的羽毛。为了防止污染精液，开始训练之前，应将公鸡泄殖腔周围的羽毛剪去，尾基部的鞍羽也剪去一部分（图3-8）。

（3）公鸡于采精前3~4 h禁食，以防排粪尿。

（4）用具的准备：所有人工授精用具，都应清洗、消毒、烘干。如无烘干设备，清洗干净后，用蒸馏水煮沸消毒，再用生理盐水冲洗2~3次后方可使用。

图3-8 公鸡的剪毛

2. 采精方法

鸡的采精方法有多种，目前在生产中应用较多的是按摩采精法，常2人配合，1人保定公鸡，1人按摩采精。具体操作方法如下：

保定人员双手握住公鸡的腿部，用大拇指压住几根主翼羽，使公鸡尾部向前，头向后，平放于右侧腰部。采精者右手小拇指和无名指夹住采精杯，杯口朝下朝向手心；右手拇指和食指伸开，以虎口部贴于公鸡后腹部柔软处。左手伸展，除拇指外，其余四指并拢，手掌贴于鸡背部并向后按摩，当手到尾根处时稍加力（图3-9）。连续按摩3~5次，当公鸡出现压尾反射时，左手将公鸡尾羽压向其背部，拇指和食指放于泄殖腔中上部两侧轻轻挤压，与此同时，右手将采精杯口贴于泄殖腔下缘，承接由交配器流出的乳白色的精液（图3-10）。采完后将精液倒入集精杯内。不同的公鸡精液混合于同1个集精杯内。收集到的精液应立刻置于25~30 ℃水温的保温瓶内，并于采精后30 min内使用完。也可以把保温杯口塞1个橡皮塞，橡皮塞上面钻有3~4个试管孔。保温杯内放入30~35 ℃的温水，将试管插入保温杯，在试管里放有精液，这样也能为精液保温，暂时保存精液，并于采精后30 min内将精液用完。

公鸡采精（视频）

图3-9 公鸡的按摩

图3-10 公鸡的采精

3. 采精频率 一般隔日采精，也可每采精 2 d 休息 1 d，也可在 1 周之内连续采精 3~5 d，休息 2 d，但应注意公鸡的营养状况和体重变化。公鸡最好在 30 周龄后再连续采精。

4. 采精应注意的问题

（1）采精用具应清洗和高温消毒。

（2）采精前公鸡应停水 2 h，停食 3 h。

（3）抓鸡、放鸡动作要轻，防止损伤公鸡，按摩和挤压用力要适度。

（4）保持采精环境的安静、清洁。采精时若公鸡排粪，则应用棉球将粪便擦净。如果精液被粪尿污染严重，应废弃。

（5）采精时，左手大拇指和食指从肛门两侧向下挤压很重要。否则，交配器官不易伸出射精。

二、精液的检查与稀释

【材料和用具】显微镜、载玻片、盖玻片、血细胞计数板、恒温箱、保温瓶（杯）、pH 试纸、消毒药品、蒸馏水、生理盐水等。

【实训内容与方法】

1. 精液的常规检查

（1）外观检查。正常精液为乳白色、不透明液体。混入血液者为粉红色；被粪便污染者为黄褐色；有尿酸盐混入时，呈粉白棉絮状。

（2）精液量的检查。可用刻度吸管或带刻度的集精杯检查精液的量。正常情况下，1 只公鸡 1 次可以采得 0.3~0.5 mL 精液。

（3）精子活力检查。于采精后 20~30 min 进行，取精液和生理盐水各 1 滴，置于载玻片一端混匀，放上盖玻片。在 37~38 ℃条件下于 200~400 倍显微镜下检查。根据以下 3 种活动方式估计评定：呈直线前进运动的精子，具有受精能力，以其所占的比例，评为 1.0 级、0.9 级、0.8 级、0.7 级等；呈现圆周运动和摆动的精子，都没有受精能力。

精子活率评定（视频）

（4）精子密度检查。可采用血细胞计数板来计数，此法精确，但操作比较麻烦，故一般采用估测法将精子密度分为密、中、稀 3 个等级。操作时，取原精液 1 滴置于载玻片上，放上盖玻片，在 400 倍显微镜下观察。若可见整个视野布满精子，精子之间几乎无间隙，则判断为密，每毫升约有 40 亿个以上的精子。若精子之间有 1~2 个精子空隙，则判断为中，每毫升有 20 亿~40 亿个精子。若精子之间有较大的空隙，则判断为稀，每毫升约有 20 亿个以下的精子。

（5）pH 检查。使用精密试纸或酸度计，便可测出 pH。

（6）畸形率检查。取精液 1 滴于玻片上，抹片，自然干燥后，用 95% 酒精固定 1~2 min，冲洗，再用 0.5% 龙胆紫（或红、蓝墨水）染色，3 min 后冲洗，干燥后即在 400~600 倍显微镜下检查，数出 300~500 个精子中有多少个畸形精子，计算百分率。

2. 精液的稀释

（1）稀释目的。鸡的精液浓度高、密度大，稀释可以增加精液的容量，增加输精母鸡的数量，提高公鸡的利用率；便于输精操作；使用某些稀释液还可以延长精子在体外的存活时间。

（2）稀释方法。首先按配方要求配制稀释液。采精后应尽快稀释，将精液和稀释液分别装于试管中，并同时放入 35～37 ℃保温瓶中或恒温箱中，使精液和稀释液的温度相等或接近。稀释时应将稀释液沿装有精液的试管壁缓慢加入，轻轻转动，使两者混合均匀。若高倍稀释应分次进行，防止突然过快改变精子环境。

三、输精

【材料和用具】 经训练的公鸡数只，母鸡一群、采精杯、集精杯、输精器（胶头滴管或输精枪等）、保温瓶、温度计、药棉等。

【实训内容与方法】

1. 输精方法 母鸡的输精通常采用输卵管外翻输精法。输精时两人操作，助手用右手（或者左手）抓住母鸡的两腿向笼外拉，待将鸡体拉出笼门时，将鸡体放在笼门处，左手（或者右手）贴于母鸡后腹部，大拇指放在腹部，其余四指放在泄殖腔左侧，把住鸡的尾羽，大拇指向腹部稍加压力，泄殖腔即可外翻。泄殖腔左上部隆起部即为输卵管的阴道口。输精员将吸有精液的输精管插入母鸡阴道输入精液，输精完成后拔出输精管。同时助手的左手（或者右手）大拇指回缩，放松对母鸡腹部的压力，放鸡入笼即可（图 3-11）。如采用输精枪输精，将剂量设定后每次可连续输 15～20 只母鸡，提高了输精效率，剂量也很准确。

图 3-11　母鸡的输精

母鸡输精（视频）

2. 输精要求

（1）输精量。现在输精常输原精液，每次输入原精液量为 0.025～0.05 mL。首次加倍。

（2）输精间隔。一般每 5～6 d 输精 1 次或者采用每隔 1 d 1 次。母鸡自输精之日起第 3 天开始收集种蛋。

（3）输精时间。最好在下午 3:00～4:00 进行。

3. 输精注意事项

（1）当给母鸡腹部施以压力时，一定要着力于腹部左侧。

（2）插入输精器时需对准输卵管开口中央，且动作要轻，防止损伤输卵管壁。

（3）助手与输精员要密切配合，当输精器插入的一瞬间，助手应立即解除对母鸡腹部的压力，保证精液全部输入。

（4）不要空输和漏输。在输精器插入阴道前，发现前端有空气柱应排空，避免空输。若 1 个笼里装 3 只以上的鸡易出现漏输或者重输，采用 2 人抓鸡 1 人输精的办法即可解决。

(5) 输精器插入的深度为 2~3 cm。

(6) 在翻肛时，要注意挤压时切勿用力过猛，防止挤伤内脏或造成骨折。特别是输卵管内有待产蛋时，若挤压破碎会导致停产，甚至会造成母鸡死亡。

技能二 照 蛋

【材料和用具】孵化 5~6 d、10~11 d、18~19 d 的正常鸡胚蛋或 7~8 d、12~13 d、23~25 d 的正常鸭胚蛋各若干个，不同时期弱胚蛋、死胚蛋各若干个，胚胎发育标本模型、彩图及幻灯片，蛋盘，照蛋灯，出雏筐，操作台等。

【实训内容与方法】整个孵化期内一般进行 3 次照检。鸡胚蛋第 1 次在 5~7 d 胚龄，其目的是剔除无精蛋、早期死胎蛋，检查胚胎发育情况；第 2 次在 11 d 胚龄，目的是检查胚胎发育情况；第 3 次在 18~19 d 胚龄，目的是检查胚胎发育情况，将发育差或死胎蛋剔除，进行移盘。

1. 照检入孵第 5 天的鸡胚蛋　通过照蛋器检查禽胚胎发育情况。剔除无精蛋、死胚蛋和弱胚蛋。

(1) 受精蛋。整个蛋红色，胚胎发育像蜘蛛形态，其周围血管分布明显，扩散面大，并可看到胚胎上的黑色眼点（胚胎的眼睛），将蛋微微晃动，胚胎亦随之而动。

(2) 弱精蛋。黑色眼点血丝不明显。

(3) 死精蛋。有血线、血圈、血环，但无血管分支。

(4) 无精蛋。蛋内透亮，有时能看到 1 个黑影（扩散的蛋黄），没有血点和血丝。

第 1 次照蛋普遍照，简称普照。第 1 次照检时蛋的表征如图 3-12 所示。

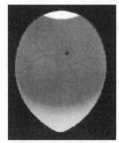 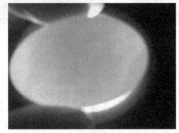 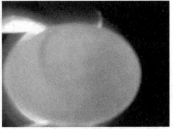

正常发育蛋　　　　　无精蛋　　　　　死胚蛋

图 3-12　第 1 次照蛋时蛋的表征

2. 照检入孵第 10 天的鸡胚蛋

(1) 正常活胚蛋可见尿囊血管在蛋的小头合拢，除气室外，整个蛋布满血管，俗称"合拢"。

(2) 弱胚蛋则尿囊尚未在锐端合拢，蛋的锐端无血管分布，颜色较淡。

(3) 死胚蛋内呈暗褐色，可见血条。

第 2 次照蛋时抽取几盘照，所以称为抽照。第 2 次照蛋时蛋的表征如图 3-13 所示。

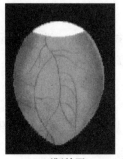  

  10 d胚龄蛋   弱胚蛋   死胚蛋

图 3-13 第 2 次照蛋时蛋的表征

3. 照检入孵第 18～19 天的鸡胚蛋

（1）正常发育的胚蛋已经占满气室以外的所有空间，由于胎儿的颈部紧压气室，气室边界弯曲明显，周围可见粗大的血管，有时可见胚胎颤动。

（2）弱胚蛋则气室边界平整，血管纤细。

（3）死胚蛋气室边界颜色较淡，无血管分布，能看见死胎。

第 3 次照蛋普遍照，简称普照。第 3 次照检时蛋的表征如图 3-14 所示。

 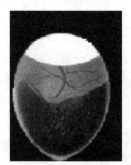

  19 d胚龄蛋   弱胚蛋

图 3-14 第 3 次照检时蛋的表征

技能三 雏鸡的翻肛鉴别法

【材料和用具】出生 24 h 内的雏鸡 100 只（公、母混合雏）、60 W 白炽灯泡、雏鸡箱等。

【实训内容与方法】

1. 抓握雏鸡的方法 按鸡运动方向，由左手将雏鸡抓起；左手握雏鸡，用中指和无名指轻夹雏鸡颈部，用无名指和小指夹雏鸡两爪。

2. 排粪 用左拇指轻压腹部左侧髋骨下缘，借助雏鸡的呼吸，让其排粪。

3. 翻肛 然后以左手拇指靠近腹侧，用右手拇指和食指放在泄殖腔两旁，3 指凑拢一挤，即可翻开泄殖腔。

4. 鉴别 泄殖腔翻开后，移到强光源（60 W 乳白色灯泡）下，可根据雏鸡生殖突起的大小、形状及生殖突起旁边的"八"字形皱襞是否发达来区别公母。

5. 注意事项 翻肛鉴别初生雏鸡的整个操作过程动作要轻、快、准。用此法鉴别雌雄，鉴别适宜的时间是在出壳后 2~12 h 进行，超过 24 h，生殖突起开始萎缩，甚至陷入泄殖腔深处，难以进行鉴别。

技能四 初生雏的免疫接种

【材料和用具】出壳 24 h 以内的雏鸡若干箱、鸡马立克氏病疫苗及稀释液、注射器等。

【实训内容与方法】

1. 准备注射器具 注射器具清洗后煮沸消毒。

2. 稀释疫苗 用马立克氏病疫苗专用稀释液进行稀释，稀释的疫苗规定在 1 h 内用完。

3. 免疫接种 每只雏鸡颈部皮下注射 0.2 mL。

项目三习题

习题答案

项目四

蛋 鸡 生 产

知识目标

1. 了解鸡品种分类和蛋鸡品种选择依据。
2. 掌握蛋鸡雏鸡、育成鸡、商品鸡和种鸡的生理特点及对环境的要求。
3. 能说明鸡强制换羽的原理及方法。

能力目标

1. 能识别蛋鸡品种。
2. 会管理不同阶段的蛋鸡。
3. 能熟练进行雏鸡断喙,准确辨析不同程度蛋鸡以及绘制与分析产蛋率曲线。
4. 能操作鸡强制换羽技术。

素质目标

1. 培养团队协作能力。
2. 具有吃苦耐劳、爱护动物的职业精神。
3. 善用国家行业标准,建立爱岗敬业、遵守规范、安全生产、保护环境的职业操守。

任务一 蛋鸡品种选择

学习任务

在现代化蛋鸡生产中,蛋鸡品种分为许多类型,有标准品种、地方品种和现代蛋鸡配套系,现代蛋鸡配套系是充分利用标准品种和地方品种,运用先进的育种技术,根据育种目标,经过纯系培育和大量配合力测定,由品系配套及杂交制种产生二系配套、三系配套、四系配套,目前以四系配套为主。

一、鸡品种分类

家禽品种是在人类进行家禽生产的过程中逐步形成的,是家禽业生产活动的产物。我们常常发现,一个家禽品种并不是一成不变的,会随着人工选择方向的变化而发生不同的变化;而且不同时代的同一品种无论是体型外貌还是生产性能上都会有较大的差别。

家鸡品种分类的方法,目前多有两大类。

(一)根据鸡的结构、研究目的和手段不同分类

1. 按体型外貌特征分类

(1)按鸡的羽色分类。鸡的芦花羽、白羽、红羽等都是重要的品种特征。

(2)按鸡的蛋壳颜色分类。有褐壳(红壳)品种、白壳品种、粉壳品种和青壳(绿壳)品种等。

2. 按培育程度分类

(1)原始品种。一般都是较古老的品种,是驯化以后,在长期放牧或饲养管理粗放的条件下,未经严格、系统的人工选择而形成的品种,例如仙居鸡。有些原始品种也就是地方品种,这类品种一般只生活于一定的地理区域和气候环境内,所以又称其为土著品种或土种。在地方品种中,培育程度较高,生产性能也较好的地方品种也称为地方良种。

(2)培育品种。是人们有明确的育种目标,在遗传育种理论和技术指导下,经过较系统的人工选择过程而育成的品种。例如肉鸡、蛋鸡等都属于这类品种,其生产性能和育种价值都较高。

3. 按经济用途分类 由于现代培育品种多为定向培育而成,故常用此法进行分类,一般分为专用品种(肉用、蛋用、药用、观赏用)和兼用品种。

在生产实践中,人们常常根据需要将这3个分类方法结合起来使用,但究竟用哪种更合适,要视家禽品种和有关情况而定。

(二)根据形成过程和特点分类

1. 标准品种 英国、美国、加拿大等国家的家禽爱好者、家禽工作者组成的家禽协会,制定了各种家禽品种标准,在19世纪80年代至20世纪50年代初时,这些家禽品种标准作为国际上公认的标准分类法的依据,凡达到此标准的便列入品种志中。此分类法将家禽按类、型、品种、品变种进行分类。

目前较有影响的是《美洲家禽标准品种志》和《大不列颠家禽标准品种志》,其中《美洲家禽标准品种志》(1998)中收入鸡品种104个,鸭14个,鹅11个,火鸡1个,总计130个品种,品变种438个。表4-1列出了鸡主要标准品种。

2. 地方品种 《中国畜禽遗传资源志·家禽志》(国家畜禽遗传资源委员会,2011)共收入家禽遗传资源189个,其中鸡116个,鸭34个,鹅31个;鸡品种中包括地方品种107个,培育品种4个、引进品种5个,鸭品种中包括地方品种32个、引进品种2个,鹅品种中包括地方品种30个、培育品种1个。

3. 现代禽品种 经现代育种方法培育出的品种,与过去那些纯种不同,大部分是杂交配套品种(或品系)或称配套品种;这些品种多以公司名称而得名。

表 4-1 鸡主要标准品种分类

种类	类	型	品种	品变种
鸡	地中海	蛋用	来航	单冠白来航
	美洲	兼用	洛克	白洛克、芦花洛克、浅黄洛克等
		兼用	洛岛红	单冠洛岛红、玫瑰冠洛岛红
		兼用	新汉夏	
	英国	兼用	苏塞斯	浅花苏赛斯等
		兼用	澳洲黑	
		肉用	考尼什	白考尼什等
	亚洲	肉用	狼山	黑狼山、白狼山

二、蛋鸡标准品种（配套系）介绍

（一）标准品种

20世纪50年代前经过人们有计划地系统选种、选育，并按育种组织制定的标准鉴定承认的品种称为标准品种；它强调血缘和外形特征的一致性，对体重、冠型、耳叶颜色、肤色、羽色、蛋壳色泽等都有要求。表4-2列出了鸡主要标准品种及其重要生产性能指标。

表 4-2 鸡主要标准品种重要生产性能指标

品种名	变种数	原产地	公认年度	标准体重（kg） 幼年 公	标准体重（kg） 幼年 母	标准体重（kg） 成年 公	标准体重（kg） 成年 母	开产日龄（d）	产蛋量（个）	蛋重（g）	壳色	经济用途
白来航	12	意大利	1874	2.27	1.82	2.73	2.04	150~160	200~250	60~65	白	产蛋
九斤黄	4	中国	1874			4.99	3.85	240~270	100~120	55	褐	肉用
波罗门	3	中国	1874			5.44	4.32	240~270	100~120		褐	肉用
狼山鸡	2	中国	1883			3.5~4	2.5~3	210~240	150~180	57	褐	兼用
洛岛红	2	美国	1904	3.4	2.5	3.86	2.95	180~210	160~200	60~65	褐	产蛋
新汉夏		美国	1935	3.41	2.5	3.86	2.95	180	180~200	56~60	褐	生产杂交种
芦花洛克	7	美国	1874	3.63	2.72	4.31	3.41	180~210	180~200	50~55	褐	生产杂交种
白洛克		美国	1888	3.63	2.72	4.31	3.41	150~160		60	白	肉用
浅花苏赛克斯	3	英国	1974			3.99	3.17	240~270	100~120		褐	兼用
澳洲黑		澳洲	1929			3.86	2.85	210~240	170~190	60~65	褐	产蛋
考尼什	2	英国	红1893 白1898			4.5~5.5	3.5~4	120	54~57		褐	肉用
温多德	8	美国	1883	3.4	2.5	3.8	3	210~240	140~150		褐	兼用
奥品顿	4	英国	1905			4.5	3.5	210~240	150	65	褐	兼用
米诺卡	5	意大利	1888			3.99	3.68	210	180~200		白	产蛋
安科纳	2	意大利	1898			2.72	2.04	210	150		白	产蛋
蓝色安达罗夏		西班牙	1874			3.18	2.51	210	150		白	产蛋

注：1. 表中公认年度、开产日龄、产蛋量、蛋重等性能主要摘自吉冈正三等于1957所著《养鸡讲座》和 H. G. Youtz 等编写的 *Juding Livestock, Dairy Cattle, Poultry and Orops*（1970）。

2. 公认年度指美国家禽协会公认的年度。

3. 经济用途指各品种在生产中的用途，不完全指分类上属于何种类型。

（二）典型蛋鸡配套系介绍

在世界集约化养禽业中，白壳蛋鸡一直占主要地位，而自从褐壳蛋鸡的产蛋性能有了明显提高后，褐壳蛋鸡的比重大大上升。目前，美国、德国、加拿大、日本等国家以白壳蛋鸡为主，而意大利、法国、英国等国家以褐壳蛋鸡为多，比利时、荷兰等国家的两者数量基本持平。中国目前主要以褐壳蛋鸡为主。

1. 白壳蛋鸡 白壳蛋鸡开产早、产蛋量高、无就巢性、体积小、耗料少、产蛋的饲料报酬高；单位面积的饲养密度高，相对来讲，单位面积所得的总产蛋数多；适应性强，各种气候条件下均可饲养；蛋中血斑和肉斑率很低。这种鸡最适于集约化笼养管理。它的不足之处是蛋重小，神经质，胆小怕人，抗应激性较差；好动爱飞，平养条件下需设置较高的围栏；啄癖多，特别是开产初期啄肛造成的伤亡率较高。我国白壳蛋比褐壳蛋价格稍低，淘汰时残值低。

现代生产白壳蛋的商品杂交鸡，均利用白来航鸡先育成具有不同特点的品系，然后采用二元、三元或四元杂交，通过配合力测定，筛选出最佳的配套杂交组合，从而使商品蛋鸡的生产性能既高产，又稳定，而且饲料报酬高。如目前白壳蛋鸡最常见的品种海兰 W-36、北京白鸡（简称京白）等就是白来航商品杂交鸡。表 4-3 列出了我国常见白壳蛋鸡的主要生产性能。

表4-3 常见白壳商品蛋鸡的主要生产性能

鸡品种	产地	50%开产周龄	72周龄入舍鸡产蛋（个）	产蛋总重（kg）	平均蛋重（g）	料蛋比	育成期成活率（%）	产蛋期存活率（%）
京白988	中国	23	310	18.7	63	2.0∶1	96～98	94.5
京白584	中国	24	270～280	16.5	60	(2.5～2.6)∶1	92	90
海兰W-36	美国	24	285～310	18～20	63	2.2∶1	97～98	96
巴布考克B-300	法国	21～22	285	17.2	64.6	(2.3～2.5)∶1	98	94.5
星杂288	加拿大	23～24	260～285	16.4～17.9	63	2.3∶1	98	92
迪卡白	美国	21	295～305	18.5	61.7	2.17∶1	96	92
罗曼白	德国	22～23	290～300	18～19	62～63	2.35∶1	96～98	95
伊莎白	法国	21～22	322～334	19.8～20.5	61.5	(2.15～2.3)∶1	95～98	95

2. 褐壳蛋鸡 褐壳蛋鸡是由肉蛋兼用型品种培育而来，其蛋重大、蛋的破损率较低，性情温顺，对应激因素的敏感性较低，好管理；体重较大，产肉量较高，商品代小公鸡生长较快，是肌肉的补充来源；耐寒性好，冬季产蛋率较平稳；啄癖少，因而死亡率、淘汰率较低。但褐壳蛋鸡体重较大，采食量比白壳蛋鸡每天会多5～6 g，每只鸡所占面积比白壳蛋鸡多15%左右，单位面积产蛋少5%～7%；这种鸡有偏肥的倾向，饲养技术难度也大，特别是必须实行限制饲养，否则过肥影响产蛋性能；体型大，耐热性较差；蛋中血斑率和肉斑率高，感观不太好。

现代生产褐壳蛋的商品杂交鸡，在四系配套杂交组合的父本中，主要是利用洛岛红鸡的高产品系作父本父系和父本母系，而且大都用作伴性遗传的亲本，利用其隐性金黄色和非芦花羽分别对显性银白色和芦花羽色的伴性特点，用作繁殖商品蛋鸡的父本，以便使初生雏能按羽色自别雌雄。表4-4列出了常见褐壳、粉壳、绿壳商品蛋鸡的主要生产性能。

表4-4 常见褐壳、粉壳、绿壳商品蛋鸡的主要生产性能

壳色	鸡品种	产地	50%开产周龄	72周龄入舍鸡产蛋（个）	产蛋总重（kg）	平均蛋重（g）	料蛋比	育成期成活率（%）	产蛋期存活率（%）
褐	海兰褐	美国	22~23	317	20.2	63.7	2.11:1	96	94
	宝万斯褐	荷兰	20~21	321	20.07	62.5	2.24:1	98	94
	罗曼褐	德国	23~24	295~305	18.2~20.5	63.5~64.5	2.10:1	96	95
	海赛克斯褐	荷兰	23~24	290	18.3	63.2	2.39:1	97	95
	伊莎褐	法国	24	285	18.2	63.5~64.5	(2.4~2.5):1	98	93
	迪卡褐	美国	22~23	305	19.8	65	(2.07~2.28):1	99	95
粉	星杂444粉	加拿大	22~23	265~280	17.7~17.8	61~63	(2.45~2.7):1	92	93
	海兰灰	美国	22~23	290	18.4	62	2.3:1	98	93
	农昌2号粉	中国	23~24	255	15.25	59.8	.7:1	90	93
	京白939粉	中国	21~22	299	17.9	60~63	2.33:1	96	92
绿	新杨绿壳蛋鸡	上海	22	227~238	11.4	48~50	2.3:1	95	93
	三凰绿壳蛋鸡	江苏	21~22	190~205	10.1	50~52	2.3:1	95	93

（三）地方品种

地方品种生产性能较低，体型外貌不一致，但具有生活力强、耐粗饲等优点。它是在育种技术水平较低，无明确的育种目标，没有经过有计划的系统选种、选育，而在某一地区长期饲养而形成的品种。表4-5为我国的地方品种鸡及其生产性能。

表4-5 我国的地方品种鸡及其生产性能

品种	原产地	体重（kg）		开产期（月龄）	年产蛋量（个）	蛋重（g）	壳色	备注
		公	母					
浦东鸡	上海市南汇、川沙、奉贤一带	3.5~4	3~3.5	7~8	110~140	55~60	褐色	就巢性强、肉质鲜美
庄河鸡（大骨鸡）	辽宁省庄河、丹东一带	3~3.5	2.2~2.5	8~9	80~120	63~68.5	褐色	耐寒性强、多产大蛋
寿光鸡	山东省寿光一带	3~3.5	2.5~3	7~8	90~130	60~65	红褐	耐粗饲、蛋大

(续)

品种	原产地	体重（kg） 公	体重（kg） 母	开产期（月龄）	年产蛋量（个）	蛋重（g）	壳色	备注
北京油鸡	北京市郊区	2～2.5	1.7～2	8～10	120～160	56～60	红褐	就巢性强、生长慢、肉质好
惠阳胡须鸡（三黄胡须鸡）	广东省惠阳地区、东江中下游	2～2.5	1.5～2	5～5.5	100～120	45～55	米黄	早熟、肉嫩脂丰骨酥、味鲜、质优
狼山鸡	江苏省如东县	3～3.5	2～2.5	6.5～7	150～180	50～60	红褐	肉质好、有就巢性
桃源鸡	湖南省桃源县	3～4	2～3	6.5～7.5	100～150	50～55	褐	肉质好、有就巢性
固始鸡	河南省信阳地区、固始县一带	1.9～3.5	1.2～2.4	5.5～9	96～160	48～60	黄褐	蛋黄呈鲜红色
仙居鸡	浙江省仙居县一带	1.2～1.5	0.8～1.0	5～6	200以上	40～45	褐色	小巧、敏捷好动、善飞、觅食力强、就巢性差
萧山鸡	浙江省萧山区爪沥地区	3～3.5	2～2.5	5～7	120～150	50～55	浅棕	肉质鲜美
丝羽乌骨鸡（泰和鸡）	江西省泰和县	1.25～1.5	1～1.25	5.5～6	80～120	30～50	浅棕	药用、就巢性强、抗病力弱

思与练

1. 实际生产中如何选择蛋鸡品种？
2. 中国鸡的标准品种有哪些？
3. 比较和分析白壳蛋鸡和褐壳蛋鸡各有哪些特点？
4. 如何利用好国内现有标准品种和地方品种资源？

任务二　育雏前的准备

学习任务

育雏是蛋鸡生产中的一个重要环节。正常情况下，蛋鸡育雏期是0～6周龄。育雏前要做好各项准备工作，应重点做好育雏人员的培训，制订详细的育雏计划，选择合适的育雏季节及科学的育雏方式，做好鸡舍的消毒、维修及预热增湿等工作。

一、制订育雏计划

1. 制订育雏目标　育雏的目的就是通过对0～6周龄的雏鸡进行严格、科学、合理的饲养管理，培育出符合其品种生长发育特征的健壮合格鸡群。

2. 制订育雏周转计划 为提高养殖效益,防止盲目生产,育雏前要根据鸡舍情况和饲养方式及鸡群的整体周转计划来制订育雏的详细周转计划。大的原则是最好能够做到以场为单位的全进全出制,每批育雏后的空场时间为1个月,这是防病和提高成活率的关键措施。如果做不到以场为单位的全进全出制,那就尽量做到以区为单位的全进全出,最差也应做到以栋为单位的全进全出。

育雏计划的主要内容:首先是雏鸡的品种、代次、来源和数量。数量要由上笼鸡的数量反推出来;其次为进雏的日期和育雏的时间、饲料需要计划(每只鸡平均每日30 g计算)、兽药疫苗计划、阶段免疫计划、地面平养时的垫料计划、体重体尺的测定计划、育雏各项成绩指标的制定、育雏的一日操作规程和光照饲养计划等。

3. 育雏季节选择 在我国一些中小型鸡场,如果设备比较简单,在人工尚不能完全控制外界环境条件的情况下,必须选择合适的季节育雏。育雏季节对雏鸡的生长发育影响很大,并影响将来鸡性成熟、产蛋的持久性、蛋重等生产性能。生产实践证明,以春季雏为最好,秋冬次之,夏季较差。对于北方蛋鸡育雏可以选在春季,种鸡可以选在秋季。在设备条件比较好,人工能完全控制外界环境条件的鸡场,一年四季均可育雏,不受季节限制,都会培育出满意的雏鸡。

除了考虑气候因素,还要根据蛋价行情、疾病流行等考虑育雏季节。

4. 育雏方式选择 人工育雏方式主要可分为两大类:一类是平养,其又可分为地面平养和网上平养两种;另一类是笼养,现多采用的是立体笼养(多为立体4层重叠式育雏器)。两类方式各有利弊,但从饲养量、防病和集约化管理程度和发展趋势来看还是立体笼养育雏优于平养。

二、育雏准备工作

1. 育雏舍及周围环境的准备 育雏舍应严格按照场区规划与布局安排,对周围环境进行消毒,最好是在进雏前2周完成,让育雏舍真正空舍2周以上为好,进雏前2 d再消毒1次。

育雏舍门口设置消毒池,并保持池内常存有效的消毒药液,并设洗手盆,盆内常备有效的消毒水。

2. 饲养用具的准备

(1) 用具的准备。所有育雏用的用具,如料槽、饮水器、保温伞等都要提前准备好;此外桶盆、铁锹、扫帚、簸箕等工具也要配齐,并专舍专用,不得外借和串舍使用。

(2) 舍内灯光布局要合理。多列育雏笼的每列走道都应布有灯具,列间照明灯应交替排列,灯距2.5 m左右,不要太稀,这样才能保证均匀的光照。

(3) 供排水设施。舍内要有供排水设施,以便于真空饮水器的换水和水罐等器具的清洗、消毒等。

3. 育雏舍的清扫、检修及消毒 育雏前要对禽舍进行全面检查,要检修育雏器的调温系统、调整料槽高低。同时要求料槽平整、光滑,便于采食和清刷消毒。育雏舍所有的用具、设备均要在雏禽进舍前进行彻底的冲洗和消毒。抽样检查效果不合格要重新消毒。

4. 其他物资的准备 要准备一定数量的燃料、抗生素、常用药品、消毒药和疫苗等；灯泡等易损耗用品要有一定的备用量；还要准备记录用的各种表格、笔、光照表、日常操作程序等。

5. 饲料的准备 雏鸡料必须符合雏鸡饲养标准的营养要求，最好能喂经破碎后的高能量、高蛋白质的颗粒料，因颗粒料可杀死饲料中的病菌并能解决雏鸡吃料少、增重慢的难题。

6. 雏鸡舍预热增湿 在进雏前2 d，育雏室和育雏器升温预热，并增加室内湿度，然后进行试温，使其达到标准要求。

7. 进雏 进雏前1 d，最好将网上铺一层经消毒处理过的垫纸，以防雏鸡因腿被网格卡住而发生意外伤害。

8. 饮水 进雏前4 h，在饮水中添加电解多维。

9. 选购优质雏鸡 鸡苗应来自具备种禽生产资质的种鸡场，只有高品质的鸡苗才能提高育雏率。同时多了解种鸡场的有关信息，尤其是种鸡的日龄、种鸡的免疫程序、鸡场经常使用什么药品以及雏鸡接种疫苗情况。

总之，只有充分认真地做好各项育雏前的准备工作，才能为养好雏鸡打下良好的基础。

1. 育雏前需要做哪些准备工作？
2. 分析比较各种饲养方式的优点和缺点各有哪些。

任务三　雏鸡的饲养管理

学习任务

一、雏鸡的生物学特点

根据雏鸡的生理特点和对饲养与管理条件的要求，把出壳到脱温前需要人工给温的阶段，称为育雏期，一般为0～6周龄，此阶段的雏鸡称为幼雏。

1. 生长发育快，短期增重极为显著 蛋用型雏鸡的体重，2周龄时比其初生重增加2倍；6周龄时增加10倍。

2. 体温调节机能尚未完善 雏鸡的体温为39.6 ℃，约低于成年鸡体温2 ℃。雏鸡出壳后，全身绒毛稀少，不能起到调节体温和保温的作用。4周龄后，体温调节机能才基本完善，至6周龄时体温才和成年鸡的体温一致。

3. 羽毛生长快、更换勤 幼雏的羽毛生长特别快，在20日龄时羽毛约为体重的4%，到28日龄便可以增加到7%，以后大致保持不变的比例。因此，雏鸡对日粮中的蛋白质，特别是含硫氨基酸水平要求高。

4. 胆小易受惊吓，缺乏自卫能力 雏鸡胆小，喜欢群集，对外界环境变化敏感，自身调节差，无自卫能力。各种惊吓及环境条件的突然改变，都会影响其正常的生长发育。因此，必须做到营养全价、平衡、稳定，保持环境安静，避免噪声，注射疫苗、断喙时调整饲料或饮水中维生素的给量。

5. 敏感性强，抗病能力差 雏鸡对各种病原微生物的防御能力较差，很容易感染各种疾病，在管理上要做到按免疫接种计划定期接种，搞好日常卫生消毒工作，严格控制病原的传播。

6. 胃肠容积小，消化能力弱 雏鸡的胃肠容积小，储存食物有限，营养来源少，消化系统尚未发育完全，对饲料的消化能力差，因此饲料调制要精细适宜，营养全价平衡，易于消化吸收。

二、雏鸡的饲养

（一）接雏

雏鸡运到目的地后，要尽快卸车进舍，连同雏箱一同搬到育雏舍内。根据育雏舍内各部位安放雏鸡的容量，可先将几盒雏鸡摞放在地上，最下层垫一个空盒，静置30 min 左右，让雏鸡从运输的应激状态中缓解过来，同时适应一个鸡舍的温度环境，然后再分群。

分群时，根据雏鸡的强弱大小，分开安放。弱的雏鸡要安置在离热源最近，温度较高的笼层中。少数俯卧不起的弱雏，放在 35 ℃的温热环境中特别饲养。这样，弱雏会较快地缓解过来，经过三五天单独饲养护理，康复后再置入大群内。笼养时首先可以将雏鸡放在较明亮、温度较高的中间两层，便于管理，以后再逐步分群到其他层去。

（二）雏鸡的饮水

雏鸡第 1 次饮水称为初饮或开饮（开水），初饮越早越好。一般雏鸡毛干后 3 h 即可接到育雏舍给予饮水，远距离也应尽量在 24 h 内饮水。实践中多在雏鸡到舍 20 min，当雏鸡对周围环境适应后进行开饮。在第 1 周内应给雏鸡饮用降至室温的开水，1 周后可直接饮用自来水。初饮时的饮水中需要添加糖分、抗菌药物、多种维生素等。

在饮水过程中注意饮水器具应充足，保证每只鸡有 2~3 cm 的饮水位置，高度适宜，摆放均匀（图 4-1）；水盘要放在光线明亮之处，和料盘交错安放；平面育雏时水盘和料盘的距离不要超过 1 m，让雏鸡在 1.5~3.0 m 的活动范围内找到水喝，饮水器每天应刷洗消毒 1~2 次。并注意第 1 次给水不要太多，以免出现水中毒。一旦出现水中毒，需饮水溶性电解多维。

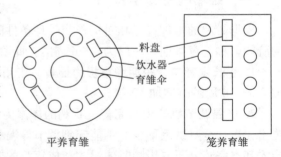

图 4-1 育雏期水料盘摆放示意
（杨山，李辉，2002）

以后要保证自由饮水，不断水。随着雏鸡日龄的增加，要更换饮水器的型号，数量上必须满足雏鸡的需要；而且从第 5 天开始，逐步撤除钟形饮水器，改换成供水槽或自动饮水器，降低劳动强度，改善雏鸡饮水质量，建议在第 10 天完成。

(三) 雏鸡的饲喂

1. 雏鸡的开食 雏鸡进舍后，第1次给初生雏鸡投喂料即雏鸡的第1次吃食，称为"开食"。

（1）开食时间。雏鸡适宜的开食时间为出壳后16~24 h，或在雏鸡初饮之后1~2 h（当雏鸡到达育雏舍后有1/3的个体自由活动并有寻食行为时）即可第1次投料饲喂，长途运输一般不要超过36 h。开食要适时，开食过早会因初生雏消化器官尚未发育完全而使其健康受损，过晚开食则会因雏鸡不能及时得到营养而虚弱，影响以后的生长发育和成活（表4-6）。

表4-6 开食时间与雏鸡增重的关系

开食时间（h）	初生重（g）	2周龄重（g）	增重（g）
12	39.7	84.6	44.9
24	40.9	95.6	54.7
48	40.0	89.6	49.6
72	39.2	75.6	36.4
96	38.0	69.0	31.6
120	34.5	67.2	32.7

（2）开食料。开食用的饲料要新鲜，颗粒大小适中，最好用破碎的颗粒料，易于啄食且营养丰富易消化；如果用全价粉料最好湿拌料。为防止尿酸盐沉积而造成糊肛，可在饲料的上面撒一层碎粒或小米（用温开水浸泡过更好）。

（3）开食的方法。开食使用开食盘，100只雏鸡1个，也可以用塑料布等代替，并将其放在光线明亮的地方，使雏鸡较易发现饲料；也可将饲料反复抛撒几次，吸引雏鸡啄食，利用雏鸡自身的模仿行为来完成开食。

（4）注意事项。

① 第1次给料不宜过多，一般按每10只鸡10 g左右，每次上料间隔时间一般为1~2 h，剩余的料不宜过多，每次剩余的饲料连同盛料器具一起撤下，以防止被粪便所污染。

② 饲料必须营养全面。

③ 每次喂饲前应用手摸嗉囊，根据嗉囊的饱和程度来决定是否喂饲。每次喂八成饱。雏鸡的消化能力差，喂饲过饱易引起嗉囊炎。

④ 不要喂饲发霉变质的饲料。

⑤ 不要频繁更换不同批次的饲料，防止出现换料应激。

⑥ 注意少喂勤添，头3 d喂料次数要多些，一般为6~8次，以后逐渐减少，第6周时喂4次即可。

⑦ 开食盘和饮水器应间隔、均匀放置，保证每只鸡都可以采食到饲料。随着雏鸡的生长，5~7 d时逐渐加设料槽，雏鸡习惯后撤掉开食盘。

2. 雏鸡的营养需要 雏鸡的能量需要随生长逐日增加，能量常用每千克日粮中代谢能来表示。一般0~2周龄幼雏饲料中代谢能以11.9~12.4 MJ/kg，3~6周龄日粮中代谢能以10.9~12.1 MJ/kg为宜；雏鸡在生长发育期应采用高纤维、低能量日粮进行自由采食的饲养方式。

3. 雏鸡的日粮饲喂 根据雏鸡的生理和生长发育特点，雏鸡在前1~2周采食量很低，因此体重增长常达不到建议的标准。所以提倡育雏前期要饲喂高能量、高蛋白质日粮。要求各种营养成分要充足、平衡及合理搭配，且所含营养物质的可消化性良好，不可有抗营养因子及抗饲养因子。

鸡的第一限制性氨基酸为蛋氨酸，第二限制性氨基酸为赖氨酸，因此在配制日粮时为了便于平衡日粮氨基酸，生产中常添加这两种氨基酸，可改善饲粮的蛋白质品质，提高其利用率，使饲粮粗蛋白质需要量降低1%~2%；当赖氨酸缺乏较严重时，添加合成赖氨酸能使饲粮粗蛋白质水平在满足同样赖氨酸需要的情况下降低3%~5%。

三、雏鸡的管理

雏鸡管理的重点是创造适宜的环境条件，加强日常管理，适时断喙，做好记录工作。

（一）雏鸡的环境控制

环境控制包括温度、湿度、通风、光照、密度等，这些是雏鸡生长发育好坏的直接影响因素，如何控制好这些因素是育雏的关键。

1. 温度的控制 温度控制的好坏直接影响雏鸡的健康、生长发育，因此必须认真做好温度的控制。温度包括雏鸡舍的温度和育雏器内的温度。

供温的原则是：初期高，后期低；小群高，大群低；弱雏高，健雏低；夜间高，白天低，以上高低温度之差为2℃。同时雏鸡舍的温度比育雏器内的温度低5~8℃，育雏器内的温度是靠近热源处的温度高，远离热源的温度低，这样有利于雏鸡选择适宜地方，也有利于空气的流动。育雏期的适宜温度及高低极限值见表4-7。

表4-7 育成期的适宜温度及高低极限值

温度（℃）			0周龄	1周龄	2周龄	3周龄	4周龄	5周龄	6周龄
育雏器温度	适宜温度		35~33	33~30	30~29	29~27	27~24	24~21	21~18
	极限	高温	38.5	37	34.5	33	31	30	29.5
		低温	27.5	21	17	14.5	12	10	8.5
育雏舍温度			24	24	22~21	21~18	18	18	18

温度的调节在实际生产中常通过观察鸡群来进行（图4-2）。如果温度适宜，则雏鸡活泼，食欲良好，饮水适度，羽毛光滑整齐，均匀地分布在热源的周围；如果温度过高，则雏鸡远离热源，嘴和翅膀张开，呼吸频率增加，频频喝水；如果温度过低，则雏鸡靠拢在热源的附近，或挤成一团，羽毛竖起；有贼风时，在避开贼风处挤成一团。

育雏器的温度计应挂在育雏器的边缘，室温温度计挂在远离育雏器的墙上，距离地面1 m处。育雏的供温方法有伞育法、温室法（锅炉暖气供温）、火炕法、红外线和远红外线法等。不同地区可以根据实际条件选择适当的方法。

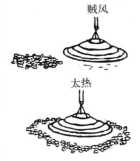

图 4-2 看鸡施温

2. 湿度的控制 湿度与鸡体内水分蒸发、体热散失和鸡舍环境的清洁卫生密切相关。育雏舍的相对湿度应保持在 60%～70% 为宜。湿度的要求虽然不像温度那么严格，但在极端情况下或与其他因素共同发生作用时，也可能对雏鸡造成很大危害。

一般育雏前期湿度要高一些，后期要低，达到 50%～60% 即可。而且育雏阶段是球虫病易发期，应注意保持舍内干燥，防止球虫病的发生。生产中应做到定时清除粪便、勤换、勤晒垫草，饮水器不漏水，加强通风换气工作，适当减少饲养密度等相应措施。

3. 通风的控制 雏鸡虽然体型小，但生长发育迅速，新陈代谢旺盛，需要氧气的量和排出二氧化碳的量都很大。因此，要注意育雏舍的通风换气，保持舍内空气新鲜。

要解决好通风换气必须做到保持合理的饲养密度，室内的温湿度适中，室内的垫纸或垫草要保持清洁，若是封闭或半封闭饲养，舍内必须安装通风设备。通风换气的总原则是：按不同季节要求的风速调节，按不同品系要求的通风量组织通风，舍内没有死角。鸡舍的通风量按夏季鸡的最大周龄所需的最大通风量设计。

4. 光照的控制 光照与雏鸡的健康和性腺发育有密切的关系，为保证雏鸡正常的生长发育和以后的高产性能，合理的光照方案应从雏鸡开始。对于初生雏光照主要是影响其对食物的摄取和休息；初生雏的视力弱，光照度要大一些，一般以 20 lx（约 5.4 W/m²）为宜。同时幼雏的消化道容积较小，食物在其中停留的时间短（3 h 左右），需要多次采食才能满足其营养需要，所以要有较长的光照时间来保证幼雏足够的采食量；通常 0～2 日龄每天要维持 23～24 h 的光照时数，以后的光照按光照制度执行。

育雏期光照原则：光照时间只能减少或恒定，不能增加，以避免性成熟过早，影响以后生产性能的发挥；人工补充光照不能时长时短，一般不低于 8 h，以免造成刺激紊乱，失去光照的作用；同时黑暗时间避免漏光。

开放式鸡舍在人工补充光照时，开、关灯要准时，补充光照早晚同时进行，不宜在早晨或晚上一次进行。

5. 密度的控制 饲养密度是指每平方米地面或笼底面积上饲养鸡的只数。密度过大，鸡群拥挤，雏鸡活动受限，舍内空气易污浊，容易发生啄癖，采食不均匀，造成鸡群发育不整齐、均匀度差等问题的发生。密度过低，不利于保温，鸡舍和设备利用率低，育雏成本高，不经济。0~6周育雏密度见表4-8。

表4-8 0~6周育雏密度

鸡的类型与性别		育雏方式		
		地面平养（只/m²）	网上平养（只/m²）	笼养（cm²/只）
轻型蛋雏		14.3	25	150
中型蛋雏		12.7	21	180
轻型蛋用种雏	♂	10.8	18	210
	♀	12.7	21	180
中型蛋用种雏	♂	8.6	14	250
	♀	10.8	18	210

在考虑密度时，不同用途的鸡群，密度要求也不同，如商品鸡群密度可大于种鸡群。前期密度大时，可根据实际情况随时分群。平养时一般要求将大群分为300~500只的小群，在一个育雏舍内可用围栏隔离成小群。笼养时尽量做到强弱分群、大小分群，单独管理和调整喂料量。

（二）雏鸡的管理要点

1. 平养雏鸡的管理要点 平养育雏主要特点是群大，饲养人员与雏鸡直接接触，管理时要特别注意防止温度偏低、雏群拥挤打堆造成死亡和采食不均等。平养育雏的管理要点如下：

（1）育雏设备放置应合理。育雏舍的料槽与自动饮水器应均匀放置，幼雏在护网内的任何一点距料槽或饮水器均不远于2 m，以便幼雏饮食。

（2）饮水、开食应适时。详见雏鸡的饲养中雏鸡的开饮与雏鸡的开食。

（3）限制雏鸡的活动范围。为防止幼雏远离热源而受凉，一般在育雏的初期常以育雏器为中心在周围圈一圈护网，护网随着雏鸡日龄的增大而逐渐向外扩展，至7~10日龄时即可撤除。

（4）温度调节应适当。在供温期间一定要使育雏温度符合各个周龄雏鸡需要，在雏鸡逐渐长大的过程中，随着雏鸡羽毛逐渐生长而将温度降低，直至停止供温。在供温期间要尽可能保持温度的平稳，每周把温度调低约2 ℃，最好分两次降低温度，不要使雏鸡突然感到寒冷。

（5）经常检查雏群。每天喂料、换水、添加饲料时要注意雏鸡的精神、活动、食欲、粪便等情况，把不吃食、缩颈低头、垂翅垂尾的病雏挑出来另外养于一处观察，观察有否呼吸急促或者发出声响；也要观察雏鸡是否腹泻或排出血便，以便进一步的诊断与处理。

（6）分群饲养。每群可养500~1 000只，在雏弱或不整齐的情况下，每群雏数以少些为好。在育雏过程中，出现弱小的雏鸡也应随时挑出另圈饲养。

2. 笼养雏鸡的管理要点

（1）经常检查育雏笼。看育雏笼底网是否有破漏，各个侧网和笼门是否严实，水槽、料槽是否完整。

(2) 雏鸡尽快上笼。1日龄的雏鸡运到育雏舍后，应尽快让雏鸡进到笼内。将雏鸡装笼称为上笼。开始上笼时雏鸡很小，为便于集中管理（如育雏笼为3层或4层）可将雏鸡放在温度较高又便于观察的上1、2层。上笼时先捉壮雏，剩下的弱雏另笼养育。育雏1周内可在笼底铺纸，撒些饲料在上面，再在笼门外边的料槽内加满并堆高饲料，让雏鸡在笼内容易见到，容易采食。

(3) 适时分雏。一般在育雏笼内的幼雏养到10日龄左右，将原来集中养在1、2层的幼雏分散到下边各层笼内去，这种工作称为分雏。分雏时一般将弱小的留在原来饲养的笼内，较大、较壮的捉出养到下层笼内。

(4) 适时调整采食幅面。随着雏鸡的长大，每隔5~10 d，应根据育雏笼前网笼门的采食空挡调整采食幅面，使雏鸡方便地伸颈至笼外采食，又不致钻出笼外。

(5) 及时捉回地面雏。在地面活动的雏鸡会给卫生与管理工作带来不少问题，因此应及时将逃雏捉回笼内。

（三）雏鸡的日常管理

育雏期管理的重点应在前10 d内，因为雏鸡刚出壳，一些功能不健全，一些习惯和本领需要饲养人员去做，所以每天要按照鸡舍一日操作规程去做，使雏鸡开始就有一个好习惯。

1. 饮水 雏鸡进入鸡舍的第一件事是要尽快教会雏鸡饮水，这是提高育雏成活率和培育健雏的关键措施。

2. 温度 保持合适的温度，1 d之内要查看5~8次温度计，并将温度记录在表格中。

3. 观察鸡群 观察看护鸡群是养鸡最经常性的管理工作，只有对雏鸡的一切变化情况了解，才能及时分析原因，采取对应的措施，改善管理，以便提高育雏成活率，减少损失。

4. 给料 每天给料的时间固定，使鸡群形成自我的条件反射，从而增加采食量。给料的原则是少喂勤添。在换料时，要注意逐渐进行，不要突然全换，以免产生不适。

5. 清粪 每天应及时清粪，以免影响鸡舍空气质量，对鸡产生不利影响。

6. 整群 随时挑出和淘汰有严重缺陷的鸡，适时调整和疏散鸡群，注意护理弱雏，提高育雏的质量。

7. 记录 认真做好各项记录。每天检查记录的项目有：健康状况、光照、雏鸡分布情况、粪便情况、温度、湿度、死亡、通风、饲料变化、采食量及饮水情况等。

（四）雏鸡的综合管理

1. 密度适当 随着鸡日龄的增加，要有计划地疏散鸡群，保持合理密度。要求按时转群，一般在35~42日龄转群，推迟转群会增加雏鸡死亡，同时也影响增重和育成鸡的均匀度。

2. 定期称重 为了掌握雏鸡的发育情况，每1~2周必须抽测1次雏鸡的体重。

3. 及时断喙 现代化大群养鸡，为了防止啄癖和减少饲料浪费，使鸡生长均匀度好，多实行断喙。断喙可以在12周龄以内进行，最好第1次在6~10日龄，第2次在7~8周龄或10~12周龄修喙，最迟不得超过14周龄，否则难以控制出血。修喙只对第1次断喙后不整齐者进行修补或将新长出的角质部分烙掉。具体操作方法详见本项目技能一雏鸡的断喙。

4. 加强日常看护　育雏期间除了供给雏鸡充足的营养和创造良好的环境条件外，还要周密地看护，使雏鸡不受任何意外伤害。关注采食、饮水情况、精神状态，检查粪便是否正常，饲槽、饮水器是否够用，夜间休息时听一听是否有呼吸异常音。

5. 搞好卫生防疫　育雏要实行全进全出制，饲养人员实行封闭式管理。育雏期间必须定期对育雏舍和周围环境进行消毒，带鸡消毒一般每周1~2次，同时育雏期的一切工具，都要定时消毒。消毒时，轮换使用化学成分不同的消毒剂，以避免病菌产生耐药性；要搞好饮水和饲料卫生，定期清洗消毒料槽和饮水器；认真执行防疫程序，及时检测抗体效价，确保免疫成功。育雏结束后对育雏舍进行彻底消毒。

6. 做好育雏记录　为了总结经验，搞好下批次的育雏工作，每批育雏都要认真记录死亡及淘汰雏鸡、进出周转数或出售数，每天各批鸡耗料情况，用药情况，体重测量情况，天气及室内的温、湿度变化情况等资料，以便育雏结束后汇总分析。相关内容参见表4-9。

表4-9　育雏记录

品种				入舍日期				批次	
入舍数量				转群日期				转群数量	
日龄	出栏	死亡	淘汰	成活率(%)	耗料量			平均体重(g)	用药免疫
					每只耗料(g)	总量(kg)	累计总耗料(kg)		
1									
2									
3									
……									
42									

7. 正确检测育雏效果　育雏效果好的雏鸡成活率高，均匀度好，体重、胫长达标并适时开产。健康的鸡群，1周龄末成活率应达到99.0%~99.5%，6周龄末应达到98.0%，到20周龄时应达到90.0%以上。通过称重可以了解鸡群的整齐度情况，当其小于70%时，应按体重大、中、小及时分群饲养。

思与练

1. 雏鸡有哪些生理特点？
2. 如何做好雏鸡的饮水和开食工作？
3. 如何提供适宜的育雏环境？
4. 断喙应注意哪些事项？
5. 雏鸡光照的原则是什么？什么情况下可利用自然光？什么情况下不能利用自然光，必须人工补充？

任务四　育成鸡的饲养管理

育成鸡是指 7～20 周龄的鸡。实际生产中根据营养要求不同于生理特点细分为育成前期（7～13 周龄）、育成后期（13～18 周龄）和预产期（18 周龄至 5% 的产蛋率）。

一、育成鸡的生物学特点

1. 各器官发育趋于完成、机能日益健全

（1）体温调节机能。雏鸡达 4～5 周龄时全身绒毛脱换为羽毛，并在 8 周龄时长齐，最终长出成鸡羽，体温调节机能逐步健全，鸡对外界的温度变化适应能力增强。

（2）消化机能。随着鸡日龄的增加，消化器官特别是胃肠容积增加，各种消化液的分泌增多，对饲料的利用能力增强，到育成期末，小母鸡对钙的利用和存留能力显著增强。

（3）生殖机能。育成鸡在 10 周龄时，性腺开始活动发育，到 16～17 周龄时接近性成熟，但这时身体还未发育成熟，若不采取适当饲养管理措施，小母鸡便提早开产，从而影响身体发育和以后产蛋。

（4）防御机能。育成期除了鸡体逐渐强壮、防御机能逐步增强外，最重要的是免疫器官也渐渐发育成熟，从而能够产生足够的免疫球蛋白，以抵抗病原微生物的侵袭，所以育成期应根据鸡群状态和各种疫病流行特点，定期做好防疫接种工作。

2. 体重增长与骨骼发育处于旺盛时期　育成期的绝对增重最快，13 周龄后，脂肪沉积量增多，可引起肥胖，尤其是褐壳蛋鸡，所以应在 9 周龄后实行适当限饲。

3. 群序等级的建立　在鸡群中，群序等级的建立是不可避免的，是鸡群的一种正常的行为表现，它对正常生长发育也有一定影响。研究资料表明，鸡群在 8～10 周龄时开始出现群序等级，到临近性成熟时基本形成。因此，育成期应保持鸡群和环境相对稳定，供给充足饲槽、水槽。

二、育成鸡的饲养

（一）育成鸡的营养

育成鸡生长、体力活动和维持正常体温需要的营养，均由日粮中糖类、脂肪和蛋白质提供。育成鸡由于各阶段生理特点及营养需求不同，应实行三阶段饲养，根据鸡群实际体重，结合季节和饲料原料行情调整饲料配方或喂料量。育成鸡各阶段营养需要建议参考本项目知识链接二中的表 4-27。

（二）育成鸡的饲喂及体重控制

1. 育成鸡的饲喂　根据育成鸡的生理特点，育成阶段的饲喂关键：一是促进育成鸡体成熟的进度，使育成鸡有一个健壮的体质；二是控制性成熟的速度，避免出现性早熟现象；三是防止脂肪过早的沉积，影响产蛋性能。育成鸡的最终目标，是在鸡达到性成熟并开始产蛋之前，建立良好的体型。

2. 限制饲养的应用 限制饲养简称限饲，就是人为地控制鸡的采食量或者降低饲料营养水平，以达到控制体重的目的。白壳蛋鸡采食量少，一般不限制喂料量，只根据季节和鸡群体重调整饲料配方。

(1) 限饲的目的和作用。

① 控制体重。

② 控制性腺发育，使鸡群适时开产。

③ 节省饲料。限饲的鸡采食量比自由采食少，可节省10%～15%的饲料。此外，限饲控制了母鸡的体重，可以提高母鸡在产蛋期的饲料报酬。

(2) 限饲的方法。限饲是从育雏结束之后，对体重达到品种标准的育成鸡采用的，可采用数量限饲、质量限饲和时间限饲三种方法。生产上常用的是数量限饲和质量限饲法。

① 数量限饲。这是限制饲喂量的方法，主要适用于中型蛋用育成鸡，可分为定量限饲、停喂结合、限制采食时间等。定量限饲就是不限制采食时间，把配合好的日粮按限制饲喂量喂给，喂完为止，限制饲喂量为正常采食量的80%～90%。

② 质量限饲。就是限制日粮中的某些营养水平，适当降低能量、粗蛋白质或赖氨酸水平。根据育成鸡的生理特点，如果在育成期给予充足的能量和蛋白质，容易引起早熟和过肥。日粮中可适当增加糠麸类饲料的比例，粗纤维可控制在5%左右。

③ 时间限饲。控制鸡采食时间，使其不能吃到足够的营养物质，从而达到限时饲喂的目的。时间限饲又分每日限饲、隔日限饲和每周限饲。每日限饲是指将每天限定的饲料量一次投喂，即1d只加1次料；隔日限饲是指将每天限定的饲料量在第1天喂给，第2天只加水不加料；每周限饲多指每周饥饿2d（简称5/2限饲法），是将1周限定的饲料量平均分在5d饲喂，有2d只加水不加料，一般情况下，每周的周一、周三不加料，只加水，饲料平均分在其他5d饲喂。

(3) 限饲的注意事项。

① 限饲前应断喙，淘汰病、残、弱鸡，并根据鸡的营养标准、饲喂量、体重要求，制定好限饲方案。

② 限饲期间，必须要有足够的食槽，保证每只鸡都有一定的采食槽位，防止因采食不均造成发育不整齐。

③ 定期称重，掌握好喂料量。一般每周称重1次，抽样比例为全群只数的5%，并与标准体重比较，以差异不超过10%为正常，如果差异太大，要调整喂料量。

④ 当出现外界环境应激时，应暂停限饲。如气温突然变化、鸡群发病、接种疫苗或转群时，应暂停限饲，等消除影响后再恢复限饲。

⑤ 掌握好限饲的时间和品种。褐壳蛋鸡一般从9周龄开始进行限饲，16周龄后根据该品种标准给予饲喂量。

⑥ 限饲必须与控制光照相结合才能取得良好的效果。

⑦ 限饲应观察鸡群，若发现有不良现象时应停止，恢复正常后继续进行。

⑧ 限饲日不要喂给沙粒，以防过食影响正常采食。

三、育成鸡的管理

(一) 育成鸡的前期管理

1. 转群　做好转群工作，若育雏和育成在不同鸡舍饲养，则育雏结束后需将雏鸡由育雏舍转入育成舍，一般在6~7周龄进行；若育雏和育成是在同一鸡舍完成，则只需疏散鸡群减少密度，调整料槽、水槽高度等。在转群前必须彻底清扫、消毒育成舍及用具；转群时淘汰病弱个体，发现体重不均匀的鸡，应按体重大小分别饲养在不同的笼内（分成大、中、小3栏），从而给予不同的饲喂量；转群前3~5 d，可添加0.02%多种维生素和电解质；转群前6 h停止喂料；转群后应尽快恢复喂料和饮水，饲喂次数增加1~2次；转群后，为使鸡尽快地适应环境，应给予24 h连续光照，1 d后恢复正常的光照制度。同时在转入前做到水、料齐备，环境条件适宜，使育成鸡进入新舍后能迅速熟悉新环境，尽量减轻因转群对鸡造成的应激反应。

2. 脱温　舍内由取暖变成不取暖称脱温，只要昼夜温度达到18 ℃以上就可脱温，降温要缓慢，一般晚春、夏季4周龄以后就可脱温，早春在6周龄，具体脱温时间，各地应根据育雏季节、鸡群体质状况、育雏方式、设备条件灵活掌握。脱温要有个过渡期，使鸡群逐步适应。

3. 换料　育雏结束后将雏鸡料换成育成鸡料。每次换料都要有一个过渡阶段，不可以突然全换，应逐步进行，需要有1~2周的过渡期，使鸡有个适应过程，而且不同鸡群水平可采用不同的过渡方式，具体方法见表4-10。

表4-10　换料方法

方法	育雏料+育成料	饲喂时间（d）
Ⅰ	2/3+1/3	2
	1/2+1/2	2
	1/3+2/3	3
Ⅱ	2/3+1/3	3
	1/3+2/3	4
Ⅲ	1/2+1/2	7

(二) 育成鸡的日常管理

育成期的管理相对育雏期要轻松一些，但育成期管理的好坏，直接影响到产蛋性能的发挥，所以育成期的管理不能疏忽。

1. 饮水　为保证育成鸡的健康发育，必须保证饮水充足。使用乳头式自动饮水器时，要经常调教，使之习惯。同时定期清洗消毒水槽和饮水器。

2. 温度　育成鸡的最佳温度为21 ℃左右，夏季做好防暑工作，冬季寒冷季节要做好保温工作。如在寒冷季节转群，舍温低时，应予补充舍内温度，补到与转群前育雏舍内温度相近的水平或高1 ℃左右，这对平养育成鸡舍更为重要，否则鸡群会拥挤起垛，导致部分被压鸡因窒息而死亡。如转到育成笼内，舍温在18 ℃以上，则可不必补温。

3. 通风 北方在寒冷季节，为了鸡舍保温往往忽视通风换气，而此期间，育成鸡新陈代谢旺盛，活泼好动，空气中的灰尘多，造成鸡舍环境差，很容易引起呼吸道疾病的暴发，不仅影响鸡的生长发育，严重时可造成死亡，所以应加强通风换气。

4. 搞好卫生防疫工作 育成鸡容易发生球虫病、黑头病、支原体病和一些体外寄生虫病等，所以除按制定的免疫程序做好免疫工作以及定期驱虫外，有条件的最好进行抗体监测，加强日常卫生管理，定期清扫鸡舍、更换垫料、及时清粪，注意通风换气，执行严格的消毒制度。平时每周带鸡消毒2～3次，消毒药物每2周更换1次，以免产生耐药性。谢绝参观，以免带进病原。

5. 定期称重 体重是衡量鸡群生长发育的重要指标之一，不同品种蛋鸡都有其标准体重。要求每周称重1次，然后与标准体重表进行对照，根据体重变化及均匀度情况及时调整饲喂量，以得到比较理想的体重和提高鸡群整齐度。

6. 观察鸡群、及时淘汰 育成过程中，要经常观察鸡群的状况，结合称重结果，对体重不符合标准的鸡以及病鸡、弱鸡、残鸡应尽早淘汰，以免浪费饲料和人力。

7. 保持环境安静、稳定 要尽量减少应激，避免外界的各种干扰，抓鸡、注射疫苗等动作要轻，不能粗暴，转群最好在夜间进行。另外，不要随意变动饲料配方和作息时间，饲养人员也应相对固定。

8. 整理鸡群，调整饲养密度 饲养密度是决定鸡群整齐度的一个很重要的方面，应根据鸡群的生长发育状况适时调整饲养密度。育成前期应按体重大小、强弱分群，不同群不同对待；并及时整理鸡群，检查每笼的鸡数，使每笼鸡数符合饲养密度要求，具体饲养密度见表4-11。

9. 控制光照 在鸡的饲养全程中，育成鸡的光照非常重要，必须掌握好，特别是10周龄以后，在此期间光照时间可以缩短但不可延长，光照度不可增大，以防止光照刺激母鸡提早性成熟。因此育成鸡的光照原则是每天光照时数应保持恒定或逐渐减少，切勿增加。

表4-11 7～20周龄育成鸡饲养密度

鸡的类型与性别		育成方式		
		地面平养（只/m²）	网上平养（只/m²）	笼养（cm²/只）
轻型蛋用育成鸡		7.2	12.0	320
中型蛋用育成鸡		5.8	9.7	400
轻型蛋用种雏	♂	5.0	8.3	420
	♀	7.2	12.0	320
中型蛋用种雏	♂	4.0	6.7	520
	♀	5.8	9.7	400

(1) 密闭式鸡舍的光照管理。由于密闭式鸡舍不受外界自然光照的影响，可以采用恒定的光照程序，恒定为8～9 h，一般多为育雏期结束时的光照时数，育成期间仍继续保持到18周龄或20周龄不变，之后按照产蛋期光照原则进行。

(2) 开放式鸡舍的光照管理。我国地理位置处于北半球，从3月1日到8月31日孵出的雏鸡养于开放式鸡舍时，可完全利用自然光照；从9月1日到次年2月28

日孵出的鸡生长期全部或大部分，或生长后半期处于日照逐渐延长的时期，在此期间则不可完全利用自然光照。通常可以采用时间逐渐缩短和时间保持恒定两种光照制度。

值得注意的是，上述两种光照制度只不过比在此期间任意逐渐延长的自然光照要好一些，但不能有效地控制性成熟，因为大部分时间仍超过光照阈。如果有条件，育成期至少在10～20周龄养于密闭式鸡舍，采用人工光照为好。

10. 做好日常工作记录 记录表格参照表4-12。

表4-12 育成期记录

品种				入舍日期				批次		
入舍数量				转出日期				转出数量		
周龄	日龄	存栏	死亡	淘汰	成活率(%)	耗料量		平均体重(g)	均匀度(%)	用药免疫
						每只耗料(g)	总量(kg)	累计总耗料(kg)		

（三）育成鸡的开产前管理

1. 转群 转群应在开产前完成，一般在17～18周龄由育成鸡舍转入产蛋鸡舍，让鸡有足够时间熟悉和适应新的环境；提前对蛋鸡舍进行消毒，转群前后3 d在饮水中添加电解多维素，以减少应激反应。转群前6 h停料，转群当天连续24 h光照，保证采食饮水。转群时淘汰生长发育不良的弱鸡、残次鸡及外貌不符合品种标准的鸡。尽量在夜间转群，抓鸡要抓脚，不能抓颈和翅，动作迅速，但不能粗暴。转群后，要特别注意保持环境安静，饲喂次数增加1～2次，并保证充足饮水。

2. 调整营养和注意补钙 预产期饲料中钙的含量要增加，当饲料中钙不足时，母鸡就会利用骨骼及肌肉中的钙，这样易造成笼养蛋鸡疲劳综合征，所以在开产前10 d或当鸡群见第1个蛋，将育成鸡料过渡为预产鸡料，钙的水平调整为2.0%～2.25%；当产蛋率达到1%后应立即换成高钙日粮，而且日粮中有1/2的钙以颗粒状（直径3～4 mm）石粉或贝壳粒形式供给。这样既补钙，照顾开产的母鸡，又为饲喂含钙较高的产蛋料做以过渡，减少了高钙对鸡肾和消化道的应激，避免开产后发生生理性腹泻、出现消化不良及排泄干绿粪便等现象。

3. 增加光照 一般在第18～20周龄起，每周延长光照0.5～1 h，直至达到16 h后恒定不变，但不能超过17 h。如果鸡群在20周龄时仍达不到标准体重，则可以推迟到21周龄时开始增加光照。

4. 准备产蛋箱 平养鸡开产前2周，应在墙角或光线较暗、通风良好的地方，安置好产蛋箱。4～5只母鸡共用一个产蛋窝，产蛋箱底层距地面40～50 cm，箱内铺垫草，夜间关闭箱门，以防母鸡在箱内排粪。

思与练

1. 育成鸡有哪些生理特点？
2. 为什么要对育成鸡进行限制饲养？蛋鸡多采用哪些限制饲养方法？限制饲养时应注意哪些问题？
3. 如何做好育成鸡的日常管理工作？
4. 怎样综合判断蛋鸡育成效果的好坏？
5. 如何通过限制饲养和控制光照，控制新母鸡的性成熟，确保新母鸡适时开产？
6. 如何做好预产期的管理工作？

任务五 产蛋鸡的饲养管理

一、产蛋鸡的生物学特点

育成期结束后转入产蛋鸡舍的饲养管理阶段称为产蛋期。一般划分是从 21 周龄开始至 72 周龄。这个阶段，鸡在某些方面的生理特点明显有别于育成鸡。

（一）产蛋期的饲养管理目标

从育成阶段转入产蛋阶段，鸡的外貌以及生理机能都发生了一系列变化。因此，要适时转群，调整饲料营养和饲养管理措施，使之与鸡的生理机能相适应，以期达到较高的产蛋性能、较低的死淘率，获得更高的效益。

（二）产蛋鸡的生理特点

1. 冠、髯等第二性征变化明显 单冠来航血统的品种 10～17 周龄冠高由 1.34 cm 增长为 2.06 cm；18～20 周龄时冠高达 2.65 cm；到 22 周龄冠高可达 4.45 cm。冠、髯颜色由黄色变粉红色，再变至鲜亮的红色。

2. 体重的变化 体重是鸡各功能系统重量的总和，所以可将体重视为生长发育状况的综合性指标。各品种都有各自不同阶段的体重标准，转入产蛋阶段，不同品种的要求不尽相同。

3. 生殖机能的变化 生殖机能的成熟与完善，是产蛋期与育成期鸡生理机能最显著的不同之处。生殖机能的成熟与完善主要发生在产蛋前期。到 24 周龄时，鸡卵巢重达 60 g 左右，与生殖有关的激素分泌机能进入最为活跃的时期。

4. 鸣叫声的变化 快要开产和开产日期不太长的鸡，经常发出"咯——，咯——"悦耳的长音叫声，鸡舍里此叫声不绝，说明鸡群的产蛋率会很快上升了。此时饲养管理要更精心细致，特别要防止突然应激现象的发生。

5. 皮肤色素的变化 产蛋开始后，鸡皮肤上的黄色素从上向下呈现有序的消退现象。其消退顺序是眼周围→耳周围→喙尖至喙根→胫爪。高产鸡黄色素消退得快，低产鸡黄色素消退得慢。停产的鸡黄色素会逐渐再次沉积。所以根据黄色素消退情况，可以判断鸡产蛋性能的高低。

6. 产蛋的变化规律　产蛋情况的变化是生理变化的产物，直接地反映出鸡的生理状况。现代蛋用品种的产蛋性能在正常饲养管理情况下都很高，各品种之间的差异不大。开产时间、产蛋数量、总蛋量也很相近。在体型、体重和平均产蛋率等方面，褐壳和白壳品种间有一定的差异，粉壳品种介于两者之间。

（三）产蛋阶段的划分和产蛋率曲线

1. 产蛋阶段的划分　鸡在第1年产蛋量最高，第2年和第3年每年递减15%～20%；蛋重一般随着鸡周龄增大而增加，到第1个产蛋年末达到最大，以后趋于稳定，一直保持至第2个产蛋年。第2个产蛋年后，随年龄增加，蛋重逐渐减小。蛋用品种鸡第1个产蛋周期大约为1年，全程可分成产蛋前期、产蛋高峰期和产蛋后期。

（1）产蛋前期。产蛋前期指的是鸡开始产蛋到产蛋率达到80%之前，通常是从21周龄初到28周龄末。这个时期产蛋性状的特点是产蛋率增长很快，大致每周以20%～30%的幅度上升。鸡的体重和蛋重也都在增加。体重平均每周仍可增长30～40 g，蛋重每周增加1.2 g左右。

（2）产蛋高峰期。当鸡群的产蛋率上升到80%时即进入了产蛋高峰期。80%产蛋率到峰值最高时的产蛋率仍然上升得很快，通常3～4周便可升到92%～95%。90%以上的产蛋率一般可以维持10～20周，然后缓慢下降。当产蛋率降低至80%以下，产蛋高峰期便结束了。现代蛋用品种高峰期通常可以维持6个月左右。72周龄时产蛋率仍可保持在65%左右。

（3）产蛋后期。从周平均产蛋率80%以下，至鸡群淘汰下笼，这段产蛋期称为产蛋后期，通常是指60～72周龄的时候。产蛋后期里周平均产蛋率幅度要比高峰期下降幅度大一些。

2. 产蛋率曲线　根据产蛋期内每周平均产蛋率绘制成的坐标曲线图（纵坐标表示产蛋率，横坐标表示周龄）称为产蛋率曲线。现代商品蛋鸡的产蛋率曲线具有以下3个特点：

（1）开产后产蛋率上升较快。正常饲养管理条件下，产蛋率的上升速率平均为每天1%～2%，产蛋率初期上升阶段可达3%～4%；从23～24周龄开始，29周龄左右即可达到产蛋高峰。

（2）产蛋率达到高峰后，产蛋率的下降速度很缓慢，而且平稳。产蛋率下降的正常速率为每周0.5%～0.7%，高产鸡群72周龄淘汰时，产蛋率仍可达65%左右。

（3）产蛋率下降具有不可完全补偿性。营养、管理、疾病等方面的不利因素，导致母鸡产蛋率较大幅度下降时，在改善饲养条件和鸡恢复健康后，产蛋率虽有一定上升，但不可能再达到应有的产蛋率。产蛋率下降部分得不到完全补偿。越接近产蛋后期，下降的时间越长，越难回升，即使回升，回升的幅度也不大。如发现鸡群产蛋量异常下降，要尽快找出原因，采取相应措施加以纠正，避免造成更多的经济损失。

每个品种都有其特有的产蛋率曲线。品种的标准产蛋率曲线和实际产蛋率曲线的比较，可以衡量鸡群产蛋性能是否正常，预测下一步产蛋表现，分析产蛋异常的可能原因，及时纠正各项饲养管理措施，挖掘产蛋潜力。

二、产蛋鸡的饲养

生产性能卓越的蛋鸡，采食的总饲料约为其体重的 20 倍，500 日龄入舍母鸡总产蛋量可达 20 kg，大约是其体重的 10 倍，在产蛋期间体重增加 30%～40%。因此，在整个产蛋期应加强营养，全面满足其营养需要，使鸡群健康，充分发挥其产蛋潜力。

（一）产蛋鸡的营养

1. 能量需要 产蛋鸡对能量的需要包括维持需要、体重增长的需要和产蛋的需要。产蛋鸡对能量需要的总量有 2/3 用于维持需要，1/3 用于产蛋。影响维持需要的因素主要有鸡的体重、活动量、环境温度的高低等。鸡每天从饲料中摄取的能量首先要满足维持的需要，然后才能满足产蛋需要。

蛋鸡日粮代谢能水平不应低于 10.88 MJ，寒冷气候代谢能不应低于 11.51 MJ。在温和环境温度下，高产来航母鸡在得到养分平衡的日粮时，每只每日大约需要 1 255 kJ 代谢能，而在寒冷气候下能量约需提高 20%。

2. 蛋白质需要 蛋白质需要包括维持、产蛋和体组织、羽毛的生长等几部分，主要与其产蛋率和蛋重有很大的正比关系，大约有 2/3 用于产蛋，1/3 用于维持。蛋白质的需要实质上是指对必需氨基酸种类和数量的需要，也就是氨基酸是否平衡。产蛋鸡对蛋白质的需要不仅要从数量上考虑，也要从质量上注意。

大多数蛋用型鸡是自由采食，但是当达到产蛋高峰后必须修改饲养方案；因为产蛋鸡本身的采食量比用于其维持产蛋的需要量高，限饲可能更为经济，同时还可减少母鸡过肥等健康问题。因此，根据鸡群采食、体重、环境温度等资料可确定适宜的限饲程度。

3. 矿物质需要 产蛋期最易缺乏的矿物质是钙和磷。产蛋鸡对钙需要特别多，而饲料中钙的利用率平均只有 50.8%，加上维持需要的钙和蛋内容物的钙，饲料中钙含量多达 3.25%～3.5%。骨骼是钙的储存场所，由于鸡体型小，所以钙的储存量不多，当日粮中缺钙时，就会动用储存的钙维持正常生产，当长期缺钙时，就会产软壳蛋，甚至停产。产蛋鸡有效磷的需要量为 0.3%～0.33%，以总磷计则为 0.6%，且为保证磷的有效性，总磷的 30% 必须来自无机磷。据研究，0.3% 的有效磷和 3.5% 的钙可使鸡获得最大产蛋量和最佳蛋壳质量。

饲料中还应保证适宜的钠、氯水平，一般添加 0.3%～0.4% 的食盐即可满足需要。

当鸡群性能逐渐下降（产蛋率下降到 80% 以下）时，产蛋的营养物质便被转化成脂肪，存积于体内，鸡很容易变肥，变肥后又加速产蛋能力的降低。所以，要及时适当地将饲料的能量和蛋白质水平降下来。这个阶段每千克饲料能量降到 11 088 kJ，粗蛋白质含量不超过 16% 即完全可以满足要求。由于经过长时间的产蛋，钙的消耗很大，而且此时鸡对钙的吸收利用能力有所降低，因此要将日粮中钙的水平提高到 3.7% 以上，但不要超过 4.0%。饲料中的粗纤维含量也可适当提高一些，但不要超过 7%。

产蛋鸡还需要补充充足的微量元素及多种维生素。实际配制鸡的饲料时应将季节、周龄、产蛋水平、饲料原料价格等因素综合权衡考虑，使用配方软件程序筛选最低成本配方。

(二) 产蛋鸡的饲喂

1. 产蛋鸡的饲喂方式 饲料按形状可分为粉料、粒料、颗粒料和破碎料。饲料可干喂也可湿喂,干喂便于机械化送料,工厂化养鸡全部采用此法。湿料是将粉料用水拌湿。湿料适口性好,但易酸败,必须现喂现拌,保持新鲜。一般喂湿料时多采取分次喂饲;喂干料时多采取自由采食方法,每天上午、下午各给料1次,体重不达标的鸡自由采食。

2. 产蛋鸡的饲养方法

(1) 阶段饲养法。根据鸡的周龄和产蛋水平,把产蛋期划分为几个阶段,不同阶段采取不同的营养水平,尤其是蛋白质和钙的水平进行饲喂称为阶段饲养法。为了有效地利用饲料,可采用四阶段饲养方案,详见表4-13。

表4-13 蛋鸡四阶段饲养方案

产蛋阶段(周龄)	21~36	37~48	49~60	61~72
粗蛋白质(%)	16.5	15.5	14.5	13.5

四阶段饲养方案根据产蛋率曲线下降的趋势,逐渐减少饲粮中粗蛋白质的水平,每期减少1%,但饲粮中含硫氨基酸0.59%、赖氨酸0.68%,始终不变。此方案可节约蛋白质及氨基酸饲料,但要求质量必须好,喂量必须保证。

根据现代轻型鸡种的生产水平,也可采用三阶段饲养方案,即21~40周龄为第Ⅰ阶段,这一阶段鸡的营养和采食量决定着产蛋率上升的速度和产蛋高峰维持期的长短;41~60周龄为第Ⅱ阶段,该阶段在饲料营养物质供应上,要在抑制产蛋率下降的同时防止机体过多地积累脂肪,可以在不控制采食量的条件下适当降低饲料能量浓度;61周龄以后为第Ⅲ阶段,母鸡淘汰前1个月可适当增加玉米用量,提高淘汰体重。采用三阶段饲养法,产蛋高峰出现早,上升快,高峰期持续时间长,产蛋量多。各阶段的特征、能量、蛋白质水平见表4-14。

表4-14 轻型蛋鸡阶段饲养的营养水平、产蛋率、耗料量及特征

项目	产蛋阶段		
	Ⅰ 21~40周龄	Ⅱ 41~60周龄	Ⅲ 61周龄及以上
蛋白质(%)	17	16.5	16.0
代谢能(MJ/kg)	12	12	12
平均产蛋率(%)	77.6	82.3	72.3
每只每日耗料量(g)	94	103	100
特征	产蛋率急剧上升到高峰并在高峰期维持,蛋重持续增加,同时鸡的体重仍在增加	产蛋率缓慢下降,但蛋重仍在增加,鸡的生长发育已停止,但脂肪沉积增多	产蛋率下降速度加快,体内脂肪沉积增多,饲养上在降低饲料能量的同时对鸡进行限制饲喂

注:平均产蛋率=一定时间内的产蛋总数/(母鸡×天数)×100%。

(2) 调整饲养法。根据环境条件和鸡群状况的变化,及时调整日粮中主要营养成分的含量,以适应鸡的生理和产蛋需要的饲养方法称为调整饲养法。调整饲养必须以

饲养标准为基础，保持饲料配方的相对稳定，保证日粮营养平衡。当产蛋率上升时，提高饲料营养水平要走在产蛋量上升的前面；当产蛋率下降时，降低饲料营养水平应落在产蛋量下降的后面。即上高峰时要"促"，下高峰时要"保"。调整饲养的方法有以下几种：

① 按体重调整饲养。当育成鸡体重达不到标准时，在转群前后（18～20周龄）提高饲料蛋白质和能量水平，额外添加多种维生素。粗蛋白质水平控制在18%左右，使体重尽快达到标准。

② 按产蛋规律调整饲养。当产蛋率达到5%时，饲喂产蛋高峰期饲料配方，促使产蛋高峰早日到来。达到产蛋高峰后，维持喂料量的稳定，保证每只鸡每天食入蛋白质的量，轻型鸡不少于18 g，中型鸡不少于20 g。在高峰期维持最高营养2～4周，以保障高峰期持续的时间。到产蛋后期，当产蛋率下降时，应逐渐降低营养水平或减少饲喂量，具体参考限制饲养技术。

③ 按季节气温变化调整饲养。鸡舍气温在10～26 ℃条件下，鸡按照自己需要的采食量采食，但不能总是调节得那么精确以保证最佳生长和产蛋性能，超出这一温度范围鸡自身的调节能力减弱，需要进行人工调整。在能量水平一定的情况下，冬季由于采食量大，日粮中应适当降低粗蛋白质水平；夏季由于采食量下降，日粮中应适当提高能量和粗蛋白质水平，必要时添加1%的动植物油，以保证产蛋的需要。轻型蛋鸡在不同舍温下阶段饲养的营养水平可参见表4-15。

表4-15 轻型蛋鸡在不同舍温下阶段饲养的营养水平

舍温	I 1～20周		II 21～40周		III 41周以上	
	蛋白质（%）	钙（%）	蛋白质（%）	钙（%）	蛋白质（%）	钙（%）
常温（19～21 ℃）	17.0	3.6	16.5	3.8	16.0	4.0
冷天（10～13 ℃）	15.6	3.3	15.2	3.5	14.7	3.7
热天（30～35 ℃）	18.6	3.9	18.1	4.2	17.5	4.4

④ 采取管理措施时调整饲养。接种疫苗后的7～10 d，日粮中粗蛋白质水平应增加1%。

⑤ 出现异常情况时调整饲养。当鸡群发生啄癖时，除消除引起啄癖的原因外，饲料中可适当增加粗纤维、食盐的含量，也可短时间喂些石膏。开产初期脱肛、啄肛严重时，可加喂1%～2%的食盐1～2 d。鸡群发病时，适当提高日粮中营养成分含量，如粗蛋白质增加1%～2%，多种维生素提高0.02%，还应考虑饲料品质对鸡适口性和病情发展的影响等。

(3) 限制饲养法。在产蛋期实行限制饲养，维持鸡的适宜体重，避免母鸡腹部沉积过多的脂肪而影响产蛋，提高饲料利用率、降低成本。限饲与自由采食相比，蛋重略轻，但每只鸡的综合收入大于自由采食收入，限制饲喂是合算的。具体方法是：在产蛋高峰后2周，将每只鸡规定的每天喂料量减少2.27 g，维持3～4 d，如果产蛋率没有异常下降，则继续维持这一给料量。该方法也称为试探性减料法。产蛋率每下降4%～5%试探一次，只要产蛋率下降正常，这一方法可以持续使用下去，如果下降幅度较大,就将喂料量恢复到前1个水平。当鸡群受应激刺激或气候异常寒冷时,不要减少给料量。

三、产蛋鸡的管理

蛋鸡管理的中心任务是为鸡群创造尽可能适宜与卫生的环境条件,充分发挥其遗传潜力,达到高产稳产的目的,同时降低鸡群的死淘率与蛋的破损率,尽可能地节约饲粮,最大限度地提高蛋鸡的经济效益。

(一)提供适宜的环境条件

1. 温度 温度对鸡的生长、产蛋、蛋重、蛋壳品质、受精率及饲料转化率都有明显的影响。成年蛋鸡适宜的温度范围为5~28 ℃,产蛋适宜温度为13~20 ℃。温度过高过低对产蛋都不利。舍温要保持平稳,不应突然变化或忽高忽低,更不应有贼风侵入。夏季应注意通风,舍内喷凉水,适当减小饲养密度,尽量使舍温降至29 ℃以下;冬季应注意保温,适当增加饲养密度,尽量保证舍温在8 ℃以上。

2. 湿度 湿度对蛋鸡的影响是与温度相结合共同起作用的。鸡产蛋适宜相对湿度为60%~65%,在温度适宜条件下,相对湿度在40%~72%对产蛋鸡影响不大。只有在高温或低温时,才有较大的影响。保持正常湿度时应注意与舍温、通风的关系,不要形成高温高湿、低温高湿等不利条件。

3. 通风 通风换气是调控鸡舍空气环境状况最主要、最常用的手段,它可以及时排出鸡舍内污浊空气,保持鸡舍内的空气新鲜和一定的气流速度,还可以在一定范围内调节温度、湿度状况。舍内氨气体积分值不超过 20 mL/m^3,二氧化碳体积分值不超过0.15%,硫化氢体积分值最好不超过 10 mL/m^3。要想达到这样要求,必须加强通风,保证舍内空气新鲜。在保证温度适宜条件下,通风越畅通越好。规模化鸡场一般采用纵向负压通风系统,结合横向通风可取得良好效果。

4. 光照 合理的光照对提高鸡的生产性能有很大作用,除了保证正常采食饮水和活动外,还能增强性腺机能,促进产蛋。

(1)产蛋期的光照原则。产蛋期的光照原则是每天光照时间只能逐渐增加或恒定,不可减少,但最多不超过 17 h,一般为每天 14~16 h;不可忽强忽弱,光照必须按光照制度进行,不可忽早忽晚、忽照忽停,否则对产蛋会有不良影响。

(2)产蛋期间的光照制度。

① 密闭式鸡舍光照制度。根据育成期的光照方案,20 周龄光照 8 h,转入蛋鸡舍后 21~26 周龄每周增加 1 h 光照时间;27~32 周龄每周增加 20 min 光照时间,至 32 周龄达 16 h,以后一直保持这一光照时间不变。

② 开放式鸡舍光照制度。根据育成鸡 20 周龄时的自然光照时间渐增,如 20 周龄光照时间 12 h,则每周增加 20 min 至 32 周龄达 16 h,以后一直保持这一光照时间不变。如 20 周龄自然光照已达 14 h,则以后每周增加光照时间 15 min,至 28 周龄时达 16 h,以后保持不变。

增加光照时间注意:在鸡群进入产蛋高峰之前,逐渐增加光照到 16 h,此时鸡群已达到产蛋高峰。不宜一次过多地增加光照时间,如从 8 h,一次改为 16 h 光照,这样容易导致输卵管脱垂的鸡数增加。

产蛋期间的光照度为 10～20 lx。平养鸡在鸡背水平，笼养鸡在下层鸡笼料槽水平，光照度不低于 6 lx。

5. 密度 产蛋鸡饲养密度直接影响着采食、饮水、活动、休息以及产蛋，所以必须保证合适的密度。蛋鸡各种管理方式的饲养密度详见表 4-16。

表 4-16 蛋鸡的饲养密度管理方式

管理方式	轻型蛋鸡	中型蛋鸡
垫料地面（只/m²）	6.2	5.4
网状地面（只/m²）	10.8	8.6
木条地面（只/m²）	10.8	8.6
笼养（cm²/只）	300	450

（二）产蛋鸡的日常管理

1. 按时开关灯 严格执行光照计划，每天按时开关灯。

2. 定时喂料、供足饮水 产蛋鸡消化力强，食欲旺盛，每天喂料以 2～3 次为宜。也可将 1 d 的总料量于早晚 2 次喂完，每天匀料至少 3 次，以刺激鸡采食。经常刷洗，定期消毒，舍内勤清粪，保持清洁卫生，有条件时最好每周 2 次带鸡消毒。

3. 注意观察鸡群 经常细心观察鸡群，也是蛋鸡生产中不可忽视的重要环节。观察鸡群除随时注意外，一般在早晨开灯、喂饲和晚上关灯后都应注意观察，目的是随时掌握鸡群的健康和采食状况，把握鸡群生产动态。

（1）精神状态。鸡的正常活动有采食、饮水、交配、栖息、梳理羽毛、伏窝产蛋、啼叫等，当发现有的鸡啄食其他鸡羽毛，或长时间呆立一隅，不吃不喝，以及冠色发紫或苍白皱缩，尾翅下垂，闭眼无神等均为不正常行为，应及时检查，找出原因，及时处理。

（2）采食饮水情况。掌握鸡群每天采食量和饮水量，采食量是否正常，饲料的质量是否符合要求，喂料是否均匀，料槽是否充足，有无剩料等；饮水是否新鲜、充足，饮水量是否正常，水槽是否卫生，有无漏水、溢水、冻结等现象。如果食欲旺盛，采食量和饮水量不断增加，预示着产蛋量将会上升，如果经常剩料，不愿饮水或饮水过量，产蛋量可能会下降或者鸡群患病。

（3）鸡舍环境。多指鸡舍温度是否适宜，有无防暑、保温等措施；垫料是否潮湿；舍内有无严重的恶臭及氨味等。

（4）粪便情况。主要观察鸡粪颜色、形状及稀稠情况。以玉米、豆粕为主体的饲料，正常粪便颜色是灰黑色或黄褐色，软硬适度，堆状或粗条状，上面覆有一层白色尿酸盐。干硬粪便是饮水不足或饲料搭配不当；过稀是饮水过多；黄色带泡沫稀便提示肠炎或消化不良；绿色、白色、蛋清样稀便多为霍乱、新城疫或重度肝病等重症后期；胡萝卜样血便提示球虫病（雏鸡），水样或白色稀便提示传染性法氏囊病（雏鸡）；产蛋鸡出现血便提示感染蛔虫、绦虫；茶褐色黏便是盲肠排出的正常粪便。粪便尿酸盐少，说明饲料中蛋白质不足。对颜色不正常的粪便，要查找原因，对症处理。

(5) 产蛋情况。注意每天产蛋率和破蛋率的变化是否符合产蛋规律,有无软壳蛋、畸形蛋,产蛋鸡群蛋的破损率不应超过 1%～2%。减少破蛋、脏蛋;为减少蛋的破损率,除保证矿物质供给外,在管理中应勤拣蛋,每天 3～4 次,及时淘汰鸡群有啄癖的鸡。

(6) 有无啄癖鸡。如发现有啄癖鸡,应查找原因,及时采取措施。对有严重啄癖的鸡要立即隔离治疗或淘汰。

(7) 及时发现低产鸡,淘汰停产鸡。在产蛋过程中有部分鸡因啄癖、瘦弱、疾病、伤残而停产,这些无饲养价值的鸡要及时予以淘汰,以降低饲养成本。蛋鸡开产后应随时根据鸡的外貌特征,鉴别低产鸡和停产鸡,对鸡冠发白、冠髯萎缩、精神不佳、耻骨间距特别小、开产过晚或开产后不久就换羽的鸡,不应再留养,要及时淘汰。具体见表 4-17 和表 4-18。

表 4-17 产蛋鸡与休产鸡的生理特征区别

观察部位	产蛋鸡特征	休产鸡特征
鸡冠和肉髯	颜色鲜红,硕大而有弹力	暗红无光,萎缩干皱
泄殖腔口	椭圆形,湿润松弛,颜色粉红	圆形,干燥紧缩,颜色发黄
耻骨	直而薄,有弹性,间距 2～3 指	弯而厚,弹性差,间距 1 指左右
腹	宽大柔软,耻骨与胸骨末端间距 3～4 指	小而硬,耻骨与胸骨间距 2～3 指
色素消退	肛门、眼圈、耳叶、喙、脚均呈白色	肛门、眼圈、耳叶、喙、脚恢复黄色
换羽	尚未换羽	已经换羽
性情	活泼温顺,觅食力强,接受交配	呆板胆小,觅食力差,拒绝交配

表 4-18 高产鸡与低产鸡的外貌区别

观察部位	高产鸡特征	低产鸡特征
头	较细致,皮薄毛少无皱褶	较粗糙,乌鸦头
喙	短粗,稍弯曲	细长而直
胸	宽深,胸肌发达,胸骨直而长	窄浅,胸骨弯或短
背	宽平	窄短或驼背
脚	结实稍短,两脚间距宽,爪短而钝	细长,两脚间距窄,爪长而锐
羽毛	产蛋后期干污,残缺不全	产蛋后期仍光亮整齐
肥度	适中	过肥或过瘦

4. 维持鸡舍环境条件相对的稳定,尽量减少应激 通过观察鸡舍环境,了解温度、湿度、光照、通风、密度等情况,及时发现问题,并根据具体情况,及时做出调整。鸡对环境的变化非常敏感,突然的声响、晃动的灯影等都可能引起惊群。所以要尽可能维持环境条件相对的稳定。鸡舍内和鸡舍外周围要避免噪声的产生,饲养人员与工作服颜色尽可能稳定不变,在鸡舍周围不要燃放鞭炮,汽车不要鸣高音喇叭,要

定人定群，定时放鸡，按时饲喂，不要让其他动物窜进鸡舍，尽量减少各种应激因素。

5. 搞好卫生消毒和疾病净化　搞好鸡舍内部及其周围的环境卫生，及时清除粪便，清洗食槽和水槽等。鸡群开产之前必须投药1～2次进行疾病净化，使开产鸡群健康无病。若出现新城疫抗体效价不高或不均匀现象，应立即注射1次油剂灭活苗或饮1次弱毒苗。在整个产蛋期每3～4周进行药物预防1次。产蛋高峰期，鸡体代谢旺盛，所摄入的营养物质主要用于产蛋，因此抵抗力较弱，除了做好药物预防之外，还应定期进行带鸡消毒。

6. 做好生产记录，检查生产指标　为了及时了解养鸡生产情况，核算经济效益，每天应对鸡群存活、淘汰、死亡只数，鸡群产蛋量、饲料消耗、破损蛋、蛋重、用药等做好记录。定期抽查母鸡体重，随时掌握生产情况，找出存在的问题，提高饲养管理水平。具体格式参考表4-19。

表4-19　产蛋记录

入舍母鸡数				品种				舍号	
入舍日龄				入舍平均体重				饲养员	
周龄	日龄	存栏	死亡	淘汰	总耗料	产蛋数	产蛋率	蛋重	备注
21	141								
	142								
	……								
……									

注：备注栏主要注明免疫、用药及鸡群出现的意外情况及抽查的体重等。

（三）产蛋鸡的季节管理

不同季节里环境因素有很大的差别，为了减轻环境变化的不良影响，特别是开放式鸡舍和不能控制环境的鸡舍受季节变化影响大，应根据不同季节对鸡群采取相应的管理措施。

1. 气候温和季节的管理要点　春、秋两季气温比较温和，温度环境对鸡是比较适宜的。

（1）春季。春季气温逐渐变暖，日照时间逐渐延长，是鸡产蛋的旺季，因此要重点抓好。

① 根据产蛋率变化的情况，及时调节日粮的营养水平，使之适合产蛋变化时鸡的营养需要。

② 初春气温变化比较大，常常会出现刮大风、倒春寒的现象。此时要注意防止室温发生剧烈变化和舍内气流速度过急引起的冷应激。

③ 在初春时对场内外进行1次大扫除，并进行1次彻底的环境消毒工作，灭除越冬残存下来的蚊蝇；清除舍周围、场内杂草污物，搞好环境卫生和春季防疫工作。

（2）秋季。秋季日照逐渐变短，天气逐渐凉爽，管理方面要做好。

① 产蛋后期的鸡开始换羽，此时应对鸡群进行1次选择。一般换羽和停产早的鸡多为低产鸡和病鸡，尽早予以淘汰。这样可以保持较好的产蛋率和节约饲料，

降低成本。

② 晚秋季节早晚温差大,要注意在保持舍内空气卫生的前提下,适当降低通风换气量,避免冷空气侵袭鸡群而诱发呼吸道疾病。同时还要着手越冬的准备工作。

③ 入冬前还要进行1次环境卫生大扫除和大消毒,消灭蚊、蝇等有害昆虫,并清除掉它们越冬的栖息场所,搞好秋季的防疫工作。

2. 炎热季节管理要点 炎热季节是蛋鸡饲养难度最大的时期。饲养管理工作的核心是防暑降温,促进采食。

产蛋鸡适宜的环境温度的上限为28 ℃。当环境温度超过28 ℃时,鸡单靠物理调节热平衡的方式已不能维持其热平衡了。当气温达到32 ℃时鸡群就会表现出强烈的热应激反应,张嘴喘息,大量饮水,采食量显著下降,甚至停食;产蛋率会大幅度下降,小蛋、轻蛋、破蛋显著增加。长时间持久的热应激还会造成鸡的死亡。所以必须做好防暑降温工作。

为了更好地防暑降温,可在饲料或饮水中添加0.02%维生素C,或其他一些抗热应激的添加剂,如在饲料中添加0.1%～0.3%的碳酸氢钠、0.1%氯化钾或0.05%的阿司匹林等。

3. 寒冷季节管理要点 冬季天气寒冷,光照时间短。鸡适宜温度的下限为13 ℃,当舍温低于此温度时,鸡就需要采取增加产热量的化学调节方法来维持热平衡。所以应尽可能维持舍温不低于13 ℃,因此冬季管理的要点是在保证通风的前提下做好防寒保温工作。首先,修好鸡舍,保持鸡舍的密闭性能。其次,调整好鸡群,淘汰过于瘦弱的鸡。在保证鸡群采食到全价饲料的基础上,提高日粮代谢能的水平。早上开灯后,要尽快喂鸡,晚上关灯前要把鸡喂饱,以缩短鸡群在夜间空腹的时间。另外,冬季早晚要补加人工光照,保持与其他季节相同的光照时数。注意检查饮水系统,防止漏水打湿鸡体。

思与练

1. 产蛋鸡有哪些生理特点?
2. 蛋鸡开产前后应重点做好哪些工作?
3. 根据产蛋鸡的特点,制定蛋鸡日常管理操作规程。
4. 蛋鸡产蛋有哪些规律?怎样根据产蛋规律合理调整饲养?

任务六 蛋用种鸡的饲养管理

学习任务

饲养种鸡的目的,是为了尽可能多地获取受精率和孵化率高的合格种蛋,以提供优质的种蛋、种雏。而种鸡所产母雏的多少及质量的优劣,取决于种鸡各阶段的饲养管理及鸡群的净化程度。

一、后备种鸡的饲养管理

蛋用种鸡与商品蛋鸡育雏、育成饲养方法基本相同。

(一) 后备种鸡的饲养

1. 饲养方式 种鸡的饲养方式有地面平养、网上平养和笼养3种，在生产实践中，为了便于防疫注射和管理，种鸡多采用网上平养和笼养。笼具多采用重叠式育雏笼和阶梯式育成笼，育雏批次少的鸡场直接使用育雏育成一体笼，实行公母分栏饲养。

2. 饲养密度 种鸡的饲养密度比商品鸡低，不同品系的种鸡各有指标要求（表4-20）。合理的饲养密度，有利于雏鸡的正常发育，也有利于提高鸡群的成活率和均匀度。应随种鸡的日龄增加，逐渐降低饲养密度。可在断喙、接种疫苗的同时，调整鸡群，并进行强、弱分饲。

表4-20 育雏、育成期不同饲养方式的饲养密度

种鸡类型	周龄	全垫料地面饲养（只/m²）	棚架饲养（只/m²）	4层重叠式笼养（只/m²）
海兰白	0~2	13	17	74
	3~4	13	17	49
	5~7	13	17	36
	8~20	6.3	8.0	转入育成笼
海兰褐	0~2	11	13	59
	3~4	11	13	39
	5~7	11	13	29
	8~20	5.6	7.0	转入育成笼

3. 日粮摄入量 种鸡生长期的饲养目标是在适当的时候提供足够的生长鸡所需的全部营养物质，以使鸡开产时体重适宜（符合种鸡标准），均匀度、上笼合格率高，骨骼坚实，肌肉发达和体格健壮。

种鸡生长期的营养需要和饲养方式与商品蛋鸡基本相同，所不同的是不同的饲养阶段有着非常严格的体重标准、均匀度和体躯发育指标。饲料的喂给量需依鸡群每周平均体重来决定。如果体重本周达不到标准，则下周饲料应酌情增加，反之则维持原耗料水平。加料时不可突然大幅度增加。

4. 胫长指标 胫长不等于胫骨长度。胫长包括胫骨和跗骨。胫部长度是指脚底（第3、4趾间）至跗关节顶部的垂直距离，可用两脚规测量或胫长测量卡尺测量，一般与称重同时进行。

骨骼和体重有各自的生长发育规律。体重是在整个育成期不断增长的，直到产蛋期36周龄时达到最高点，而骨骼是在最初的10周内迅速发育，青年鸡在12周龄时完成骨骼发育的90%，到20周龄时全部骨骼（包括趾骨、胫骨）已发育完成。所以在育雏期，主要目标应该是胫长的达标。到8周龄时若胫长低于标准，可暂时不换育成期饲料，直到胫长达标后再换料。在育成期，体重对性成熟起着限制性作用，要定期（最好是每周称重1次）检测和调整，使其符合标准。

5. 适宜的开产时间和开产体重 蛋种鸡适宜的开产时间，应根据不同品系种鸡的特点，结合饲养管理条件、技术条件来定。一般情况下，蛋种鸡20~21周龄见蛋，22~23周龄产蛋率达5%，24~25周龄产蛋率达50%较好。蛋种鸡适宜的开产体重，品系不同，标准也不一样，但在一般情况下海兰褐父母代种鸡达到产蛋率5%的时间为21周，体重约1 810 g。

（二）后备种鸡的管理

种鸡的饲养与商品鸡基本相同。如育雏前的准备工作，育雏所要求的温度、湿度、通风、光照、饲养管理要求和方法等都大同小异，其相同部分不再重述。

1. 环境控制 控制好养鸡环境是为了培育出健壮合格的种用后备鸡。除了按常规控制好育雏、育成期的温度、湿度、通风和空气质量外，还要特别注意鸡舍（场）的清洁和消毒工作。进雏和转群前，对鸡舍一定要彻底消毒，有条件时，要做消毒效果的检测工作，不具备检测条件的，至少要消毒3次以上，力求彻底。舍外环境的消毒要定期坚持进行，特别是春秋季节。从育雏的第2天开始，就要进行带鸡消毒，一般雏鸡要求隔日1次或每周2次，育成阶段每周1次，价值较高的种鸡更要求严格消毒。带鸡消毒轮换使用不同种类的消毒剂，最好选择无刺激、无腐蚀的消毒剂。

2. 光照管理 在现代育雏、育成技术中，对种鸡和商品鸡都采用控制光照法，以控制其体重和性成熟；但在实际生产中，种鸡与商品鸡略有不同，具体参见表4-21、表4-22。

表4-21 密闭式鸡舍种鸡光照管理方案（恒定渐增法）

日龄或周龄	光照时间（h/d）	日龄或周龄	光照时间（h/d）
0~1日龄	24	23周龄	12
2~3日龄	23	24周龄	13
4日龄至19周龄	8~9	25周龄	14
20周龄	9	26周龄	15
21周龄	10	27~64周龄	16
22周龄	11	65~72周龄	17

表4-22 开放式鸡舍种鸡光照管理方案

日龄或周龄	光照时间	
	5月4日至8月11日出雏	8月12日至次年5月3日出雏
0~1日龄	24 h/d	24 h/d
2~3日龄	23 h/d	23 h/d
4~7周龄	自然光照	自然光照
8~19周龄	自然光照	按日照最长时间恒定
20~64周龄	每周增加1 h，直到达16 h	每周增加1 h，直到达16 h
65~72周龄	17 h/d	17 h/d

3. 一般管理 除了常规性管理外，对于蛋种鸡还要强调以下几项管理措施：
（1）饲喂沙粒。蛋种鸡饲喂沙粒有助于提高饲料效率。
（2）断喙。

(3) 断趾和剪冠。

(4) 种鸡的检疫净化。作为种鸡,疾病的净化和检疫工作很重要,尤其是一些垂直传染的疾病(如鸡白痢、白血病、支原体病等),种鸡一生中最少要进行 2~3 次鸡白痢的检疫和 2 次白血病的检疫。鸡白痢的第 1 次检疫可以在育成期,大约 16 龄,第 2 次在留种蛋前进行,如果有条件的在上笼后的 2 周内再进行 1 次。白血病的第 1 次检疫在上笼前进行,第 2 次在留种前进行。

种鸡场更新用的种蛋,必须来自检疫为阴性的种鸡群,受污染的种鸡场应结合孵化、育雏、育成的隔离、消毒、检疫制度,逐步消灭经蛋传播的疾病,种鸡要逐只检疫,淘汰阳性鸡,以最大限度地减少种鸡群中的带菌带毒鸡。

(5) 适时转群、上笼。由于蛋种鸡比商品鸡通常迟开产 1~2 周,所以,转群时间可比商品蛋鸡推后 1~2 周。但是,如果蛋种鸡是网上平养,则要求提前 1~2 周转群,目的是让育成母鸡对产蛋环境有认识和熟悉的过程,以减少窝外蛋、脏蛋、踩破蛋等,从而提高种蛋的合格率。转群时要对鸡群进行挑选,按照体重要求把鸡群分开,以便上笼后的日常管理。

二、种鸡产蛋期的饲养管理

饲养蛋用种鸡的目的是要取得尽可能多的低成本、高品质的合格种蛋。只有高品质的种蛋才可能孵化出高品质的初生雏。

(一) 种鸡产蛋期的饲养

1. 蛋用种鸡的营养需要特点 本项目知识链接三中列出了种鸡对各种营养素的需要量。与蛋鸡比较,种鸡在维生素中需要更多的是维生素 E、核黄素、泛酸、生物素、叶酸和吡哆醇;在微量元素中需要更多的是锰、锌、铜与铁。

2. 种鸡的体重与饲养 种鸡必须维持适当的体重才能正常地发挥其遗传潜力。产蛋初期体重下降将会使产蛋持续性变差,后期体重过大会使产蛋减少,死淘率上升,自然交配的种鸡过肥还会影响配种。因此,在饲养中除参照蛋鸡的饲喂量、掌握料量外,还需定期检查体重,尽量使种鸡保持适当的体重,发现体重减轻时应及时加料或采取增加饲喂次数等办法使其体重增上去,及时采取措施将会使生产少受损失。

在生长期公鸡的能量需要稍低于母鸡的需要。公鸡与母鸡比较,体内沉积脂肪较少,这样就补偿了其生长较快的能量需要。公鸡成年后,用于维持需要的能量比母鸡高很多,但这部分能量被母鸡用于产蛋需要的能量所抵消。代谢能在 10.80~12.13 MJ/kg 即可,粗蛋白质 12%~14% 的日粮最为适宜,氨基酸必须平衡,最好不要使用动物性蛋白质饲料。使用高品质及足量添加维生素的饲料对提高种公鸡精液品质非常重要,繁殖期种公鸡的维生素量为:每千克日粮中,维生素 A 10 000~20 000 IU,维生素 D_3 220~3 850 IU,维生素 E 22~66 mg 等。具体运用时,可参照各育种公司提供的标准。

3. 种鸡产蛋期的日粮饲喂 种鸡产蛋期一般分为 3 个阶段:第 1 阶段是从上笼到 5% 开产,第 2 阶段是从产蛋率 5% 到 50 周龄或到产蛋高峰过后产蛋下降到 70%;第 3 阶段为 50 周龄至淘汰。产蛋期一般每天喂料 2~3 次,自由采食,上笼后到产蛋率达 5% 给蛋前料,此时鸡群还没有完全开产,所以日粮中蛋白质的含量较低;产蛋率5%到50周龄鸡群处于产蛋旺盛时期，需要的蛋白质和能量及其他营养物质都相对增加，必须保证足够的采食量；50周龄以后鸡体对营养物质的需要相对较低，即使给以高蛋白质的饲料，产蛋量也不会有很大的上升。

（二）种鸡产蛋期的管理

1. 种母鸡产蛋期的管理要点

（1）饲养方式和饲养密度。产蛋期的蛋种鸡饲养方式主要有地面散养、网上平养和笼养三种方式。目前我国种鸡以笼养为主，多采用二阶梯式笼养，母鸡饲养在产蛋笼中，公鸡实行单笼个体饲养，这有利于人工授精技术操作。劳动力成本较高的地区可采用4层重叠式产蛋种鸡笼养，每笼可饲养80只母鸡，8~9只公鸡，实行自由交配。种蛋从斜面底网滚出到笼外两侧的集蛋处，不必配备产蛋箱。不同饲养方式的饲养密度见表4-23。

表4-23 不同饲养方式蛋种鸡产蛋期饲养密度

蛋鸡品种	地面平养（垫料）		网上平养		笼养（人工授精）	
	m^2/只	只/m^2	m^2/只	只/m^2	m^2/只	只/m^2
白壳蛋鸡	0.19	5.3	0.11	9.1	0.45	22
褐壳蛋鸡	0.21	4.8	0.14	7.1	0.45~0.50	20~22

（2）控制开产日龄。种鸡开产过早，前期蛋重小，而小于50 g的蛋不能做种用，而且开产早停产也早，势必影响种蛋数量。因此，必须控制种鸡开产日龄，一般要求种鸡的开产日龄比商品蛋鸡晚1~2周，使种鸡体型得到充分发育，获得较大的开产蛋重，提高种鸡的合格率。开产前期，光照增加时可以比蛋鸡延迟2~3周。

（3）合理的公母比例。详见种公鸡的选择。

（4）种蛋的收集与消毒。一般在25周龄收集种蛋，现代轻型与中型蛋用种鸡性能相近，收集种蛋时期在25~73周龄。种蛋要求定时收集，每天拣蛋4~5次（商品蛋鸡每天拣2~3次），每次所拣种蛋及时熏蒸消毒后（每栋鸡舍一端应设有暂时储蛋场所，并设有小批量种蛋熏蒸消毒柜，以便将种蛋及时消毒处理），再送往种蛋库保存。集蛋时要将脏蛋、特小蛋或特大蛋、畸形蛋、破蛋剔出，可减少日后再挑选时人工污染机会。

2. 种公鸡产蛋期的管理要点

（1）种公鸡的选择。小公鸡的选择一般要进行多次，最终达到既符合品种特征又具备良好繁殖性能的目的。

第1次选择（初选）：即雏鸡的选择，一般是在出壳后12 h以内，应选留体躯较大、绒毛柔软、眼大有神、反应灵敏、鸣声洪亮、食欲旺盛、健康活泼等的雏鸡。选留的雏鸡应有系谱记录，具备该品种的特征（如绒毛、喙、脚的颜色和出壳重）；淘汰那些不符合品种要求的杂色雏鸡、弱脚鸡，包括出壳太轻或太重、干瘦、大肚脐、眼睛无神、行动不稳和畸形的雏鸡。

第2次选择（预选）：即大雏的选择，公鸡在6~8周龄时进行，是在第1次雏鸡选择群体的基础上进行的。选留生长迅速快、体重大、羽毛丰满、身体健康，精神饱满；符合品种或选育标准要求；体质健康、无疾病史的个体。淘汰外貌有缺陷，如胸、腿、喙弯曲，嗉囊大而下垂，胸部有囊肿及体重过轻者。公、母鸡选留的比例，笼养为1：10，自然交配为1：8。

第 3 次选择（精选）：即后备种鸡的选择，是在大雏选留群体的基础上结合称重进行选留，一般是在中鸡阶段（公鸡在 17~18 周龄进行，母鸡在转群时进行）。选留体型符合品系标准，体重在群体平均数"众数级"范围内的种公鸡；并且发育良好，腹部柔软，按摩时有性反应（如翻肛、生殖器勃起和排精）的公鸡。一般在笼养公、母鸡选留比例为 1∶(15~20)，自然交配公、母鸡选留比例为 1∶9。

第 4 次选择（定种）：即成年种鸡的选择，此时种鸡已进入性成熟期，转入种鸡群生产阶段前，对后备种鸡进行复选和定选（定群）。一般公鸡 21~22 周龄进行。选择精液颜色乳白色、精液量多、精子密度大、精子活力强的公鸡；对按摩采精反应差、排精量少或不排精的公鸡，应继续训练，经过一段时间仍无改善者淘汰；同时要防止种公鸡体重超标。

一般情况下，自然繁殖适宜的公、母鸡比例是：轻型蛋鸡为 1∶(10~15)；中型蛋鸡为 1∶(10~12)；而人工授精时基本能达到 1∶(20~30)，最多可达 1∶50。

（2）种公鸡的培育。从雏鸡开始，公、母鸡即开始实施分饲，公鸡多饲养在母鸡下风向的位置。平养和笼养均可，如有条件，饲养密度小一些为好，以锻炼公鸡的体质。在 17 周龄以前应严格按照各品系的鸡种要求进行饲养管理，如测量胫长、调整均匀度等；到 17~18 周龄时转入单体笼内饲养（人工授精），光照方案可按照种母鸡的进行。

人工授精的公鸡要断喙，平养自然交配的公鸡不用断喙，但需断趾，以免自然配种时抓伤母鸡。由于种公鸡的冠较大，既影响视线，也影响种公鸡的活动、饮食和配种，而且容易受伤。因此，种公鸡应进行剪冠。另外，在引种时，对于相同羽色的种鸡（如白羽蛋鸡），为了便于区别公母也要进行剪冠。

引种时，各亲本雏出雏时都要佩戴翅号，以便长大后容易区别，特别是白羽蛋鸡，如果混杂了，后代就无法自别雌雄了。

（3）温度和光照。成年公鸡在 15~20 ℃环境条件，均可产生理想的精液品质。温度高于 30 ℃，可暂时抑制精子的产生；而温度低于 5 ℃时，公鸡的性活动降低。光照时间在 12~14 h，公鸡可产生优质精液；少于 9 h 光照，则精液品质明显下降；光照度在 10 lx 就能维持公鸡的正常生理活动。

（4）体重检查。为了保证整个繁殖期公鸡健康和具有优质的精液，应每月检查一次体重，凡体重降低 100 g 以上的公鸡，应暂停采精或延长采精间隔，并另行饲养，以使公鸡尽快恢复体质。

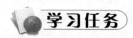

1. 蛋种鸡的饲养管理目标与产蛋鸡有何异同？
2. 如何做好蛋种鸡的饲养管理工作？
3. 如何做好种公鸡的选择和培育工作？

任务七　鸡的强制换羽

换羽是禽类的一种自然生理现象。强制换羽是在生理上使鸡暂时停止由于日龄增大发生的老化进程，使鸡恢复青春，延长其经济寿命。

一、人工强制换羽概述

（一）人工强制换羽的目的和意义

1. 人工强制换羽的目的　在实践中，为了延长鸡的生产利用年限，并克服鸡自然换羽在时间上长短不等的拖拉现象，多采用人工强制换羽。所谓人工强制换羽就是施行停水、停料、停光等人为的强制性方法，给鸡以突然应激，造成鸡新陈代谢紊乱，营养供给不足，促使鸡迅速同步换羽并迅速恢复同步重新产蛋的措施。

2. 人工强制换羽的意义　与自然换羽相比人工强制换羽同步性强，蛋壳质量提高，蛋的破损率降低；节约更新鸡的费用，节省育成期的劳力和成本。

（1）提高了经济效益。经济效益的计算主要涉及成本和费用，在计算育成费用时，体现了育雏率，另外两年鸡的价值是以该鸡淘汰出售时的价格作基准。强制换羽期间由于断料9 d以上，每只鸡比正常情况少吃1 kg的饲料。同时利用老鸡强制换羽，可以节约培育新鸡的一切费用。培育一批新鸡到产蛋率50%，需要160~165 d，而老鸡强制换羽大约2个月达到50%产蛋率，这就等于缩短了100 d的育雏时间，这段时间内的饲料燃料、折旧、人工等方面的费用的节约是相当可观的。

（2）改善了蛋壳质量。一般到产蛋后期时，随着鸡的日龄增加，软壳蛋和破蛋的比例也增加，这种现象通过强制换羽可以得到改善。

（3）蛋品质改善明显。强制换羽能改善鸡蛋的品质，包括蛋白高度、蛋壳厚度、蛋黄颜色，从而提高商品蛋的价值和种蛋的利用率。

（二）人工强制换羽的原理

采取停饲或饲喂高锌日粮等手段，使鸡处于营养物质缺乏的状态中，对此，鸡会产生强烈的应激反应。首先，鸡停止了产蛋以减少体内养分的消耗。饥饿的继续，进一步造成细胞钙的缺乏。钙是维持神经分泌的主要物质，钙的缺乏影响了下丘脑的调节功能，一方面使下丘脑促甲状腺激素释放激素（TRH）释放量增加，引起甲状腺素分泌量增加。更多的甲状腺素强化了机体的物质代谢和能量代谢活动，加强了体内储存的营养物质的分解，首先是脂肪的分解，以供维持生命活动的营养需要。这样，鸡的体重便降低了，同时出现了换羽现象。另一方面，钙的缺乏会引起脑垂体促性腺激素分泌的抑制。促黄体素（LH）的降低，可导致雌激素分泌的减少乃至停止，因而卵泡和生殖系统的器官萎缩，使鸡进入休产和换羽状态。

当恢复喂饲后，鸡从饲料中获得了钙和其他营养物质，满足了机体细胞的生理需要，神经和内分泌调节机能也逐渐恢复到产蛋期的状态，各种激素分泌趋于平衡，生殖系统及其功能逐渐恢复正常，鸡产蛋机能也恢复了，便进入新的产蛋周期。由于体脂和生殖系统的脂肪在停饲期和减饲期内大部分被分解消耗掉，所以重新开产后的产蛋率要远远高于上一个产蛋周期中产蛋后期的产蛋率。但第2个产蛋周期的产蛋时间要短些，期内产蛋总量也比第1产蛋期要少些。

二、人工强制换羽操作

（一）人工强制换羽前的准备工作

整顿鸡群，淘汰病弱、瘦小的鸡，因这些鸡不适宜于强制换羽。测体重，根据体重将鸡分成体重大、中、小三群；体重小的安置在上层笼内，体重大的放在下层。进行一次抗体水平测定，在实施换羽前10 d左右进行新城疫等疾病的疫苗接种；地面饲养的鸡群还要进行一次驱虫；而且采用药物换羽方法时要准备好药物。

（二）人工强制换羽的方法

强制换羽的方法有多种，生产上常用的是畜牧学法和化学法。

1. 畜牧学法 又称停饲法、饥饿法、绝食法，是最实用、最可靠的大众化方法。400日龄以上的鸡群，停料时间以鸡体重下降25%～30%为宜。具体方法是停水3 d，根据鸡的实际情况停饲9～13 d。停饲期内将每天光照降到8 h，夏季只停料不停水。如果停料13 d，鸡的体重还没有降低到原体重的70%～80%，则还要继续停料。绝大部分鸡经9～13 d的停料，体重都可以降低到原体重的70%～80%。当体重减少25%～30%时恢复喂料，并喂育成期饲料。

在此过程中，母鸡一般在6～8 d停产，第10天开始脱羽，10～20 d中主翼羽开始脱落，一般每次脱落1～3根，大部分的主翼羽可在6周内脱落。新的主翼羽在旧主翼羽脱落后2周左右开始长出，当新羽基本长齐时，鸡的体重也大致恢复，产蛋性能迅速恢复。15～20 d脱羽最多，35～45 d结束换羽过程，死亡率约3%左右。开始恢复喂料时，第1天每只给料30～40 g，以后每天增加10 g左右至90 g后可自由采食。30～35 d见蛋，60 d左右达到50%以上的产蛋率，80 d左右达产蛋高峰，并可维持。

以连续停饲法（快速换羽）应用较多，能使鸡群迅速停产，体重减轻快，脱羽快而安全，恢复产蛋快，产蛋性能较高。但此法应激性强，死亡率相对偏高。具体程序见表4-24。

表4-24 蛋鸡连续绝食强制换羽程序

时间 (d)	主要措施		
	饲料	饮水	光照
1～2	停饲	停水	停光
3	停饲	停水或供水	8 h
4～12	停饲	供水	8 h
13	喂给育成鸡料，每只30 g/d	供水	8 h
14～19	隔2 d增加20 g育成鸡料，19 d时达到每只90 g/d	供水	8 h
20～26	自由采食育成鸡料	供水	8 h
27～42	自由采食蛋鸡料	供水	每天增加0.5 h
>43	自由采食蛋鸡料	供水	16 h

注：高温季节停水要慎重，停饲时间为大致范围，以达到确定的失重率为准。

2. 化学法 化学药物中使用最多的是氧化锌或硫酸锌。将含锌药物添加到饲料中，使鸡的食欲中枢受抑制，采食量大大降低，引起休产换羽。

实际生产中，可在鸡的日粮中加入2.5%的氧化锌或4%的硫酸锌。400日龄以上的鸡群连续供鸡自由采食7 d，第8天开始喂正常产蛋鸡饲料，第10天即能全部停产，3周以后即开始重新产蛋。对于160～280日龄的开产不长的鸡群，喂给高锌饲料 5 d 即可，第 6 天喂正常育成期饲料，见蛋后逐渐换成高峰饲料。饲喂高锌日粮强制换羽，鸡群一般在采取措施后 5～7 d 停产，1 个月左右恢复产蛋，第 5 周产蛋率又可恢复到 50%。换羽结束后鸡的体重减轻 25% 以上，基本无死亡或死亡率很低；但用化学法进行强制换羽会有一些副作用。

（三）人工强制换羽的主要技术指标

1. 停饲时间 取决于体重减轻程度，蛋鸡一般为 8～12 d。

2. 停产时间 尽早停产可使鸡有一个较长的体力和机能恢复过程，一般要求实施措施 1 周内，使鸡群产蛋率下降到 1% 以下。

3. 失重率 这是决定人工强制换羽效果的一个核心指标，要求失重率达到 27%～32%，低于 25% 效果不佳，超过 32% 则死亡率增大。

4. 死亡率 从人工强制换羽开始到产蛋率重新上升到 50%，这一期间死亡率一般为 3%～4%，最高不超过 5%。绝食期间死亡率在 3% 以内是强制换羽成功的标准之一。

5. 重新开产的时间 当恢复供料后应 30 d 左右鸡群见第 1 个蛋，60 d 左右产蛋率达到 50%。

（四）强制换羽期间的饲养管理

1. 强制换羽期间的饲养 体重下降 25%～30% 时开始喂料。喂料必须遵照循序渐进的原则，先喂育成料，逐渐增加喂料量至 90 g 后自由采食。至产蛋率达 5% 时改为自由采食产蛋鸡料。饲料中可额外添加多种维生素，提高鸡群体质。

2. 强制换羽期间的管理

（1）严格挑选。第 1 年度产蛋率低的鸡群没有进行强制换羽的经济意义（除非蛋价很高，饲料价格很低），而第 2 年度的产蛋量一般比第 1 年度要低 10%～15%，故一般在第 2 年度进行强制换羽。要选择健康的鸡进行强制换羽，同时在实施强制换羽前，应该认真观察鸡群，将病鸡、弱鸡、残鸡、非正常换羽的休产鸡全部淘汰。

（2）选择换羽时间。正确选择换羽时间和换羽季节，不仅要考虑经济因素，同时还要考虑鸡群的状况和气候条件，炎热和严寒季节强制换羽会影响换羽的效果，在凉爽季节换羽的鸡产蛋量要比热天换羽的鸡高 5%～7%。在鸡开始自然换羽时进行强制换羽效果最好。

实行强制换羽的适宜周龄一般是在母鸡产蛋 10～12 个月后进行，但此时鸡体质较差，换羽期间往往死亡率高，加之一般第 2 个产蛋期产蛋率会降低，因此，多在鸡 60 周龄、产蛋率在 60% 以上时实施强制换羽。

（3）定期称重。定期称量未实施强制换羽前随机选取的鸡体重，经常了解失重率，决定实施期的结束时间。一般在强制换羽开始后，1 周称重 1 次，以后可每 2 d 称重 1 次，在预定的实施期结束前几天，最好每天称重 1 次，以确定最佳的实施期及结束日期。

（4）密切观察鸡群。平养的鸡在换羽期间，要防止饥饿时啄食垫草、沙、土、羽毛等；换羽期间要掌握好脱羽速度、失重率（25%～30%）和死亡率（不超过 5%）。恢复给料和光照时要注意逐渐进行。给料量和营养水平都应该逐渐增加，一般恢复料的第 1 天每只给 10～30 g，以后每天增加 10～20 g，到第 10 天左右达到正常采食量，要有足够的采食面积,使所有的鸡同时能够吃到料。

(5)不能连续换羽和给公鸡换羽。在强制换羽前挑出已换或正在换羽的鸡,单独饲养,避免造成死亡;换羽不适合公鸡,因为公鸡的换羽会影响精液品质,建议更换年轻种公鸡,提高受精率。

(6)坚持到底,不能中途妥协。停水停饲处理后,鸡长期处于苛刻的条件之下,这对于与鸡建立了感情的管理人员来说,有时会在精神和感情上难以忍受。尤其是停饲 10 d 以后,鸡冠变得带黑色,精神不振,有的像马上就要死亡一样,管理人员易产生恻隐之心,还没到预定的停饲日数和预定的体重减少率,就开始饲喂,这样易使换羽停留在不完全状态,前功尽弃,以后的产蛋成绩也不好。所以管理者要下定决心,使换羽处理一次达到标准程度。

思与练

1. 人工强制换羽具有哪些意义?
2. 人工强制换羽的方法有哪些?如何进行操作?
3. 人工强制换羽的主要技术指标有哪些?
4. 在人工强制换羽期间从饲养管理上应注意哪些问题?

知 识 链 接

知识链接一 鸡的起源与外貌

家禽是由与它们同种的野生鸟类,即它们的祖先驯化而成。在动物分类学上,鸡属于动物界(Animalia)、脊索动物门(Chordata)、脊椎动物亚门(Vertebrata)、鸟纲(Aves)、鸡形目(Calliformes)、雉科(Phasianidae)、鸡属(*Gallus*)(表 4-25)。家鸡学名为 *Gallus domesticus*。家鸡的野生祖先可能起源于亚洲东南部。已知在这个区域内,依然有四种野鸡:红色原鸡即红色野鸡;黑尾原鸡即赛龙野鸡;灰纹原鸡即灰色野鸡;绿颈原鸡即黑色或绿色野鸡。其中以红色原鸡的分布最广,东南亚、印度和我国海南、广西、云南丛林中都有分布(表 4-26)。

表 4-25 主要家禽在动物分类学中的位置

纲	目	科	属	种
鸟纲	鸡形目	雉科	鸡属	家鸡
			鹌属	鹌鹑
		吐绶鸡科	吐绶鸡属	火鸡
		珠鸡科	珠鸡属	珠鸡
	雁形目	鸭科	鸭属	鸭
			雁属	鹅
	鸽形目	鸽科	鸽属	鸽
	鹎形目	鸵鹈科	鸵鹈属	鸵鹈

表 4-26 家禽驯养的时间和地点

物　种	时　间	地　点
鸡	公元前 6 000 年	印度、东南亚、中国
鸭	公元前 4 000 年	中国
鹅	公元前 3 000 年	埃及

知识链接二　蛋鸡育雏、育成期日粮中营养需要建议

蛋鸡育雏、育成期营养需要建议见表 4-27。

表 4-27 蛋鸡育雏、育成期日粮中营养需要建议

营养素	单位	白壳蛋鸡				褐壳蛋鸡			
		0～6 周龄	6～12 周龄	12～18 周龄	18 周龄至开产	0～6 周龄	6～12 周龄	12～18 周龄	18 周龄至开产
蛋白质和氨基酸									
粗蛋白质	%	18.00	16.00	15.00	17.00	17.00	15.00	14.00	16.00
精氨酸	%	1.00	0.83	0.67	0.75	0.94	0.78	0.62	0.72
甘氨酸+丝氨酸	%	0.70	0.58	0.47	0.53	0.66	0.54	0.44	0.50
组氨酸	%	0.26	0.22	0.17	0.20	0.25	0.21	0.16	0.18
异亮氨酸	%	0.60	0.50	0.40	0.45	0.57	0.47	0.37	0.42
亮氨酸	%	1.10	0.85	0.70	0.80	1.00	0.80	0.65	0.75
赖氨酸	%	0.85	0.60	0.45	0.52	0.80	0.56	0.42	0.49
蛋氨酸	%	0.30	0.25	0.20	0.22	0.28	0.23	0.19	0.21
蛋氨酸+胱氨酸	%	0.62	0.52	0.42	0.47	0.59	0.49	0.39	0.44
苯丙氨酸	%	0.54	0.45	0.36	0.40	0.51	0.42	0.34	0.38
苯丙氨酸+酪氨酸	%	1.00	0.83	0.67	0.75	0.94	0.78	0.63	0.70
苏氨酸	%	0.68	0.57	0.37	0.47	0.64	0.53	0.35	0.44
色氨酸	%	0.17	0.14	0.11	0.12	0.16	0.13	0.10	0.11
缬氨酸	%	0.62	0.52	0.41	0.46	0.59	0.49	0.38	0.43
脂肪									
亚油酸	%	1.00	1.00	1.00	1.00	1.00	1.00	1.00	1.00
常量元素									
钙	%	0.90	0.80	0.80	2.00	0.90	0.80	0.80	1.80
非植酸磷	%	0.40	0.35	0.30	0.32	0.40	0.35	0.30	0.35
钾	%	0.25	0.25	0.25	0.25	0.25	0.25	0.25	0.25
钠	%	0.15	0.15	0.15	0.15	0.15	0.15	0.15	0.15
氯	%	0.15	0.12	0.12	0.15	0.12	0.11	0.11	0.11
镁	mg	600	500	400	400	570	470	370	370

(续)

营养素	单位	白壳蛋鸡				褐壳蛋鸡			
		0~6周龄	6~12周龄	12~18周龄	18周龄至开产	0~6周龄	6~12周龄	12~18周龄	18周龄至开产
微量元素									
锰	mg	60.00	30.00	30.00	30.00	56.00	28.00	28.00	28.00
锌	mg	40.00	35.00	35.00	35.00	38.00	33.00	33.00	33.00
铁	mg	80.00	60.00	60.00	60.00	75.00	56.00	56.00	56.00
铜	mg	5.00	4.00	4.00	4.00	5.00	4.00	4.00	4.00
碘	mg	0.35	0.35	0.35	0.35	0.33	0.33	0.33	0.33
硒	mg	0.15	0.10	0.10	0.10	0.14	0.10	0.10	0.10
脂溶性维生素									
维生素A	IU	1 500	1 500	1 500	1 500	1 420	1 420	1 420	1 420
维生素D_3	IU	200	200	200	300	190	190	190	280
维生素E	IU	10.00	5.00	5.00	5.00	9.50	4.70	4.70	4.70
维生素K	mg	0.50	0.50	0.50	0.50	0.47	0.47	0.47	0.47
水溶性维生素									
核黄素	mg	3.60	1.80	1.80	2.20	3.40	1.70	1.70	1.70
泛酸	mg	10.00	10.00	10.00	10.00	9.40	9.40	9.40	9.40
烟酸	mg	27.00	11.00	11.00	11.00	26.00	10.30	10.30	10.30
维生素B_{12}	mg	0.009	0.003	0.003	0.004	0.009	0.003	0.003	0.003
胆碱	mg	1 300	900	500	500	1 225	850	470	470
生物素	mg	0.15	0.10	0.10	0.10	0.14	0.09	0.09	0.09
叶酸	mg	0.55	0.25	0.25	0.25	0.52	0.23	0.23	0.23
硫胺素	mg	1.0	1.0	0.8	0.8	1.0	1.0	0.8	0.8
吡哆醇	mg	3.0	3.0	3.0	3.0	2.8	2.8	2.8	2.8

知识链接三　蛋鸡与种鸡的饲养标准及产蛋鸡与种母鸡维生素与微量元素的需要量

蛋鸡与种鸡的饲养标准及产蛋鸡与种母鸡维生素与微量元素的需要量见表4-28、表4-29。

表4-28　蛋鸡与种鸡的饲养标准

项　目	产蛋鸡及种母鸡的产蛋率		
	大于80%	65%~80%	小于65%
代谢能（MJ/kg）	11.50	11.50	11.50
粗蛋白质（%）	16.5	15.0	14.0
蛋白质能量比（g/MJ）	14	13	12
钙（%）	3.50	3.40	3.20
总磷（%）	0.60	0.60	0.60
有效磷（%）	0.33	0.32	0.30
食盐（%）	0.37	0.37	0.37

(续)

项目	产蛋鸡及种母鸡的产蛋率					
	大于80%		65%~80%		小于65%	
氨基酸	%	g/MJ	%	g/MJ	%	g/MJ
蛋氨酸	0.36	0.31	0.33	0.29	0.31	0.27
蛋氨酸+胱氨酸	0.63	0.55	0.57	0.49	0.53	0.46
赖氨酸	0.73	0.63	0.66	0.57	0.62	0.54
色氨酸	0.16	0.14	0.14	0.12	0.14	0.12
精氨酸	0.77	0.67	0.70	0.61	0.66	0.57
亮氨酸	0.83	0.72	0.76	0.66	0.70	0.61
异亮氨酸	0.57	0.49	0.52	0.45	0.48	0.42
苯丙氨酸	0.46	0.40	0.41	0.36	0.39	0.34
苯丙氨酸+酪氨酸	0.91	0.79	0.83	0.72	0.77	0.67
苏氨酸	0.51	0.44	0.47	0.41	0.43	0.37
缬氨酸	0.63	0.55	0.57	0.49	0.53	0.46
组氨酸	0.18	0.16	0.17	0.15	0.15	0.13
甘氨酸+丝氨酸	0.37	0.38	0.39	0.40	0.41	0.42

表4-29 产蛋鸡与种母鸡维生素与微量元素需要量（每千克日粮）

营养成分	我国饲养标准（每千克日粮需要量）		A. 阿克斯推荐量（每千克日粮需要量）
	产蛋鸡	种母鸡	种母鸡
维生素A（IU）	4 000	4 000	15 400
维生素D_3（IU）	500	500	3 300
维生素E（IU）	5	10	27.5
维生素K（mg）	0.5	0.5	2.2
硫胺素（mg）	0.8	0.8	2.2
核黄素（mg）	2.2	3.8	9.9
泛酸（mg）	2.2	10	11.0
烟酸（mg）	10	10	44.0
吡哆醇（mg）	3	4.5	5.5
生物素（mg）	0.10	0.15	0.22
胆碱（mg）	500	500	300
叶酸（mg）	0.25	0.35	0.66
维生素B_{12}（mg）	0.003	0.003	0.013
亚油酸（%）	1.0	1.0	—
铜（mg）	3	4	8.0
碘（mg）	0.3	0.3	0.45
铁（mg）	50	80	75.0
锰（mg）	25	30	100.0
硒（mg）	0.1	0.1	0.3
锌（mg）	50	65	75.0

实 践 训 练

技能一 雏鸡的断喙

【实训目标】明晰正确断喙方法,熟练进行雏鸡断喙操作,掌握断喙操作注意事项。

【材料和用具】6～10日龄雏鸡若干只,雏鸡笼、电热断喙剪、感应式电烙铁、电热断喙器等。

【实训场所与师资配置】本技能实训在实训基地实施,实训时1名教师指导15名学生,技能考核时一对一进行考核。

【实训内容与方法】

1. 方法

(1) 用电热断喙剪断喙。

(2) 用感应式电烙铁断喙。

(3) 用电热电动断喙器断喙。

2. 操作步骤 ①将断喙器接通电源。按鸡的大小、喙的坚硬程度调整断喙器的工作温度,6～9日龄的雏鸡,刀片温度达到700℃较适宜(刀片呈桃红色)。②握雏实际操作过程中常3人1组,2人负责抓鸡放鸡,1人进行断喙操作。③断喙。操作者一手握住雏鸡体躯,另一只手的大拇指压在雏鸡头顶上部,食指放在咽下,施加适当压力使雏鸡缩舌,防止烧伤舌头,切的时候将雏鸡头向下方稍倾斜,将喙伸入断喙器孔中(断喙器刀片前挡板有3个孔眼,直径分别为4.0 mm、4.37 mm和4.75 mm,将喙插入4.37 mm的孔眼),上喙从鼻孔到喙尖断去1/2,下喙断去1/3,一次同时切掉上下喙。④止血。切后在刀片上灼烙2～3 s,以止血和破坏生长点。

3. 注意事项 断喙的鸡群应是健康无病的鸡群;断喙前后1～2 d应在饲料或饮水中添加维生素K,添加量一般为5～8 g/t;刀片温度要适宜(适宜温度600～800 ℃),切烧结合,不能过快,以防出血,一般每分钟15只为宜;断喙应与接种疫苗错开;断喙后保证充足饮水;断喙后料槽中的饲料多加些,便于采食;多次用过的断喙器应注意消毒。

【技能考核标准】技能考核标准见表4-30。

表4-30 技能考核标准

序号	考核项目	分值	评分标准	考核方式	考核分值
1	断喙设备调试	15	设备不会调试扣3分,操作不规范扣1分	单人操作考核	
2	雏鸡保定	20	手法不正确扣5分		
3	断喙操作	40	具体操作不正确扣20分,具体操作不规范扣10分		
4	断喙后检查	20	断喙后不检查扣20分,检查后发现雏鸡出血不处理扣10分		
5	规范程度	5	操作不规范、动作混乱各扣2分		

【复习与思考】
(1) 断喙前后应做好哪些工作？
(2) 试述采用断喙器进行雏鸡断喙的操作过程。
(3) 断喙时应注意哪些事项？

技能二　鸡群均匀度的测定与调整

【实训目标】学会定期对鸡群进行称重并掌握鸡群均匀度的测定方法，从而判断育成鸡的饲养水平。海兰褐商品代母鸡 10 周龄标准体重为 890 g；鸡群整齐度标准见表 4-31。

表 4-31　鸡群的整齐度标准

在鸡群平均体重±10%范围的蛋鸡所占的比例	整齐度
85%以上	特佳
80%～85%	佳
75%～80%	良好
70%～75%	一般
70%以下	不良

【材料和用具】
1. 实训动物　海兰褐商品代育成鸡群（≥500 只）。
2. 材料用具　天平、提秤、家禽秤。

【实训场所与师资配置】本技能实训在实训基地实施，实训时 1 名教师指导 15 名学生，技能考核时一对一进行考核。

【实训内容与方法】
1. 体重测定
(1) 称重时间。平均体重的测定，是根据品种要求而确定的。在生产中，轻型蛋鸡一般从 6 周龄开始每周称重 1 次，中型蛋鸡 4 周龄后每周称重 1 次。每次称测时间应安排一致，一般在早晨空腹时称重，下 1 周第 1 天早晨空腹时的体重代表上周周末体重，称完体重后喂料。
(2) 称重数量。称测体重的数量占全群的比例，万只鸡以上按 2% 抽样，小群按 5% 抽样，但不能少于 50 只。本实训称重鸡为 50 只。
(3) 称重方法。抽样时先把栏内的鸡缓缓驱赶，使舍内大小不同的鸡均匀分布，然后在鸡舍的任意地方用铁丝网围住需要的鸡，并将伤残鸡剔除，剩余的鸡逐个称重登记。笼内饲养时，应取不同层次笼的鸡称重，每层笼取样数量也要相等。

2. 均匀度测定
(1) 均匀度的表示。方法有两种，一种用平均值±标准差或转化为变异系数；另一种用在平均体重±10%范围内的个体百分数表示。在生产上常采用第二种方法。
(2) 标准体重范围的计算。海兰褐商品代母鸡 10 周龄标准体重为 890 g，超过或低于标准体重±10%的范围是：

$$890+(890×10\%)=979\text{（g）}$$
$$890-(890×10\%)=801\text{（g）}$$

（3）实践抽样鸡群体重符合标准体重数的确定。数出实践抽样鸡群体重值在 801~979 g 的鸡数 X。

（4）计算均匀度。均匀度（%）=（体重在抽测群平均体重±10%的鸡数）/抽测群总数×100%；即均匀度（%）=$X/50×100\%$

（5）鸡群整齐度判断。根据均匀度计算结果对比表，判断该群均匀度状况。

3. 根据鸡群整齐度状况，调整鸡群。

【技能考核标准】技能考核标准见表 4-32。

表 4-32 技能考核标准

序号	考核项目	分值	评分标准	考核方式	考核分值
1	抽样	20	抽样方法不科学扣 10 分，抽样数量不足扣 5 分	单人操作考核	
2	称重	20	称重不准确扣 10 分，称重记录不完整扣 5 分		
3	平均体重计算	10	计算不准确扣 10 分		
4	均匀度计算	20	不会计算扣 20 分，体重范围计算不正确扣 5 分，鸡数统计不正确扣 5 分，计算结果不正确扣 5 分		
5	结果分析	20	对结果做不出结论评价扣 10 分，提不出下一步饲养管理建议扣 10 分		
6	规范程度	10	操作不规范、动作混乱各扣 5 分		

【复习与思考】

（1）造成均匀度差的原因有哪些？

（2）如何提高鸡群均匀度？

（3）鸡群体重不达标应采取什么措施？

技能三　产蛋率曲线的绘制与分析

【实训目标】掌握产蛋率曲线的绘制方法，并能够与标准产蛋率曲线进行比较，能根据产蛋率曲线分析产蛋率变化规律并能判断鸡群产蛋水平是否正常。

【材料和用具】某鸡群 22~72 周龄的产蛋率及该品种鸡的生产性能标准（或标准产蛋率曲线）；坐标纸、计算器及绘图工具或电脑及 Excel 程序等。

【实训场所与师资配置】本技能实训在实训室实施，实训时 1 名教师指导 15 名学生，技能考核时一对一进行考核。

【实训内容与方法】

（1）该品种鸡标准产蛋率曲线的绘制：根据该品种鸡的生产性能标准，在坐标纸上，以横坐标表示周龄，以纵坐标表示产蛋率，将所列各周龄产蛋率连接成线，即为该品种鸡1个产蛋年的标准曲线（或者将该品种鸡标准产蛋率曲线直接画在自己的坐标纸上）。

（2）该鸡群产蛋率曲线的绘制：根据该鸡群22～72周龄周龄实际产蛋率情况，在上述绘有该品种鸡标准产蛋率曲线的同一坐标纸上，标出各周龄的产蛋率，然后连接成线，即为该鸡群1个产蛋年的实际产蛋率曲线。

（3）将两条曲线进行对比，分析产蛋率变化规律，观察该场鸡群实际生产性能水平是否正常，查找原因，分析各阶段的饲养管理状况，总结经验。

（4）具备电脑条件的使用Excel程序绘制标准曲线和实际产蛋率曲线。

（5）结论及建议。写出分析判断结果，初步分析该鸡场饲养管理方面可能存在的问题及下一步饲养管理建议。

【技能考核标准】技能考核标准见表4-33。

表4-33 技能考核标准

序号	考核项目	分值	评分标准	考核方式	考核分值
1	标准曲线绘制	20	绘制数据及坐标不准确扣10分	单人操作考核	
2	实际产蛋率曲线绘制	20	绘制数据及坐标不准确扣10分		
3	产蛋规律分析	30	不能分析和阐述产蛋率曲线的3个规律，缺一个扣10分		
4	结论及建议	20	对本批产蛋鸡提不出结论扣10分，提不出下一步饲养管理建议扣10分		
5	规范程度	10	操作不规范、动作混乱各扣5分		

【复习与思考】

（1）产蛋率曲线的变化有哪些规律？

（2）造成产蛋异常的常见原因有哪些？

（3）不同产蛋阶段应提前做好哪些工作？

项目四习题

习题答案

项目五　肉　鸡　生　产

知识目标

1. 熟悉常见肉鸡品种的特点。
2. 掌握肉用仔鸡、优质肉鸡和肉种鸡的生理特点及对环境的要求。
3. 掌握肉鸡的屠宰及主要指标测定方法。

能力目标

1. 能识别肉鸡品种。
2. 会管理不同阶段的肉鸡。
3. 能根据屠宰测定数据分析肉鸡产肉性能。
4. 能进行肉品质的鉴定。

素质目标

1. 培养团队协作能力。
2. 具有吃苦耐劳、爱护动物的职业精神。

任务一　肉鸡品种选择

肉鸡品种

学习任务

鸡肉中蛋白质含量高，氨基酸种类多，容易被人体吸收利用，鸡肉有增强体质、强壮身体的作用。鸡肉含有对人体生长发育有重要作用的磷脂类，是我国人民膳食结构中脂肪和磷脂的重要来源之一。因此肉鸡生产是畜牧业的重要组成部分，了解和掌握肉鸡体质外貌和生产性能有助于选择合适的品种进行肉鸡生产，有重要的指导性意义。

一、肉鸡品种选择与分类

1. 肉鸡品种的分类

（1）按照肉鸡的认证情况和培育程度可分为标准品种、地方品种和商业品种。

① 凡列入《美国家禽志》和《不列颠家禽标准品种志》的家禽品种，即为国际上公认的家禽品种，为标准品种。中国培育的标准品种有九斤黄鸡、狼山鸡和丝毛鸡。

② 地方品种没有明确的育种目标，没有经过有计划的杂交和系统的选育。生产性能较低，体形外貌不大一致。但具有生活力强、耐粗饲的优点，因其适应各自的地域故称地方品种。目前列入《中国畜禽遗传志•家禽志》的鸡地方品种有107个。

③ 商业品种都是配套品系，又称杂交商品系，是经过配合力测定筛选出来的杂交优势最强的杂交组合。

（2）按照肉鸡的育种情况、肉质和生长速度可将肉鸡分为快大型肉鸡和优质型肉鸡两大类。

① 快大型肉鸡突出的特点是早期生长速度快，体重大，一般商品肉鸡6周龄平均体重在2 kg以上，每千克增重的饲料消耗在2 kg左右。快大型肉鸡是采用配套系杂交进行培育而成，大部分鸡为白色羽毛，少数鸡种为黄（或红）色羽毛。这类肉鸡在西方和中东地区较受消费者喜爱。因为较容易加工烹调，是主要的快餐食品之一。

② 优质型肉鸡一般指我国地方良种鸡（黄羽或麻羽）进行本品种选育、品系选育或配套系杂交培育而成的肉鸡，也有不少是用我国地方良种与引进的品种（如红布罗、安卡红、海佩科等）进行配套杂交育成的，多数是两系杂交和三系杂交。

（3）按照肉鸡羽毛颜色可分为白羽肉鸡和黄羽肉鸡。

① 白羽肉鸡的羽毛以白色为主。在我国白羽肉鸡一般指从国外引进的"快大型肉鸡"，其出栏时间短，生产效率很高。

② 黄羽肉鸡则包含了黄羽、麻羽和与黄麻羽有关的羽色。黄羽肉鸡一般指我国自主培育的肉鸡，出栏时间比较晚，但是肉质感官（色泽、风味、口感、嫩度和多汁性等）好且抗病力强。

2. 肉鸡品种的选择　肉鸡品种的选择要考虑产品用途、经济效益、生产资源和消费习惯等几方面。

从产品用途和消费习惯来看，白羽肉鸡主要以经屠宰分割成的鸡胸肉、鸡腿肉和鸡翅等产品形式销售，或者加工为熟食后上市。分割产品主要用于快餐类消费，主要是国内自销或者出口；而黄羽肉鸡主要以活鸡形式流通，一般用整鸡煲汤或做白切鸡、烧鸡、扒鸡等，主要是国内自销。

从生产资源来看，快大型肉鸡品种对饲料以及饲养环境要求相对较高，鸡场建设投入相对较高，因此应根据自己的经济条件选择饲养的品种，一开始规模不应太大。如资金较少，可以建简易的大棚饲养一些适应能力和抗病能力较强的黄羽肉鸡。如果在山林附近居住，应考虑饲养优质肉鸡，选择放养的饲养方式。

二、肉鸡标准品种介绍

1. 白科尼什　肉用型鸡种。原产于英国，由红色阿希尔鸡、英国黑胸红色斗鸡和马来斗鸡杂交而成。1893年美国利用英国科尼什鸡胸肉发达的特点，最初育成专门肉用的褐色科尼什鸡。后又引入其他品种的白色显性基因，育成了现在的胸肉丰满和生长速度快的白科尼什鸡，其体型、外貌与生产性能均有别于以往的科尼什鸡。豆冠或单冠，耳垂红色，喙、脚、皮肤为黄色，羽毛短而密紧，呈白色。体躯坚实、肩胸很宽，脚粗壮。体重大，公鸡4.5～5.0 kg，母鸡3.5～4 kg。蛋壳浅褐色。早期生长快，胸肉特别发达。年产蛋120～130个，蛋重55～60 g。主要用白科尼什鸡作父系与白洛克鸡杂交生产肉用仔鸡，7周龄体重1.8 kg，饲料消耗比2.0∶1。

2. 白洛克 肉用型鸡种。原产于美国。单冠，耳垂红色，喙、脚、皮肤黄色。体大丰满，成年公鸡体重4～4.5 kg，母鸡3～3.5 kg。蛋壳褐色，年产蛋量150～160个，高产品系达200个以上，蛋重60 g左右。20世纪50年代后期与科尼什鸡杂交，表现出极好的肉用性能，风靡美国各地。而后又经不断改良，鸡的体型、外貌与生产性能均有很大改变。其主要特点是，早期生长快，胸、腿肌肉发达，羽色洁白，屠体美观，并保持一定的产蛋水平。现多用白洛克鸡作母系同白科尼什鸡杂交生产肉用仔鸡。

3. 横斑洛克 肉蛋兼用型鸡种。育成于美国新英格兰，曾引入中国九斤黄鸡血液。体形椭圆，身躯各部发育良好，生长快，产蛋多，肉质好，易肥育。全身羽毛为黑白相间的横斑纹，羽毛末端应为黑边，斑纹清晰一致。公鸡的白色横斑约为2/3，黑色横斑约为1/3；母鸡的黑白横斑几乎相等，因此母鸡的羽色看起来较浓，而公鸡较淡。单冠。耳叶红色。喙、跖、趾和皮肤均呈黄色。一般年产蛋量为180个左右，经选育的高产品系可达250个。蛋重为56 g，蛋壳褐色。成年标准体重，公鸡为4.0 kg，母鸡为3.0 kg。

4. 新汉夏 肉蛋兼用型鸡种。育成于美国。新汉夏鸡羽毛呈浅红色，尾羽黑色。体躯呈长方形。头中等大。单冠。脸部、肉垂和耳叶均呈鲜红色。喙褐黄色。跖、趾黄色或微带红色。皮肤黄色。背部较短，体躯各部肌肉发达，体质强健，适应性强。成年标准体重，公鸡为3.0～3.5 kg，母鸡为2.5～3.0 kg。

5. 浦东鸡 肉蛋兼用型鸡种。原产于中国上海，因其成年公鸡体重可达4.5 kg以上，故有"九斤黄"之称。体型较大，呈三角形（图5-1）。喙短而稍弯，基部粗壮、黄色，上喙端部褐色。单冠，冠齿多为7个。虹彩黄色或金黄色。公鸡羽色有黄胸黄背、红胸红背和黑胸红背3种；主翼羽、副翼羽多呈部分黑色，腹翼羽金黄色或带黑色；尾羽、镰羽上翘，与地面呈45°，

图5-1 浦东鸡

黑色并带有墨绿色光泽。母鸡全身黄色，有深浅之分，羽片端部或边缘常有黑色斑点，因而形成深麻色或浅麻色；颈羽、主翼羽及尾羽有时黑色，尾羽短而尖，稍向上。初生雏绒羽多呈黄色，少数头、背部有条状褐色或灰色绒羽带。胫、趾黄色，有跖羽和趾羽。成年鸡体重，公鸡3 550 g，母鸡2 840 g。

6. 狼山鸡 肉蛋兼用型鸡种。原产于中国江苏省，驰名世界。狼山鸡体格健壮，头昂尾翘，具有典型的"U"字形特征（图5-2），按羽色可分黑色、白色、黄色3种。黑色狼山鸡全身毛黑色，紧贴身上，并有绿色光泽；胫、趾部均呈黑色，皮肤为

白色；初生雏头部黑白毛，俗称大花脸，背部为黑色绒羽，腹、翼尖部及下腭等处绒羽为淡黄色，是黑色狼山鸡有别于其他黑色鸡种之处。白色狼山鸡雏鸡羽毛为灰白色，成鸡羽毛洁白。黄色狼山鸡以嘴、脚、羽毛三黄为主要特征，大小适中，肉味鲜美，俗称"如东草三黄"。

图 5-2 狼山鸡

7. 洛岛红 蛋肉兼用鸡品种。原产于美国，由红色马来斗鸡、褐色来航鸡和九斤黄鸡杂交而成。有单冠、玫瑰冠两个品变种。耳垂红色，喙红褐色，皮肤、脚、趾为黄色，羽毛深红色，尾羽黑色有光泽。体躯中等。背长而平。产蛋和产肉性能均好。现代养禽业多用其作父本与其他兼用型鸡或来航鸡杂交，育成高产的褐壳蛋商品鸡。

8. 丝羽乌骨鸡 观赏、药用鸡品种。以其丝毛美而闻名于世，又称丝毛乌骨鸡、泰和鸡。原产于中国江西、浙江、福建等省份。典型外貌具有桑冠、缨头、绿耳、胡须、五趾、毛脚、丝毛、乌骨、乌皮、乌肉十大特征，通称"十全"（图5-3）。肉味美，富滋养，并可入药。明代李时珍所著《本草纲目》有"妇人方科有乌鸡丸，治妇人百病"的记载，为现今妇科中药乌鸡白凤丸的成分之一。

图 5-3 丝羽乌骨鸡

三、地方肉鸡品种介绍

1. 溧阳鸡 溧阳鸡主要分布于江苏省溧阳市。属肉用型品种。体型较大，体躯呈方形，羽毛以及喙和脚的颜色多呈黄色（图5-4）。但麻黄、麻栗色者亦甚多。公鸡单冠直立，冠齿一般为5个，齿刻深。母鸡单冠有直立与倒冠之分，虹彩呈橘红色。成年体重公鸡为3

图 5-4 溧阳鸡

850 g，母鸡为 2 600 g。300 日龄屠宰测定：公鸡半净膛率为 87.5%，全净膛率为 79.3%；母鸡半净膛率为 85.4%，全净膛率为 72.9%。开产日龄为 (243±39) d，500 日龄产蛋为 (145.4±25) 个，蛋重为 (57.2±4.9) g，蛋壳褐色。

2. 北京油鸡 北京油鸡主要分布于北京市朝阳区。属肉蛋兼用品种。以肉味鲜美、蛋质优良著称。北京油鸡的体躯中等，其中羽毛呈赤褐色（俗称紫红毛）的鸡体型较小，羽毛呈黄色（俗称素黄色）的鸡体型略大。初生雏全身披着淡黄或土黄色绒羽，冠羽、胫羽、髯羽也很明显，体浑圆。成年鸡的羽毛厚密而蓬松，具有冠羽和胫羽，有

图 5-5 北京油鸡

些个体兼有趾羽和五趾，不少个体的颌下和颊部生有髯须（图 5-5）。北京油鸡生长速度缓慢，初生重为 38.4 g，成年体重公鸡为 2 049 g，母鸡为 1 730 g。屠宰测定：成年公鸡半净膛率为 83.5%，全净膛率为 76.6%；母鸡半净膛率为 70.7%，全净膛率为 64.6%。性成熟较晚，母鸡 7 月龄开产，年产蛋为 110～125 个，平均蛋重为 56 g，蛋壳厚度 0.325 mm，蛋壳褐色，个别呈淡紫色，蛋形指数为 1.32。

3. 鹿苑鸡 鹿苑鸡主要分布于江苏张家港市鹿苑镇。属蛋肉兼用型品种。体型高大，胸部较深，背部平直。全身羽毛黄色，紧贴体躯。颈羽、主翼羽和尾羽有黑色斑纹。胫、趾黄色，两腿间距离较宽，无胫羽（图 5-6）。雏鸡绒羽黄色。成年体重公鸡为 3 120 g，母鸡为 2 370 g。6 月龄屠宰测定：公鸡半净膛率

图 5-6 鹿苑鸡

为 81.13%，全净膛率为 72.64%；母鸡半净膛率为 82.57%，全净膛率为 73.01%。开产日龄 180 d 左右，年平均产蛋 145～223 个，平均蛋重为 54.2 g，蛋壳为褐色。

4. 寿光鸡 寿光鸡主要分布于山东寿光市。该鸡为蛋肉兼用型品种。寿光鸡有大型和中型两种，还有少数是小型。大型寿光鸡外貌雄伟，体躯高大，体形近似方形（图 5-7）。成年鸡全身羽毛黑色，有的部位呈深黑色并闪绿色光泽。单冠，公鸡冠大而直立；母鸡冠形有大小之分，跖、趾灰黑色，皮肤白色。初生重为 42.4 g，大型成年体

图 5-7 寿光鸡

重公鸡为3 609 g,母鸡为3 305 g,中型公鸡为2 875 g,母鸡为2 335 g。5月龄屠宰测定:公鸡半净膛率为82.5%,全净膛率为77.1%,母鸡半净膛率为85.4%,全净膛率为80.7%。开产日龄大型鸡240 d以上,中型鸡145 d,产蛋量大型鸡年产蛋117.5个、中型鸡122.5个,大型鸡蛋重为65~75 g,中型鸡为60 g。蛋形指数大型鸡为1.32,中型鸡为1.31,大型鸡蛋壳厚0.36 mm,中型鸡0.358 mm。

5. 固始鸡 固始鸡主要分布于河南省固始县。属于蛋肉兼用型品种。个体中等,羽毛丰满。雏鸡绒羽呈黄色,公鸡羽色呈深红色和黄色,母鸡羽色以麻黄色和黄色为主,白色、黑色很少,尾型分为佛手状尾和直尾2种(图5-8)。成年鸡冠型分为单冠与豆冠2种,以单冠居多。冠直立,胫色呈靛青色,四趾,无胫羽。皮肤呈暗白色。初生重32.8 g,成年体重公鸡为2 470 g,母鸡为1 780 g。6月龄

图5-8 固始鸡

屠宰测定:公鸡半净膛率为82%,全净膛率为74%;临开产母鸡半净膛率为80%,全净膛率为71%。开产日龄205 d,年平均产蛋量142个,平均蛋重为51.4 g,蛋壳褐色,壳厚0.35 mm,蛋形指数1.32。

6. 静原鸡 静原鸡主要分布于甘肃省静宁县及宁夏固原市。属蛋肉兼用型品种。体格中等,成年公鸡羽色不一致,主要有红公鸡和黑红公鸡。成年母鸡羽色较杂,有黄鸡、黑鸡、白鸡、花鸡等,以黄鸡和麻鸡最多。冠型多为玫瑰冠,少数为单冠(图5-9)。喙多呈灰色。虹彩以橘红色为主。跖灰色,少数个体有胫羽。皮肤白色。初生重为36.5~47 g,成年体重公鸡为1 888~

图5-9 静原鸡

2 250 g,母鸡为1 630~1 670 g。6月龄屠宰测定:公鸡半净膛率为73.4%~75.0%,全净膛率为68.7%~69.5%;母鸡半净膛率为73.6%~74.6%,全净膛率为67.5%~69.1%。一般8~9月龄开产,年产蛋117~124个,蛋重为56.7~58 g,蛋形指数1.312~1.316,蛋壳厚0.34~0.35 mm,蛋壳褐色或深褐色。

7. 杏花鸡 杏花鸡又称"米仔鸡",主要分布于广东封开县。属小型肉用鸡种。其体型特征可概括为"两细"(头细、脚细)、"三黄"和"三短"(颈短、体躯短、脚短)。雏鸡以"三黄"为主,全身绒羽淡黄色。公鸡头大,冠大直立,冠、耳叶及肉

垂鲜红色。虹彩橙黄色。羽毛黄色略带金红色，主翼羽和尾羽有黑色。脚黄色。母鸡头小，喙短而黄，单冠，冠、耳叶及肉垂红色。虹彩橙黄色。体羽黄色或浅黄色，颈基部羽多有黑斑点（称"芝麻点"），形似项链。主、副翼羽的内侧多呈黑色，尾羽多数有几根黑羽（图5-10）。成年体重公鸡为1 950 g，母鸡为1 590 g。4月龄屠宰测定：公鸡半净膛率为79%，全净膛率为74.7%，母鸡半净膛率为76.0%，全净膛率为70.0%。150日龄30%的母鸡开产，年平均产蛋为95个，蛋重45 g左右，蛋壳褐色。

图5-10 杏花鸡

四、典型肉鸡配套系介绍

1. 爱拔益加（Arbor Acres，简称 AA） 由美国爱拔益加公司培育。我国1980年首次引入祖代鸡；1984年和1987年在山东、上海等地直接从美国爱拔益加公司引进祖代鸡。目前，北京爱拔益加家禽育种公司是国内最大的祖代种鸡场。该鸡为白羽，父系为考尼什型，母系为白洛克型。父本豆冠，母本为单冠，胸宽，腿粗，肌肉发达，尾毛短，蛋壳为棕色，66周龄入舍（表5-1）。该鸡在我国引入数量较多，抗病力强，生产性能与其他肉鸡相比均占优势（表5-2）。

表5-1 爱拔益加肉鸡生产性能（父母代种鸡）

入舍母鸡产蛋数 （64周龄）（个）	入舍母鸡产种蛋数 （64周龄）（个）	入舍母鸡出雏数 （只）	入孵蛋孵化率 （%）	达5%产蛋率时周龄 （周）
191	181	155	86	25

表5-2 爱拔益加肉鸡生产性能（商品代鸡）

日　龄	平均体重（kg）	肉料比	存活率（%）
42	2.08	1∶1.74	98.6
49	2.57	1∶1.91	98.6
56	3.06	1∶2.09	98.6
63	3.51	1∶2.28	98.6

2. 罗斯308 英国罗斯育种公司培育的四系配套优良肉用鸡种。1989年，上海市新杨种畜场从原公司引进了祖代鸡。自引进以来，在良好的饲养管理条件下，基本能达到该公司提供的各项生产指标（表5-3、表5-4）。

表5-3 罗斯308肉鸡生产性能（父母代种鸡）

入舍母鸡产蛋数 （64周龄）（个）	入舍母鸡产种蛋数 （64周龄）（个）	入舍母鸡出雏数 （只）	入孵蛋孵化率 （%）	达5%产蛋率时周龄 （周）
173.3	164.8	137.8	84.0	23

表5-4 罗斯308肉鸡生产性能（商品代仔鸡）

日龄	平均体重（kg）	肉料比
42	1.94	1∶1.83
49	2.37	1∶1.97
56	2.82	1∶2.12

3. 科宝500 科宝肉鸡原产于美国，是美国泰臣食品国际家禽分割公司培育的白羽肉鸡品种。体型大，胸深背阔，全身白羽，鸡头大小适中，单冠直立，虹彩橙黄，脚高而粗。该品种鸡生长快，饲料报酬高，适应性与抗病力较强，全期成活率高（表5-5、表5-6）。

表5-5 科宝500肉鸡生产性能（父母代种鸡）

入舍母鸡产蛋数 （66周龄）（个）	入舍母鸡产种蛋数 （66周龄）（个）	入舍母鸡出雏数 （只）	入孵蛋孵化率 （%）	达5%产蛋率时周龄 （周）
179.2	168.3	145.5	87.0	25

表5-6 科宝500肉鸡生产性能（商品代鸡）

日龄	平均体重（kg）	肉料比
42	2.857	1∶1.675
49	3.596	1∶1.84
56	4.111	1∶1.963
63	4.649	1∶2.105

4. 哈巴德 原产于美国哈巴德公司。1980年广州曾引入祖代鸡。该肉鸡不仅生长速度快，而且具有伴性遗传，通过快慢羽自别雌雄，出壳雏鸡公鸡主翼羽长度与覆主翼羽相等或短于覆主翼羽，小母鸡则主翼羽长于覆主翼羽。该鸡羽毛为白色，蛋壳褐色。主要生产性能见表5-7和表5-8。

表5-7 哈巴德肉鸡生产性能（父母代种鸡）

入舍母鸡产蛋数 （64周龄）（个）	入舍母鸡产种蛋数 （64周龄）（个）	入舍母鸡出雏数 （只）	达5%产蛋率时周龄 （周）
180	173	145.3	25

表 5-8 哈巴德肉鸡生产性能（商品代仔鸡）

日　龄	体重（kg）	肉料比
42	1.405	1∶1.92
49	1.775	1∶2.08
56	2.115	1∶2.25
63	2.455	1∶2.40

5. 狄高　由澳大利亚狄高公司育成。该鸡父本有 2 个，一是 TM70，为白色，另一个是 TR83，为黄色；母本只有 1 个，颜色为浅褐色。商品代的颜色、命名皆随父本。狄高黄鸡同我国地方良种鸡杂交，其后代生产性能高，肉质好，很受欢迎。主要生产性能见表 5-9 和表 5-10。

表 5-9　狄高肉鸡生产性能（父母代种鸡）

入舍母鸡产蛋数 （64 周龄）（个）	入舍母鸡出雏数 （64 周龄）（只）	入孵蛋孵化率 （%）	达 5% 产蛋率时周龄 （周）
191	154.27	89	25

表 5-10　狄高肉鸡生产性能（商品代仔鸡）

日　龄	体重（kg）	肉料比
42	1.88	1∶1.87
56	2.532	1∶2.07

6. 彼德逊　美国彼德逊公司提供，江苏省湾山鸡场于 1989 年 12 月直接从美国引进。父母代种鸡的主要生产性能见表 5-11。

表 5-11　彼德逊肉鸡生产性能（父母代种鸡）

入舍母鸡产蛋数 （64 周龄）（个）	入舍母鸡出雏数 （64 周龄）（只）	产蛋 5% 周龄	平均孵化率 （%）
165.64	135.81	25	86.24

7. 墟岗黄　中国华南农业大学与佛山市墟岗畜牧场共同培育而成的优质黄羽肉鸡。共 3 个品系，均为三黄，体躯呈矩形，脚矮小，肉嫩鲜滑，味美香浓，抗逆性强，生长速度快，高产，饲料报酬高，遗传性稳定，商品代整齐一致，深受内地及港澳地区消费者们欢迎（表 5-12、表 5-13）。

表 5-12　墟岗黄肉鸡生产性能（父母代种鸡）

开产日龄 （日）	高峰期产蛋率 （%）	入舍母鸡产蛋数 （500 日龄）（个）	入舍母鸡出雏数 （500 日龄）（只）
161	70	155	113

表5-13 墟岗黄肉鸡生产性能（商品代仔鸡）

日龄	体重（kg）	肉料比
公鸡65 d	1.4~1.6	1∶(2.3~2.4)
母鸡70 d	1.2~1.3	1∶(2.6~2.8)
母鸡90~100 d	1.6~1.8	1∶(2.9~3.1)

8. 新兴黄鸡Ⅱ号 "新兴黄鸡Ⅱ号"肉鸡配套系是由广东温氏食品集团有限公司南方家禽育种有限公司育成的，经二系杂交育成。商品代肉鸡红色单冠，胸宽，三黄特征明显。主要生产性能见表5-14和表5-15。

表5-14 新兴黄鸡Ⅱ号肉鸡生产性能（父母代种鸡）

入舍母鸡产蛋数（68周龄）（个）	入舍母鸡出雏数（只）	入孵蛋孵化率（%）	达5%产蛋率时周龄（周）
161	125	84	23

表5-15 新兴黄鸡Ⅱ号肉鸡生产性能（商品代鸡）

日龄	体重（kg）	肉料比
公鸡60 d	1.5	1∶2.1
母鸡72 d	1.5	1∶3.0

9. 岭南黄 岭南黄肉鸡由广东省农业科学院畜牧研究所培育，主要配套系有1号中速型、2号块大型、3号优质型，1号商品代初生雏自辨雌雄准确率达到99%以上，2号的生长速度和饲料转化率极佳，达到国内领先水平（表5-16、表5-17）。

表5-16 岭南黄肉鸡生产性能（父母代种鸡）

配套系	入舍母鸡产种蛋数（68周龄）（个）	入舍母鸡出雏数（只）	入孵蛋孵化率（%）	达5%产蛋率时周龄（周）
1号中速型	183	153	84	23
2号块大型	185	150	81	24
3号优质型	180	150	83	21

表5-17 岭南黄肉鸡生产性能（商品代鸡）

配套系	日龄	性别	体重（kg）	肉料比
1号中速型	45	公鸡	1.58	1∶2.0
	45	母鸡	1.35	
2号块大型	42	公鸡	1.53	1∶1.83
	42	母鸡	1.275	
3号优质型	80~90	公鸡	1.15~1.25	1∶(2.7~3.0)
	110~120	母鸡	1.25~1.35	1∶(3.9~4.2)

10. 金种麻黄 金种麻黄肉鸡配套系由广东金种农牧科技股份有限公司采用三系配套模式选育而成，父母代种鸡具有雏鸡成活率高、抗病力强、产蛋率高、种蛋孵化率高、全期蛋料比高等特点；商品代肉鸡有生长速度快、饲料报酬高、均匀度好、肉质鲜嫩、抗病能力强、出栏率高等特点（表5-18）。

表5-18 金种麻黄肉鸡生产性能（商品代鸡）

日龄	性别	体重（kg）	肉料比
70	公鸡	1.976	1∶2.37
70	母鸡	1.697	1∶2.56

1. 请阐述肉鸡的分类方法和主要的品种特征。
2. 请调查当地饲养肉鸡的品种，说明选择饲养的原因。

任务二　肉用仔鸡的饲养管理

肉用仔鸡，我国民间通常称"笋鸡"或"童子鸡"，指一般不到性成熟即进行屠宰的雏鸡。目前肉用仔鸡是指用专门化品系杂交所育成的杂交鸡，不分公、母均用蛋白质和能量含量较高的日粮，促进其快速生长肥育，一般饲养到6~8周，体重达1.8~2.4 kg屠宰上市。

一、肉用仔鸡的特点

1. 生长速度快　由于遗传育种技术和饲料营养技术的进步，肉用仔鸡的生产效率越来越高。一般肉用雏鸡出壳时体重35~40 g，6~8周体重可增长到1.8~2.4 kg，是出壳体重的50多倍，而且随着育种的进行肉用仔鸡的生长速度还在增长。

2. 饲料转化率高　优良的肉鸡品种，体重达到2 kg时的料肉比为（1.6~1.9）∶1，这是其他畜禽所不能比的，蛋鸡料肉比约为2.6∶1，猪和兔的料肉比约为3.1∶1，肉牛的料肉比约为5∶1。畜牧业中，饲料的费用支出占畜产品成本的70%~80%，因此饲料转化率的高低决定着畜产品成本和利润。

3. 生产周期短、周转快　肉用仔鸡达到2 kg出栏体重只需要6~8周的时间，加上2~3周鸡舍准备时间，1栋鸡舍每年至少可以饲养肉鸡5~6批，设备利用率和资金周转率高。

4. 适合集约化、规模化生产　肉鸡性情温顺，具有良好的群体适应性，适合大群饲养。垫料平养的饲养方式饲养密度可达到每平方米12~14只，如果采用立体笼养，密度会更大。同时鸡的繁殖力很高，短时间可提供大批量雏鸡进行集约化、规模化生产。

5. 屠宰率高　白羽肉鸡生长速度快、肉嫩，易加工，尤其适合于快餐业。7周龄的肉用仔鸡屠宰率可达90%，半净膛率可达86%，全净膛率可达78%。肉猪的屠宰率在72%~80%，肉牛的屠宰率在50%~60%，肉羊的屠宰率在45%~50%。

二、饲养肉鸡前的准备

（一）饲养方式的选择

肉用仔鸡有平养、笼养和笼平养混合3种饲养方式，平养又分为地面平养和网上平养。养殖场可根据当地条件和自身经济状况，选择最适当的肉鸡饲养方式。

1. 地面平养　在地面上铺10~15 cm厚的垫料，鸡饲养在垫料上，随着鸡日龄增大，逐步扩大围栏。垫料以稻壳、刨屑、枯松针为好，还可用铡短的稻草、麦秸，压扁的花生壳、玉米芯等。垫料应清洁、松软、吸湿性强、不发霉、不结块，经常注意翻动，保持疏松、干燥、平整。

此方式优点是投资少、方便易行，腿病及脚趾瘤病发病率低；缺点是鸡占地面积大，需要大量垫料，常因垫料质量差，更换不及时，肉鸡与粪便直接接触易诱发呼吸道疾病和球虫病等。

2. 网上平养　这种方式多以三角铁、钢筋或水泥梁作支架，离地50~60 cm高，上面铺一层铁丝网片，也可用竹排代替铁丝网片。为了减少腿病和胸囊肿病发生，可在平网上铺一层弹性塑料网。

这种饲养方式不用垫料，鸡饲养在网上，利用温度控制和通风换气，可提高饲养密度25%~30%，降低了劳动强度；同时鸡与粪便分离，减少了疾病的发生，尤其是球虫病的发生；缺点是一次性投资大，肉鸡胸囊肿病和腿病的发病率高。

3. 笼养　目前欧洲、美国、日本利用全塑料鸡笼，已使肉鸡笼养工艺在实践中得到应用。国内已重视饲养肉鸡笼具的研制工作。

从长远的观看点，肉用仔鸡笼养是发展的必然趋势。肉鸡笼养可提高饲养密度2~3倍，劳动效率高，节省取暖、照明费用，不用垫料，减少了疾病的发生；缺点是一次性投资大，环境控制压力大。

4. 笼（网）养与平养相结合　不少地区的肉鸡饲养者，在育雏取暖阶段采用笼（网）养，转群后改为地面厚垫料饲养。这种方式由于前期在笼（网）养阶段体重小，胸骨囊肿发生率也低，细菌病、球虫病发病率大为降低，提高了成活率和劳动生产率。

（二）饲养设备的准备

肉鸡舍冲洗消毒通风后，对肉用仔鸡生产所需设备和用具必须进行清洗、消毒和维修。

1. 饲喂设备　根据饲养数量准备充足的开食盘、饲喂器（料槽、料桶、圆盘饲喂器等），并对饲喂设备进行清洗浸泡消毒。

2. 饮水设备　根据饲养数量准备充足的手提式真空式饮水器和自动饮水器（乳头式饮水器、圆钟式自动饮水器），自动饮水器调整好高度，对饮水设备进行清洗消毒。

3. 垫料　消毒晾干后的地面铺上10~15 cm厚的垫料。垫料要求干燥、无霉菌、无灰尘、吸水力强、无板结、弹性好,否则对肉鸡的生长和胸、腿部发育不利。

4. 保温设备 根据饲养数量准备充足的保温伞、暖风炉等其他供暖设备,并进行检修。

5. 光照控制设备 准备足够的灯泡,并检修供电线路。

6. 通风换气设备 检修风机、湿帘,保证正常运转。

7. 护围 准备高45 cm、足够长度的护围,随着鸡逐渐成长扩大饲养面积,一般每隔2周扩群1次。

常用饲养设备使用规格与数量见表5-19。

表5-19 常用饲养设备使用规格与数量

名 称	规 格	使 用	备 注
饮水器	3 kg真空饮水器 6 kg自动饮水器	1~7日龄用 8日龄至出栏	50只鸡1个 70只鸡1个
料 槽	开食盘直径30 cm 大号料槽10 kg	1~7日龄用 8日龄至出栏	90只鸡1个 35只鸡1个
光照设备	灯 头 灯 泡	10 m² 安装1个 40 W、15 W	离地面2 m 1~7日龄40 W,7日龄后换15 W
取暖设备	电保温伞直径1.5~2 m		500~600只提供1个

(三)饲料、疫苗和药物的准备

1. 饲料的准备 通过鸡群饲养量和只耗料量估计鸡群总耗料量,通过饲料配方和总耗料量估计饲料原料量,计划原料储备和饲料加工、储备量。

2. 疫苗和药物的准备 根据抗体消长规律,同时参考本地区、本场疫病发生情况(疫病流行的种类、发病季节、易感日龄等)及抗体监测水平制订肉用仔鸡的免疫程序和药物预防计划,根据免疫程序和药物预防计划购买相关疫苗和药物进行储备。

三、肉用仔鸡饲养阶段的划分

肉用仔鸡的饲养采用阶段式饲养,阶段式饲养不仅使所提供的营养水平更接近于肉用仔鸡的实际需要量,也更有效地促进了肉用仔鸡的生长速度,而且可以更经济地利用蛋白质饲料,通常可分为两段式和三段式。

1. 两段式 0~4周龄属育雏期,饲喂前期饲料;4周龄以后属肥育期,饲喂后期饲料。我国肉用仔鸡的饲养标准属两段制,已得到广泛应用。

2. 三段式 当前肉鸡生产发展,总的趋势是饲养周龄缩短,提早出栏,并推行三段制饲养。0~3周龄属育雏期,饲喂前期料;4~5周龄属中期,饲喂肥育前期料;6周龄到出栏饲喂肥育后期料。三段式更符合肉用仔鸡的生长特点,饲养效果较好。

四、肉用仔鸡的饲养管理要点

(一) 采用全进全出制

全进全出制是指同一个鸡场（或一栋鸡舍）内，在同一时间饲养同一批同一日龄的鸡，经过一段时间饲养后，同一天全部转出、淘汰或出售屠宰。全进全出制是肉用仔鸡生产最好的一种饲养管理体制。

全进全出制简便易行，在饲养期内管理方便，可采用相同的技术措施和饲养管理方法，易于控制适当温度，便于机械作业。同时在鸡场内不存在不同日龄、不同批次鸡群的交叉感染机会，饲养的相邻批次间，对鸡舍及其设备进行全面彻底的打扫、清洗、消毒，切断了疫病循环感染的途径，从而保证了鸡群的持续安全生产。

实践证明，全进全出制和在同一栋鸡舍内饲养几种不同日龄的鸡相比较，具有增重快、耗料少、死亡率低等优点。

(二) 公母分群饲养

随着自别雌雄商品杂交鸡种的培育和初生雏鉴别技术的提高，已有许多国家对肉用仔鸡采取了公母分群饲养法。由于公、母鸡的生理基础不同，它们在生长速度、蛋白质等营养需求，脂肪沉积能力，羽毛生长速度和对温度、湿度、通风换气等环境条件的要求不同，可通过公母分群饲养，利用高效的饲养管理措施，提高鸡群均匀度、饲料利用率和产品质量，降低饲养管理成本。

1. 公母分期出栏　一般肉用仔鸡 7 周龄以后，母鸡增重速度相对下降，饲料消耗急剧增加，此时如果已达到出栏体重，即可出栏。而公鸡 9 周龄以后生长速度才降低，与此同时饲料消耗也增加，故可以饲养到 9 周龄出栏。

2. 公、母鸡采取不同营养水平的日粮　公鸡能更有效地利用高蛋白质日粮。喂高蛋白质饲料可以加快公鸡的生长速度。母鸡对高蛋白质饲料利用率较低，多余的蛋白质在体内转化为脂肪沉积，既不经济，又影响胴体品质。在饲料中添加赖氨酸后，公鸡反应敏感，生长率及饲料利用率明显提高，而母鸡对此反应较为迟钝。

3. 公、母鸡采取不同的环境控制　公鸡羽毛生长慢，体重大，胸囊肿比较严重，应提供松软的垫料，垫料厚度要增加，并加强垫料管理，使之处于松软、干燥状态。饲养前期公鸡对温度要求较母鸡高（高 1~2 ℃），而后期公鸡对温度要求较母鸡低（低 1~2 ℃）。

因为温度的变化对公、母鸡代谢影响程度不同，温度升高可使公鸡比母鸡节约更多的饲料，所以在肉用仔鸡生产中，采用公母分群饲养，对温度实行最佳控制，就可降低公鸡饲养的成本。

(三) 把握合理的饲喂和饮水

1. 适时开水、开食　雏鸡到舍后及早开水，为了缓解雏鸡长途运输引起的脱水、遭遇极端温度等问题，前 3 d 可在饮水中加入 5% 的葡萄糖、水溶多维。前 7 d 饮用温开水，水温等同舍内温度。7 d 过后饮用符合家禽饮用水质量标准的水源。饮水 2~3 h 后开食。

2. 及时调整饮水器和饲喂器的高度 为了减少饲料浪费和舍内湿度，饲喂器和饮水器的高度应随肉鸡的生长而调整。一般饲喂器高度与鸡背部平行，饮水器高度使鸡伸直脖颈饮到水为好。

3. 采用符合饲养标准的全价日粮 每个肉鸡育种公司都对自己的商品代肉用仔鸡进行过大量的试验，通过试验总结提出本鸡种肉用仔鸡的营养需要量。根据肉用仔鸡营养需要量，选择优质价廉的饲料原料，加工生产出优质全价的配合饲料，是肉鸡快速生长潜力得以发挥的物质基础。

4. 实行合理的采食方式 通常肉用仔鸡吃得饲料越多，长得越快，饲料利用率越高，但是高的代谢率容易引发肉鸡代谢病，轻则引起鸡采食量下降，生长减缓，重则造成鸡死亡。因此，在快大型肉鸡饲养中，通常前3周采取自由采食，后3周进行适当的限制饲喂，以降低肉鸡代谢病的发病率。

5. 把握适当的饲喂次数和饮水量 一般采用定量分次投料的方法，喂饲次数可按第1周龄每天6次，第2周龄每天5次，第3周龄起每天4次，第4周龄每天3次，一直到出栏的方式。增加喂料次数可刺激鸡的食欲，减少饲料的浪费，但也不宜投料次数过多，否则不仅影响鸡的休息，而且对于饲料的消化吸收和鸡的生长也不利。

肉鸡在正常情况下，饲喂量和饮水量成一定比例，舍温21℃时水料比为(1.6~1.8)：1，在此基础上，温度每升高1℃，饮水量增加5%左右，气温越高，饮水量越多。为了避免饮水不足造成采食量下降的现象，一般采取自由饮水。

(四) 实施良好的环境控制

1. 温度 与蛋鸡比较，肉鸡对温度的要求有两个显著特点：第一是肉鸡要求有适当的温差。因为适当的低温可以刺激食欲，提高采食量，从而促进生长。第二是脱温后舍内温度要求较为严格，以保持在20℃左右为最好。因为温度在20℃以下时，温度越低维持需要的能量消耗越大，饲料效率越低；温度在21℃以上时，温度越高采食量越少，饮水量越多，增重速度降低。

肉用仔鸡生长快，饲养密度大，后期皮下已积存一定量脂肪，所以前2周温度稍高没影响，从第3周起应注意降温，否则会影响生长速度，增加死亡率和降低屠体等级。供温标准可掌握在第1、2天35~33℃，以后每天降低0.5℃左右，从第5周龄开始维持在21~23℃即可。切忌温度忽高忽低，寒冷季节不能使鸡受到贼风的侵袭，炎热天气应注意防暑降温。

2. 湿度 肉用仔鸡适宜的相对湿度范围是55%~65%。最初10d可高一些，这对促进卵黄吸收和防止雏鸡脱水有利；以后相对湿度应小些，保持舍内干燥，以防垫料潮湿引起球虫病等。同时掌握好湿度与温度的关系，防止低温高湿、高温高湿以及高温低湿带来的危害。低温高湿，鸡舍内又潮又冷，雏鸡容易发生感冒和胃肠疾病；高温高湿，鸡舍如同蒸笼，鸡体热不易散发，食欲减退，生长缓慢，抵抗力减弱；高温低湿，鸡舍燥热，雏鸡体内水分大量散失、卵黄吸收不良、绒毛干枯变脆、眼睛发干，易患呼吸道疾病。

3. 通风换气 由于肉用仔鸡饲养密度大、生长快，加强舍内环境通风，保持空气的新鲜是非常必要的。通风的目的是减少舍内有害气体含量，增加氧气含量，使鸡体处于健康的正常代谢之中；同时通风又能降低舍内湿度，保持垫料干燥，减少病原微生物繁殖。鸡舍通气不良，舍内较长时间有害气体含量过高，不仅会影响肉鸡生长速度，还可能引起呼吸系统疾病。空气缺氧会使肉用仔鸡腹水症等代谢病发生率大大提高；鸡群的生长速度和成活率都会大受影响。一般情况下，鸡舍要求氨气不超过0.002%，硫化氢不超过0.005%，二氧化碳不超过0.2%。可根据人的感觉来判定，即以人进入鸡舍不感到憋气和刺鼻为宜。

4. 光照 光照的目的是延长肉用仔鸡的采食时间促进生长速度的提高，但光线不宜过强。对不同光照制度的研究证明，每天 24 h 内给予 1~2 h 的光照与 2~4 h 的黑暗交替循环进行的光照方案比连续光照增重快、死亡率低、饲料报酬高。开放式舍和密闭式舍光照时间有所不同（表 5-20）。

表 5-20 肉用仔鸡光照方案

日 龄	开放式有窗舍		密闭式舍	
	时间（h）	光照度（lx）	时间（h）	光照度（lx）
1~3	24	15	24	15
4~7	白天自然日照，夜晚 1 h 光照、2 h 黑暗交替进行	15	23	15
8~14		10	1 h 光照，2 h 黑暗交替进行	10
15 日龄至出栏		5		5

5. 饲养密度 饲养密度的完整概念应包含 3 个方面的内容，一是每平方米面积养多少只鸡，二是每只鸡占有多少食槽位置，三是每只鸡饮水位置够不够，三方面缺一不可。适宜的饲养密度受饲养方式、鸡舍类型、垫料质量、养鸡季节和出场体重等众多因素影响。如果饲养密度太大，鸡的生长发育就会受到抑制，同时鸡的个体间体重差异大，发育不良的个体增多，易出现啄癖，死亡率也增高。不同饲养方式的参考饲养密度见表 5-21。

表 5-21 肉用仔鸡不同饲养方式下的参考饲养密度

周龄	地面饲养（只/m²）	网上饲养（只/m²）	笼养（只/m²）
1	40	45	40
2	35	40	35
3	25	30	30
4	22	28	25
5	20	20	20
6	15	18	20
7	10	12	18
8	8~10	8~12	18

（五）提高体重均匀度

饲养肉用仔鸡的关键在于提高饲养管理水平，使鸡生长发育良好，快速增重，从而培育出群体体重均匀度高、出栏总重量大的肉用仔鸡群体。而肉用仔鸡均匀度的高低，直接影响生产成绩、商品率、出口率，从而影响肉用仔鸡生产的经济效益。因此不断提高均匀度成为提高肉用仔鸡生产效益的重要途径。

入孵种蛋大小不一造成雏鸡出壳体重的均匀度差，是影响肉用仔鸡出栏均匀度的重要原因，生产中可根据体重对雏鸡进行分群饲养。孵化场出雏操作不当或长途运输，都会引起雏鸡脱水现象，1~2 d就会看到体重均匀度下降，因此雏鸡入舍后应及时开水，从而缓解运输途中的脱水现象。

实践证明开食整齐度严重影响肉用仔鸡出栏体重均匀度。鸡进舍马上开水，开水2~3 h后开食，让鸡尽快学会采食，开食24 h后95%的鸡学会采食说明开食整齐度好。

提供充足的槽位和水位是提高肉用仔鸡均匀度的先决条件。足够的槽位可以保证鸡能够同时采食，避免因为抢食造成的采食不均匀现象。而饮水量直接影响采食量，因此满足鸡饮水才能保证其采食均匀，采食均匀增重才能均匀，鸡群体重均匀度才能提高。

适宜的饲养密度是保证鸡群均匀度的基本要求。饲养密度过高会造成雏鸡相互抢夺生活空间，争抢料槽和饮水器，每只雏鸡所能获得的新鲜空气减少，较弱的雏鸡就会受害。饲养密度过高还会引起雏鸡环境应激，导致如慢性呼吸道病等疾病暴发从而影响鸡群均匀度。

此外，饲料质量的稳定性、鸡群的健康程度、环境条件的适宜性等都是影响肉用仔鸡体重均匀度的因素。生产中要定期检测饲料营养成分，实施有效的防疫措施，给鸡群提供适宜的环境条件等，以便提高肉用仔鸡的体重均匀度。

（六）做好日常记录

肉用仔鸡的日常记录主要是鸡群饲养情况记录，包括鸡舍号、日龄、入舍数、当日死亡、累计死亡、实际存栏、成活率、日耗料、累计耗料等。这些数据每天以日报的形式填写存档并上报汇总。每周初或周末对鸡群抽样称重，记录称重数据并计算均匀度。将日常用药、免疫接种等情况也要记录在案。以上记录为日后出栏的效益分析提供了原始材料，并为下批鸡的饲养生产积累经验。

（七）加强防疫卫生，减少疾病发生

肉用仔鸡饲养周期短、周转快、密度大，一旦发病，则传播很快、难以控制，即使痊愈也会对生长发育造成难以弥补的损失。因此，饲养管理过程中疫病防控工作格外重要。

1. 加强环境消毒 进鸡前彻底搞好鸡舍及鸡舍内用具设备的消毒，采用全进全出的饲养制度。当每批肉鸡出场后，应将垫料及粪便全部清理出去，然后进行彻底冲洗，冲洗前应及时将地面和墙壁上结块的粪便铲除，因为消毒对于粪块里的病原是不起作用的，冲洗可以清除大量病原，为消毒打下良好的基础。冲洗后，料桶、饮水器等饲养设备应浸泡消毒，最后连同垫料、用具等放入鸡舍内，当温度升至25~30 ℃时，进行熏蒸消毒，密闭至少3 d。

日常中要重视舍内外环境的消毒。饲养期间每天对舍内及周边地面清扫、喷洒消毒液，饮水器清洗消毒。鸡舍每周带鸡消毒1~2次，遇到疫情可每天1次。带鸡消毒可净化舍内的小环境，使舍内病原微生物降低到最低限。带鸡消毒注意交叉选用广谱、高效、副作用小的消毒剂，以防病原微生物产生抗药性，造成消毒效果下降。

每批肉鸡出场时，抓鸡、装鸡、运鸡都会给舍外场地留下大量的粪便、羽毛及皮屑，应及时打扫、清洗、消毒场地，并定期对舍外环境进行消毒，可选用较为便宜、效果好的消毒剂。

2. 严格执行免疫程序　肉用仔鸡饲养周期短，疫苗接种的种类和次数较蛋鸡和种鸡少，但应保证疫苗接种确实有效。肉用仔鸡接种的疫苗有预防新城疫的Ⅳ系苗、传染性法氏囊病苗、传染性支气管炎苗等，这些疫苗的接种方式多为滴鼻、点眼和饮水免疫。饮水免疫前先将饮水器清洗干净，春夏季节停水4~5 h，秋冬季节停水5~6 h，并停止喂料，在水中加入0.2%的脱脂奶粉或专用免疫增效剂，再加入疫苗，加水量保证在2 h内饮完为宜。所用的疫苗应保证病毒含量足够，所用的饮水器要满足60%以上的鸡能同时饮水，且接种时间一定要准确，这样才能保证疫苗免疫确实有效。表5-22为肉用仔鸡的参考免疫程序。

表5-22　肉用仔鸡的参考免疫程序

日　龄	疫　苗	方　法	用　量
4	新城疫、传染性支气管炎二联弱毒苗	滴眼	1.0羽份
11	传染性法氏囊病弱毒苗	滴口	1.0羽份
18	新城疫、传染性支气管炎二联弱毒苗	饮水	2.0羽份
25	传染性法氏囊病弱毒苗	饮水	2.0羽份
30	新城疫灭活苗	肌内注射	1.0羽份
36	喉气管炎弱毒苗	滴眼	1.0羽份

3. 预防球虫病　地面平养肉鸡最易患球虫病。一旦患病，会损害鸡肠道黏膜，妨碍营养吸收，采食量下降，严重影响鸡的生长和饲料效率。如遇阴雨天或粪便过稀，应立即投药预防（饮水或饲料）。若鸡群采食量下降、排血便，应立即投药治疗，对个别严重不能采食者可肌内注射青霉素，每只4 000 IU，每天2次，2~3 d即可治愈。用药时，要注意交叉用药，且在出场前1、2周停止用药，避免药物残留。

预防球虫病还必须从管理上入手，严防垫料潮湿，发病期间每天清除垫料和粪便，以消除球虫卵囊发育的环境条件。

4. 预防肉鸡代谢病

（1）胸囊肿。胸囊肿是肉用仔鸡最常见的胸部皮下发生的局部炎症。它不传染也不影响生长，但影响屠体的商品价值和等级，造成一定经济损失。

饲养过程中可通过加强垫料管理，保持垫料松软、干燥，尽量不采用金属网面饲养，适当促使鸡活动，减少伏卧时间等措施来降低发病率。

（2）腿部疾病。由于育种工作的进展、饲养水平的提高以及环境控制的改善，使肉用仔鸡的早期生长速度大幅度提高，鸡体肌肉组织的生长快于骨骼组织的生长，从而引起的腿部疾病日渐增多。不少试验证明，早期实行适当的限制饲养，可使腿部疾病大为减少，甚至根除。

（3）腹水症。引起腹水症的原因多种多样，如环境条件、饲养管理、营养及遗传因素等，但是均与肉用仔鸡代谢过快引起组织缺氧密切相关。大量调查和实验表明，腹水症发生率随着海拔的升高和饲料含硒量的降低而增加，并与鸡体内血红蛋白浓度成正比。

硒和维生素 E 能降解代谢过程中产生的有毒物质，保护细胞膜的完整功能，维持细胞膜的正常通透性，从而减少腹水症的发生。此外，改善通风换气条件，也可降低腹水症发病率。当早期发现肉鸡有轻度腹水症时，除上述措施外，饲料中补加 0.05％的维生素 C，也可控制腹水症的发展。

（4）肉鸡猝死综合征。肉鸡猝死综合征又称暴死症、急性心脏病、翻筋斗症。发病原因很复杂，引起本病的环境因素很多，高度噪声、持续强光照射、通风不良、饲养密度大、惊吓等均能诱发。通常生长速度快、体况良好的鸡多发，公鸡发生率高于母鸡，公鸡占总死亡率的 70％～80％，比母鸡约高 3 倍。

饲养期间实施一定程度的限制饲养，可降低肉鸡生长速度，降低发病率。饲料中添加生物素可有效降低发病率，通常每千克日粮添加 300 μg 生物素。鸡群 2 周龄前后每吨饲料添加 3～4 kg 碳酸氢钾，也可降低发病率。

（八）适时出栏

出栏时间与经济效益密切相关，而经济效益受品种性能、生长速度、饲料品质及市场价格等多种因素的影响。一般地说，达到一定活重所需天数越短，饲料消耗越少，鸡舍的使用时间越短，鸡舍周转率就越快，承担风险也少。目前，我国饲养的快大型肉鸡，无论是作为整鸡、带骨肉鸡用，还是作为分割净肉用，一般以 8 周龄左右出栏上市较为合算。国外肉用仔鸡的饲养期目前已缩短为 6～7 周龄出栏上市。

1. 如何应对肉用仔鸡快速生长与引发代谢病之间的矛盾？
2. 肉用仔鸡公母分群时应该实施哪些不同的饲养管理技术？

任务三　优质肉鸡的饲养管理

"优质鸡"一词，在我国最早源于 20 世纪 60 年代时的计划经济时代，是在广东地区收购地方鸡销往港澳地区的过程中产生的，是对肉鸡按等级分类制定标准时的提法，是相对于国外快大型白羽肉鸡而言的。

一、优质肉鸡的概念与分类

1. 优质肉鸡的概念　随着生活水平的提高,人们对鸡肉食品有了一定的要求和选择。根据烹饪方法的不同,人们会选择具有不同风味、外观、嫩度、营养品质的鸡肉。目前,不同地区因为经济发展程度、人文环境、饮食习惯等不同,对优质肉鸡的定位不同。一般认为饲养周期长、肉质鲜美、风味独特、体型外貌符合消费者喜好和烹调要求的地方鸡种或培育鸡种为优质肉鸡。

2. 优质肉鸡的分类　优质肉鸡生产呈现多元化的格局,不同的市场对外观和品质有不同的要求,因此分类方法也较为繁多。按羽色分为黄羽、麻羽、黑羽以及白羽;按腿胫色又分为青腿和黄腿;按皮肤和肌肉颜色又分为黄皮黄肉和黑皮黑肉;按照生长速度,可分为快速型、中速型和优质型。其中按生长速度分类较为普遍。

(1) 快速型　以长江中下游上海、江苏、浙江和安徽等地为主要市场。要求49日龄公、母鸡平均上市体重1.3~1.5 kg,1 kg以内未开啼的小公鸡最受欢迎。该市场对生长速度要求较高,对"三黄"特征要求较为次要,黄羽、麻羽、黑羽均可,胫色有黄色、青色,也有黑色。

(2) 中速型　以香港、澳门和广东珠江三角洲地区为主要市场,内地市场有逐年增长的趋势。香港、澳门、广东的市民偏爱接近性成熟的小母鸡,当地称之为"项鸡"。要求80~100日龄上市,体重1.5~2.0 kg,冠红而大,毛色光亮,具有典型的"三黄"外形特征。

(3) 优质型　以广西、广东湛江地区和部分广州市场为代表,其他地区中高档宾馆饭店、高收入人员也有需求。要求90~120日龄上市,体重1.1~1.5 kg,冠红而大,羽色光亮,胫较细,羽色和胫色随鸡种和消费习惯而有所不同。这种类型的鸡一般未经杂交改良,以各地优良地方鸡种为主。

二、优质肉鸡的饲养方式

1. 舍内平养　包括地面平养和网上平养,是快速型优质肉鸡经常采取的饲养方式。

2. 舍内笼养　优质肉鸡相对生长速度慢、体重小,笼养胸囊肿和腿部疾病发病率较低,育肥效果较好。

3. 放养加舍养　选择比较开阔的缓山坡或丘陵地,根据饲养规模修建鸡舍,前3周舍内育雏,3周后鸡白天在林地草坡自由觅食,早晨和傍晚人工补料,晚上进舍休息,从而实现放养和舍养相结合的规模化养殖方式。

三、优质肉鸡的饲养管理

(一) 育雏期的饲养管理

1. 环境控制　初生的雏鸡,因神经体系不健全,调节体温的能力较差,体温要比成鸡低3 ℃左右,所以开始育雏时,温度要保持在32~35 ℃,以后每周下降2~3 ℃,直到20~22 ℃恒温。温度是否合适,除了参考温度计外,主要是以鸡的活动情况而确定。温度合适时,雏鸡精神活泼,食欲良好,饮水适度,在育雏舍内分布均匀，羽毛光滑整齐，睡眠安静，睡姿伸展舒适；温度高时，雏鸡远离热源，张口喘气，食欲不佳，大量饮水；温度低时，雏鸡密集于热源四周打堆，夜间发出"唧唧"叫声。要按雏鸡活动状态和温度标准适时调温，严防温度忽高忽低。

优质肉鸡的环境湿度要求同其他鸡群，通常2周龄前相对湿度为65%～70%，2周龄后为55%～60%。在保持适宜温度稳定的情况下，通风换气要良好，切忌贼风、穿堂风，保证鸡舍内空气新鲜，防止鸡舍内有害气体浓度过高。

优质肉鸡的光照管理同肉用仔鸡，光照时间和光照度可参见表5-20。

2. 饲喂饮水管理 优质肉鸡相对快大型肉鸡而言生长速度较慢，代谢病发病率较低，因此全期采取自由采食和自由饮水。雏鸡进舍及时开水，饮水2～3 h后大部分鸡表现强烈食欲时开食。如果开食太早，采食有困难，开食整齐度低；如果开食太晚，雏鸡体内消耗体热太多，易脱水，影响生长和发育，降低成活率。为了保证饲料质量和减少饲料浪费，要少喂勤添，布料均匀。第1周每昼夜喂6～8次，以后逐步改为4次。

3. 断喙 优质肉鸡饲养周期长，大都采取群体饲养，容易发生啄癖，因此在雏鸡学会采食饮水、适应环境后进行断喙，一般在6～10日龄进行。

4. 免疫 由于优质黄羽肉鸡饲养周期较长，与肉用仔鸡相比，应增加些免疫内容。如马立克氏病疫苗必须在出壳后及时接种，否则在出场时正是马立克氏病的发病高峰期。鸡痘疫苗，肉用仔鸡在多数情况下可以不免疫，而优质黄羽肉鸡一般应该刺种免疫（北方地区肉鸡生长后期处于冬季可不进行）。其余免疫项目也要根据地区发病特点加以考虑。

（二）生长期的饲养管理

1. 调整饲料营养，防止饲料浪费 优质肉鸡不同生长阶段的营养需要不同，应及时更换生长阶段的饲料促进其生长。生长期鸡生长发育快，采食量增加，适当提高日粮能量水平，对增重有显著作用。

鸡有挑食的习惯，啄食时容易把饲料溅到槽外，造成浪费。为避免饲料浪费，每天应增加饲喂次数，舍饲下，至少3次，且每次投料不可超过料槽高度的1/3。同时，每周调整料槽高度，一般使料槽上沿高度与鸡背等高或略高出。

2. 舍饲结合放养，增强鸡肉的口感和风味 高品质的优质肉鸡生产多采用舍饲加放养的形式。放养的饲养方式，鸡在野外自由觅食，摄入饲料多元化，有利于饲料利用。重点是这种饲养方式使肉鸡充分表达其天性和自然行为，提高了鸡环境适应力、抗病力和免疫力。通过放养，鸡运动量增加，鸡肉肌原纤维的含量增加，胶原蛋白分子间的交联程度提高，鸡肉中可溶性固形物沉积增加，导致肉质紧致，咀嚼感和风味增强。

在放养时期必须要定期对放养场地进行消毒，一般每5 d消毒1次，以减少寄生虫病和传染病的发病率。早晚出舍前和入舍后进行补饲，加快增重速度。

3. 阉鸡 优质肉鸡饲养期长，又具有地方品种性成熟早的特点，性成熟的公鸡易产生斗殴和啄羽的现象，影响采食和增重，适合阉割后饲养。阉割后，性情温顺，容易饲养管理和沉积脂肪，日增重提高，鸡的外形也更美观，羽毛发亮，颜色鲜艳，肉质更细腻，口感更好。阉割后的小公鸡提早出栏10～20 d，可减少饲养成本，增加经济效益。阉割宜早进行，最佳的阉割时间为18～22日龄，此时阉割可以显著降低死亡率。

阉割前后5～7 d，投抗生素药物和电解多维，防止呼吸道等疾病的发生和伤口感染，从而减少阉割死亡率。阉割前后1周饲料中加入维生素K，以降低阉割时创口出血。阉割前1 d停料不停水，减小腹压利于操作。阉割后要保持鸡群安静，最大限度地减少各类应激；注意保温，防止鸡群压堆死亡。阉割后3 d内不能放牧，7 d内全部放低水壶、料桶，进行全天给料，方便鸡群采食和饮水。在阉割后发现有胀气现象的鸡要及时挑出，并且用刀片在鸡大腿内侧作放气处理。

（三）育肥期的饲养管理

育肥期的饲养目的是促进鸡体内脂肪的沉积，增加肌纤维间的脂肪含量，改善肉质。同时增加羽毛的光泽度，使肉鸡外观更好，做到适时上市。

饲料中添加油脂可提高日粮中能量的浓度，相同采食量时摄入的能量更多，从而提高育肥效果。添加油脂以后，饲料中其他营养成分也要做相应的调整，特别是要确保饲料中蛋白能量比不变。油脂容易腐败变质，添加时一定要注意选择质量过关、溶液混匀的油脂。饲料应现配现用，保持新鲜不酸败变质。

思与练

1. 请阐述优质肉鸡的概念和分类。
2. 对比快大型肉鸡和优质肉鸡的生产，分析二者的相同点和不同点。

任务四　肉种鸡的饲养管理

学习任务

肉种鸡既有商品肉鸡生长速度快的特点又有种用特质，因此在饲养管理中要注重体重控制，以防增重过快导致生殖系统发育不平衡，影响成年繁殖性能。

一、肉种鸡的饲养方式

1. 地面平养　地面平养是传统肉种鸡饲养方式，优点是设备要求简单、投资少，种鸡体质保持和体重控制较好，可减少肉鸡胸囊肿、腿病等高发疾病；缺点是饲养密度小、鸡接触粪便，不利于疫病防治，因窝外蛋较多导致种蛋合格率低。

2. 棚架式平养　棚架式平养是将垫料平养和漏缝地板结合，垫料地面与漏缝地板之比通常为2∶3或1∶2。舍内布局主要采用"两低一高"或"两高一低"（图5-11）的方式。两高一低是国内外使用最多的肉种鸡饲养方式。舍内布局常是在中央部位铺放垫料，靠纵墙两侧设漏缝地板，产蛋箱在木条地板的外缘，排向与舍的长轴垂直，一端架在木条地板的边缘，另一端悬吊在垫料地面的上方，这便于鸡进出产蛋箱，也减少占地面积。鸡每天排粪大部分在采食时进行，因此将饲喂和饮水设备安装在漏缝地板上，减少粪便与垫料混合，将鸡与粪便分离，便于疾病防治。种鸡交配通常在垫料上进行，受精率要高于全漏缝结构地面。

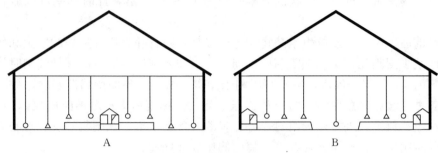

图 5-11 棚架式平养示意
A. 两低一高 B. 两高一低

3. 笼养 由于土地资源越来越匮乏,近年来肉种鸡笼养方式有逐渐增加的趋势。多采取 3~4 层笼养,每个笼位饲养 2 只种母鸡、1 只种公鸡,提高了饲养密度,充分利用了土地资源。配种采用人工授精,可获得较高且稳定的受精率,但是容易引发胸囊肿和腿病,种鸡体质保持和体重控制有一定难度。

二、肉种鸡的限制饲喂

肉种鸡早期生长发育迅速,增重快,采食能力强,为避免其因过肥而影响健康、繁殖能力和种用价值,养鸡场通常从其第 2 周龄开始,采用限制饲喂的方法进行饲养。

1. 限制饲喂的目的

(1) 控制肉种鸡体况过肥,使其体重符合本品种标准。肉种鸡在自由采食的情况下,20 周龄体重可达到 3.5 kg 以上,而其品种同龄鸡标准体重仅为 2 kg 左右。母鸡过重,常致产蛋量大幅度减少,种蛋的合格率也很低;公鸡过重,则配种能力降低,与配母鸡产的蛋受精率低下,并且往往发生腿部疾患。

(2) 推迟肉种鸡性成熟的时期,使其性成熟和体成熟同步化。采取限制饲喂的技术措施,可使肉种鸡的骨骼和内脏器官早期得到充分发育,保持适当的体重,避免生长过快和早期性成熟,从而使全性成熟和体成熟大致同步。肉种鸡一般到 24 周龄左右即开始产蛋,到 27~28 周龄产蛋率可达 50%,30~32 周龄进入产蛋高峰期。按技术要求,肉种鸡产蛋不宜早于 21 周龄,也不宜迟于 27 周龄。合理限制饲喂,可使种鸡开产日龄比较整齐,开产适时,产蛋率上升快,产蛋高峰期持续时间长,种蛋的合格率高。

(3) 限饲可使肉种鸡腹部脂肪沉积量减少 20%~30%,从而降低其开产后脱肛、难产的发生率,并且可以提高其耐热能力,不易中暑。

(4) 限饲可减缓种鸡体重增长速度,减少饲料消耗 10%~30%,可使培育成本下降 8% 左右。

2. 限饲方式的选择 限饲方式主要有限质法和限量法。限质法主要是限制饲料的营养水平,使肉种鸡日粮中某些营养成分的含量低于正常水平,通常采用降低日粮能量或蛋白质水平,或能量、蛋白质和赖氨酸水平都降低的方法,达到限制肉种鸡生长发育速度的目的。限量法是在饲料应保证质量和营养全价的基础上通过减少喂料量，控制肉种鸡过快生长发育。限量法相对好操作，因此生产中大多使用限量法。

常用的限量法有每日限、6-1限、5-2限、4-3限和隔日限等方式。所谓6-1限指一个饲养周内有1d停喂饲料，将下一周的总饲喂量分6d饲喂，5-2限、4-3限同理。生产中实施时，可参考表5-23。从鸡生理上来讲，最好的饲喂程序应该是每日限饲的程序。然而，为控制肉种鸡的体重，必须使其每日喂料量远远低于其自由采食的料量。限量法由于每日喂料量太少而不能确保饲料在整个饲喂系统中均匀分配，从而影响到鸡群的增重和均匀度。为解决这一问题，在实际生产中根据鸡周龄和生长发育情况采取多种限饲方式综合应用的方式（表5-24）。

表5-23 不同限饲方式的比较

限饲方式	周一	周二	周三	周四	周五	周六	周日
每日限	饲喂日	饲喂日	饲喂日	饲喂日	饲喂日	饲喂日	饲喂日
6-1限	饲喂日	饲喂日	饲喂日	饲喂日	饲喂日	饲喂日	不饲喂日
5-2限	饲喂日	饲喂日	不饲喂日	饲喂日	饲喂日	饲喂日	不饲喂日
4-3限	饲喂日	饲喂日	不饲喂日	饲喂日	不饲喂日	饲喂日	不饲喂日
隔日限	不饲喂日	饲喂日	不饲喂日	饲喂日	不饲喂日	饲喂日	不饲喂日

表5-24 多种限饲方式综合应用（AA肉种鸡常用限饲程序推荐）

周　龄	限饲方式	饲料种类
0～1	自由采食	育雏料
2～3	每日限	育雏料
4～11	6-1限	育成料
12～17	5-2限	育成料
18～20	4-3限或隔日限	产前料
21～24	每日限	产前料

3. 不同限饲方式的过渡 为减少饲喂程序所带来的应激，又不影响每只鸡每周总的料量，不同限饲方式过渡要平稳。特别注意的是，当鸡群突发疾病、转群、或遇到恶劣气候时，应及时调整限饲程序，最大限度地避免鸡群的应激。无论采用何种限饲程序，饲喂日的喂料量都不应超过产蛋高峰期的高峰喂料量。另外，为保障鸡群体重持续的增长，获得理想的丰满度，并及时地开产，每周增加料量是十分必要的。

4. 饱食性休克的防治 饱食性休克是由于嗉囊中存在过多的饲料，对颈动脉挤压过大，使鸡大脑供血不足，而导致麻痹。有时候，鸡气管也会被压扁，导致窒息，甚至死亡。

饱食性休克通常发生在育成期限饲日过后的第 1 个喂料日，强烈的饥饿感促使部分鸡在短时间内抢食大量的饲料所致。

三、肉种鸡的饲养管理要点

肉种鸡的饮水管理，环境控制，如温度、湿度、光照等与蛋种鸡基本相同，以下仅将肉种鸡各个阶段不同于蛋种鸡的饲养管理要点进行阐述。

（一）育雏期

1. 根据体重进行饲喂　无论公、母雏必须自由采食至体重达到标准。一般母雏自由采食 1 周就能达到标准体重。公雏采食较慢，应尽可能地提供高质量的颗粒破碎料并延长光照时间，使其体重尽快达标。根据饲料配方和所使用的饲喂设备，一般第 1 周龄采用自由采食，第 2 周龄以后，当每只母鸡每天消耗大约 30 g 饲料时开始每日限饲。

2. 促进骨架发育　育雏期是骨架发育的最快阶段，要保证每周平稳增重以获得较好的骨架发育。胫骨发育与增重有很大的关系：1～12 周龄时，每多增加 100 g 体重，胫长多增加 3.19 mm；12～22 周龄时，每多增加 100 g 体重，胫长多增加 0.98 mm，而公雏成年后的受精率越高。适当提高温度，可刺激公雏采食，促进骨架发育。

3. 提高均匀度　均匀度是反映育雏管理质量的重要指标之一，体重均匀度越高，骨架均匀度越好，未来体况均匀度也越好。育雏期的均匀度越高，下一阶段的管理也就越容易。一般要求 4 周龄前每周称重 2 次，以控制好体重。母鸡 4 周龄前必须分群，分成 3～5 个不同的栏，越早分群均匀度越好。

（二）育成期

1. 选种与分群　公鸡 4～5 周龄时进行第一次选种，选留比例为 15％～16％，且选种后必须分群饲养，均匀度最好在 90％以上。公、母鸡分群后，大栏和小栏的鸡通过调整料量使其 12 周龄左右达到标准体重，中栏按目标体重增长。分群有利于公、母鸡饲喂和均匀度的提高，群体大小取决于饲喂系统，建议每个栏（小群）公鸡 250～500 只、母鸡 1 000～2 000 只。

2. 分群后的饲喂管理　公鸡应放在鸡舍入口处，密度要低于 3.5 只/m^2，母鸡密度应为 4.5～6 只/m^2。限饲程序应取决于饲喂量、饲料分配和采食时间等。限饲时，日饲喂量不应超过将来的高峰料量。母鸡应与公鸡分开饲喂，每栏饲喂量要准确无误，并快速均匀地布料。5～15 周龄是影响公鸡骨架发育与均匀度的关键阶段，每栏公鸡数量最好为 250～300 只，不要超过 500 只，这样饲料转化率高。人工喂料时应观察每天采食情况，确保饲料分配均匀、料位适宜、鸡群同时采食等。

3. 分群后的体重控制　在 10 周龄前，体重小（大）的鸡群最多低（高）于标准 100 g，最好在 12 周龄前达标。10 周龄后体重超标的鸡群，应重绘体重曲线，按照标准曲线的趋势平滑增长；体重低于标准的鸡群，逐渐接近标准体重，最迟要在 15 周龄达标，然后沿标准曲线增长。

4. 经常评估鸡群体况　育成期后期是鸡性成熟发育的关键阶段，16 周龄应加大饲喂量以达到要求的周增重和体况，促进胸肌发育和开始沉积足够的脂肪，饲喂过度或不足均会对鸡群的生产性能造成严重影响。此时还要经常评估鸡群体况以确定光照刺激时间，17周龄时母鸡耻间距应由一指加大到一指半，从17周龄后要经常触摸鸡群的耻骨开口和脂肪沉积情况。每周评估公鸡的胸肌发育，胸肌发育过大的攻击性强并会造成过度交配，胸肌发育不足的会影响睾丸发育。正常情况下，15周龄时公鸡睾丸重量小于0.5 g，而23周龄睾丸重量会大于12 g，由此可见，此阶段是决定公鸡体况和受精率的关键阶段。

5. 二次选种和混群　在18～21周龄进行第2次选种。高质量种公鸡的特征是：眼睛明亮有神，冠、脸和肉髯红色，背部平直，胸肌丰满适宜，胫长而直，脚趾无弯曲，喙整齐等。在20～23周龄进行混群，混群比例为9%～10%，可以分阶段混群以避免公鸡过度交配。混群时公鸡群应达到以下标准：全群健康，无畸形，体重接近标准，均匀度95%以上，公鸡体形瘦、母鸡下腹部有一定的脂肪沉积，公、母鸡体质结实。将体重接近的公鸡混到同一个鸡舍内，体重超标或小于标准的公鸡可以作为后备鸡。混群后训练公鸡使用公鸡喂料器。混群时公、母鸡性成熟要一致，否则，将发育较早的公鸡混群可能会造成较高的母鸡死淘率和较低的早期受精率。

（三）成年种母鸡

1. 适时进行光照刺激，严格进行光照管理　光照刺激时间取决于母鸡的发育状况。以白羽肉种鸡为例，只有当母鸡具备以下几个条件时才可以实施加光刺激：

（1）日龄。154日龄之后。

（2）体重达标。母鸡体重最低为2.3 kg。

（3）适当的丰满度。鸡胸肌丰满呈半"U"字形。

（4）耻骨开口。90%的母鸡耻骨开口到两指宽。

（5）换羽情况。主翼羽还剩2根左右未换。

（6）耻骨脂肪沉积。耻骨有一定的脂肪沉积，触摸时像摸到人手虎口一样较软。

（7）较高的均匀度。体重均匀度在80%以上。

如果鸡群体重不达标、均匀度差、胸肌丰满度不够等，应推迟光照刺激。光照每推迟1周，开产时间推迟3 d。对没有达到体况要求的鸡群加光会造成很多问题，如出现脱肛、腹膜炎、双黄蛋多、产蛋维持性差等。进行光照刺激时一般第1次加光3～4 h，即由8 h增加到11 h或12 h，1～2周后增加1 h，以后每周增加1 h，建议最长增加到16 h。光照度从3～5 lx增加到30～60 lx。

在产蛋期，决不能减少光照时间和光照度。鸡舍应配备光照定时设备，保证每日所需固定的光照时数，光照定时设备至少每周检查1次，经常停电的地区，有必要每天检查光照定时设备。

2. 开产前适当降低饲料增幅　减缓饲料增加速度，可避免过度刺激母鸡，造成双黄蛋比例增加、死淘率上升等。21～24周龄母鸡输卵管由线状发育成管状，开产前12 d卵泡迅速长大，这期间应尽量减少应激并供给充足的营养。正常情况下，21周龄母鸡第1个卵泡开始发育，23周龄产蛋。如果由于应激或营养不足卵泡停止发育，等卵泡被吸收后下一个卵泡才发育，这些鸡会出现超重的情况。

3. 产蛋高峰前增加料量 此阶段增加料量能减少应激和避免卵泡停止发育。产蛋率5％时根据基础料量的高低增加日喂量，产蛋率60％～70％时加到高峰料量，饲喂量太高或增加太快都会造成脂肪沉积太多，但是饲喂不足会影响高峰产蛋率。正常情况下，产蛋率从5％增加到75％需要17～21 d。

4. 产蛋高峰后减料 若连续2周产蛋率不再增加，且每周呈1％正常下降时，需开始减料以防止母鸡过肥。减料幅度要求循序渐进，第1次减料可减2～3 g，以后每周可减0.5～1 g。对于那些脂肪蓄积过多的鸡群，减料时速度可稍加快些。每次减料3～4 d后应密切观察产蛋率变化，若产蛋率下降正常（每周约1％），则下周以同样的方式减料；若产蛋率下降超过正常水平，且又无其他原因时，应立即恢复该鸡群减料前的饲料量。减料期间认真观察体重变化，若减料后鸡群体重下降，则说明减料过多，必须停止减料；若鸡群体重仍大幅增加，则说明减料不够。饲料减少总量为高峰料量的10％～12％。

总之，实际生产中减料的量、减料速度，可参考鸡群采食时长、饲养季节、体重与体重增幅、蛋重变化等因素做出具体判断。

5. 合理放置产蛋箱，及时训练母鸡使用产蛋箱 阶段式饲养，产蛋箱应在鸡群从育成舍转入产蛋舍之前安装；全进全出式饲养，一般在22周龄安装产蛋箱。产蛋箱通常设计为1～2层，每4只鸡使用1个产蛋窝。产蛋箱的放置应能满足母鸡产蛋的自然习性，同时考虑不影响舍内通风换气。产蛋箱内应铺垫充足的垫料，以便为母鸡提供舒适的产蛋环境。每周定期检查并在需要时及时补充垫料，最好每月彻底更换垫料。

在见蛋前1周，打开产蛋箱上一层产蛋窝，见到第1个种蛋时，打开下一层产蛋窝。见蛋后，及时训练母鸡使用产蛋箱，以便减少整个产蛋期的窝外蛋，提高种蛋合格率。训练措施如下：

（1）前5～7 d产的蛋不收集，留在产蛋窝内，吸引母鸡进入产蛋窝。

（2）每隔1 h饲养员在鸡舍内来回走动1次，驱动鸡远离产蛋箱下、墙边、角落，并开启集蛋车，使鸡适应鸡蛋车的运行，尽可能减少不良应激反应。

（3）整个生产周期，每隔1 h饲养员拣收窝外蛋1次。

（4）每个工作日最后1次集蛋后，从产蛋箱内赶出所有母鸡并关闭产蛋箱，防止鸡趴窝，弄脏产蛋箱垫料，进而污染种蛋。第2天开灯前打开产蛋箱。

（四）成年种公鸡

1. 混群前检查公鸡体态发育情况 混群前通过触摸公鸡胸肌、检查龙骨大小和皮肤松弛度，判断公鸡体态发育情况，及时调整料量，使公鸡适时到达性成熟。公鸡体态发育情况通常用5级评分制，标准如下：1级为太瘦、衰弱、状态差，胸肌呈窄"V"字形；2级为瘦，但健康，胸肌呈"V"字形；3级为完美的理想状态，部分龙骨露出，胸肌呈"U"字形；4级为轻微过肥、胸肌稍大，呈宽"U"字形；5级为圆胸过肥，胸肌太大，呈"W"字形。

2. 选种与混群 肉种鸡平养或棚架式饲养，一般在20～23周龄时公母混群。混群前，应选第二性征（鸡冠的颜色、肉垂和鸡冠的生长）明显、体重一致、体态无异常、断喙整齐、腿和脚趾强壮且直、羽毛光亮、体躯直立、肌肉健壮发达的种公鸡。

公母鸡混群比例一般是（8～10）：100。

混群时，如果种公鸡群内的性成熟存在差异，可以让已经性成熟的种公鸡先与种母鸡混群，而让未成熟的种公鸡继续发育一段时间后再混群。

3. 注重公鸡的体重和体况控制 成年种公鸡的体重既不能超标，又不能失重，否则，会对受精率产生较大的影响。正确的称重程序有助于管理人员及时察觉公鸡体重潜在的问题，并通过调整喂料量来达到目标体重。35周龄前，每周至少称重1次；在36～64周龄，每2周至少称重1次。一般而言，30周龄以后，每周的周增重必须控制在20 g以下，周增料的幅度较小时，可每2～4周增加一定的料量，甚至不增料或在保持体重的前提下适当减料。在制定每周的周增料时，除考虑饲料本身的品质之外（如代谢能、蛋白质、维生素、微量元素等），还要考虑环境的温度变化、疾病及各种应激因素的影响，以便及时对周增料进行微调。

保持公鸡适合的槽位，一般肉种鸡公鸡槽位长18～20 cm，确保公鸡喂料器的高度适宜、饲料分配均匀，从而保证公鸡采食均匀。过度饲喂或饲喂不足时，公鸡都会有比较明显的反应，高峰后往往会出现公鸡超重和胸肌过大的情况，这些公鸡虽然睾丸也不小，但是交配成功率较低。注意控制公鸡体重和体况，保持有效的公母比例，及时淘汰状态较差的公鸡，如果有必要在45周龄时替换一些新公鸡。

4. 保持良好的公母分饲系统 公鸡饲料转化率高，抢吃饲料的情况会对其体况造成很大的影响；公鸡采食时间应比母鸡长，应防止母鸡抢吃公鸡料，大群中只有10%的公鸡，饲料总量也较少，即使只有少部分母鸡抢吃公鸡料，也会严重影响公鸡的采食量。

5. 防止公鸡的过度交配现象 肉种鸡平养或棚架式饲养，种公鸡过多会造成过度交配现象，主要表现为：种母鸡颈部、背部羽毛异常脱落、背部皮肤被抓破、撕破，种公鸡打斗现象严重等。这不仅造成种母鸡的体况下降，产蛋率降低，而且，由于种公鸡对种母鸡的过度竞争妨碍了种母鸡得到最佳交配次数，从而影响了高峰受精率的维持。因此，从27周龄开始，应每周检查2次鸡群是否出现了过度交配现象，当观察到鸡群出现过度交配现象时，多余的种公鸡应迅速淘汰。刚开始时可按种公鸡：种母鸡＝0.5：100的比例淘汰，以后按计划继续淘汰。种公鸡的淘汰是一个连续的过程，每周必须淘汰的种公鸡数量应事先计算好，以达到合适的公母比例。

表5-25 产蛋期公母比例推荐表

日　龄	周　龄	公母比例
140～154	20～22	（9.0～8.5）：100
210	30	（8.5～8.0）：100
245	35	（8.0～7.5）：100
280	40	（7.5～7.0)100
315～350	45～50	7.0：100

思与练

1. 请阐述肉种鸡限制饲喂的必要性及实施要点。
2. 对比蛋种鸡生产，说明肉种鸡和蛋种鸡饲养管理的异同点。

任务五　肉鸡的屠宰与分割

肉鸡产品是高蛋白质、低脂肪的食物，深受人们的喜爱。为了生产优质的鸡肉产品，让消费者吃上放心鸡肉，除了要紧抓生产源头外，还要规范鸡的屠宰加工流程，把好鸡肉食品屠宰加工的每一道关，从而最终生产出合格的鸡肉产品。

一、准备工作

1. 活鸡的卫生检验　所有进行屠宰、加工的活鸡应该健康状况良好，无传染病；确定为患传染病，或疑似传染病的必须紧急处理。活鸡的宰前卫生检验以群体为主，个体为辅。首先要检查三证（检疫证、免疫证、用药卡），工厂化屠宰场的卫生检验员对来自非疫区的活禽向货主索取三证和饲养日记，检查其有效性，对无证者拒收，不准进厂。其次是通过感官检查鸡的精神和外观。选择体表无外伤，眼睛明亮，头、四肢及全身无病变的活鸡进行屠宰和加工。

2. 候宰　由于活鸡经过收集、运输等过程，环境改变很大，常造成应激反应，导致其精神紧张、疲劳。同时其正常的生理机能遭到破坏，常会引起血液循环不正常，表皮充血。因此，在宰杀前最好先让鸡休息一段时间，使其生理机能恢复，疲劳紧张解除，以利于屠宰时充分放血，保证肉的质量。

3. 断食　在屠宰前一段时间内停止喂食，但应给予充分饮水。主要目的是：减少胃肠内容物，便于屠宰后摘除肠胃；冲淡血液浓度，便于放血。断食的时间一般是宰前6～12 h，在断食期间每隔3～4 h驱赶鸡群1次，促进其排便。宰前1～3 h断水。

二、屠宰操作

1. 洗浴　肉鸡经过卫生检验、断食、断水后立即送入屠宰间淋浴，以清除体表污物，减少屠体的污染，也可以促进鸡体血液循环，提高放血质量。

2. 宰杀　宰杀可采用两种方法，一是颈部下刀法，二是口腔内下刀法。可根据不同要求选择使用。

（1）颈部下刀法。将活鸡捉住，左手握住双翅提起，用小指勾住鸡的右腿，大拇指与食指捏住鸡头，堵住双眼，使鸡头朝后挺仰，使颈部肌肉绷紧。用右手拔掉鸡咽喉部位一些羽毛，让皮肤露出来，便于下刀。右手持刀在鸡的咽喉部位割断食管、气管和血管，让鸡身前半部向下倾，以利血液畅流放干。此法操作简便，易于取出内脏。

（2）口腔内下刀法。左手握住鸡的双翅提起，大拇指与食指捏住鸡头，堵住双眼，小指勾住鸡的右腿，使鸡不能踢蹬。稍用力一捏鸡嘴，使嘴张开。将小刀或剪刀伸进鸡的口腔内，割断咽喉部的食道、气管和血管。随后可把刀抽出约一半，从鸡的上颌裂处刺入，沿耳眼之间斜刺延髓，加速其死亡。同时让鸡颈朝下，尾部朝上，让血液从嘴里流出来，尽快流干。此法鸡颈部无刀口，外形美观。

在工厂化屠宰场车间一般采用电麻法使鸡体昏迷，再用颈部下刀法进行屠宰。电击电压国内采用低电压 50～70 V，以防鸡体被灼伤或击死。

3. 放血 屠宰后的鸡体，必须经过充分的放血。放血程度是屠体质量的重要指标。放血完全的屠体，肉质鲜嫩，色泽鲜亮；放血不完全的屠体，色泽深暗，含水量高，易腐败变质。

4. 热烫煺毛 鸡宰杀放血后，在其彻底死亡而体温没有散失时及时浸烫拔毛。适宜的水温和仔细除毛是保证胴体质量的关键。浸烫水温以 65～70 ℃为宜，时间3～5 min，并根据鸡品种和日龄适当调节。水温过低，时间过短，拔毛困难，易损伤表皮；水温过高，浸烫过久，表皮胶化，羽毛也不易拔出，还可因脂肪熔化而影响鸡体外观色泽。手工浸烫除毛时可在大缸或大桶内放适量热水，投入若干只鸡，用长棒搅动，再将鸡头部入水，用手提脚爪在水中搅动，至爪皮、嘴壳、羽毛均易抹掉即可。煺毛时可按如下顺序进行：右翅—肩头—左翅—背部—腹脯—尾部—颈部。被毛因皮紧容易煺掉，不易破皮；胸部与腿部毛松软，弹性大，推抹即可去除；尾部富含脂肪，羽毛硬而深，不宜用力过大，必须小簇细拔，以免破皮；颈皮容易滑动，极易破裂，需用手指逆毛倒搓以防破皮。对皮上遗漏的小毛，可用镊子去除干净。

在工厂化屠宰场车间一般采用机械煺毛，经过热烫后的鸡放入脱毛机去毛。机械脱毛效率高，但不干净，需要配合手工去毛。

5. 修整淋洗 肉鸡煺毛后，将鸡体浸于凉水中，用镊子再仔细夹净细毛，清除血迹和粪污，使鸡体洁白干净。工厂化生产是先冷却再修整。

三、分割操作

1. 净膛 在屠宰过程中取出的鸡内脏称为净膛，分为半净膛和全净膛。半净膛：屠体除去气管、食道、嗉囊、肠、脾、胰、胆、生殖器官、肌胃内容物及角质膜。全净膛：在半净膛的基础上再去除心、肝、腺胃、肌胃、肺、腹脂和头、脚。

鸡体净膛可以从肛门四周剪开（不切开腹壁），剥离直肠，将内脏取出，工厂化生产多采用此法，也可以从胸骨的正中线切开皮肤和肌肉，打开腹腔，将内脏取出。为保证鸡胴体质量，鸡体在开膛、取出内脏时应注意以下几点：

一是开膛前将鸡体向上，手掌托住背部，用两拇指用力按住鸡体下腹，向下推挤，将粪便从肛门排出体外，以避免直肠中的粪便污染鸡体。

二是鸡拉肠时，一定要仔细、小心操作，尽可能保护肝的完整性，因为鸡肝很嫩，极易破碎。此外，不能弄破胆或拉断肠管，造成内脏腹腔的污染。如果胆破或肠断，立即用清水冲洗干净。清洗时首先是清除腔内残血，并用清水洗净，再重点清洗肛门、胸腔和腹腔。有的鸡肉制品还要求鸡拉肠后去爪、去翅，或用清水较长时间泡洗以除尽残血。

2. 分割 肉鸡屠宰后，经食品卫生检验合格，为适应市场需要，提高肉鸡生产的附加值，可以进一步分割、包装。其步骤如下：

第1步：净膛后，按产品用途收集整理肠、心、肝、肌胃等。

第2步：去头，从颌后寰椎处平直切下鸡头。

第3步：去脚，从左右跗关节处分别取下左右爪。

第4步：去腿，从胸关节剑状软骨至髋关节前缘的连线处分别取下左右腿，包括大腿和小腿。

第5步：去翅，从肩胛部位卸下左右翅。

第6步：去颈，从第14颈椎处切下颈部。

第7步：分离肌肉。胸肌，从胸骨附近分离两侧胸肌肉；腿肌，左右腿去骨去皮。

鸡体经分割后，产品经过称重、包装、分级、冷藏、保鲜后就可以出厂了。

四、肉鸡的屠宰的注意事项

我国肉鸡加工产业化起步晚，屠宰技术还不够成熟，特别是福利屠宰程度不高，在宰前管理、产品质量与安全控制等方面还缺乏技术规范，导致肉鸡屠宰加工过程中发生不同程度的应激，出现鸡肉淤血、微生物污染、断翅断骨、PSE肉（一种劣质肉，肉色苍白，质地柔软，表面汁液渗出严重，加工特性较差）发生率高、保水性和色泽差5大问题，影响鸡肉的品质，一定程度地阻碍了我国鸡肉及制品进军国际高端市场。肉鸡屠宰要注意以下事项：

1. 不能单手抓鸡 在把鸡从笼子中拿出到装车运输的过程中，抓鸡人员要安静地进入鸡舍，不能一只手抓好几只鸡，要用双手抓鸡的双翅或膝关节以下部位，禁止抓单只翅膀和大腿部，否则断翅断骨的比例会较大，影响胴体品质。

2. 宰前禁食禁水 宰杀前则需要禁食6~12 h，禁水1~3 h。避免在屠宰过程中，内脏破裂导致食物流出，滋生有害微生物。

3. 运输中有空调 为了让鸡的旅途更舒服一点，运输时间不能超过3 h，而且不能让鸡太拥挤，密度不超过40 kg/m^2。在运输过程中，鸡不能冻着也不能热着，温度要控制在20~21 ℃，变化不能超过1 ℃，冬季运输要盖厚篷布保暖，潮湿高温时则要降温。同时，运输过程中摞起来的鸡笼不能让上层鸡粪落到下层鸡笼里。

4. 杀前静养抚摸 进屠宰车间时要让鸡感觉舒服，要安装胸部抚摸板，有助于保持鸡群安静。宰杀前要静养，最好不超过2 h，静养时一旦鸡出现应激症状，要立即致昏并宰杀。即使在挂鸡上屠宰线的过程中，鸡腿也不能绑得太紧，不能单腿悬挂，挂鸡通道应保持黑暗，减少肉鸡因受惊吓而出现应激症状的发生。

5. 气体（或电击）致昏后再杀 工厂化屠宰场在正式杀鸡前，要先用电击或气体使鸡致昏。电击要确保鸡立即失去知觉，刺杀、放血前不让鸡苏醒，禁止二次电击；气体致昏时，二氧化碳含量需大于40%，持续3 min以上。致昏后要快速宰杀，10 s内完成刺杀、25 s内完成放血，刺杀时每只鸡必须割断两条颈静脉血管。

五、肉鸡产肉性能分析

1. 屠宰指标

（1）屠宰率。屠体重是放血，去除羽毛、脚角质层、趾壳和喙壳后的重量。

$$屠宰率 = (屠体重/活重) \times 100\%$$

（2）净膛率。

① 半净膛重是指屠体去除气管、食道、嗉囊、肠、脾、胰、胆、生殖器官、肌胃内容物以及角质膜后的重量。

$$半净膛率 = (半净膛重/活重) \times 100\%$$

② 全净膛重是半净膛重减去心、肝、腺胃、肌胃、肺、腹脂和头脚（鸭、鹅、鸽、鹌鹑保留头脚）的重量。去头时在第一颈椎骨与头部交界处连皮切开；去脚时沿跗关节处切开。

$$全净膛率 = (全净膛重/活重) \times 100\%$$

（3）分割指标。

$$胸肌率 = (两侧胸肌重/全净膛重) \times 100\%$$
$$腿肌率 = (两侧腿重/全净膛重) \times 100\%$$
$$翅膀率 = (两侧翅膀重/全净膛重) \times 100\%$$

2. 肉品指标

（1）颜色。良好的肤色应是白色或浅黄色。

（2）多汁性。多汁性是肌肉保持水分的能力，以肉中结合水与肉重的相对百分率表示。肉的多汁性取决于肉中结合水的数量，间接取决于脂肪的含量，肉中结合水越多，肉的味道越好。新鲜的鸡肉中，白肉的多汁性在55%～75%。

（3）细嫩性。取决于肌肉束的大小和肌纤维的粗细与拉力。通过测量胸部肌肉纤维的粗细和拉力以判断肉质老嫩，纤维粗和拉力大的肉质较差。一般腿肌的细嫩性比胸肌高5%～10%。

（4）气味。鸡肉的气味取决于饲养、周龄以及肉的化学成分，鸡肉应具有特殊的香味，不能有鱼腥味或其他异味。

（5）屠体。外观美观、完整、无外伤、无胸囊肿、干净、饱满、有光泽。

1. 肉鸡屠宰可采用哪些方法？
2. 如何鉴别鸡肉的品质？

任务六　肉鸡体重均匀度控制

学习任务

生长发育均匀一致的鸡群，对光照刺激的反应也一致，对增加饲料的反应也较好，可以获得较理想的产蛋高峰，且其高峰期持续的时间也较长。因此，整个生长期的生产性能和生产效益都比较理想。

肉种鸡具有商品代肉鸡生长迅速的特点,因此肉种鸡的体重和均匀度控制尤其重要,可以认为是育雏育成期最为重要的饲养技术。

鸡群均匀度评价包括体重、骨架、体型、换羽、抗体滴度、性成熟和体成熟等方面。生产中均匀度控制重点在体重和骨骼发育均匀两个方面。体重一致而骨骼大小有差异的鸡群间的体型是有差别的,这种鸡群对光照和饲料水平变化的反应并不同步,从而会影响到种鸡的生产性能。而均匀生长的鸡群可确保骨骼的良好发育,从而使鸡群性成熟时间趋于一致,保证鸡群同步开产,同步进入产蛋高峰。因此肉种鸡的育雏育成期均匀度控制非常重要。

一、影响体重均匀度的因素

(一) 肉鸡品种

肉鸡品种是影响鸡群均匀度的遗传因素,是影响鸡群均匀度的内因,是决定性因素。雏鸡来源于不同种鸡群、大小不一、严重脱水、弱雏过多等,对后期种鸡的体重均匀度影响也很大。因此选择均匀度良好的肉鸡品种和质量好的雏鸡进行生产很重要。

(二) 饲养密度

饲养密度过大,鸡群太拥挤,环境控制困难,会影响采食、饮水和营养代谢;饲养密度过小,则存栏量低,增加饲养成本。根据不同的饲养方式选择适宜的饲养密度,是控制肉鸡均匀度的基础。肉种鸡平养饲养参考密度见表5-26。

表5-26 肉种鸡平养饲养参考密度

周 龄	饲养密度(只/m²)		周 龄	饲养密度(只/m²)	
	公	母		公	母
0~2	10~15	12~18	7~20	3.5~4	5~7
3~6	7	10~12	21~64	3.5~5.5	5~6

(三) 采食和饮水空间

适宜的采食和饮水空间是鸡群采食量均匀的前提条件。槽位过多,采食速度快的鸡抢占多个槽位进行采食,会造成采食量过多;槽位过少,采食速度慢的鸡抢不到槽位,会造成采食量不够。鸡采食量不均匀,增重就不均匀,导致体重均匀度差。鸡的饮水量会影响采食量,因此饮水空间不足也是导致采食不均匀的原因。

整个饲养期应随时检查饲喂器和饮水器是否充足,并保证其数量和高度适宜。产蛋期淘汰病弱残次鸡后要及时减去相应的料位、水位,以免个体差异拉大。鸡笼养时,应注意当出现死淘时及时把鸡数补齐,并保证料线与料槽齐平,使位于料线边缘的鸡得到的料量相同。肉种鸡槽位、水位推荐见表5-27、表5-28。

表5-27 肉种鸡槽位推荐

周 龄	槽位(cm)	周 龄	槽位(cm)
0~6	5	11~20	12~15
7~10	8~10	21~64	18~20

表 5-28 肉种鸡水位推荐

饮水器类型	育雏期	育成期	产蛋期
槽形饮水器	1.5 cm/只	4 cm/只	2.5 cm/只
钟形饮水器	80 只/个	60~80 只/个	60~80 只/个
乳头饮水器	10~12 只/个	8 只/个	6~8 只/个

(四) 环境条件

鸡舍温度过高、过低或不均匀，湿度太低，通风不良，光照不足或不匀等，均可导致肉种鸡均匀度差。鸡舍温度以 18~24 ℃为宜，相对湿度 50%~55% 为宜，防止高温高湿、低温高湿出现；重视通风、控制光照，把握光照时间宜短不宜长、强度宜弱不宜强的原则，防止性早熟；保持垫料清洁干燥，给鸡创造一个良好的生长发育环境，有利于均匀度的提高。

(五) 饲喂技术

1. 保证饲料营养的全价性和稳定性 饲料营养标准符合品种要求，保证饲料营养全面，颗粒大小均匀，无杂质、无霉变等。并且定期监测饲料成分，保证鸡摄入稳定的高质量的饲料。对每批饲料进行留样，并将其储存在阴凉干燥的地方，一旦发生问题，可对饲料进行化验分析。

2. 把握准确的饲喂量 每次饲喂前，必须准确称量当天所需要的饲料量。定期检查饲料秤的准确度；采用标准的计量单位，并在每天使用之前对秤进行检查核准。

3. 布料快速均匀 为了保证所有鸡采食均匀，布料要求快速均匀。使用链条式料线时，应增加辅料箱，保证在 3 min 内将饲料布满整个料线；使用盘式自动料线，不能把饲料放空，以确保在料线开始运转时，所有的料盘会同时下料；使用滑轮系统可以让所有的料桶同时放下，但料桶晃动时会导致饲料偏向一边，可把整排料桶串起来或把料桶放低，以减少晃动。总之，无论采用何种饲喂设备，首先应保证鸡有足够的槽位（但又不能太富余），以保证所有鸡能够同时进食，饲喂面积充足可使饲料分布均匀，同时防止鸡进食时过分拥挤；其次，必须保证以最短的时间布料完毕（一般不超过 5 min，最好 2 min 以内）。饲喂器的高度随着鸡的生长而调整，使其上沿始终保持比母鸡背部高出 3 cm 左右，这不仅可以防止饲料浪费，而且可以防止垫料混入饲料中。

4. 饲喂期间要密切观察鸡群 即使喂料设备能快速将饲料分布均匀，为每只鸡提供相同的采食机会，但鸡因为限饲会出现扎堆、挤压等抢食现象，需要饲养员采取一些临时辅助措施，如轰、赶、抱等。因此，为鸡供料时应有工作人员在场，密切观察鸡群，保证所有鸡同时采食到足够的饲料。一旦发现问题，应及时解决。

(六) 称重的准确性

生产中称重是体重增长和均匀度评价的直接依据，关系到后期的饲喂量确定和均匀度控制，因此称重要求准确无误。

育雏育成期每周至少称重1次,产蛋期每2周称重1次,通过称重数据来证实所实施的饲喂程序能否达到预期结果。为减少误差,每次称重最好在同一天的同一时间段进行,一般在早晨喂料前进行。每次称重前都必须用标准砝码对秤进行校正。

二、体重均匀度测定与调整方法

鸡群体重均匀度通常用鸡群平均体重上下10%的体重区间内鸡的数量占鸡群总数的百分率来衡量。生产中通过抽样称重来测定鸡群均匀度,把握饲喂量和体重增长。

(一) 称重和体重记录

称重时大群随机抽样。每次圈鸡前,应在鸡舍内来回走动,使靠墙边的鸡活动并离开墙角,使鸡分布均匀,以便抽样更为准确。取样点应分布于鸡舍的前、中、后,捕捉围栏的大小应以可圈50~100只鸡为宜。为提高称重效率并减少鸡损伤,可采用称重漏斗或便于捆绑鸡翅膀(或腿)的装置来固定鸡。所有围入围栏内的鸡都要称重,切勿舍弃其中任何太大或太小的鸡,除非必须淘汰且又不代表鸡群大多数的鸡。取样的数量应根据鸡群规模而定,一般母鸡抽取1%~3%的样本数,公鸡抽取5%的样本数进行称重。鸡群规模较小时,需要增大抽样比例来确保精确的平均重量。抽样数目最小不得低于50只。称重记录妥善存档。

(二) 体重均匀度计算

以下为某肉种鸡场35日龄的AA鸡群体重均匀度计算过程。

抽样称重记录见表5-29。

表 5-29 抽样称重记录

体重(g)	400	420	440	460	480	500	520	540	560	580	600	620	640	660	700
鸡数(只)	2	5	5	6	8	11	13	15	14	13	10	8	2	2	1

1. 平均体重的计算

平均体重=总重量/总只数(N)=61 700/115=536.5(g)

2. 平均体重±10%范围内的体重区间的计算

(536.5 g−536.5 g×10%,536.5 g+536.5 g×10%),即:(482.9 g,590.2 g)

3. 求体重区间内鸡的数量(n)

n=11+13+15+14+13=66(只)

4. 均匀度计算

均匀度=±10%范围内的鸡数(n)/称重鸡总数(N)×100%

上述鸡群的体重均匀度计算:

均匀度=66/115×100%=57.4(%)

(三) 结果评价与调整方法

管理良好的鸡群均匀度应达80%或以上。提高鸡群的均匀度,除选购高质量的雏鸡外,首先应加强日常的综合管理,控制适宜的饲养密度、提供充足的采食和饮水空间、制定合理的饲喂和饮水程序、保持良好的鸡舍环境、精确地断喙、提供均匀的光照、正确地进行日常操作等，都是提高均匀度的基本保障；其次，分栏饲养、定期挑鸡，也是提高均匀度的有效办法。

分栏饲养应该从第1周龄开始，初次分栏是按照鸡数量来分，而不是按照体重差异来分。第1周龄分栏时，每栏鸡数以不超过500只为宜，主要目的是便于对雏鸡进行精细管理。第2周龄，可以将相邻的2~3栏合并为1个更大的栏，但每栏鸡数以不超过1 500只为宜。第4周龄的分栏最为重要，此次分栏主要是按照体重差异来分，要求对所有的鸡进行称重，并将体重相近的鸡合并在同一个栏内。无论如何分栏，分栏后各栏的饲养密度应保持一致。栏与栏之间的隔离网应是便于移动和固定的，这样，就能及时调整各栏的大小，确保每栏鸡的饲养密度、喂料和饮水面积基本一致；同时，坚固的隔离网还能防止鸡串栏，保持各栏鸡数量的准确性。

如果抽样称重结果与体重标准和预计的增重情况偏差太大，不要匆忙调整喂料量，而应马上进行二次称重，以检验称重结果的可靠性。确定称重结果无误后，再去查找其他方面原因，例如喂料计算错误、饮水器问题、鸡群间串群或感染疫病等。

思与练

1. 请阐述肉种鸡均匀度控制的措施。
2. 说明鸡群体重均匀度测定步骤。

知 识 链 接

知识链接一　我国优质肉鸡的发展趋势

随着生活水平的提高，人们对食物质量的需求更高，在满足基本应用摄取的同时，还追求美味、健康。相比生长速度快的白羽肉鸡来说，黄羽肉鸡具有肉质细嫩、营养丰富的特点，且其体型外貌符合我国消费者的喜好。因此，与快大型白羽肉鸡相比，未来对于优质黄羽肉鸡的需求会以一个较高的速率增长。

未来优质肉鸡的发展方向为在不断完善杂交繁育体系的基础上，充分突出地方特色，同时追求优质、高效、高产。随着人们对食品安全的关注度越来越高，建立优质鸡的产品可追溯体系已成为解决食品安全问题、让群众吃上放心肉的有效措施。进一步建立健全深加工体系，提高产品附加值，将单调、低层次、低价格的鲜活肉鸡通过深加工变成营养美味、款式多样、消费方便的具有高附加值、高利润的工业产品，是提高我国优质肉鸡市场竞争力的有效途径。

目前，我国优质肉鸡的总存栏量逐渐赶超白羽肉鸡，产区不断由南向北扩展，产品从中国市场逐步向亚洲、欧美市场进军。相对而言，由于饮食烹饪习惯，今后国内市场仍然是优质肉鸡的主要领地。

知识链接二　肉鸡生态健康养殖模式

随着养禽业的不断发展，以及人们对食品安全和环境保护意识的不断增强，可持续有机循环的生态养殖模式成为肉鸡生产的必然趋势。可持续有机循环的生态养殖是运用生态学、生态经济学、营养学等理论和方法科学地指导肉鸡生产的过程。其在生产优质、无残留、无污染的无公害鸡肉产品的同时，保护环境、循环利用资源，使资源、环境、人口、技术等因素与肉鸡业的发展相协调，以确保当代人和后代人对畜产品的需求得以满足，实现畜牧经济的可持续发展。

这种生产模式主要是将种植、养殖和废弃物有效处理有机结合，达到有机循环生产的目的。其主要应用非化学合成药剂控制疾病、生物饲料生产、微生态制剂保健、免疫程序、生态养殖、微生物控制、废弃物处理等一系列技术，保证肉鸡健康生长，减少抗生素的使用，从而生产出安全、无残留的鸡肉有机产品。通过实践，形成了多种生产模式，如"林鸡结合""茶鸡结合""果鸡结合"等。

知识链接三　高温季节肉用仔鸡的管理

知识链接四　提高肉种鸡受精率的措施

实　践　训　练

技能　肉鸡的屠宰与分割技术

【实训目标】学会肉鸡的屠宰方法，掌握分割部位和分割技术，会通过指标计算分析肉鸡的肉用性能。

【材料与用具】肉鸡、解剖刀、剪刀、镊子、开水、水桶、案板、手术盘。

【实训场所与人员配置】解剖实训室进行。每4人1组。

【实训内容与方法】

(1) 肉鸡屠宰及相关称量工作。

(2) 肉鸡分割及相关称量工作。

(3) 指标计算。

【技能考核标准】 技能考核标准见表 5-30。

表 5-30 技能考核标准

序号	考核项目	分值	评分标准	考核方法	考核得分
1	材料准备	10	试验对象缺失或挑选不合理扣 2 分；屠宰分割用具等缺失一件扣 2 分。扣满 10 分为止	小组合作和单人操作结合	
2	肉鸡屠宰	30	屠宰操作不规范扣 5 分；抓鸡、保定不规范扣 5 分；屠宰步骤不规范扣 15 分		
3	肉鸡分割	30	分割操作不规范扣 5 分；称重不规范扣 5 分；分割步骤不规范扣 15 分		
4	数据计算	15	记录表填写不规范扣 5 分；计算错误一项扣 2 分。扣完 15 分为止		
5	规范程度	15	操作不规范，组织混乱扣 5 分；合作不协调扣 10 分		

项目五习题

习题答案

项目六 水禽生产

📖 知识目标

1. 了解我国的地方水禽品种资源及其分布。
2. 了解我国引进的国外水禽品种及其主要生产性能。
3. 了解蛋鸭不同饲养阶段的生理特点。
4. 熟悉水禽生产的全过程和饲养方式。
5. 了解水禽的选择依据及具体要求。

📖 能力目标

1. 识别常见水禽品种的外貌特征,并掌握其生产性能。
2. 识别常见鹅种的品种特征,并掌握其生产性能。
3. 掌握水禽饲养管理要点及繁殖调控技术。
4. 掌握水禽关键饲养技术和操作技能。

素质目标

1. 具备查询资料、独立思考的能力。
2. 具备运用知识开展水禽选择的综合素养。
3. 具备水禽饲养操作能力和常规问题的解决能力。
4. 具有爱岗敬业、勤奋钻研、吃苦耐劳的精神。

我国水禽种质资源十分丰富,依据2011年国家畜禽遗传资源委员会编写的《中国畜禽遗传资源志·家禽志》的收录信息,我国现有地方水禽品种62个,其中鸭地方品种34个,鹅品种31个,此外还开发出了如白嗉黑鸭、松香黄鸭、扬州鹅、天府肉鹅配套系等培育品种(系)。我国复杂的地形地貌及多样的生态及文化,孕育了丰富的水禽遗传资源,同时也造就了我国水禽种质资源的国际地位,成为可进行水禽品种保护、开发利用及基础研究的少数国家之一,为世界水禽产业的发展发挥了巨大作用。

任务一　水禽品种的选择

学习任务

一、水禽品种的分类与选择方法

（一）水禽品种的分类

广义上，水禽包括鸭、鹅、鸿雁、灰雁等以水面为生活环境的禽类动物，也包括迁徙水禽如天鹅、雁鸭类以及丹顶鹤、白枕鹤、蓑羽鹤等。畜牧上所指的水禽，是狭义上的水禽，即鸭、鹅。

鸭品种

依据动物学分类，家鸭属于鸟纲、雁形目、鸭亚科、河鸭属，起源于绿头鸭和斑嘴鸭；家鹅属于鸟纲、雁形目、鸭科、雁亚科、雁族，起源于鸿雁和灰雁，我国的鹅品种除伊犁鹅起源于灰雁外，其他品种都起源于鸿雁。

（二）水禽主要经济性状及选择方法

1. 水禽主要经济性状　水禽的主要经济性状包括繁殖性状（如产蛋量、蛋重、蛋品质、种蛋受精率、受精蛋孵化率等）、产肉性状（如体重、屠体重、半净膛重、全净膛重）以及其他指标（如饲料报酬、体型体尺、产羽产绒等），具体的相关性状描述参见家禽生产力指标。

2. 性状选择方法

（1）个体选择。根据个体性状表型值进行选择。这种方法简单易行，适用于遗传力高的性状。

（2）家系选择。根据家系性状均值进行选择，选留和淘汰均以家系为单位进行，家系选择又可分为全同胞家系选择和混合家系选择。这种方法适用于遗传力低的性状，并且要求家系大、由共同环境造成的家系间差异或家系内相关性小。

（3）合并选择。兼顾个体性状表型值和家系性状均值进行选择。从理论上讲，合并选择利用了个体和家系两方面的信息，因此其选择准确性要高于其他方法。这种方法要求根据性状的遗传特点及家系信息制订合并选择指数。

二、鸭品种介绍

（一）鸭品种概况和分布

目前，我国现有鸭品种32个，按羽色分为白羽和有色羽（麻羽、黑羽、红羽），按经济用途分为三个类型，即肉用型、蛋用型以及兼用型。我国养鸭业长期以来主要盛行于长江流域及其以南地区，这是因为江淮平原水渠纵横、湖泊众多、人类活动频繁。

（二）我国鸭品种

1. 蛋鸭品种

（1）绍兴鸭。

① 产地与分布。绍兴鸭，简称绍鸭，又称绍兴麻鸭、浙江麻鸭，是我国优良的

高产蛋鸭品种,因原产地位于浙江绍兴而得名。目前,江西、福建、湖南、广东、黑龙江等十几个省份均有分布,浙江省建有绍兴鸭原种场。

② 外貌特征。雏鸭毛色呈淡黄色。成年鸭根据毛色可分为红毛绿翼梢鸭、带圈白翼梢鸭和全白羽鸭3个类型。红毛绿翼梢鸭的公鸭喙呈黄色,略带青色;羽色以麻栗色居多,胸腹部羽色较浅,头部、颈上部、镜羽、尾羽和性羽均呈墨绿色、有光泽;虹彩呈褐色,皮肤呈淡黄色,胫、蹼呈橘黄色,爪呈黑色。母鸭全身以棕红色雀斑羽为主,胸腹部羽毛呈棕黄色、有光泽;喙呈灰黄色,喙豆呈黑色;虹彩呈褐色,皮肤呈淡黄色,胫、蹼呈橘黄色,爪呈黑色。雏鸭绒毛呈暗黄色,有黑头星、黑背线、黑尾巴。带圈白翼梢鸭的公鸭羽色多呈淡麻栗色,头、颈上部及尾部均呈墨绿色、富有光泽,并有少量镜羽;喙、胫、蹼呈橘黄色,爪呈白色。母鸭以麻雀毛为主,颈中间有长短不一的白色羽毛圈,主翼羽和腹、臀部羽毛呈白色;虹彩呈蓝灰色,皮肤呈浅黄色,喙、胫、蹼呈橘黄色,爪呈白色。雏鸭绒毛呈淡黄色。全白羽鸭的公鸭全身羽毛以白色为主,颈中间有长短不一的灰白色羽圈,头部羽毛呈灰白色;喙、胫、蹼呈橘红色。母鸭全身羽毛为白色;喙、胫、蹼呈橘红色。雏鸭绒毛呈淡黄色。具体见图6-1。

图6-1 绍兴鸭

③ 生产性能。平均初生重为38 g,60日龄体重860 g,90日龄体重1 120 g,成年体重1 450 g。红毛绿翼梢鸭成年公鸭体重1 300 g,母鸭1 260 g;带圈白翼梢鸭成年公鸭体重1 430 g,母鸭1 270 g。母鸭平均开产日龄110 d。红毛绿翼梢鸭母鸭平均年产蛋280个,300日龄平均蛋重70 g;带圈白翼梢鸭母鸭平均年产蛋270个,300日龄平均蛋重67 g。平均蛋壳厚度0.35 mm,平均蛋形指数1.41。蛋壳玉白色,少数白色或青绿色。公鸭性成熟期110 d,公鸭每天交尾25次,高的达37次。公、母鸭配种比例:早春季节1∶20,夏秋季节1∶30。平均种蛋受精率90%,平均受精蛋孵化率80%。公鸭利用年限1年,母鸭1~3年。

(2) 金定鸭。

① 产地与分布。金定鸭,又名绿头鸭、华南鸭,因主产于福建省龙海市紫泥镇金定乡而得名,已有260年的历史。主要产区为闽南沿海的厦门市郊区、龙海、同安、南安、晋江、惠安、漳州、漳浦、云霄、诏安等地。目前,福建省石狮市建有金定鸭原种场。

② 外貌特征。雏鸭毛色呈淡黄色。公鸭体形较长,前躯高抬,胸宽背阔;母鸭身体细长,匀称紧凑,腹部丰满。成年公鸭头颈部羽毛具有翠绿色光泽,无明显的白颈圈;前胸赤褐色,背部灰褐色,腹部灰白,带深色斑纹,翼羽深褐色,有镜羽,尾羽黑褐色;性羽黑色,并略上翘。母鸭全身羽毛呈赤褐色麻雀羽,背部羽毛从前向后逐渐加深,腹部羽毛较淡,颈部羽毛无黑斑,翼羽深褐色,有镜羽。喙黄绿色,虹彩褐色;

金定鸭

胫、蹼橘红色；爪黑色。尾脂腺发达，占体重的0.20%，为梳理羽毛提供了充足的油脂，因此羽毛防湿性能较强。具体见图6-2。

③ 生产性能。平均初生重为48 g；60日龄体重公鸭1 038 g，母鸭1 037 g；90日龄体重公鸭1 465 g，母鸭1 466 g；成年体重公鸭1 760 g，母鸭1 780 g。母鸭平均开产日龄115 d。产蛋期间，高产鸭在换羽期和冬季可持续产蛋而不休产，平均年产蛋290个，舍饲条件下平均年产蛋313个，高者达360个，平均蛋重72 g。平均蛋形指数1.45，蛋壳青色，少数白色。公鸭性成熟期110 d。公、母鸭配种比例1∶25。平均种蛋受精率90%，平均受精蛋孵化率89%。公鸭利用年限1年，母鸭3年。

图6-2 金定鸭

(3) 荆江麻鸭。

① 产地与分布。荆江麻鸭，因产于湖北省荆江两岸而得名。其中心产区为湖北省监利、江陵，毗邻的洪湖、石首、公安、潜江和荆门等地也有分布。

② 外貌特征。体型较小，肩较窄，背平直。体躯稍长且向上抬起，全身羽毛紧密。头清秀，颈细长，喙石青色。眼上方有长眉状白色。公鸭头、颈部羽毛具翠绿色光泽，前胸、背腰部羽毛褐色，尾部淡灰色。母鸭头、颈部羽毛多为泥黄色，背腰部羽毛以泥黄色为底色，上缀黑色条斑，或浅褐色底色上缀黑色条斑。胫、蹼橙黄色。具体见图6-3。

图6-3 荆江麻鸭

③ 生产性能。平均初生重为39 g；60日龄体重456 g；90日龄体重公鸭1 123 g，母鸭1 041 g；成年体重公鸭1 415 g，母鸭1 495 g。母鸭平均开产日龄100 d。平均年产蛋214个，平均蛋重64 g，青壳蛋重60 g。平均蛋形指数1.40，蛋壳以白色居多。公、母鸭配种比例1∶(20～25)。平均种蛋受精率93%，平均受精蛋孵化率93%。公鸭利用年限1～2年，母鸭3～5年。

(4) 山麻鸭。

① 产地与分布。山麻鸭又称新岭鸭，主产于福建省龙岩县湖邦乡，分布于龙岩地区。经过山区生态环境的自然选择和当地人民的长期选育，逐渐形成善于奔跑、觅食力强、适应于梯田放牧饲养的蛋用品种。目前，福建省龙岩市建有原种场。

② 外貌特征。公鸭头中等大，眼圆大。颈秀长，胸较浅，背稍窄，腹平，体躯长方形。喙青黄色或米黑色；虹彩黑色；头及颈上部的羽毛为孔雀绿，有光泽，有一条白颈环（部分公鸭没有）；前胸羽毛赤棕色；腹羽洁白；从前背至腰部羽毛均为灰棕色，飞羽除间生2～3根白羽外，均为黑色；尾羽及性羽全为黑色。母鸭羽色有浅

麻、褐麻和杂麻。浅麻色山麻鸭全身羽色较浅,每根羽轴周围有一条纵向黑色条纹。褐麻色山麻鸭全身羽色淡黄,羽轴斑纹与浅麻鸭无异;从头的颈部经背至腰部的羽毛均为黑褐色,眼眶上有白色的画眉。杂麻色山麻鸭羽色不规则,一般为浅麻与褐麻色。胫、蹼橙红色,趾黑色。具体见图6-4。

图6-4 山麻鸭

③ 生产性能。平均初生重为45 g;60日龄体重公鸭1 013 g,母鸭977 g;90日龄体重公鸭1 317 g,母鸭1 328 g;成年体重公鸭1 506 g,母鸭1 578 g。母鸭平均开产日龄100 d。平均年产蛋243个,高者达280个,平均蛋重55 g。平均蛋形指数1.32。公鸭性成熟期110 d。公、母鸭配种比例1∶25。平均种蛋受精率95%,平均受精蛋孵化率90%。公鸭利用年限1年,母鸭2~3年。

(5) 攸县麻鸭。

① 产地与分布。攸县麻鸭主产于湖南省攸县的洣水和沙河流域,在洞庭湖区、长沙、湘潭、汉寿、常德、益阳、岳阳、郴州等地以及江西、广东、贵州、湖北、陕西、浙江等省份均有分布。

② 外貌特征。体形狭长,呈船形,前躯高抬,羽毛紧密。喙黑色,喙豆铜绿色。虹彩黄褐色。公鸭头颈上部羽毛绿色并富有光泽,颈中下部有一约1 cm的白颈圈,前胸赤褐色;翼羽灰褐色,尾羽和性羽墨绿色。母鸭全身羽毛黄褐色或黄黑色相间,形成麻色,其中深麻羽占70%,浅麻羽30%。胫、蹼橘黄色,趾黑色。具体见图6-5。

图6-5 攸县麻鸭

③ 生产性能。平均初生重为38 g;60日龄体重公鸭850 g,母鸭852 g;成年体重公鸭为1 325 g,母鸭为1 225 g。平均开产日龄为120 d,春孵鸭平均开产日龄84 d,秋孵鸭平均开产日龄90 d。平均年产蛋225个,高者达310个,平均蛋重为62 g。蛋壳乳白色、翠绿色,以乳白色居多。乳白色蛋平均蛋壳厚度0.36 mm,翠绿色蛋平均蛋壳厚度0.37 mm,平均蛋形指数1.36。公鸭性成熟期80~100 d。公、母鸭配种比例1∶25。平均种蛋受精率95%,平均受精蛋孵化率78%。母鸭无就巢性。公鸭利用年限1年,母鸭3~4年。

(6) 莆田黑鸭。

① 产地与分布。莆田黑鸭,我国唯一的蛋用型黑色羽品种。因主产于福建省莆田而得名。分布于平潭、福清、长乐、连江、惠安、晋江、泉州等地及闽江口的琅岐、亭江、浦口等地。

② 外貌特征。全身羽毛黑色,紧贴身躯,毛密而厚重,加之尾脂腺发达,水不易浸湿内部绒毛。羽色有深有浅,多为浅黑色。头椭圆。喙黑色,略长(公鸭嘴黑绿

色)。眼突出而有神。颈细长（公鸭较粗短)。骨细而硬。体态轻盈、活泼，行动迅速。脚、爪、蹼黑色（公鸭脚黑绿色)。公鸭前躯比后躯发达；颈部羽毛黑色而有光泽，尾部有4根向上卷曲的性羽，雄性明显。母鸭骨盆宽大，后躯发达，呈圆形。具体见图6-6。

图6-6　莆田黑鸭

③ 生产性能。平均初生重为40 g；56日龄体重891 g；成年体重公鸭1 340 g，母鸭1 630 g。平均开产日龄为120 d。平均年产蛋265个，平均蛋重为64 g。蛋壳白色，少数青绿色。公鸭180日龄性成熟，公、母鸭配种比例1∶25。平均种蛋受精率95%。公鸭利用年限2年，母鸭3年。

2. 肉鸭品种

（1）北京鸭。

① 产地与分布。属肉用型品种，具有生长发育快、育肥性能好的特点，是闻名中外的北京烤鸭的制作原料。原产于北京西郊玉泉山一带，现已遍布世界各地，在国际养鸭业中占有重要地位。

② 外貌特征。该品种体型较大而紧凑匀称，头大颈粗，体宽、胸腹深、腿短，体躯呈长方形，前躯高昂，尾羽稍上翘。公鸭有钩状性羽，两翼紧附于体躯，羽毛纯白略带奶油光泽。喙和皮肤橙黄色，胫、蹼为橘红色。性情温驯，易肥育，对各种饲养条件均表现较强的适应性。具体见图6-7。

图6-7　北京鸭

③ 生产性能。雏鸭成活率可达90%～95%，7周龄体重可达2 500 g，优良配套系杂交鸭体重在3 000 g以上。饲料消耗比3.5∶1左右，成年公鸭体重3 000～4 000 g，母鸭2 700～3 500 g。母鸭5～6月龄开始产蛋，年产蛋180～210个，蛋重90～100 g，蛋壳白色，种蛋受精率约90%，受精蛋孵化率约80%。

（2）天府肉鸭。

① 产地与分布。属肉用型品种，体型硕大丰满。天府肉鸭是四川农业大学家禽育种专家王林全教授利用引进种和地方良种的优良基因，应用现代家禽商业育种强化选择的原理，采用适度回交和基因引入技术，育成的遗传性能稳定、适应性和抗病力强的大型肉鸭商用配套品系。天府肉鸭已广泛分布于四川、云南等10多个省。

② 外貌特征。羽毛洁白，喙、胫、蹼呈橙黄色，母鸭随着产蛋日龄的增长，羽色颜色逐渐变浅，甚至出现黑斑。初生雏鸭绒毛呈黄色，分为白羽和麻羽两个品系。

具体见图6-8。

③生产性能。母本品系成年体重母鸭2 700~2 800 g、公鸭3 000~3 100 g；父母代成年体重公鸭3 200~3 300 g、母鸭2 800~2 900 g；商品代肉鸭28日龄活重1 600~1 860 g，料肉比（1.8~2.0）：1，35日龄活重2 200~2 370 g，料肉比（2.2~2.5）：1，49日龄活重3 000~3 200 g，料肉比（2.7~2.9）：1。开产日龄180~190 d，入舍母鸭年产合格种蛋230~250个，蛋重85~90 g，种蛋受精率达90%以上，受精蛋孵化率84%~88%。每只母鸭提供健雏数180~190只。

图6-8 天府肉鸭

(3) 靖西大麻鸭。

①产地与分布。原产于广西壮族自治区靖西市，中心产区为靖西市的新靖、地州、武平、壬庄、岳圩、化峒、湖润等乡镇，分布于靖西市内各乡镇，与靖西市毗邻的德保、那坡的部分乡村也有分布。

②外貌特征。成年公鸭羽毛艳丽，其头颈羽毛乌绿色，母鸭羽毛比较紧凑，全身羽毛褐麻色，眼睛上方有带状白羽（白眉）。刚出壳的雏鸭绒毛紫黑色，背部左右两侧各有两点对称的黄毛（四点鸭）。主要特性：体型硕大，躯干呈长方形，羽色分三类型，即深麻型（马鸭）、浅麻型（凤鸭）和黑白型（乌鸭）。头部羽色分别为乌绿色、细点黑白花、亮绿色，

图6-9 靖西大麻鸭

胫、蹼分别为橘红色或褐色、橘黄色、黑褐色。具体见图6-9。

③生产性能。靖西大麻鸭初生重48 g，成年体重公鸭为2.66 kg，母鸭为2.5 kg。雏鸭用配合饲料养70 d体重可达2.55 kg。90日龄公鸭半净膛率为84.08%，全净膛率为72.77%，母鸭半净膛率为80.21%，全净膛率为72.16%。靖西大麻鸭50%开产日龄148 d，72周龄产蛋数150个，平均蛋重81 g，蛋壳色青色、白色均有，蛋形指数1.4。在自然放牧、公母比例为1：（5~6）条件下，种蛋受精率为90%左右，受精蛋孵化率88%左右。

3. 蛋肉兼用型鸭品种

(1) 高邮鸭。

①产地与分布。原产于江苏省高邮市，属蛋肉兼用型品种，又称高邮麻鸭，高邮鸭是我国江淮地区良种，系全国三大名鸭之一。该鸭善潜水、耐粗饲、适应性强、蛋头大、蛋质好，且以善产双黄而久负盛名。高邮鸭蛋为食用之精品，口感极佳，其质地具有鲜、细、红、油、嫩、沙的特点，蛋白凝脂如玉，蛋黄红如朱砂。

② 外貌特征。母鸭全身羽毛褐色，有黑色细小斑点，如麻雀羽；主翼羽蓝黑色；喙豆黑色；虹彩深褐色；胫、蹼灰褐色，爪黑色。公鸭体型较大，背阔肩宽，胸深躯长呈长方形。头颈上半段羽毛为深孔雀绿色，背、腰、胸为褐色芦花毛，臀部黑色，腹部白色。喙青绿色，趾、蹼均为橘红色，爪黑色。具体见图6-10。

图6-10 高邮鸭

③ 生产性能。成年公鸭体重3~4 kg，母鸭2.5~3 kg。仔鸭放养2月龄体重达2.5 kg。母鸭180~210日龄开产，年产蛋169个左右，蛋重70~80 g，蛋壳呈白色或绿色。在放牧条件下，一般70日龄体重可达1.5 kg。采用配合饲料，50日龄平均体重达1.78 kg。高邮鸭耐粗杂食，觅食力强，适于放牧饲养，且生长发育快，易肥、肉质好。平均种蛋受精率90%以上，平均受精蛋孵化率85%。

(2) 连城白鸭。

① 产地与分布。原产地为福建省连城县，中心产区为莲峰、文亨、北团、四堡、塘前等乡镇，分布于连城县境内的17个乡镇，此外，江苏、四川、浙江也有分布。

② 外貌特征。连城白鸭公、母鸭外貌极为相似，体躯细长、紧凑，颈细长、胸浅窄、腰平直、腹钝圆且略下垂，躯干呈狭长形。全身羽毛紧贴，呈白色。头秀长；喙宽、前端稍扁平，呈黑色，部分公鸭喙呈青绿色。眼圆大、外突、形似青蛙眼。皮肤呈白色。胫、蹼均呈黑褐色，爪黑色。具体见图6-11。

图6-11 连城白鸭

③ 生产性能。成年鸭体重1.25~1.5 kg，年产蛋260~280个，平均蛋重55 g，开产日龄120 d左右。平均蛋形指数1.46，蛋壳白色，少数青色。料蛋比2.7∶1。平均种蛋受精率92%，平均受精蛋孵化率90%。

(3) 巢湖鸭。

① 产地与分布。原产地为安徽省巢湖市庐江县及周边的无为、居巢、肥东、肥西等县，中心产区为庐江县白湖、同大、白山、郭河、冶父山、盛桥、龙桥、矾山、金牛和柯坦等镇，也广泛分布于整个巢湖流域和长江中下游地区。

② 外貌特征。该品种具有体质健壮、行动敏捷、抗逆性和觅食能力强等特点，体型中等大小，体躯长方形，匀称紧凑。公鸭的头和颈上部羽色墨绿，有光泽，前胸和背腰部羽毛褐色，缀有黑色条斑，腹部白色，尾部黑色。喙黄绿色，虹彩褐色，胫、蹼橘红色，爪黑色。母鸭全身羽毛浅褐色，缀黑色细花纹，称浅麻细花；翼部有

蓝绿色镜羽；眼上方有白色或浅黄色的眉纹。具体见图6-12。

③生产性能。巢湖鸭初生重48～50 g；成年公鸭体重2.1～2.7 kg，母鸭1.9～2.4 kg。开产日龄为140～160 d，年产蛋160～180个，平均蛋重70 g，蛋壳有白色、青色两种，其中白色占87%。平均种蛋受精率92%。

图6-12 巢湖鸭

(4) 临武鸭。

①产地与分布。原产地为湖南省临武县，中心产区为临武县武源、武水、双溪、城关、南强、岚桥等乡镇，郴州市及广东粤北一带也有饲养。

②外貌特征。临武鸭体型较大，躯干较长，后躯比前躯发达，呈圆筒状。公鸭头颈上部和下部以棕褐色居多，也有呈绿色者，颈中部有白色颈圈，腹部羽毛为棕褐色，也有灰白色和土黄色。性羽2～3根。母鸭全身麻黄色或土黄色。喙和脚多呈黄褐色或橘黄色。具体见图6-13。

③生产性能。临武鸭初生重为42.67 g；成年体重公鸭为2.5～3 kg，母鸭为2～2.5 kg。半净膛率公鸭为85%，母鸭为

图6-13 临武鸭

87%，全净膛率公鸭为75%，母鸭为76%。开产日龄160 d，年产蛋180～220个，平均蛋重为67.4 g，壳乳白色居多，蛋形指数1.4。公、母鸭配种比例1：(20～25)，种蛋受精率约83%。

(三) 引入鸭品种

1. 蛋鸭品种 引入鸭品种中蛋鸭品种为咔叽·康贝尔鸭。

①产地与分布。属蛋用型品种，由印度跑鸭、法国鲁昂鸭和绿头野鸭杂交培育而成。

②外貌特征。体躯较高大，深长而结实。头部秀美，面部丰润，喙中等大，眼大而明亮。颈细长而直，背宽广、平直、长度中等。胸部饱满，腹部发育良好而不下垂。两翼紧贴体躯，两腿中等长，站距较宽。公鸭的头、颈、尾和翼肩部羽毛青铜色，其余羽毛深褐色；喙蓝色，胫、蹼深橘红色。母鸭的羽毛为

图6-14 咔叽·康贝尔鸭

暗褐色，头颈羽毛为稍深的黄褐色，喙绿色或浅黑色，翼黄褐色，胫、蹼的颜色与体躯相似。具体见图6-14。

③生产性能。60日龄公鸭平均体重1 820 g，母鸭1 580 g；成年公鸭平均体重

2 400 g，母鸭 2 300 g。其肉质鲜美，有野鸭肉的香味。母鸭平均开产日龄 130 d，72 周龄平均产蛋 280 个，平均蛋重 70 g，蛋壳白色。公、母鸭配种比例 1∶(15～20)，平均种蛋受精率 85%。公鸭利用年限 1 年；母鸭第 1 年较好，第 2 年生产性能明显下降。

2. 肉鸭品种

(1) 樱桃谷鸭。

① 产地与分布。属肉用型品种，原产于英国，是世界著名的瘦肉型鸭。

② 外貌特征。体型外貌与北京鸭极相似，属北京鸭型的大型肉鸭。樱桃谷鸭全身羽毛白色，头大额宽，颈粗短，背宽而长。从肩到尾倾斜，胸部宽而深，胸肌发达。喙橙黄色，胫、蹼都是橘红色。具体见图 6-15。

③ 生产性能。樱桃谷鸭具有生长快、瘦肉率高、净肉率高和饲料转化率高，以及抗病力强等优点。樱桃谷鸭成年体重公鸭 4 000～4 500 g，母鸭 3 500～4 000 g。白羽 L 系商品鸭 47 日龄体重 3 000 g，料肉比 3.0∶1，瘦肉率

图 6-15　樱桃谷鸭

达 70% 以上，胸肉率 23.6%～24.7%。父母代群母鸭性成熟期 26 周龄，年平均产蛋 210～220 个。

(2) 瘤头鸭。

① 产地与分布。属肉用型品种，原产于南美洲及中美洲热带地区。学名麝香鸭、疣鼻栖鸭。我国称番鸭或洋鸭。国外称火鸡鸭、蛮鸭或巴西鸭。

② 外貌特征。瘤头鸭体型硕大，前后窄、中间宽，呈纺锤状，站立时体躯与地面呈水平状态。喙短而窄，喙基部和头部两侧有红色或黑色皮瘤，不生长羽毛，公鸭的皮瘤较母鸭肥厚、发达。腿短而粗，蹼大而厚，脚爪呈钩状。胸腿肌发达。翅膀发达长达尾部，能短距离飞翔。尾狭长，羽色主要有白、黑两种三个类型。白羽型鸭羽色全为白色，其喙为粉红色，皮瘤暗红色，胫、蹼呈橘黄色，虹彩浅灰色。黑羽型鸭黑色羽毛带有墨绿色光泽，喙红色有黑斑，皮瘤黑呈深红色，胫、蹼黑色，虹彩浅黄色。花羽型鸭羽色中白羽、黑羽的比例较大，体型介于白羽型鸭和黑羽型鸭之间。具体见图 6-16。

③ 生产性能。成年公鸭体重 3 500～4 000 g，母鸭 2 000～2 500 g。公鸭全净膛率 76.3%，母鸭 77%；公鸭胸腿肌占全净膛屠体重的比率为 29.63%，母鸭 29.74%。肌肉蛋白质含量达 33%～34%。母鸭开产日龄 6～9 月龄，一般年产蛋量

白羽

黑羽

图 6-16　瘤头鸭

为80～120个，高产可达150～160个，蛋重70～80 g。蛋壳玉白色，蛋形指数1.38～1.42。公、母鸭配种比例1：(6～8)，种蛋受精率85%～94%，受精蛋孵化率80%～85%，种公鸭利用年限1～1.5年。

三、鹅品种介绍

目前，我国现有鹅品种30个，主要分为白羽和灰羽两类，按体重分为大型、中型和小型三种类型。其中成年母鹅体重达6 kg以上的为大型鹅种，我国仅有狮头鹅；中型鹅成年母鹅体重在4～6 kg，如皖西白鹅、雁鹅等；成年母鹅体重在4 kg以下为小型鹅，如太湖鹅、豁眼鹅、籽鹅等。与鸭资源分布类似，我国的鹅资源也主要分布于长江流域及以南地区。

鹅品种

1. 大型鹅品种 我国的大型鹅种仅有狮头鹅。

（1）产地与分布。是我国唯一的大型鹅种，因前额和颊侧肉瘤发达呈狮头状而得名。狮头鹅原产于广东省饶平县溪楼村，现中心产区位于澄海区和汕头市郊。在北京、上海、黑龙江、广西、陕西等20多个省、自治区、直辖市均有分布。

（2）外貌特征。体型硕大，体躯呈方形。头部前额肉瘤发达，覆盖于喙上，颌下发达的咽袋一直延伸到颈部，呈三角形。喙短，质坚实，黑色，眼皮突出，多呈黄色，虹彩褐色，胫粗、蹼宽，为橙红色，有黑斑，皮肤米色或乳白色，体内侧有皮肤皱褶。全身背面羽毛、前胸羽毛及翼羽为棕褐色，由头顶至颈部的背面形成如鬃状的深褐色羽毛带，全身腹部的羽毛白色或灰色。具体见图6-17。

图6-17 狮头鹅

（3）生产性能。成年公鹅体重8 850 g，母鹅为7 860 g。在放牧条件下，公鹅初生重134 g，母鹅133 g；30日龄公鹅体重2 249 g，母鹅2 063 g；60日龄公鹅体重5 550 g，母鹅5 115 g；70～90日龄上市未经肥育的仔鹅，公鹅平均体重6 180 g，母鹅5 510 g，公鹅半净膛率81.9%，母鹅为84.2%，公鹅全净膛率71.9%，母鹅为72.4%。狮头鹅平均肝重600 g，最大肥肝可达1 400 g，肥肝占屠体重13%，料肝比为40：1。母鹅开产日龄为160～180 d，第1个产蛋年产蛋量为24个，平均蛋重176 g，蛋壳乳白色，蛋形指数为1.48。2岁以上母鹅，平均产蛋量28个，平均蛋重217.2 g，蛋形指数1.53。种公鹅配种一般都在200日龄以上，公、母鹅配种比例1：(5～6)。鹅群在水中进行自然交配，种蛋受精率70%～80%，受精蛋孵化率80%～90%，母鹅就巢性强，每产完一期蛋就巢1次，全年就巢3～4次。母鹅可连续使用5～6年。在正常饲养条件下，30日龄雏鹅成活率可达95%以上。

2. 中型鹅品种

（1）皖西白鹅。

① 产地与分布。中心产区位于安徽省西部丘陵山区和河南省固始县一带，主要

分布皖西的霍邱、寿县、六安、肥西、舒城、长丰等县以及河南的固始等县。

② 外貌特征。体型中等，体态高昂，气质英武，颈长，呈弓形，胸深广，背宽平。全身羽毛洁白，头顶肉瘤呈橘黄色，圆而光滑无皱褶，喙橘黄色，喙端色较淡，虹彩灰蓝色，胫、蹼橘红色，爪白色，约6%的鹅颔下带有咽袋。少数个体头颈后部有球形羽束。公鹅肉瘤大而突出，颈粗长有力，母鹅颈较细短，腹部轻微下垂。具体见图6-18。

图6-18 皖西白鹅

③ 生产性能。初生重90 g左右，30日龄仔鹅体重可达1 500 g以上，60日龄体重达3 000～3 500 g，90日龄达4 500 g左右，成年公鹅体重6 120 g，母鹅5 560 g。8月龄放牧饲养且不催肥的鹅，其半净膛率和全净膛率分别为79.0%和72.8%。皖西白鹅羽绒质量好，尤其以绒毛的绒朵大而著称。平均每只鹅产羽毛349 g，其中羽绒量40～50 g。母鹅开产日龄一般为6月龄，一般母鹅年产2期蛋，年产蛋量25个左右，3%～4%的母鹅可连产蛋30～50个。平均蛋重142 g，蛋壳白色，蛋形指数1.47。公、母鹅配种比例1∶(4～5)。种蛋受精率平均为88.7%。受精蛋孵化率为91.1%，健雏率97.0%。平均30日龄仔鹅成活率高达96.8%。母鹅就巢性强，一般年产2期蛋，每产1期，就巢1次，有就巢性的母鹅占98.9%，其中1年就巢2次的占92.1%。公鹅利用年限3～4年或更长，母鹅4～5年，优良者可利用7～8年。

(2) 四川白鹅。

① 产地与分布。中心产区位于四川省温江、乐山、宜宾、永川和达县等地，分布于江安县、长宁县、翠屏区、高县和兴文县等平坝和丘陵水稻产区。

② 外貌特征。体形稍细长，头中等大小，躯干呈圆筒形，全身羽毛洁白，喙、胫、蹼橘红色，虹彩蓝灰色。公鹅体型稍大，头颈较粗，额部有一呈半圆形的橘红色肉瘤；母鹅头清秀，颈细长，肉瘤不明显。具体见图6-19。

③ 生产性能。初生雏鹅体重为71.10 g，60日龄体重2 476 g。6月龄公鹅半净膛率86.28%、母鹅80.69%，6月龄公鹅全净膛率79.27%、母鹅73.10%。经填肥，肥肝平均重344 g，最大可达520 g，料肝比42∶1。

图6-19 四川白鹅

母鹅开产日龄200～240 d，年平均产蛋量60～80个，平均蛋重146 g，蛋壳白色。公鹅性成熟期为180 d左右，公、母鹅配种比例1∶(3～4)，种蛋受精率85%以上，受精蛋孵化率为84%左右，母鹅无就巢性。

(3) 浙东白鹅。

① 产地与分布。中心产区位于浙江省东部的奉化、象山、定海等地,分布于鄞州区、绍兴、余姚、上虞、嵊州市、新昌等县市。

② 外貌特征。体型中等,体躯长方形,全身羽毛洁白,约有15%的个体在头部和背侧夹杂少量斑点状灰褐色羽毛。额上方肉瘤高突,呈半球形,随年龄增长,突起变得更加明显。无咽袋、颈细长。喙、胫、蹼幼年时呈橘黄色,成年后变橘红色,肉瘤颜色较喙色略浅,眼睑金黄色,虹彩灰蓝色。成年公鹅体型高大雄伟,肉瘤高突,鸣声洪亮,好斗逐人;成年母鹅腹宽而下垂,肉瘤较低,鸣声低沉,性情温驯。具体见图6-20。

图 6-20 浙东白鹅

③ 生产性能。初生重105 g,30日龄体重1 315 g,60日龄体重3 509 g,75日龄体重3 773 g。70日龄仔鹅屠宰率测定,半净膛率和全净膛率分别为81.1%和72.0%。经填肥后,肥肝平均重392 g,最大肥肝600 g,料肝比为44∶1。母鹅开产日龄一般在150 d,一般每年有4个产蛋期,每期产蛋8~13个,1年可产40个左右。平均蛋重149 g。蛋壳白色。公鹅4月龄开始性成熟,初配年龄160日龄,公、母鹅配种比例1∶10,多的达1∶15。种蛋受精率90%以上,受精蛋孵化率达90%左右。公鹅利用年限3~5年,以第2、3年为最佳时期。绝大多数母鹅都有较强的就巢性,每年就巢3~5次,一般连续产蛋9~11个后就巢1次。

(4) 雁鹅。

① 产地与分布。原产于安徽省西部的六安地区,主要是霍邱、寿县、六安、舒城、肥西以及河南省的固始等县。分布于安徽省各地和江苏省的镇宁丘陵山区。原产地的雁鹅后来逐渐向东南移,现在安徽的宣城、郎溪、广德一带和江苏西南的丘陵地区形成了新的饲养中心。在江苏分布区,人们通常称雁鹅为"灰色四季鹅"。

② 外貌特征。体型中等,体质结实,全身羽毛紧贴。头部圆形略方,头上有黑色肉瘤,质地柔软,呈桃形或半球形向上方突出。眼睑为黑色或灰黑色,眼球黑色,虹彩灰蓝色,喙黑色、扁阔,胫、蹼为橘黄色,爪黑色。颈细长,胸深广,背宽平,腹下有皱褶。皮肤多数为黄白色。成年鹅羽毛呈灰褐色和深褐色,颈的背侧有一条明显的灰褐色羽带,体躯的羽毛从上往下由深渐浅,至腹部为灰白色或白色。除腹部白色羽外,背、翼、肩及腿羽皆为银边羽,排列整齐。肉瘤的边缘和喙的基部大部分有半圈白羽。雏鹅全身羽绒呈墨绿色或棕褐色,喙、胫、

图 6-21 雁 鹅

蹼均呈灰黑色。具体见图6-21。

③生产性能。一般公鹅初生重109.3 g，母鹅106.2 g，30日龄公鹅体重791.5 g，母鹅809.9 g。60日龄公鹅体重2 437 g，母鹅2 170 g，90日龄公鹅体重3 947 g、母鹅3 462 g，120日龄公鹅体重4 513 g，母鹅3 955 g，成年公鹅体重6 020 g，母鹅4 775 g。成年公鹅半净膛率、全净膛率分别为86.1%和72.6%，母鹅半净膛率、全净膛率分别为83.8%和65.3%。母鹅一般在8~9月龄开产，母鹅年产蛋一般为25~35个，第1个产蛋期产蛋12~15个，第2、3个产蛋期产蛋8~20个。年产蛋量、蛋重比前3年逐渐增加。平均蛋重150 g。蛋壳白色，蛋壳厚度0.60 mm，蛋形指数1.51。公鹅4~5月龄有配种能力，公、母鹅配种比例1:5。种蛋受精率85%以上，受精蛋孵化率为70%~80%。雏鹅30日龄成活率在90%以上。母鹅就巢性强，就巢率达83%，一般每年就巢2~3次。公鹅利用年限2年，母鹅则为3年。

(5) 溆浦鹅。

①产地与分布。产于湖南省沅江支流溆水两岸。中心产区位于溆浦县新坪、马田坪、水车、仲夏、麻阳苗族自治县、桐水溪、大湾等地，分布在溆浦全县及怀化地区各县、市，在隆回、洞口、新化、安化等县也有分布。

②外貌特征。体型高大，体躯稍长，呈长圆柱形。公鹅头颈高昂，直立雄壮，叫声清脆洪亮，护群性强。母鹅体型稍小，性情温驯、觅食力强，产蛋期间后躯丰满，呈卵圆形。毛色主要有白色、灰色两种，以白色居多。灰鹅颈、背、尾灰褐色，腹部为白色；皮肤浅黄色，眼睛明亮有神，眼睑黄白，虹彩灰蓝色；胫、蹼都是橘红色；喙黑色；肉瘤突起，呈灰黑色，表面光滑。白鹅全身羽毛白色，喙、肉瘤、胫、蹼都呈橘黄色；皮肤浅黄色，眼睑黄色，虹彩灰蓝色。该品种母鹅后躯丰满，腹部下垂，有腹褶。有20%左右的个体头顶有顶心毛。具体见图6-22。

图6-22 溆浦鹅

③生产性能。溆浦鹅初生重122 g，30日龄体重1 539 g，60日龄体重3 152 g，90日龄体重4 421 g，180日龄体重公鹅5 890 g、母鹅5 330 g。6月龄肉鹅半净膛率公、母鹅分别为88.6%和87.3%；全净膛率公、母鹅分别为80.7%和79.9%。溆浦鹅产肝性能良好，成年鹅填饲3周，肥肝平均重为627 g，最大肥肝重1 330 g。母鹅7月龄左右开产，一般年产蛋30个左右。产蛋季节集中在秋末和初春两期，即当年的9月、10月和次年的2月、3月。每期可产蛋8~12个，一般年产2~3期，高产者有4期。平均蛋重212.5 g。蛋壳以白色居多，少数为淡青色。蛋壳厚度0.62 mm，蛋形指数1.28。公鹅6月龄具有配种能力。公、母鹅配种比例1:(3~5)。种蛋受精率97.4%，受精蛋孵化率93.5%。公鹅利用年限3~5年，母鹅5~7年。雏鹅30日龄成活率为85%。母鹅就巢性强，一般为每年就巢2~3次，多的达5次。

(6) 马岗鹅。

① 产地与分布。产于广东省开平市。分布于佛山、肇庆地区各县。该鹅是用 1925 年自外地引入的公鹅与阳江鹅母鹅杂交，经在当地长期选育形成的品种，具有早熟易肥的特点。

② 外貌特征。具有乌头、乌颈、乌背、乌脚等特征。公鹅体型较大，头大、颈粗、胸宽、背阔；母鹅体躯如瓦筒形，羽毛紧贴，背、翼、基羽均为黑色，胸、腹羽淡白色。初生雏鹅绒羽呈墨绿色，腹部为黄白色，胫、喙呈黑色。具体见图 6-23。

图 6-23 马岗鹅

③ 生产性能。成年公鹅体重 5 000～5 500 g，成年母鹅体重 4 500～5 000 g，60 日龄仔鹅重 3 000 g。全净膛率 73%～76%，半净膛率 85%～88%。母鹅开产日龄 150 d 左右，年产蛋量 35 个，平均蛋重 160 g，蛋壳白色。公、母鹅配种比例 1:(5～6)。利用年限 5～6 年。母鹅就巢性较强，每年 3～4 次。

3. 小型鹅品种

(1) 太湖鹅。

① 产地与分布。原产于江、浙两省沿太湖的县、市，现遍布江苏、浙江、上海，在东北、河北、湖南、湖北、江西、安徽、广东、广西等地均有分布。

② 外貌特征。体型较小，全身羽毛洁白，体质细致紧凑。体态高昂，肉瘤姜黄色、发达、圆而光滑，颈长、呈弓形，无肉垂，眼睑淡黄色，虹彩灰蓝色，喙、跖、蹼呈橘红色，爪白色。公鹅喙较短，约 6.5 cm，性情温顺，叫声低，肉瘤小。具体见图 6-24。

③ 生产性能。成年公鹅体重 4 330 g，母鹅 3 230 g，体斜长分别为 30.4 cm 和 27.41 cm，龙骨长分别为 16.6 cm 和

图 6-24 太湖鹅

14.0 cm。太湖鹅雏鹅初生重为 91.2 g，70 日龄上市体重为 2 320 g，棚内饲养则可达 3 080 g。成年公鹅的半净膛率和全净膛率分别为 84.9% 和 75.6%，母鹅则分别为 79.2% 和 68.8%。太湖鹅经填饲，平均肝重为 251～313 g，最大达 638 g。母鹅性成熟较早，160 日龄即可开产，1 个产蛋期（当年 9 月至次年 6 月）每只母鹅平均产蛋 60 个，高产鹅群达 80～90 个，高产个体达 123 个。平均蛋重 135 g，蛋壳色泽较一致，几乎全为白色，蛋形指数为 1.44。公、母鹅配种比例 1:(6～7)。种蛋受精率可达 90% 以上，受精蛋孵化率可达 85% 以上。母鹅就巢性弱，鹅群中约有 10% 的个体有就巢性，但就巢时间短。70 日龄肉用仔鹅平均成活率 92% 以上。

（2）豁眼鹅。

① 产地与分布。又称豁鹅，因其上眼睑边缘后上方豁而得名。原产于山东莱阳地区，因集中产区地处五龙河流域，故曾用名五龙鹅。中心产区莱阳建有原种选育场。由于历史上曾有大批的山东居民移居东北时将这种鹅带往东北，因而东北三省现已是豁眼鹅的分布区，以辽宁昌图饲养最多，俗称昌图豁鹅，在吉林通化地区，此鹅被称为疤癞眼鹅。近年来，该品种在新疆、广西、内蒙古、福建、安徽、湖北等地均有分布。

② 外貌特征。体型轻小紧凑，全身羽毛洁白。喙、胫、蹼均为橘黄色，成年鹅有橘黄色肉瘤。眼三角形，眼睑淡黄色，两眼上眼睑处均有明显的豁口，此为该品种独有的特征。虹彩蓝灰色。头较小，颈细稍长。公鹅体躯较短，呈椭圆形，有雄相。母鹅体躯稍长，呈长方形。山东的豁眼鹅有咽袋，腹褶者少数，有者也较小，东北三省的豁眼鹅多有咽袋和较深的腹褶。豁眼鹅雏鹅，绒毛黄色，腹下毛色较淡。具体见图6-25。

图6-25　豁眼鹅

③ 生产性能。公鹅初生重70～78 g，母鹅68～79 g；60日龄公鹅体重1 388～1 480 g，母鹅884～1 523 g；90日龄公鹅体重1 906～2 469 g，母鹅1 780～1 883 g；成年公鹅平均体重3 720～4 440 g，母鹅3 120～3 820 g。屠宰活重3 250～4 510 g的公鹅，半净膛率78.3%～81.2%，全净膛率70.3%～72.6%；活重2 860～3 700 g的母鹅，半净膛率为75.6%～81.2%，全净膛率69.3%～71.2%。仔鹅填饲后，肥肝平均重324.6 g，最大515 g，料肝比41.3∶1。母鹅一般在210～240日龄开始产蛋，年平均产蛋80个，在半放牧条件下，年平均产蛋100个以上；饲养条件较好时，年产蛋120～130个。最高产蛋记录180～200个，平均蛋重120～130 g，蛋壳白色，蛋壳厚度0.45～0.51 mm，蛋形指数1.41～1.48。公、母鹅配种比例1∶（5～7），种蛋受精率85%左右，受精蛋孵化率80%～85%。4周龄、5～30周龄、31～80周龄成活率分别为92%、95%和95%。母鹅利用年限3年。

（3）籽鹅。

① 产地与分布。中心产区位于黑龙江省绥北和松花江地区，其中心肇东、肇源、肇州等县最多，黑龙江全省均有分布。该鹅种因产蛋多而称为籽鹅，且具有耐寒、耐粗饲和产蛋能力强的特点。

② 外貌特征。体型较小，紧凑，略呈长圆形。羽毛白色，一般头顶有缨，又叫顶心毛，颈细长，肉瘤较小，颌下偶有咽袋，但较小。喙、胫、蹼皆为橙黄色，虹彩为蓝灰色。腹部一般不下垂。具体见图6-26。

图6-26　籽　鹅

③ 生产性能。初生公雏体重 89 g，母雏 85 g；56 日龄公鹅体重 2 958 g，母鹅 2 575 g；70 日龄公鹅体重 3 275 g，母鹅 2 860 g；成年公鹅体重 4 000~4 500 g，母鹅 3 000~3 500 g。70 日龄公、母鹅半净膛率分别为 78.02% 和 80.19%，全净膛率分别为 69.47% 和 71.30%，胸肌率分别为 11.27% 和 12.39%，腿肌率分别为 21.93% 和 20.87%，腹脂率分别为 0.34% 和 0.38%；24 周龄公、母鹅半净膛率分别为 83.15% 和 82.91%，全净膛率分别为 78.15% 和 79.60%，胸肌率分别为 19.20% 和 19.67%，腿肌率分别为 21.30% 和 18.99%，腹脂率分别为 1.56% 和 4.25%。母鹅开产日龄为 180~210 d，一般年产蛋在 100 个以上，多的可达 180 个，蛋重平均 131.1 g，最大 153 g。蛋形指数为 1.43。公、母鹅配种比例 1:(5~7)，喜欢在水中配种，种蛋受精率在 90% 以上，受精蛋孵化率平均在 90% 以上，高的可达 98%。

(4) 伊犁鹅。

① 产地与分布。又称塔城飞鹅、雁鹅。中心产区位于新疆维吾尔自治区伊犁哈萨克自治州各直属县、市，分布于新疆西北部的各州及博尔塔拉蒙古族自治州一带。

② 外貌特征。体型中等，与灰雁非常相似，颈较短，胸宽广而突出，体躯呈水平状态，扁椭圆形，腿粗短。头部平顶，无肉瘤突起。颌下无咽袋。雏鹅上体黄褐色，两侧黄色，腹下淡黄色，眼灰黑色，喙黄褐色，胫、趾、蹼均为橘红色，喙豆乳白色。成年鹅喙象牙色，胫、蹼、趾肉红色，虹彩蓝灰色。羽毛可分为灰、花、白 3 种颜色，翼尾较长。灰鹅头、颈、背、腰等部位羽毛灰褐色；胸、腹、尾下灰白色，并缀以深褐色小斑；喙基周围有一条狭窄的白色羽环；体躯两侧及背部，深浅褐色相衔接，形成状似覆瓦的波状横带；尾羽褐色，羽端白色。最外侧两对尾羽白色。花鹅羽毛灰白相间，头、背、翼等部位灰褐色，其他部位白色，常见在颈肩部出现白色羽环。白鹅全身羽毛白色。具体见图 6-27。

图 6-27 伊犁鹅

③ 生产性能。放牧饲养条件下，公、母鹅 30 日龄体重分别为 1 380 g 和 1 230 g，60 日龄体重分别为 3 030 g 和 2 770 g，90 日龄体重分别为 3 410 和 2 967 g，120 日龄体重分别为 3 690 g 和 3 440 g。8 月龄肥育 15 d 的肉鹅屠宰率，平均活重 3 810 g，半净膛率和全净膛率分别为 83.6% 和 75.5%。平均每只鹅可产羽绒 240 g。母鹅一般每年只有一个产蛋期，出现在 3—4 月间，也有鹅分春秋两季产蛋。全年可产蛋 5~24 个，平均年产蛋量为 10.1 个，平均蛋重 156.9 g，蛋壳乳白色，蛋壳厚度 0.60 mm，蛋形指数 1.48。公、母鹅配种比例 1:(2~4)。种蛋平均受精率为 83.1%，受精蛋孵化率为 81.9%。母鹅有就巢性，一般每年 1 次，发生在春季产蛋结束后。30 日龄成活率 84.7%。

(5) 阳江鹅。

① 产地与分布。中心产区位于广东省湛江地区阳江市。分布于邻近的阳春、电白、恩平、台山等地，在江门、韶关、湛江等地及广西壮族自治区也有分布。

② 外貌特征。体型中等、行动敏捷。母鹅头细颈长，躯干略似瓦筒形，性情温顺；公鹅头大颈粗，躯干略呈船底形，雄性特征明显。从头部经颈向后延伸至背部，有一条宽 1.5～2.0 cm 的深色毛带，故又称黄鬃鹅。在胸部、背部、翼尾和两小腿外侧为灰色毛，毛边缘都有宽 0.1 cm 的白色银边羽。从胸两侧到尾椎，有条葫芦形的灰色毛带。除上述部位外，均为白色羽毛。在鹅群中，灰色羽毛又分黑灰、黄灰、白灰等几种。喙、肉瘤黑色，胫、蹼为黄色、黄褐色或黑灰色。具体见图 6-28。

图 6-28 阳江鹅

③ 生产性能。成年公鹅体重 4 200～4 500 g，母鹅 3 600～3 900 g，70～80 日龄仔鹅体重 3 000～3 500 g。饲养条件好，70～80 日龄体重可达 5 000 g。70 日龄肉用仔鹅公、母鹅半净膛率分别为 83.4% 和 83.8%。阳江鹅性成熟期早，公鹅 70～80 日龄就有爬跨行为，配种适龄为 160～180 d。母鹅开产日龄为 150～160 d，一年产蛋 4 期，平均每年产蛋量 26～30 个。采用人工孵化后，年产蛋量可达 45 个。平均蛋重 145 g。蛋壳白色，少数为浅绿色。公、母鹅配种比例 1:(5～6)，种蛋受精率 84%，受精蛋孵化率为 91%。成活率 90% 以上。公、母鹅均可利用 5～6 年。母鹅就巢性强，每年平均就巢 4 次。

4. 引入鹅品种

(1) 莱茵鹅。

① 产地与分布。原产于德国莱茵州，是欧洲产蛋量最高的鹅种，现广泛分布于欧洲各国。我国江苏省南京市畜牧兽医站种鹅场于 1989 年从法国引进莱茵鹅，在江苏兴化、高邮、金湖、洪泽、丹徒、建湖、六合、江浦、江宁、金坛、丹阳等县市均有分布。

② 外貌特征。体型中等偏小。初生雏背面羽毛为灰褐色，从 2 周龄到 6 周龄，逐渐转变为白色，成年时全身羽毛洁白。喙、胫、蹼呈橘黄色。头上无肉瘤，颈粗短。具体见图 6-29。

③ 生产性能。成年公鹅体重 5 000～6 000 g，母鹅 4 500～5 000 g。仔鹅 8 周龄活重可达 4 200～4 300 g，料肉比为 (2.5～3.0):1，莱茵鹅能适应大群舍饲，是理想的肉用鹅种。但产肝性能较差，平均肝重为 276 g。母鹅开产日龄为 210～240 d，年产蛋量为 50～60 个，平均蛋重 150～190 g。公、母鹅配种比例 1:(3～4)，种蛋平均受精率 74.9%，受精蛋孵化率 80%～85%。

图 6-29 莱茵鹅

(2) 朗德鹅。

① 产地与分布。又称西南灰鹅，原产于法国西南部靠比斯开湾的朗德省，是世界著名的肥肝专用品种。

② 外貌特征。毛色灰褐，颈、背部的毛色都接近黑色，胸部毛色较浅，呈银灰色，至腹下部则呈白色。也有部分白羽个体或灰白杂色个体。通常情况下，灰羽的羽毛较松，白羽的羽毛紧贴，喙橘黄色，胫、蹼为肉色。灰羽在喙尖部有一浅色部分。具体见图6-30。

③ 生产性能。成年公鹅体重7 000～8 000 g，成年母鹅体重6 000～7 000 g。8周龄仔鹅活重可达4 500 g左右。肉用仔鹅经填肥后，活重达到10 000～11 000 g，肥

图6-30　朗德鹅

肝重量达700～800 g。朗德鹅对人工拔毛耐受性强，羽绒产量在每年拔毛2次的情况下可达350～450 g。朗德鹅性成熟期约180 d，母鹅一般在2～6月龄产蛋，年平均产蛋35～40个，平均蛋重180～200 g。种蛋受精率不高，仅65%左右，母鹅有较强的就巢性。

(3) 埃姆登鹅。

① 产地与分布。原产于德国西部的埃姆登城附近。19世纪，经过选育和杂交改良，曾引入英国和荷兰白鹅的血统，体型变大，台湾地区已引种。

② 外貌特征。全身羽毛纯白色，着生紧密，头大呈椭圆形，眼鲜蓝色，喙短粗，橙色有光泽，颈长略呈弓形，颌下有咽袋。体躯宽长，胸部光滑看不到龙骨突出，腿部粗短，呈深橙色。其腹部有一双皱襞下垂。尾部较背线稍高，站立时身体姿势与地面成30°～40°。雏鹅全身绒毛为黄色，但在背部及头部有不等量的灰色绒毛。在换羽前，一般可根据绒羽的颜色来鉴别公母，公雏鹅绒毛上的灰色部分比母雏鹅的浅些。具体见图6-31。

图6-31　埃姆登鹅

③ 生产性能。60日龄仔鹅体重3 500 g，成年公鹅体重9 000～15 000 g，母鹅8 000～10 000 g。肥育性能好，肉质佳，用于生产优质鹅油和肉。羽绒洁白丰厚，活体拔毛，羽绒产量高。母鹅10月龄左右开产，年平均产蛋10～30个，蛋重160～200 g，蛋壳坚厚，呈白色。公、母鹅配种比例1：(3～4)。母鹅就巢性强。

(4) 图卢兹鹅。

① 产地与分布。又称茜蒙鹅，是世界上体型最大的鹅种，19世纪初由灰雁驯化

选育而成。原产于法国南部的图卢兹市郊区，主要分布于法国西南部。后传入英国、美国等欧美国家。

② 外貌特征。体型大，羽毛丰满，具有重型鹅的特征。头大、喙尖、颈粗，中等长度，体躯呈水平状态，胸部宽深，腿短而粗。颌下有皮肤下垂形成的咽袋，腹下有腹褶，咽袋与腹褶均发达。羽毛灰色，着生蓬松，头部灰色，颈背深灰，胸部浅灰，腹部白色。翼部羽深灰色带浅色镶边，尾羽灰白色。喙橘黄色，腿橘红色。眼深褐色或红褐色。具体见图 6-32。

③ 生产性能。60 日龄仔鹅平均体重为 3 900 g，成年公鹅体重 12 000~14 000 g，

图 6-32 图卢兹鹅

母鹅 9 000~10 000 g。产肉多，但肌肉纤维较粗，肉质欠佳。易沉积脂肪，用于生产肥肝和鹅油，强制填肥每只鹅平均肥肝重可达 1 000 g 以上，最大肥肝重达 1 800 g。母鹅开产日龄为 305 d，年产蛋量 30~40 个，平均蛋重 170~200 g，蛋壳呈乳白色。公鹅性欲较强，有 22% 的公鹅和 40% 的母鹅是单配偶，受精率低，仅 65%~75%，公、母鹅配种比例 1∶(1~2)，1 只母鹅一年只能繁殖 10 多只雏鹅。就巢性不强，平均就巢数量约占全群的 20%。

1. 水禽主要经济性状及选择方法有哪些？
2. 说一说我国地方水禽品种的分类及分布。
3. 查阅资料比较分析一下国内外鹅种的区别。

任务二　蛋鸭的饲养管理

蛋鸭饲养管理主要围绕育雏、育成、产蛋等不同生长发育阶段，重点做好养殖环境、养殖方式、营养调控等方面的管理工作。

一、雏鸭的饲养管理

1. 雏鸭生理特点　雏鸭是指 0~28 日龄的育雏阶段的幼鸭。雏鸭的培育目标是通过精心的饲养管理，使其逐步适应外界环境条件，健康地生长发育，保持良好的体质和较高的成活率，为将来的育成鸭和产蛋鸭（或种鸭）打下良好的基础。雏鸭的主要生理特点包括：

（1）怕冷。雏鸭刚刚孵出之后十分娇嫩，全身绒毛稀少，自身调节体温能力差，对外界环境条件适应能力较差，而对温度的变化很敏感，需要人工保温。

(2) 消化能力差。雏鸭消化器官不健全，容积小，消化机能尚不健全，要有一个逐步锻炼的过程，应喂给易消化、营养全价的饲料。

(3) 对环境的适应能力差。刚出壳的雏鸭体型小，娇嫩，对外界陌生的环境需要一个逐步适应的过程。

(4) 生长迅速。雏鸭早期生长发育比较快，在育雏阶段应喂给蛋白质含量较高的全价饲料，以满足生长发育的需求。

(5) 抗病力弱。易生病死亡，需要特别注意卫生防疫工作。

2. 育雏准备工作

(1) 育雏季节选择。采用关养或圈养方式的，原则上一年四季均可饲养，但最好避开盛夏或严冬进入产蛋高峰期；而全期或部分靠放牧觅食的，就要根据自然条件和农田茬口来安排育雏的最佳时期，这不仅关系到雏鸭成活率的高低，还影响饲养成本和经济效益的大小。我国北方饲养蛋用鸭有较强的季节性。根据饲养的目的和自然条件，选择合适的季节，采用相应的育雏技术。

① 春鸭。从春分到立夏，甚至到小满之间饲养的雏鸭都称为春鸭，而清明至谷雨前饲养的春鸭为早春鸭。这个时期育雏要注意保温，育雏期一过，天气日趋变暖，自然饲料丰富，又正值春耕播种阶段，放牧场地很多，雏鸭生长快，省饲料，产蛋早，开产以后会很快达到产蛋高峰。但春鸭御寒能力差，饲养不当会导致母鸭疲劳，若气候骤变，一遇寒流就容易停产。如将春鸭作为种鸭，要饲养到第 2 年春季才能留蛋，比秋鸭作种需消耗较多的饲料。故饲养春鸭一般都作为商品蛋鸭或一般的菜鸭上市，很少留作种用。

② 夏鸭。从芒种至立秋前饲养的雏鸭称为夏鸭。这个时期气温高，雨水多，气候潮湿，农作物生长旺盛，雏鸭育雏期短，不需要什么保温，可节省育雏保温费用。6 月上、中旬饲养的夏鸭，早期可以放牧秧稻田，帮助稻田耕锄草，同时充分利用早稻收割后的落谷，可节省部分饲料，而且开产早，进入冬季即可达到产蛋高峰，当年可产生效益。但是，夏鸭的饲养前期气温高，多雨闷热，气候条件不适合雏鸭的生理需要，管理也较困难，要注意防潮湿、防暑和防病工作。

③ 秋鸭。从立秋至白露饲养的雏鸭称为秋鸭。此期秋高气爽，气温由高到低逐渐下降，正适合雏鸭从小到大对外界温度的生理需要，是育雏的好季节。如将秋鸭留种，产蛋高峰期正遇上春孵期，种蛋价格高；如作为蛋鸭饲养，开产以后产蛋持续期长，只要有一定的饲养经验，产蛋期可以一直保持到第 2 年底。但是，秋鸭的育成期正值寒冬，气温低，日照短，后期天然饲料少，因此要注意防寒和适当补料。过了冬天，日照逐渐变长，对促进性成熟有利，但仍然要注意光照的补充，促进早开产，开产后的种蛋可提供一年生产用的雏鸭。我国长江中下游大部分地区都用秋鸭作为种鸭。

(2) 育雏室与育雏人员的准备。育雏室要求保温良好，环境安静。对育雏室的场地、保温供温设施、下水道进行检修，准备好充足的料槽和饮水器。墙壁、地面、室内空间、食槽、饮水器等均应严格消毒。在雏鸭进舍前 2~3 d，对育雏室进行加热试温，使室内的温度能保持在 30~32 ℃。根据育雏的日期和数量，配备好饲养员。饲养员要求有一定的育雏经验，工作责任心要强。

(3) 育雏饲料与垫料的准备。准备好足够的饲料和垫料，备好常用药品、药械和疫苗。

3. 育雏饲养方式

(1) 地面育雏。是指在育雏室地面铺垫一层清洁干燥、切短的稻草或木屑，雏龄越小垫草越厚（一般 6~7 cm），雏鸭直接放在上面培育，采食、饮水区不铺垫草。这种育雏方式，设备简单，投资省，积肥好，无论条件好坏，均可采用。但采用这种方式育雏，房舍的利用率低，且雏鸭直接与粪便接触，羽毛较脏，易感染疾病。平时应把垫草抖一抖，使粪便下沉底层，并定期更换垫草，保持垫草清洁干燥。

(2) 网上育雏。是指在育雏舍内设置离地面 30~80 cm 高的金属网、塑料网或竹木栅条，将雏鸭饲养在网上，粪便由网眼或栅条的缝隙落到地面上。这种方式雏鸭不与地面接触，感染疾病机会减少了；不用垫草，节约劳力；温度比地面稍高，容易满足雏鸭对温度的要求，节约燃料，且成活率高；房舍的利用率比地面饲养增加 1 倍以上。缺点是一次性投资较大。

(3) 立体笼育。是指将雏鸭饲养在特制的多层金属笼或竹木笼内。这种育雏方式比平面育雏更能有效地利用房舍和热量，可提高单位面积的饲养量，有利于防疫卫生，提高育雏成活率，可以节省燃料，同时可提高劳动生产率，节约垫料，便于集约化。缺点是投资较大。

4. 育雏供热方式

(1) 自温育雏。利用竹条或稻草编成的箩筐，或利用木盆、木桶、纸盒等作为育雏用具，内铺垫草，依靠雏鸭自身的热量来保持温度，并通过增加或减少覆盖物来调节温度。此法设备简单、经济，但温度很难掌握，管理麻烦，一般只适用于小规模饲养的夏鸭和秋鸭，而不适合养早春鸭。应用此法育雏时，其覆盖物要留有通气孔，不能盖得太严密，以免不透气而使雏鸭闷死。所使用的保温用具最好是圆形，若是有棱角的保温用具，应将垫草边角内做成圆形，以免雏鸭相互挤压。

(2) 加温育雏。用人工加温的方法，达到雏鸭生活适宜的温度。基本上和雏鸡的育雏相同，只是温度要求不同，是现代规模养殖育雏的基本方法。加温方法由于所利用的热源不同，可分为电热供温、煤炭供温、锅炉供温、烧煤炉和炕供温。

① 电热供温。在电源充足、供电稳定、价格便宜的地区可采用。常用的加热设备有电热育雏笼、电热育雏伞和红外线灯等。

a. 电热育雏笼多为 4 层层叠拼装式，笼内一半配有供温装置。雏鸭根据温度感受情况，可从笼的一边随意到另一边去活动。电热育雏笼用于鸭的育雏加温效果较好，但喂料、饮水不太方便，饲养中还要根据鸭体不断长大的情况经常分群，管理较麻烦。

b. 电热育雏伞主要用于平养育雏。一般在育雏伞周围设护栏，有利于保温和防止雏鸭离开热源。育雏伞育雏可以人工控制或调节温度，升温较快而平稳，管理较为方便，育雏效果好，但当室温低于 15 ℃以下时，保温效果不太好。

c. 红外线育雏是利用红外线灯发出的热量来供给雏鸭温度。市售的红外线灯为

250 W，红外线灯一般悬挂在离地面35～40 cm的高度，在使用中，红外线灯的高度应根据具体情况进行调节。雏鸭可自由选择离灯较远或较近处活动。红外线灯育雏温度均匀，室内清洁，但热效果差，灯泡易损，成本高，一般只作为辅助加温系统，不单独使用。

② 煤炭供温。在电供应不正常，而煤炭来源丰富的地区，可以采用锅炉暖气、热风炉、煤炉和地炕供温等。此法加温效果比电热加温要好，育雏环境较干燥，育雏效果好，费用小，但温度的掌握和管理较麻烦。

a. 锅炉供温。一般是整室供温，可采用水暖和热风炉两种形式，是大型鸭场常用的加热形式。

b. 烧煤炉和地炕供温。一般用于小型鸭场和个体鸭场，这两种形式简单，投资少，但烧煤炉比较脏，室内加热管道要保证不漏烟。地炕加热由于是在鸭舍外烧煤，鸭室内无污染，空气质量较好，但地炕需要有一定的技术。

5. 育雏饲养管理

(1) 雏鸭的选择。雏鸭品质的好坏，直接关系到雏鸭本身的育雏率和生长速度，也关系到生长成熟后的生产性能。因此，在购买雏鸭时必须慎重选择，要考虑种鸭的饲养条件、种蛋的孵化条件、雏苗本身的质量等因素。

① 根据种鸭饲养质量来选择。选择苗鸭前，最好要实地了解种鸭的饲养情况，应选择来自无疫情地区的雏鸭。一般来说，种鸭饲养条件良好，如采用水陆结合饲养方式饲养的种鸭场，陆上运动场清洁、干净，水地运动场的水质清洁，这样的种鸭场基本具备了生产合格种蛋的条件，其种蛋在科学孵化条件下孵化的鸭苗，质量必定良好。

② 根据孵化场孵化条件来选择。优质的种蛋，必须在良好的孵化条件下，才有可能孵化出优质的苗鸭。有些孵化场建筑及孵化器具十分简陋，甚至连基本的消毒设施都没有，不能进行严格的科学消毒，这类孵化场不仅苗鸭的出雏率低，而且孵出的苗鸭也容易感染疾病。所以选择苗鸭时必须注意选择孵化场正规、孵化设施达到要求的孵化场孵出的苗鸭。

③ 根据苗鸭出雏时间选择。一般来说，蛋鸭种蛋的孵化时间为28 d，实际上应为27.5 d，即当天下午入孵的种蛋，应在第28天的上午拿到苗。如果到时拿不到苗，说明种蛋的孵化时间推迟，胚胎的生长发育在某一时间受到影响，苗的质量就有可能受影响。这种情况一般出现在孵化设施没有达到要求的情况下，放于孵化机内不同位置的种蛋在孵化期间的受热不均，导致不同部位的种蛋胚胎发育不一致，其特征是整个孵化机内的鸭苗从开始至出雏结束的时间延长，一部分苗出雏时间远大于28 d。凡推迟出雏的苗一般脐部血管收缩不良，容易在出雏时受到有害细菌的影响。因而选择苗时应掌握苗的出雏时间，出雏过迟的苗不宜选购。

④ 根据外形来选择。合格的雏鸭应该是：体质强壮、行动活泼有力、体膘丰满，眼睛大、灵活而有神，大小均匀、初生重一般为40～42 g，体躯长而阔，臀部柔软，脐带愈合好，无出血或干硬突出痕迹；全身绒毛松、洁净，毛色正常；脚高、粗壮，胫、蹼光润，趾爪无弯曲损伤，还要特别注意雏鸭要符合本品种特征。凡是头歪、眼瞎、脚拐、喙部畸形、大肚皮和脐部收缩不好的雏鸭都应该剔除。

(2) 雏鸭的开水与开食。雏鸭出壳后第1次饮水和吃食称为开水（也称潮口、初饮）和开食。由于雏鸭对脱水极为敏感，所以，培育雏鸭要采取"早饮水、早开食，先饮水、后开食"的方法，具体措施如下：

① 开水。开水的时间多在出雏后24 h左右进行。传统做法是：雏鸭出壳毛干后即分装（50~60只/篓）在竹篓（直径70~80 cm，高25~30 cm）里，而后慢慢将篓浸入水中，以浸没鸭爪为宜，让鸭在浅水（水温约15 ℃）中站5~10 min，雏鸭受水刺激，将会活跃起来，边饮水边活动，这样可促进新陈代谢和胎粪的排出。现代规模养殖场给雏鸭开水多采用饮水器。为了减少运输造成的应激，可在饮水中加入少量的电解多维、维生素C，喂给0.02%抗生素或多维素水，可防肠道疾病并补充维生素。第1次喂水时，应分群分栏进行，并对没有开水的雏鸭进行调教，并做到饮水器内不断水，放置饮水器时应不远离热源和鸭群。

② 开食。常在开水后进行，适宜时间是在出壳后24 h左右。传统开食饲料是用焖熟的大米饭或碎米饭，或用蒸熟的小米、碎玉米、碎小麦粒，将其撒在竹席上，让苗鸭自由啄食，4 d后可改为煮烂的小麦饲喂，一般第1天喂六成饱，以后逐渐增加喂量，以防采食过多造成消化不良。到第3~4天增加喂量。第1周龄每天一般喂7~8次，其中晚上喂2~3次，以后则随日龄的增长和采食量的增加，饲喂次数可适当减少到5~6次。每天4~5次，15 d后每天喂3次即可。但是这种饲喂方法饲料单一，营养不全面，雏鸭生长发育慢，成活率低。随着养鸭业的发展，目前养鸭场或养鸭专业户，几乎全部饲喂破碎或小颗粒的全价颗粒料。

(3) 育雏期的日常管理。

① 合理饲喂。将饲料撒在竹匾上或塑料薄膜上，让雏鸭自由采食。饲喂次数可由开食时的每天7~8次逐渐减少到育雏结束时3~4次。

② 适时开青、开荤。雏鸭开食3 d后，即可开青，开青即开始喂给青绿饲料，此时可将青绿饲料切碎后单独饲喂或拌在饲料中饲喂，以弥补维生素的不足，各种水草、青菜等均可。到20日龄左右，青绿饲料占饲料总量可达40%。苗鸭开食4 d后，即可开荤，开荤是给雏鸭饲喂动物性饲料，此时可给雏鸭饲喂剁碎的新鲜荤食，如小鱼、小虾、河蚌、黄鳝、泥鳅、螺蛳、蚯蚓等动物性饲料，可促进其生长发育。开青和开荤均为传统养鸭的饲喂方法，现代规模养鸭饲喂全价颗粒料，无需另外再喂青饲料和荤食。

③ 放水。放水既可让雏鸭下水活动，促进新陈代谢，增强体质，还可洗净雏鸭羽毛上的脏物，有益于卫生保健等。放水要从小开始训练，开始的头5 d可与开水结合起来，若用水盆给水，可以逐步提高水的深度，然后将水由室内逐步转到室外，若是人工控制下水，就必须先喂料后下水，且要等雏鸭全部吃饱后自然下水，下水时切不可人为地往河中驱赶，应让鸭逐只慢慢地下水，避免像"下团子"式的下水，否则将会造成先下水的鸭子被后下水的鸭子压在水下因抬不起头而引起窒息死亡。下水时需人为加以调教，让鸭嬉水片刻再慢慢赶上岸来休息。雏鸭下水的时间，开始每次10~20 min，可以上午、下午各1次，10日龄以后适当延长下水活动时间，随着水上生活的不断适应，次数也可逐步增加。下水的雏鸭上岸后，要让其在无风而温暖的地方理毛，使身上的湿毛尽快干燥后进育雏室休息，千万不能让湿毛雏鸭进育雏室休

息。天气寒冷可停止放水。

④ 放牧。雏鸭能够自由下水活动后，就可以进行放牧训练。放牧训练的原则是：距离由近到远，次数由少到多，时间由短到长。开始放牧时间不能太长，每天放牧2次，每次20～30 min，然后就让雏鸭回育雏室休息。随着日龄的增加，放牧时间可以延长，次数也可以增加。适合雏鸭放牧的场地有稻秧田、慈姑田、荸荠田、水芋头田，以及浅水沟、塘等。这些场地水草丰盛，浮游生物、昆虫较多，便于雏鸭觅食。但要注意作物茎叶长得太高的，施过化肥、农药的水田或场地均不能放牧，以避免雏鸭受伤或中毒。

⑤ 及时分群。雏鸭分群是提高成活率的重要环节。第1次分群在雏鸭开水前，应根据出雏的迟早、强弱分开饲养。笼养的雏鸭，将弱雏放在笼的上层、温度较高的地方。平养的要将强雏放在育雏室的近门口处，弱雏放在鸭舍中温度最高处。第2次分群是在开食以后，一般吃料后3 d左右，可逐只检查，将吃食少或不吃食的放在一起饲养，适当增加饲喂次数，比其他雏鸭的环境温度提高1～2 ℃。同时，要查看是否有疾病原因等，对有病的要对症采取措施，将病雏单独饲养或淘汰。以后根据雏鸭体重来分群，各品种都有自己的标准和生长发育规律，各阶段可以随机抽取5%～10%的雏鸭称重，未达到标准的要适当增加饲喂量，超过标准的要适当减少饲喂量。

⑥ 防止打堆。雏鸭刚出壳时常堆挤而眠，体弱的雏鸭往往被压伤或压死，或因堆挤受热而"出汗"受凉感冒或感染其他疾病死亡。为防止雏鸭堆集，可每隔1～2 h驱赶1次；放水上岸后应给雏鸭充足的理毛时间，保持舍内干燥，可减少雏鸭的打堆。

⑦ 搞好卫生。每日清除棚内鸭粪，垫草要勤换勤晒，食槽要经常冲洗干净，禁止饲喂腐败变质饲料，并保持周围环境卫生。雏鸭代谢旺盛，体温高，呼吸急、快，加上舍内的垫料以及剩余饲料的残渣等发酵分解，舍内必然会产生一些有害气体（主要是氨气和硫化氢），长期不注意通风，就会造成雏鸭抵抗力下降、体质弱，严重时造成大批中毒死亡。

除此以外，还要防止惊群，预防兽害，同时应加强值班巡视，经常清点鸭数，做好饲料消耗和死亡记录，防治鸭病，等等。

(4) 育雏期的环境控制。

① 温度。由于雏鸭御寒能力弱，初期需要温度稍高些，随着日龄的增加，室温可逐渐下降。21日龄以内的雏鸭，温度控制范围是：1日龄26～28 ℃，2～7日龄22～26 ℃，8～14日龄18～22 ℃，15～21日龄16～18 ℃。21日龄以后，雏鸭已有一定的抗寒能力，如气温在15 ℃左右，就不必考虑人工保温了，如遇到气温突然下降，也要适当增加温度。育雏温度是否合适，可以参考温度计的温度指示，更重要的是要根据雏鸭的行为表现来判断育雏室内温度是否适宜。温度过低时，雏鸭会拥挤在一起，靠近热源，颤抖，常发出尖叫声，严重时造成雏鸭相互扎堆，并被压伤、压死，饮水量减少；舍内温度过高时，雏鸭远离热源，张口喘气，饮水量增加，严重时还会因脱水而死亡；温度适宜时，雏鸭分散均匀，精神活泼，采食、饮水正常，静卧无声。育雏时温度过高和过低对雏鸭的日增重和饲料转化率

都有影响。

② 湿度。雏鸭出雏后，通过运输或将其直接转入干燥的育雏室内，雏鸭体内的水分蒸发较多，失水严重时，将会影响雏鸭卵黄物质的吸收，影响其健康和生长。因此，育雏初期育雏舍内需保持较高的相对湿度，一般以60%~70%的相对湿度为佳。随着雏鸭日龄的增加，体重增长，育雏舍的相对湿度应尽量降低，一般以50%~55%为宜。

③ 通风换气。雏鸭体温高，呼吸快，如果育雏室关得太严密，室内的二氧化碳含量会很快增加。如不适当通风，会造成缺氧。尤其在室温较高、湿度较大的情况下，粪便分解快，挥发出大量的氢和硫化氢等有害气体，刺激眼、鼻和呼吸道，严重时会造成中毒。因此，育雏室要定时换气，朝南的窗户要适当敞开，以保持室内空气新鲜。但任何时候都要防止贼风直吹鸭身。

④ 密度。育雏密度应根据季节、雏鸭日龄和环境条件等灵活掌握。密度过大，鸭群拥挤，采食、饮水不均，影响生长发育，鸭群整齐度差，也易造成疾病的传播；同时饲养密度过大，导致排出的粪便也多，鸭舍容易潮湿，雏鸭卧地休息时，腹部的羽毛容易腐烂或脱落；密度过大还容易造成舍内空气污浊，严重时可能会引起氨气及硫化氢中毒。密度过小，则房舍利用率低又不经济。合理的育雏密度可参考表6-1。

表6-1 雏鸭育雏的密度（只/m^2）

日 龄	加温育雏		自温育雏
	夏季	冬季	
1~10	30~35	35~40	以直径35~40 cm的箩筐为例，第1周每筐在15只左右，1周后约10只
11~20	25~30	30~35	
21~30	20~25	25~30	

⑤ 光照。雏鸭特别需要日光照射，太阳光能提高鸭的体表温度，增强血液循环，合成维生素D_3，促进骨骼生长，并能增进食欲，刺激消化系统，有助于新陈代谢。在不能利用自然光照或者自然光照时间不足的条件下，可用人工光照弥补。育雏期内，光照度可大些，时间可长些。第1周，每昼夜光照可达20~23 h。第2周开始，逐步降低光照度，缩短光照时间。第3周起，要区别不同情况，如上半年育雏，白天利用自然日照，夜间以较暗的灯光通宵照明，只在喂料时用较亮的灯光照半小时；如下半年育雏，由于日照时间短，可在傍晚适当增加光照1~2 h，其余仍用较暗的灯光通宵照明。

（5）育雏期的疾病控制要求。病害的发生往往取决于两个因素，即环境或鸭本身致病因素的存在和鸭体自身抵抗力的强弱。因此，育雏期的疾病控制要坚持"预防为主、防重于治"的方针，通过综合预防措施的落实，消灭传染源，断绝传染途径，建立健康群体，力保疾病的少发生或不发生。育雏期疾病控制主要做好以下几个方面工作：

① 引进健康鸭苗。鸭群发生疫病多数是由场外引种带进，为了切断疫病的传播，有条件的场应尽量实行自繁自养。若需从外地引种时，应确认雏鸭来源于健康种鸭的后代。

② 及时做好免疫工作。根据本地区疫情流行趋势和鸭群情况具体制定育雏期的免疫程序，及时做好免疫工作。

③ 用全价饲料饲喂雏鸭。疾病的发生与发展，与鸭群体质的强弱有关，采用全价配合饲料来饲喂雏鸭，确保雏鸭获得充足的营养需要，可有效提高鸭群体质，增强抵抗力。

④ 创造良好的生活环境。饲养环境条件不良，是诱发鸭群疫病的重要因素，因此要科学安排鸭舍的温度、湿度、光照、通风和饲养密度，尽量减少各种应激反应。

⑤ 做好日常巡查工作。要定时对鸭群的采食量、饮水表现、粪便、精神、活动、呼吸等情况进行观察，随时掌握鸭群健康状况，以切实做到鸭病的"早发现、早诊断、早治疗"。

二、育成鸭的饲养管理

蛋鸭育成期一般指 5～16 周龄或 18 周龄开产前的青年鸭，这个阶段称为育成期。这个时期的育成鸭体重增长快、羽毛生长迅速、性器官发育快、适应性强。青年鸭随着体重的增长，消化器官也随之增大，消化能力增强。此期的青年鸭表现出杂食性强的特点，可以充分利用天然动植物性饲料。育成阶段要充分利用鸭的特点，进行科学的饲养管理，加强洗浴，增加运动量，使其生长发育整齐，同期开产。

1. 育成鸭生理特点

(1) 体重增长和羽毛生长规律。以绍鸭为例，绍鸭的体重在 28 日龄以后绝对增重快速增加，42～44 日龄达到最高峰，56 日龄起逐渐降低，然后趋于平稳增长，至 16 周龄的体重已接近成年体重。成鸭棕色麻雀毛在育雏结束时才将长出，42～44 日龄时胸腹部羽毛已长齐，平整光滑，达到"滑底"，48～52 日龄的鸭已达"三面光"（即育成鸭的头颈、身体两侧、腹部羽毛长齐），52～56 日龄已长出主翼羽，81～91 日龄腹部已换好第 2 次新羽毛，102 日龄鸭全身羽毛已长齐，两翅主翼羽已"交翅"。从体重增长和羽毛生长规律来看，在正常饲养管理的情况下，育成期末鸭的生长已趋结束，而进入产蛋前期。在这一时期，不管是哪种饲养方式，都应保证蛋鸭日粮中各种营养物质的平衡，使体重的增长、羽毛的生长按本品种特征按时一致出现。

(2) 生殖器官发育规律。育成鸭生长到 10 周龄后，在第 2 次换羽期间，卵巢上的滤泡也在快速长大，到 12 周龄后，生殖器官的发育尤为迅速，有些育成鸭生长到 90 日龄左右时就开始产蛋。因此，为了保证育成鸭的骨骼和肌肉的充分生长发育，必须严格控制育成鸭过早性成熟。

(3) 适应性、可塑性强。青年鸭随着日龄的增长，体温调节能力增强，对外界气温变化的适应能力也随之加强。同时，由于羽毛的生长，御寒能力也逐步加强。因此，青年鸭可以在常温下饲养，饲养设备也较简单，甚至可以露天饲养。

2. 育成鸭饲养方式

（1）舍内饲养。育成鸭饲养的全程始终在鸭舍内进行，称为全舍饲圈养或关养。一般鸭舍内采用厚垫草（料）饲养，或是网状地面饲养、栅状地面饲养。由于吃料、饮水、运动和休息全在鸭舍内进行，因此，饲养管理要求比较严格。舍内必须设置饮水和排水系统，采用垫料饲养的，垫料要厚，要经常翻动增添，必要时要翻晒，以保持垫料干燥、清洁。地下水位高的地区可选用网状地面或栅状地面饲养，这两种地面要比鸭舍地面高 60 cm 以上，鸭舍地面用水泥铺成，并有一定的坡度，便于清除鸭粪。网状地面最好用涂塑铁丝网，网眼大小适中。栅状地面可用宽 20~25 mm、厚 5~8 mm 的木板条或 25 mm 宽的竹片，或者是用竹子制成相距 15 mm 空隙的栅状地面，这些结构都要制成组装式，以便冲洗和消毒。这种饲养方式的优点是可以人为地控制饲养环境，受自然界因素制约较少，有利于科学养鸭，达到稳产高产的目的，便于向大规模集约化生产过渡，增加饲养量，提高劳动效率；由于不外出放牧，寄生虫病和传染病感染的机会减少，从而提高成活率。

（2）半舍饲。鸭群固定在鸭舍、陆上运动场和水上运动场，不外出放牧。吃食、饮水可设在舍内，也可设在舍外，一般不设饮水系统，饲养管理不如全舍饲圈养那样严格。其优点与全舍饲圈养一样，减少疾病传染源，便于科学饲养管理。这种饲养方式一般与养鱼的鱼塘结合在一起，形成一个良性的鸭-鱼结合的生态循环，是我国当前农村养鸭的主要方式之一。

（3）放牧饲养。放牧饲养是我国传统的饲养方式。放牧时鸭群在平地、山地和浅水、深水中潜游觅食各种天然的动植物性饲料，节约大量饲料，降低生产成本，同时使鸭群得到很好锻炼，体质增强，较为适合于养殖农户的小规模养殖方式。但是这种方法比较浪费人力，蛋鸭大规模集约化生产时较少采用放牧饲养。

3. 育成鸭饲养管理

（1）育成鸭的饲养管理要点。

① 饲养。育成期与其他时期相比，饲料宜粗不宜精，能量和蛋白质水平宜低不宜高，目的是使育成鸭得到充分锻炼，使蛋鸭长好骨架。饲料中代谢能含量为 11.30~11.51 MJ/kg，粗蛋白质含量为 15%~18%。日粮以糠麸为主，动物性饲料不宜过多，舍饲的鸭群在日粮中添加 5% 的沙粒，以增强肠胃功能，提高消化能力。有条件的养殖场，可用青绿饲料代替部分精饲料和维生素添加剂，青绿饲料可以大量利用天然的水草。若采用全舍饲或半舍饲，运动量不如放牧饲养，为了抑制育成鸭性腺过早成熟，防止沉积过多的脂肪，影响产蛋性能和种用性能，在育成期饲养过程中应采用限制饲喂。

② 限制饲喂。限饲主要用于圈养和半圈养鸭群，而放牧鸭群由于运动量大，能量消耗也较大，且每天都要不停地找食吃，整个过程就是一个限喂过程，故放牧条件下一般不需限饲。圈养和半圈养鸭如让其自由采食，往往体重大大超过其标准体重，造成体内脂肪沉积而过肥，成熟早，产蛋早，蛋重小，开产不一致，并会影响今后的

产蛋率。因此，要特别重视圈养和半圈养鸭的限制饲喂。限制饲喂还能节省饲料，一般可节约10%～15%，并且可降低产蛋期间的死亡率。限制饲喂一般从8周龄开始，到16～18周龄结束。限喂前应称重，此后每2周抽样称重1次，以将体重控制在相应品种要求的范围内为宜，体重超重或过轻均会影响鸭群产蛋量。限制饲喂方法有以下两种。

限量法：按育成鸭的正常日粮（代谢能10.8 MJ/kg，粗蛋白质13%～14%）的70%供给。具体喂法有两种：一是将全天的饲喂量在早晨1次喂给；二是将1周的总量分为6 d喂完，停喂1 d。

限质法：饲喂代谢能为9.6～10 MJ/kg、粗蛋白质为14%左右的低能日粮或代谢能为10.8 MJ/kg、粗蛋白质为8%～10%的低蛋白质日粮。限制饲喂时，要确保每只鸭能同时均匀地采食。

对于圈养鸭，要提供足够量的食槽或料桶；半圈养鸭可将运动场地冲洗打扫干净，将料撒至运动场让鸭采食。为了检查限制饲喂的效果，限饲期要定期称重，最后将体重控制在一定范围，如小型蛋鸭开产前的体重只能在1 400～1 500 g。表6-2是小型蛋鸭育成期各周龄的体重和饲喂量，供参考。如不达周龄体重，下周应酌情增料，但增料幅度不能太大；如超过周龄体重，下周喂料量不变，直至达周龄体重后再增料。

表6-2 小型蛋鸭育成期各周龄的体重和饲喂量

周龄	体重（g）	每只每日平均喂料量（g）
5	550	80
6	750	90
7	800	100
8	850	105
9	950	110
10	1 050	115
11	1 100	120
12	1 250	125
13	1 300	130
14	1 350	135
15	1 400	140
16	1 400	140
17	1 400	140
18	1 400	140

(2) 育成期的环境控制。

① 通风换气，保持鸭舍干燥。鸭舍要保持空气新鲜，尤其是圈养鸭舍，即使在冬季，每天早晨喂料前都应首先打开门窗通风，排除舍内污浊的气体。鸭是水禽，平时喜欢水，但并不是整天喜欢潮湿。如整天生活在潮湿的环境里，鸭易患腿部疾病，

种鸭不能配种，严重者无法饮水和采食，最后而死亡。因而，放牧鸭群回鸭舍时，先让其在舍外理毛，羽毛干燥后进舍。圈养鸭每天要添加垫料，或定期清除湿垫料。饮水器应放置在有网罩的排水沟上方，不让水滴到垫料上。

② 合理的光照。育成鸭的光照时间宜短不宜长，以控制其性成熟，一般从8周龄起，每天光照以 8~10 h 为宜，光照度为 5 lx，其他时间可用朦胧光照。为了便于鸭夜间饮水，防止因走动时惊群，舍内应通宵弱光照明，一般 30 m^2 的鸭舍点1盏 15 W灯泡。

③ 加强运动。运动可促进骨骼和肌肉的发育，防止过肥，每天定时赶鸭在舍内作转圈运动，每次 5~10 min，每天 2~4 次。

④ 锻炼鸭的胆量。蛋鸭胆子小，神经敏感，因此可利用喂料、喂水、换草等机会，经常与鸭群接触，使鸭与人逐渐熟悉，提高鸭的胆量，防止惊群。切不可认为蛋鸭胆小而避而不近，这样反而容易惊群，造成损失。

⑤ 及时分群。在鸭的生长发育过程中，由于饲养管理及环境等多种因素的影响，难免会出现个体差异。育成阶段鸭对外界环境也十分敏感，因饲养密度较高或缺乏某种营养元素时，易引起啄癖，因此，为了使鸭群生长发育一致，防止啄癖的发生，育成期的鸭要及时按体重大小、强弱和公母分群饲养，育成鸭的小群设置可大可小，但每个鸭群的组成不宜太大。一般放牧鸭每群以 500~1 000 只为宜，而舍饲鸭可分成小栏饲养，每个小栏 200~300 只。同时，分群时要尽可能做到同群鸭日龄相近、大小一致、品种一样、性别相同。其饲养密度，因品种、周龄而不同，一般 5~8 周龄每平方米地面 15 只左右，9~12 周龄每平方米 12 只左右，13 周龄起每平方米 10 只左右。

⑥ 建立稳定的作息制度。把鸭的休息、采食、下水活动等安排好，有利于其生长发育。

⑦ 做好记录工作。生产鸭群的记录内容包括鸭群的数量、日期、日龄、饲料消耗、鸭群变动的原因、疾病预防情况等。育种群记录按育种要求要更详细些。

(3) 育成期的疾病控制要点。

① 保持圈舍、垫料干燥，喂料和饮水器具应每天清洗消毒。

② 在鸭舍门口处放置生石灰消毒药物，严禁一切带毒的动物或污染物进入圈内，杜绝疫源侵入。不管是采用哪种饲养方式，都应根据当地疫病的流行特点，做好预防工作，育成鸭阶段主要预防鸭瘟和禽霍乱。平时可用磺胺二甲基嘧啶按 0.5%~1% 比例拌饲料喂 3~5 d，或用 0.01% 的高锰酸钾饮水防疫。放牧鸭群采食的自然饲料中，含有较多的肠道寄生虫，尤其是绦虫，因而要定时检查，进行必要的驱虫。圈舍、场地、器具等应用烧碱、漂白粉、生石灰、高锰酸钾消毒物进行严格消毒。对健康鸭应紧急预防注射，控制疫病流行。

③ 一旦发现疫病，要立即隔离，对病死鸭做深埋或烧毁处理。病鸭不能上市出售，也不能把病鸭或其内脏、羽毛等污染物乱丢入江河、溪塘里，以免蔓延。

三、产蛋鸭和种鸭的饲养管理

1. 产蛋鸭的饲养管理 育成鸭饲养到临产蛋前，经过挑选，将符合要求的转入成年鸭舍饲养，母鸭从开始产蛋到淘汰这个阶段称为产蛋鸭。产蛋鸭在产蛋期饲养管理的主要任务是提高产蛋量，减少破蛋量，节省饲料，降低鸭群的死亡率和淘汰率，获得最佳的经济效益。

(1) 产蛋鸭生理特点。

① 代谢旺盛，对饲料要求高。由于产蛋鸭产蛋量高，而且持久，这种产蛋能力需要大量的各种营养物质。因此，进入产蛋期的母鸭新陈代谢很旺盛，如果饲料中营养物质不全面，则会导致产蛋量下降或鸭体消瘦，直至停产。

② 产蛋鸭采食能力强。鸭属于杂食动物，不仅采食植物性饲料，也采食动物性饲料。鸭既可圈养也可放牧。鸭在水中觅食时，常常是头先扎入水中，尾部露出水面，等吃到食后再钻出水面。鸭喙有许多横褶，在水中采食时，将水滤出而将食物留在口中，食物不经咀嚼就很快吞咽下去。在深水处，鸭的头颈及前身潜入水中觅食，并不断用脚蹼划动水面以保持平衡。鸭饮水采用潜呷方式，将头潜入水中呷水后抬头吞咽，气温高时饮水量明显增加。鸭采食时有一定序列，强壮的鸭选择有利的位置，体弱的鸭则在四周寻食，有时强壮的鸭还要从体弱的鸭嘴中抢夺食物。

③ 失去了就巢性。我国的蛋鸭品种的最大特点就是失去了就巢性，这就为提高产蛋量提供了极有利的条件。

④ 产蛋鸭胆大。与雏鸭、育成鸭完全不同，鸭产蛋以后不但见人不怕，反而喜欢接近人。

⑤ 性情比较温驯。开产以后的鸭，性情较温驯，进舍后安静地休息、睡觉，不到处乱跑乱叫。

⑥ 生活和产蛋的规律性很强。在正常情况下，产蛋都在深夜进行，而且集中在下半夜，凌晨 3:00—5:00 达到高峰。产蛋时母鸭喜于鸭舍墙角铺有垫草处产蛋，产蛋位置固定，伏窝 10~20 min 后蛋即产出，蛋一产出，母鸭就离开蛋窝并发出欢快的叫声；有的母鸭在蛋产出后要伏窝一会，临走时还要用草将蛋盖上。

⑦ 有明显的求偶表现。鸭在产蛋期，具有明显的求偶行为。一般来说公鸭较为主动，交配行为大多在水面进行，交配时间为上午 7:00—11:00 和下午 3:00—6:00。交配时公鸭用嘴咬住母鸭头颈部羽毛，从一侧爬上母鸭背部，将母鸭身体压入水中，尾部向下压，母鸭尾部上翘，公鸭从泄殖腔中伸出阴茎，插入母鸭泄殖腔并射精。然后公鸭从母鸭体侧翻下，转身游走，母鸭身体露出水面，扇动两翅抖下身上水珠，交配过程每次需 5~10 min。

(2) 产蛋鸭饲养管理要点。蛋鸭一般在 110~120 日龄开产，190~200 日龄时可达产蛋高峰。如果饲养管理精细，高峰期可延长至 450 日龄以上。通常第 1 个产蛋年产蛋量最高，以后逐年下降。一般蛋用母鸭利用 1.5~2.0 年。

产蛋鸭的饲养管理分为圈养和放牧两种形式。随着养鸭业的迅速发展，加上水域的开发利用，环境保护的要求，城镇郊区的养鸭多以圈养为主，农村小规模饲养多以放牧为主。

① 圈养产蛋鸭的饲养管理要点。在圈养条件下，蛋鸭产蛋期大致可分为 4 个阶段，即产蛋初期、产蛋前期、产蛋中期和产蛋后期。

蛋鸭品种产蛋初期和前期的饲养管理的目标是应尽快把产蛋率推向高峰。从营养方面应根据产蛋率上升的趋势不断提高饲料质量、日粮营养水平，特别是粗蛋白质要随产蛋率的递增而调整，并注意能量蛋白比的适度，促使鸭群尽快达到产蛋高峰，当产蛋量达到高峰后要稳定饲料的种类和营养水平，使鸭群的产蛋高峰能维持得长久些。这个时期，鸭进行自由采食，每只鸭的耗料量为150 g左右。光照时间从17～19周龄就可以逐步开始加长，最终达到16～17 h为止，以后维持在这个水平上，光照度一般为5 lx。刚开产的蛋鸭满圈舍或运动场乱产蛋，以致脏蛋、破蛋较多，严重影响商品蛋或种蛋的合格率。因此，应注意蛋鸭初产习性的调教。调教的方法是在圈舍的一边砌2 m左右宽的产蛋间，并设置产蛋箱，每天添铺新鲜干燥的垫草，并放入少量鸭蛋作"引蛋"。每天晚上将产蛋间打开，让鸭进去产蛋，早晨关上，不让鸭弄脏产蛋间。为了防止蛋鸭晚上产蛋时受兽害惊吓，可在产蛋间上方安装低功率的节能灯照明。这样经过8～10 d的调教，95%以上的鸭都能习惯到产蛋间去产蛋。为了保持蛋鸭的兴奋性，调节激素分泌，产蛋鸭群中可配备一定比例的公鸭。一般非种鸭群的公母比例为1：(50～80)。但在蛋鸭的休产期、换羽期，应将公鸭隔离饲养，以免骚扰母鸭。

产蛋中期即通常所谓的产蛋高峰期，此期内的鸭群因已进入高峰期产量，并持续产蛋100多天，体力消耗较大，对环境条件的变化敏感，如不精心饲养管理，很难保持高峰产蛋率，甚至引起换羽停产，这是蛋鸭最难饲养的阶段，其饲养管理的重点是维持高产，最大限度地延长产蛋高峰期。这个时期要在营养上满足高产的需要，营养水平应在前期的基础上适当提高，日粮中粗蛋白质的含量应从18%提高到19%～20%，同时增加钙的喂量，但日粮中含钙量过高会影响适口性，可在混合饲料中添加1%～2%的颗粒状贝壳粉，或在舍内单独放置碎贝壳片槽（盆），供其自由采食。同时，应适当增加优质青绿饲料的喂量，或添加多种维生素。光照时间稳定保持在16～17 h。日常管理中要注意观察蛋壳质量有无明显变化，产蛋时间是否集中，精神状态是否良好，洗浴后羽毛是否沾湿等，以便及时采取有效措施。

蛋鸭经过长期的持续产蛋后，产蛋率将会逐渐下降。产蛋后期饲养管理的主要目的是尽量减缓鸭群产蛋率下降的幅度。如果饲养管理得当，此期内鸭群的平均产蛋率仍可保持在75%～80%。这个阶段的饲养管理要点是：根据体重和产蛋率确定饲料的质量和喂料量，不可盲目增减饲料，如产蛋率仍在80%以上，体重略有减轻趋势时，饲料中应适当增加动物性饲料；若体重增加，有过肥趋势，产蛋率还在80%左右时，则可降低饲料中的代谢能或控制采食量；若体重正常，产蛋率也比较高，则饲料中蛋白质水平应略有增加；若产蛋率已降到60%左右，再难以上升，则无需加料；保持每天保持16～17 h光照；观察蛋壳质量和蛋重的变化，若出现蛋壳质量下降、蛋重减轻时，则可增补一些无机盐添加剂；管理得当，防止应激：保持鸭舍内环境的相对稳定，保持稳定的作息时间，防止产生应激。

② 放牧产蛋鸭的饲养管理要点。产蛋鸭一年四季都可以放牧饲养，但放牧技术对产蛋鸭有很大的影响，必须根据天气和季节的特点，严格掌握"春要晒，秋要洗，夏避雨，冬避风"的原则，进行针对性放牧饲养。

选择适宜放牧环境，在鸭的放牧饲养中，放牧环境及路线的选择是至关重要的。环境选得好，饲料充足，鸭每天能吃得饱，长膘快。因此，选择牧地、安排放牧路线都由经验最丰富的饲养员掌握。并在放牧前的半个月,对周围的地形地势、河流湖泊、农作物种类、收获时间进行一次勘察访问,制订周密计划,确定放牧路线。在放牧的前 3 d 再做一次实际调查,根据农作物收获的实际进度,以及野生动植物饲料资源等,估测出各种饲料的数量,计算好可供放牧的鸭数及放牧次数,然后有计划地进行。

小贴士:采食训练、放牧方法及信号调教

要选择在溪渠的弯道处,这样的地方水流平缓,水面也较宽阔,便于设立水围;溪渠岸边的坡度越平坦越好,以便于紧接水围设立陆围;离营地附近的水稻田中的天然动植物饲料要丰富,如果附近有冬水田就更好,因为冬水田的藻类植物和小虾多,是鸭放牧最理想的牧地;海涂牧场周围必须有淡水池塘或河流。

在放牧路线的选择上要注意远近适当,随日龄的增加路线由近到远,逐步锻炼,不能使鸭太疲劳。往返路线尽可能固定,便于管理。过江过河时,要选择水浅的地方。上下河岸时,应选择坡度小、场面宽广之处,以免拥挤践踏。在水里浮游,应逆水放牧,便于觅食。在有风天气放牧,应逆风前进,以免羽毛被风吹开而受惊。每次放牧途中,都要选择 1～2 个阴凉可避风雨的地方,在中午炎热或遇雷阵雨时,都要把鸭赶回阴凉处休息。此外要注意以下几种情况绝对不能放牧:刚施用过农药、除草剂或化学肥料、石灰的地方;发生过瘟病或带有传染病的鸭所走过的地方;秧苗刚栽下或已经扬花结穗的地方;被矿物油污染的水面等。

(3) 产蛋期的环境控制。

① 饲养密度。圈养和半圈养时,一般每平方米鸭舍可饲养产蛋鸭 7～8 只。

② 温度。产蛋鸭最适宜的外界环境温度是 13～20 ℃,此温度下鸭群的饲料利用率、产蛋率都处于最佳状态。一般当环境温度超过 30 ℃时,鸭群采食量减少,产蛋量下降,并可影响到蛋及蛋壳的质量,严重时会引起中暑死亡;如环境温度过低,尤其是降到 0 ℃以下时,鸭的正常活动受阻,产蛋量明显下降。

③ 光照。蛋鸭产蛋期应逐步增加光照时间,提高光照度,以促使性器官的发育,进入产蛋高峰期后,要稳定光照时间和光照度,使之达到持续高产状态。开放式鸭舍一般使用自然光照加人工光照,而封闭式鸭舍则多采用人工光照。一般正常使用的白炽灯泡可按每平方米鸭舍 1.3 W 设置,即当灯泡离地面 2 m 时,一个 25 W 的灯泡,可保证 18 m² 鸭舍的照明。具体可参照表 6-3 执行。

表 6-3 蛋鸭产蛋期的光照时间和光照度

周龄	光照时间	光照度
17～22 周龄	每天以 15～20 min 均匀递增,直至 16 h	5 lx,晚间朦胧光照
23 周龄以后	稳定在 16 h,临淘汰前 4 周时增加到 17 h	5 lx,晚间朦胧光照

(4) 不同季节饲养管理要点。

不同产蛋阶段的饲养管理方法,是以蛋鸭本身的特点和需求为基础的,但在不能完全控制环境条件的情况下,产蛋鸭尚受到气温、相对湿度、光照等诸因素的制约,因此,应根据不同季节的特点,采取相应的饲养管理措施。

① 春季蛋鸭的饲养管理。春季气候由冷转暖,日照时数逐日增加,天然饵料日

渐丰富，气候条件及饲料等都对蛋鸭产蛋有利，管理上必须充分利用这一有利条件，尽量为产蛋鸭创造稳产高产的环境。这一时期的饲养管理要点有：一是饲料供应要充足，日粮营养要丰富而全面，以适应产蛋鸭的高产需要。舍内常备有足够的清洁饮水，饲喂时间与饲料品种要稳定，保证鸭群吃饱吃好，并适当添加钙质和青绿饲料，放牧鸭可适当延长放牧时间。二是要加强初春的保温工作。在春夏相交之际，气候多变，会出现早热或连续阴雨，要注意鸭舍内的干燥和通风。而且，每逢阴雨天，应缩短放鸭时间。当气温回升以后，舍内垫料不要积得过厚，要定期清除并消毒。三是要适当增加舍外活动时间，让其多接触阳光，一方面可增强体质，另一方面可促进其产蛋。当然这要根据天气的好坏，决定放水时间，以免鸭受凉感冒。四是增加拣蛋次数，防止鸭蛋被弄破或粪便污染蛋。

② 梅雨季节产蛋鸭的饲养管理。春末夏初，江南各地大都在6月进入梅雨季节，常常阴雨连绵，温度高、相对湿度大。此时的管理重点是防霉和通风。这一时期的饲养管理要点：一是要敞开鸭舍门窗（草舍可将前后的草帘卸下），充分通风换气，高温、高湿时尤其要防止氨气中毒。二是勤换垫草，保持舍内干燥，同时，定期消毒鸭舍，舍内地面最好铺砻糠灰，既能吸潮气，又有一定的消毒作用。三是要严防饲料霉变，每次进料的数量不能太多，并要防止雨淋，同时要保存在干燥的地方，霉变的饲料绝对不能用来饲喂。四是要疏通排水沟，检修围栏、鸭滩和运动场，运动场既要平整、无积水，又要保持干燥；五是要对鸭群做好防疫工作，并进行一次驱虫。

③ 盛夏季节蛋鸭的饲养管理。一般每年的6—8月是一年中最炎热的时期，鸭的食欲减退，如果饲养管理不当，不但产蛋率下降，而且还易引起鸭的死亡。如能精心饲养，则仍能达到80%以上的产蛋率。这个时期的饲养管理要点有：一是要对鸭舍和运动场采取隔热降温措施。将鸭舍屋顶刷白，或种植丝瓜、南瓜或葡萄，让藤蔓爬上屋顶，遮阳降温，运动场上另搭凉棚遮阳。鸭舍的门窗全部敞开，草舍前后的草帘全部卸下，有利于空气流通，有条件时可安装排风扇或吊扇，通风降温。同时，还应适当疏散鸭群，降低饲养密度。早放鸭，迟关鸭，增加午休时间及下水次数。晚上鸭子可在舍外过夜，但需在运动场中央和四周点灯照明，防止兽害。另外，每天早晚可用百毒杀或过氧乙酸带鸭喷雾消毒，既可起到降温作用，又可以防止传染病的发生。二是要调整饲料配方。适当降低能量水平，相应增加蛋白质、钙、磷、复合维生素的含量，在饲料中添加一些抗应激作用的药物，如碳酸氢钠、维生素C等。三是要提供充足的清凉饮水，水盆、料盆使用后应及时清洗。四是实行顿饲。应集中于早晚凉爽的时间饲喂，以增进食欲，中午多喂些凉爽饲料，如块根、块茎或瓜类等，适当喂些葱蒜，刺激食欲，以增加采食量。五是要注意饲料的新鲜度。特别是用湿拌料喂鸭，应做到饲料现吃现拌，防止霉变，并增加水草等青绿多汁饲料喂量。六是要适当降低舍内饲养密度。七是应注意防止雷阵雨袭击，雷雨前要赶鸭入舍，因为鸭被雨淋后最易得病。

④ 秋季蛋鸭的饲养管理。秋季正是冷暖空气交替之季，气候变化无常，昼夜温差大，此时的重点是补充人工光照和尽量降低气候多变、冷暖交替对鸭群的影响。这一时期的管理要点有：一是要补充人工光照，稳定保持每天光照不少于16 h。二是要做好防寒保暖，保持舍内小气候的基本稳定，尤其是针对秋季气候多变这一特点，及

时做好预防台风暴雨和气温骤变等工作,尽可能减少舍内小气候的变化幅度。三是要适当增加营养,补充动物性蛋白质饲料;四是要对鸭群进行一次筛选,及早淘汰停产鸭或低产鸭。秋季还应对鸭群进行一次驱虫。

⑤ 冬季蛋鸭的饲养管理。11月底至次年2月上旬是一年中最为寒冷的季节,也是日照时数最少的时期,母鸭产蛋的条件最差,饲养管理不当会造成鸭群的产蛋率迅速下降。但如果是当年春孵的新母鸭,只要饲养管理得法,也可以保持80%以上的产蛋率。这个时期的管理要点有:一是要增设防寒保温设施,深夜棚内温度应保持在5℃以上。因此,棚舍要围严、围实,棚外四周可先用稻草或麦秸编成草苫围实,外面再围上一层尼龙薄膜,棚顶的盖草也应当加厚,在鸭舍内墙四周产蛋区内垫30 cm厚的草。早晨收蛋后,将窝内的旧草撒铺在鸭舍内,每天晚上鸭群入舍前,要添些新草作产蛋窝,这样垫草逐渐积累,数日出一次,既保温又可节省人力。二是要及时调整日粮,适当提高饲料中代谢能的含量,并适当增加饲喂量,最好夜间加补1次饲料,一般夜间补饲比不补饲的蛋鸭的产蛋量可提高10%左右,夜间补饲时应注意夜间所补饲料的蛋白质不可过多,同时提供充足的饮水。有条件的应供给青绿饲料或定时补充维生素A、维生素D、维生素E。有的养鸭户在饲料中添加3%~5%的油脂,每天中午供给一次切碎的白菜叶、胡萝卜缨等,效果都很好。冬季室温为5~10℃时,饲料喂量应比春、秋季增加10%~15%。三是要适当增加饲养密度,每平方米可增加到8~9只鸭,并增加鸭的运动量。四是要人工补充光照,冬季由于自然光照缩短,鸭的脑下垂体和内分泌腺体活动减少,影响产蛋,因此必须人工补充光照。每天光照至少应保持在16 h,可在鸭棚内每30 m²面积安装一盏60 W灯泡,灯泡距鸭背2 m高,并装上灯罩,使光线能集中照射在鸭体上,早晚要定时开灯。试验证明,补光的产蛋率比不补光的可提高20%~25%。五是对放牧鸭,早上应迟放鸭,傍晚早关鸭,平时少下水,只在上、下午气温较高时让鸭群各洗浴1次,每次不超过10 min。六是要减少应激。蛋鸭代谢旺盛,对污染空气特别敏感,饲养员进入鸭舍时应无刺激的感觉。平时注意通风换气,每当戏水时,鸭群一出舍应打开所有窗通风换气。还要搞好舍内外清洁卫生,防止鼠、黄鼠狼和犬等兽害的侵袭。

2. 蛋种鸭饲养管理 我国蛋鸭产区习惯从秋鸭(即8月下旬至9月的雏鸭)中选留种鸭,因为秋鸭留种,正好满足了次年春孵旺季对种蛋的需要,同时产蛋盛期的气温和日照等环境条件最有利于稳产高产。但是,随着市场需求和生产方式的改变,常年留种常年饲养的方式越来越多地被采用,特别是大规模集约化养鸭场,一般根据市场的需要,灵活确定留种季节。种用蛋鸭饲养管理的主要目的是获得尽可能多的合格种蛋,能孵化出品质优良的雏鸭。因此,对种用蛋鸭除了要求产蛋率高以外,还要有较高的受精率和孵化率,并且孵出的雏鸭质量要好。这就要求饲养管理过程中,除了要养好母鸭,还要养好公鸭。

(1) 蛋种鸭的选择。

① 种公鸭的选留。选留种公鸭须按种公鸭的品种标准经过育雏期、育成期和性成熟初期三个阶段的选择,以保证用于配种的种公鸭生长发育良好、体格强壮、性器官发育健全、精液品质优良。在育成期公、母鸭最好分群饲养,公鸭采用放牧为主的饲养方式,让其多活动,多锻炼。在配种前20 d放入母鸭群中,为了提高种蛋的受

精率，种公鸭应早于母鸭1~2个月孵出。公鸭放入母鸭群时，可通过人工翻出公鸭的阴茎，检查其发育是否健全，以确保母鸭群内有足够的有效公鸭数。

② 产蛋母鸭的挑选。根据外貌和行为来选择产蛋母鸭，高产蛋鸭羽毛紧密，头秀气、颈长、身长、眼大而突、腹部深广，但不拖地、臀部大而方，两脚间距宽，如高产绍鸭腹部软而下垂，泄殖腔湿润松弛，两耻骨间可容纳3指以上，龙骨与耻骨之间可按一只手掌。另外，还要注意选种的时间。不同的季节，不同产蛋量，不同年龄的鸭，其外形和表现也有所不同。如羽毛，春季鸭群刚开始产蛋，这时高产蛋鸭的羽毛新鲜，有光泽，紧凑，好像花一样，如这时有的鸭的羽毛陈旧、暗淡、蓬松，则为迟产的低产鸭；秋季高产鸭羽毛易沾水、暗淡、零乱、残缺，而低产蛋鸭，此时却羽毛整洁。

(2) 蛋种鸭饲养管理要点。

① 增加营养。种用蛋鸭饲料中的蛋白质要比商品蛋鸭高，同时要保证蛋氨酸、赖氨酸和色氨酸等必需氨基酸的供给，保持饲料中氨基酸的平衡。色氨酸对提高受精率、孵化率有帮助，其在日粮中的含量应占0.25%~0.30%。鱼粉和饼粕类饲料中的氨基酸含量高，而且平衡，是种用蛋鸭较好的饲料原料。此外，要补充维生素，特别是维生素E，因为维生素E对提高产蛋率、受精率有较大作用，日粮中维生素E的含量为每千克饲料25 mg，不得低于20 mg，可用复合维生素来补充。

② 饲养好种公鸭。公鸭的好坏对提高受精率的作用比较大。公鸭必须体质健壮，性器官发育健全，性欲旺盛，精子活力好。公鸭到150 d左右才可达到性成熟。因此，选留公鸭要比母鸭早1~2个月龄，到母鸭开产时公鸭正好达到性成熟。

在采食过程中公鸭争食凶，十分好斗，导致公、母鸭采食不均匀，体重不齐。所以公、母鸭在育成阶段要分开饲养，但要注意防止公鸭间相互争斗，形成恶癖。一般到配种前20 d公母才可混合饲养。但如果育成后期公鸭有明显的性行为，就可以提早混养时间，防止公鸭间形成同性恋的恶癖。

③ 做好种鸭群的疫病净化。对一些可以通过蛋垂直传染的疫病，按规范防疫后，应定期进行抗体测定，以保证鸭群的健康。同时，应注意重大疫病的定期检疫，对阳性个体及时淘汰。

④ 加强种用蛋鸭的日常管理。种用蛋鸭的管理重点是房舍内的垫草应经常翻晒、更换，保持干燥、清洁，运动场要保持下水通畅，不得有污水积存；保持鸭舍环境的安静、严防惊群；保持鸭舍内良好的通风，特别在外界温度高时，要加强通风换气；进入产蛋高峰期后，如果出现脱肛、阴茎外垂等情况，应采取措施进行治疗，可用刺激性小的消毒药轻轻擦洗鸭的肛门或阴茎，人工帮助其复位，并喂少量抗生素；种蛋要及时收集，以免种蛋因受污、受潮、受晒而质量降低，种蛋应储放在阴凉处，所收种蛋应及时入孵，一般以5 d入孵一批为宜，最多不超过7 d，气温较高时可缩短为2~3 d，否则会影响孵化率；保证种鸭一定的运动量，特别是要增加种鸭在室外活动的时间，并适当延长种鸭的下水时间。

(3) 蛋种鸭繁殖调控。

① 配种。

a. 种公鸭的选择与饲养。种公鸭选留一般有3次，即育雏期的首选、育成期的再选和性成熟初期的定群。选择时应首先选择体质强壮、性器官发育健全、健康的个体，公鸭的选留数量一般依鸭群大小而定，一般定群时可增选5%～10%的种公鸭以备用。

饲养上，在青年鸭阶段，公鸭最好与母鸭分开单独饲养。此时，可让其多活动，多锻炼，以增强公鸭的体质。当公鸭已经性成熟但还未能配种时，应尽量少让其下水活动，以免下水后公鸭之间相互嬉戏，形成恶癖。至配种前20 d左右时，公鸭方可混入母鸭群中饲养，此时应让其多下水，少关养，以激发其性欲。

b. 种鸭群的公母配比。我国饲养有较多的蛋用型麻鸭品种，公鸭的配种性能较强，公母的配比一般较大。以绍鸭为例，在早春和冬季气温较低时，公、母鸭的合理配比可在1∶20；夏秋气温较高时，公、母鸭的合理配比可调整到1∶（25～30）。这样的公母配比可保持鸭群的平均受精率在90%以上。在育成阶段，公鸭要多养一些，以供配种时选择。公、母鸭刚开始混养时公、母鸭的比例要低一点，每100只母鸭多配1～2只公鸭，到母鸭产蛋时保持1∶25左右的公母比例为宜。在配种季节，应随时观察公鸭配种表现，发现有性行为不明显，有恶癖或伤残等不合格的公鸭时，应及时进行淘汰。

c. 种鸭的利用年限。鸭的产蛋年限一般可达4～5年。母鸭开产后的第1个年度内（相当于18月龄）产蛋量最高，2年以上的鸭子产蛋能力逐渐下降，3年以上的老鸭产蛋量则更为稀少。也就是说，母鸭越老，产蛋量越低，而且受精率与孵化率也随之下降。因此，一般种鸭场都采取一年一淘汰，年年留种蛋。1年龄鸭群产蛋整齐，好控制，受精率高，便于计划生产。种公鸭习惯利用1年后淘汰；育种鸭群的利用年限，可根据育种需要适当延长，不受限制。

② 人工强制换羽。鸭在每年春末或秋末会自然换羽，如果营养不良，管理不善或气候剧变，也能促使其提前换羽。鸭自然换羽时，若任其自然脱落后再行恢复，时间可持续3～4个月，对产蛋量有很大的影响，不但产蛋不整齐，且增加管理上的不便。为了缩短休产时间，提高种蛋量和蛋的品质，当母鸭群产蛋率降低到20%～30%、蛋重减轻、部分鸭的主翼羽开始脱落时，即可施行人工强制换羽。人工强制换羽是人为地突然改变母鸭的生活条件和习惯，使鸭毛根老化，在易于脱落时，强行将翅膀的主翼羽、副翼羽拔掉，至于尾羽可拔去也可不拔。

小贴士：人工强制换羽

思与练

1. 不同时期的蛋鸭其生理特点是什么？
2. 限饲的意义是什么？一般有哪些具体的方法进行限饲？
3. 影响蛋鸭生产的因素有哪些？
4. 蛋种鸭繁殖调控有哪些技术措施？举实例说明。

任务三　肉鸭的饲养管理

肉鸭的饲养管理应区别于蛋鸭的饲养管理，其重点是依据肉鸭的生理发育特点，强化阶段性管理。

一、肉鸭育雏期的饲养管理

肉鸭的育雏期为0~4周龄阶段。肉鸭育雏期饲养管理与蛋用雏鸭的饲养管理要求相近,主要区别:一是育雏温度比蛋用雏鸭要求高。保温伞育雏时,1日龄时伞下温度应控制在34~36℃,伞周围区域为30~32℃,育雏室内的温度为24℃,冬季可提高1℃,夏季可适当降低1~2℃;1日龄后,每周可下降3~5℃,直至室外温度。如火炕或烟道供热育雏,则1日龄时的室内温度保持在29~31℃即可。饲养时,应根据雏鸭对温度反应的动态,及时调整育雏温度,做到"适温休息、低温喂食、逐步降温",以提高雏鸭的成活率。二是饲料营养水平要求也较蛋鸭高。

二、肉鸭育成期的饲养管理

肉鸭的育成期为5~24周龄。此期的体重和光照时间是保持产蛋期的产蛋量和孵化率的关键。实践证明,只有鸭群体重与体型一致性良好时,才能有好的生产性能。体型发育不好或体重偏轻的鸭群,产蛋早期蛋重小,畸形蛋多,孵化率低;体型发育不好,体重超标的鸭群会发生严重的脱肛现象。因此在育雏期间应饲喂全价配合饲料,保证营养充足;在育成期要限制饲养,使其协调发展。实施科学的光照制度,控制性成熟,使其性成熟与体成熟的发育保持一致性,适时开产。采用体重和体型的双重标准,在养禽生产中越来越受到人们的重视,通过定期监测和调控后备种鸭群的生长,使其协调发展,才能培育出整齐度好、高产、稳产的后备种鸭,提高种鸭场的经济效益。

1. 肉鸭育成期的饲养方式 在育成期实行限制饲养,可以使实际体重落在目标体重范围内,性成熟时间适中,增加产蛋总量,降低产蛋期死亡率,提高受精率和孵化率,发挥其最佳生产性能。育成期限饲方法有每日限饲和隔日限饲。

(1) 每日限饲,根据体重生长曲线来确定每天的供料量。

(2) 隔日限饲,把2 d的料量放在1 d一次性投喂,第2天则不喂料。

实践证明,无论采用哪一种限饲方法,在喂料当天的第一件事都是早上4:00开灯,按每群分别称料,然后定期投料。

2. 肉鸭育成期的饲养管理要点

(1) 饲喂量与饲喂方法。第4周末,鸭群随机抽样10%个体,空腹称重,计算平均体重,将平均体重与标准体重或推荐的体重相比,来确定下周的喂料量。另外,把每周的称重结果绘成曲线,并与标准曲线相比,调整饲喂量,使实际曲线与标准生长曲线基本相符,一般每只每周加料量在2~4 g为宜,每周保持体重稳定增长的幅度。若体重低于标准体重,则每天每只增加5~10 g,若还达不到标准体重,则再增加;若高于标准体重,则每天每只减少5 g,直至短时间内达到标准体重。每天喂料量和每天鸭群只数一定要准确,将称量准确的饲料在早上一次性快速投入料槽,加好料后再放鸭子吃料,尽可能使鸭群在同一时间吃到料,防止有的鸭子吃得过多而使体重增长太快,有的鸭子吃得过少使体重上升太慢,达不到预期的标准。饲料营养要全面,所喂的料在4~6 h吃完。

限饲要与光照控制相结合；限饲过程中可能会出现死亡，因此更应该照顾弱小的鸭；鸭有戏水并清洗残留食物和洁身的特性，因此要在运动场内设置 0.5 m 深的洗浴池，供鸭定期洗浴，或者把水槽或饮水器装满水放在运动场上，以免弄湿鸭舍。添加抗应激剂，由于鸭的敏感性较强，必须考虑到应激因素，如通风不良、称重及免疫接种、转群等对鸭群体重的不良影响，特别是在免疫接种时，应在饮水或饲料中添加维生素 C、电解质和多种维生素等，减少应激反应。

(2) 转群。肉鸭育成期一般采用半舍饲的管理方式，鸭舍外设运动场，面积比鸭舍大 1/3。若育雏期网上平养转为育成期地面垫料平养，应在转群前 1 周准备好育成鸭舍，并在转群前将饲料及水装满容器。由于后备公、母鸭的采食速度、喂料量及目标体重均有所不同，因而公、母鸭要分群饲养。但在公鸭群中应配备少量的母鸭，即"盖印母鸭"(公鸭群内必须要有少量的母鸭与之混养，目的是让公鸭在生长过程中有"性的记忆"，这部分饲养在公鸭群中的母鸭就称"盖印母鸭")，以促使后备公鸭的生殖系统发育。

(3) 光照。育成期光照的原则是光照时间宜短不宜长，光照度宜弱不宜强，以防过早性成熟，通常每日固定 9～10 h 的光照，实际生产中多采用自然光照。如果育成期处在日照时间逐渐增加的季节，解决的方法是将光照时间固定在 19 周龄时的光照时间范围内，不够的则人工补充光照，但总的光照时间以不超过 11 h 为宜。如果自然光照日渐减少，就利用自然光照，到 21 周龄时则增加光照，26 周时光照达到 17 h。每天从早晨 4:00 开始光照，直至晚上 9:00，其余的时间为黑暗。光照时间要逐渐增加，以周为单位，而且每周增加的光照时间相等。例如，20 周的自然光照时间为 8 h，要再增加 9 h 的人工光照才满足 17 h 的光照时间，因此将 9 h 平均分配给 6 周，每周配给 1.5 h，结果为从 21 周开始每周增加 1.5 h 的光照。

(4) 密度。地面平养时，每只鸭子至少应有 0.45 m² 的活动空间，鸭舍分隔成栏，每栏以 200～250 只为宜，群体太大，会使群体体重差异变大，不易于饲养与管理。

(5) 称重。从第 4 周龄开始，每周随机抽样称重。根据体重大小及时调整鸭群。从开始限饲就应整群，将体重轻、弱小的鸭单独饲养，不限饲或少限饲，直到恢复标准体重后再混群。鸭的粪便中由于含有大量的水分，很容易使舍内环境潮湿，产生大量氨气等有害气体，使舍内空气污浊，所以每天应加强通风，及时增添垫料，保持舍内垫料松软干燥、空气清新。

三、肉鸭产蛋期的饲养管理

1. 产蛋期饲养管理要点　肉用种鸭的产蛋期为 25 周龄至产蛋结束。产蛋期的饲养目的是提高产蛋量、受精率和孵化率。要做到这一点，就必须进行科学的饲养与管理。

(1) 饲养技术要点。鸭的喂料量可按不同品种的饲养手册或建议喂料量进行饲喂，最好用全价配合饲料或湿拌料。鸭有夜食的习惯，而且在午夜后产蛋，所以晚间给料相当重要，一般喂给湿料。喂料方法有两种，一种是顿喂，每天 4 次，时间间隔相等，要求喂饱；另一种是昼夜喂饲，每次少喂勤添，保证槽内有料，也不使槽内有过多的剩料，保证每只鸭吃料的机会均等，不会发生抢料而踩踏或暴食致伤的现象，对肉种鸭来说比较合适。用颗粒饲料时，可用喂料机来喂，既省力又省时。无论采用哪一种饲喂方法，都应供给充足的饮水，并且每天刷洗水槽，保证清洁的饮水，水的深度要没过鸭的鼻孔，以便鸭清洗鼻孔。

(2) 管理技术要点。

① 产蛋箱的准备：在育成鸭转入产蛋舍前，在产蛋舍内放置足够的产蛋箱，如果不换鸭舍则在育成鸭 22 周龄时放入产蛋箱。产蛋箱的尺寸为长 40 cm、宽 30 cm、高 40 cm，每个产蛋箱供 4 只母鸭产蛋，可以将几个产蛋箱连在一起，箱底铺上松软的草或垫料，当草或垫料被污染了则要随时换掉，保证种蛋的清洁，提高孵化率。产蛋箱一旦放好，不能随意变动。

② 环境条件：鸭虽然耐寒，但冬季舍内温度不应低于 0 ℃，夏季不应高于 25 ℃，温度低时可采取防寒保暖措施，温度高则放水洗浴、淋浴或增加通风量来降温。舍内保持垫料干燥。每天提供 17 h 的光照，补光灯功率为 2 W/m²，灯高 2 m，并加灯罩盖，灯分布要均匀，光照时间固定，不可随意更改，否则会影响产蛋率。为应对突发事件，最好自备发电设备。加强通风换气，保持舍内空气新鲜，使有害气体排到舍外。饲养密度要适宜，密度太大影响鸭的活动、采食及饮水，密度太小浪费房舍，一般肉用种鸭以每平方米 2~3 只为宜。

③ 运动：运动对鸭的健康、食欲、产蛋量都有很大的关系。运动分舍内与舍外两种，舍外运动有水陆两种形式。冬天在日光照满运动场时放鸭出舍，傍晚太阳落山前赶鸭入舍。冬天运动场最好要铺草。舍外运动场每天清扫 1 次。每天驱赶鸭群运动 40~50 min，分 6~8 次进行，驱赶运动切忌速度过快。舍内外要平坦，无尖刺物，以防伤到鸭。舍内的垫草要每天添加，雨雪天气则不放鸭出舍。夏季天气热，每天 5:00 或 6:00 早饲后，将鸭赶到运动场或水池内，让鸭自由回舍，天晴时可让鸭露宿在有弱灯光的运动场上。要在运动场上搭设凉棚遮阳。鸭得到了充足的运动，能保持良好的食欲和消化能力，产蛋率较高。

④ 种蛋的收集：母鸭的产蛋时间集中在后半夜 3:00—4:00，随着产蛋鸭的日龄的增长，产蛋的时间会往后推迟。舍饲的鸭如不采取清晨放出舍外的方法，到上午 8:00 也产不完蛋。饲养管理正常，母鸭应在上午 7:00 产蛋结束，到产蛋后期，则可能会集中在 6:00—8:00。蛋拾得越早则越干净，夏季气温高应防止种蛋孵化，冬季气温低要防止种蛋受冻，对初产鸭要训练其在产蛋箱中产蛋，减少窝外蛋，被污染的种蛋不能作种蛋。有少数的鸭产蛋迟，鸭又在产蛋箱中过夜，这样会使蛋变脏，影响到种蛋的正常孵化，因此，饲养员可在临下班前再拣 1 次蛋。种蛋收集好后消毒入库，不合格的种蛋要及时处理。生产中可以根据种蛋的破损率、畸形率，鸭的产蛋率的多少及变化来检验饲养管理是否得当，及时采取有效的措施。

(3) 种公鸭的管理。种鸭群中的公母比例合理与否，关系到种蛋的受精率。一般肉用种鸭公母配比为 1:(4~5)，公鸭过少则影响种蛋受精率，可从备用公鸭中补充。公鸭过多也会引起争配而使种蛋受精率降低。还要及时淘汰配种能力不强或有伤残的公鸭。对种公鸭的精液进行品质检查，不合格的种公鸭要淘汰。公鸭要多运动，保持健康的体况，才会有良好的繁殖能力。

2. 肉鸭繁殖调控管理

(1) 种鸭的强制换羽。当气温升高到 28 ℃以上或饲养条件差时，母鸭就会进行换羽。在换羽期间，绝大多数母鸭停产，少数母鸭虽能继续产蛋，但产蛋量减少，蛋品质较差，另外自然换羽的时间为 4～5 个月。这时母鸭一边换毛一边产蛋，到立秋时身体极度疲劳，直到停产。为了缩短换羽时间，使母鸭提早产蛋，提高年产蛋量，降低成本，增加收入，最好对种鸭实行人工强制换羽。人工强制换羽一般只需要 2 个月左右的时间，换羽后的鸭群产蛋多、品质好，能达到较高的产蛋高峰。肉种鸭的强制换羽的方法和时间均可参阅蛋种鸭饲养管理部分。

(2) 选种与选配。

① 肉种鸭选种要求。选择肉种鸭除了要注意从有种畜禽生产许可证、技术力量强、防疫条件好的正规禽场引进健康高产的肉鸭品种饲养外，在不同饲养阶段还应进行选择，将优秀的个体留作种用。

a. 雏鸭阶段：选择毛色和活重符合品种要求且健壮的雏鸭留种，淘汰弱雏、残雏和变异个体。

b. 育成鸭阶段：选择标准是一看生长发育水平，二看体型外貌，将不符合品种要求的个体淘汰。

c. 开产前：一般在开产前进行，选择体质健壮、体型标准、毛色纯正、生殖器官发育良好的个体留种。

② 配种年龄及公母比例。

a. 配种年龄：为了充分发挥肉种鸭的利用效率，配种年龄的掌握非常重要，配种年龄过早，不但影响生长发育，而且受精率低，雏鸭品质差，弱雏较多；相反，配种年龄太晚，失去了种用的有效时间。不同品种的种公鸭其性成熟期不同，应根据种鸭品种来确定最适宜配种时间，不可一概而论。

b. 公母比例：肉种鸭公母比例受品种类型、季节、年龄、公母合群时间以及饲养管理条件等因素影响。生产实践表明，公母比例失调将降低受精率，公鸭太少，母鸭得不到受配，受精率降低；公鸭过多，由于争斗争配不仅造成受精率降低，而且公鸭争斗消耗体力也影响其健康。公母比例一般情况下为 1：(4～5)，在生产中可根据受精率高低进行适当调群。

③ 种鸭的利用年限。种公鸭一般利用 1 年即可淘汰，但是有些品种可用到 2 年。对于那些体质健壮、精力旺盛、受精率高的种公鸭可继续使用。

④ 配种方法。肉种鸭一般配种方法主要有以下几种：

a. 小群配种：适用于育种场，指在一小群母鸭中放入一只种公鸭进行交配，设有自闭产蛋箱，公、母鸭没有明显编号。此法优点是后代血缘清楚；缺点是窝外蛋较多，鸭舍利用率低。

b. 大群配种：在一母鸭群内，按比例放入公鸭，让它们进行自由交配。鸭群的大小视鸭舍、运动场或放牧地方的大小而定，从几十只到几百只不等。这种方法简单、管理方便、受精率高，一般被繁殖场广为采用。

c. 人工辅助配种：这种方法主要用于不同品种间杂交。主要是因品种间个体存在较大差异，为了适时交配而在人为的帮助下，使其顺利进行交配。

d. 人工授精：由于纯种鸭经过长期的自然选择，其自由交配过程中受精率比较高，而且几乎无特别的困难，一般不需要人工授精。但是在开展杂交，特别是开发肉鸭新产品时，由于不同肉鸭品种个体相差较大，在配种过程中存在较大困难，而且受精率也比较低，为了降低成本，得到较多的受精蛋，这就需要使用人工授精这一技术。同时，在育种中为了充分发挥优良种鸭的作用，在短期内繁殖大量的良种后代，加速肉鸭养殖业的发展，也需要使用人工授精技术。

1. 说说肉鸭与蛋鸭饲养的异同点是什么？
2. 肉鸭配种一般有几种方法？

任务四　肉用仔鸭的填肥技术

一、准备工作

1. 器材和场所的准备

（1）器材。事先应消毒好填喂机、塑料水桶等器材。

（2）场所。空间不宜过大，且需封闭的场所，一般多在养殖基地的准备间或隔离间进行。

2. 填肥仔鸭的准备

（1）填肥鸭品种的选择。鸭肥肝的大小是多种因素相互作用的结果，其中鸭种群质量是首要因素，肉用性能越好、体型越大的鸭种，肥肝平均重越大，而兼用型次之，蛋用小型鸭种通常肥肝较小，一般不用来生产鸭肥肝。因此培育肥肝鸭应选择生长速度快和抗病力强的品种，比如肉用型的樱桃谷鸭、番鸭、北京鸭、靖西大麻鸭，兼用型的昆山麻鸭、高邮鸭、巢湖麻鸭、固始鸭等品种。大量填饲实验证明部分纯种鸭存在不耐填饲的缺陷，时间长了伤残率高，使得填饲时间过短，肥肝产量低；杂交品种生活力强，填饲期可长些。有些养殖户就用杂交肉用型品种作为填饲的对象，比如以番鸭为父本，以我国地方产蛋率高的鸭种为母本进行杂交，产生的后代鸭具有高抗病性、生长速度快、饲料转化率高等特点，使杂交优良后代成为生产肥肝的首选品种。

（2）填肥鸭体重的选择。不同的鸭种生长发育规律不一样，一般填饲体重宜在 2.5 kg 以上。体重较小的鸭发育年龄相对较短，生长发育过程中消耗养分相对较多，养分能转化为脂肪在肝中沉积的部分就较少，而且体重小的鸭胸腹部容量、食道容积较小，能填饲的饲料较少，肝可增大的空间也小，生产的肥肝当然就小。

（3）填肥鸭性别和年龄的选择。鸭的性别对肝重影响较小，鸭的性别不限，公、母鸭均可填饲，但一般公鸭的肥肝形成效率高于母鸭。母鸭由于分泌雌激素，比公鸭易肥，母鸭又娇嫩些，耐填性和抗病力比公鸭差。

开填时鸭要基本达到体成熟，此时吸收的养分不需用于一般体组织的生长，除了维持需要外，其余部分较多地用于转化成脂肪沉积，同时胸腹腔较大，消化能力强，肝细胞数量较多、肝脂肪合成酶的活力较强，有利于填肥，有利于鸭肥肝增大。日龄大些的鸭耐填性能好，体重在 2.5 kg 以下的鸭用于填肥，则伤残大、成功率小。一般开填日龄在 70～90 日龄，早熟品种、体况好的品种开填日龄可短一些，晚熟、体瘦的品种开填日龄可长些。填饲过早，体重小，体格发育不健全，鸭体稚嫩，经不起强制填饲，伤残鸭多，肥肝产量低，质量低；填饲过迟，耗料多，经济效益低。在鸭成熟后应选择发育良好，生长整齐，健康无病，最好颈粗短、胸宽体长、胸腹部容量大的鸭用于填肥，以减少在填肥过程中出现不良个体，保证肥肝产量、质量和产率。成年鸭和老年鸭同样可以用来生产肥肝，但在填饲前常常需对成年鸭或老年鸭进行一段时间的科学饲养，使其体格健壮，需要预饲 2～3 周。

(4) 填肥肉仔鸭品质。肉仔鸭的品质直接影响鸭肥肝的产量和质量。在待填鸭的培育上，大多采用公司加农户的方式放养，即由公司提供鸭苗、饲料、兽药、技术服务等，按约定天数论只或重量回收。回收来用于填肥的肉仔鸭，由于来源不同，体况有一定差异，需预饲 3～4 周，使肉仔鸭更加健壮便于填饲。也有少量的个别企业建立自己的肉鸭示范场，这对肥肝生产的计划性有一定保证。个别企业采用密闭式饲养种鸭，通过人工控制小环境，实现种鸭的反季节生产，这为鸭肥肝全年均衡生产、上市创造了先决条件。

二、操作要点

1. 填肥方法 填饲操作方法分为手工填饲和机械填饲。

(1) 手工填饲。填饲人员用左手握住鸭头并用手指打开喙，右手将玉米粒塞入口腔内，并由上而下将玉米粒捻向食道膨大部，直至距咽喉约 5 cm 为止。也可以用管子和漏斗制成进料器，将管子末端直接插入到食道膨大部，然后在漏斗中加入玉米，用棒子将玉米直接推入食道膨大部。此进料器外壁和底端光滑，可防止划伤食道。手工填饲费力费时，目前，国内外已采用填饲机代替手工强制填饲，大大提高了劳动生产率，填饲量多而均匀，适宜肥肝批量生产的需要。

(2) 机械填饲。一般需要 2 人配合，协同操作。首先将调制好的饲料倒入填饲机的料斗中，然后把填肥鸭驱赶到填饲室的一角，用围篱圈定，助手将填肥鸭捧到填饲机前的一侧坐下，把填肥鸭放在填料管下的固禽器上，两手的大拇指紧紧按住填鸭的两翅，其余四指抱住鸭体，不让其挣脱并迫使鸭的两腿向后伸。填饲员坐在填饲机前，开填时，先用食用油涂抹填料管，使其润滑，然后用右手抓住鸭头，拇指和食指轻压鸭喙基部两侧，迫使鸭嘴张开，接着左手食指伸进鸭的口腔内压住舌基部，将填料管插入口腔，沿咽喉、食道直插至食道膨大部。此时，填饲员左手固定鸭头，左脚踩动填饲开关踏板，螺旋推动器运转，玉米从填饲管中向食道膨大部推进，填饲员左手仍固定鸭头，右手触摸食道膨大部，待玉米填满时，边填料边退出填饲管，自下而上填饲，直至距咽喉约 5 cm 为止，左脚松开脚踏开关，玉米停止输送，将咽部慢慢从填饲管中退出。

2. 填肥操作要求

(1) 填饲次数和时间。在正式填饲前，应该有一个预饲期，是从仔鸭到填肥鸭的过渡阶段，时间长短不一。如果仔鸭放牧饲养，预饲期应略长一些，使鸭逐步适应新的填饲环境；如果是圈养仔鸭，预饲期可略短些。一般预饲期3~7 d。在这个过程中，要做好三件事：停止放牧，全部采用圈养；全部喂精饲料，以玉米为主；预饲期后几天，可开始适应性填饲，一般每天填饲1~2次，填量较少，为正式开填做好适应性过渡。

填料量应循序渐进，当其适应后应尽量多填、填足。填饲期时间一般2~4周，鸭期比鹅期短，填饲期的长短视品种、消化能力、增重而定，特别是视肥育成熟与否而定。纯种不耐填，时间长了伤残率高，填饲期应短些；杂种生活力强，填饲期可长些。

填饲次数关系到日填饲量，进而影响到肥肝增重。填饲次数太少，填料量不足，肥肝增重慢；填饲次数太多会影响鸭体的休息和消化吸收，给饲养管理工作带来不便，也不利于肥肝增重。应根据鸭的消化能力，掌握每次填料前，食道正好无饲料为宜，但又要填饱不欠料。

一般操作时间及次数如下：

① 第1周或1~5 d，每天2次，每次100~200 g，时间是早7:00和下午5:00。

② 第2周或6~14 d，每天3次，每次150~250 g，时间是早7:00、下午2:00和晚9:00。

③ 第3周以后，每天4次，每次200~300 g，时间是早7:00、中午12:00、下午6:00和晚11:00。

填料时间应准时、有规律，不得任意提前或延后，以免影响肥肝生长或引起应激。填饲期的长短要根据鸭的生理特点和鸭肥肝增重规律而定，一般填饲3~4周，具体时间还得根据品种、消化能力、增重情况而定。

(2) 填饲量。填饲量是生产肥肝的关键，直接关系到肥肝的增重和质量，填饲量不足，脂肪主要沉积在皮下和腹部，形成大量的皮下脂肪和腹脂，而肥肝增重慢，肥肝质量等级低；填得过多，影响消化吸收，填饲量又不得不降下来，对肥肝增重不利，还容易造成鸭的伤残。填饲量应由少到多，逐渐增加，直至填饱，以后维持这样的水平。填饲前应先用手触摸鸭的膨大部，了解消化情况，如已空，说明消化良好，应适当增加填饲量；如食道膨大部有饲料积存，说明填饲过量，消化不良，应用手指帮助把积存的玉米捏松，以利于消化，并适当减少填饲量。如因填料量过多等原因造成食道损伤，连续几天食道中玉米还未消化，应立即宰杀淘汰。鸭的填饲量因品种和个体而存在差异，北京鸭等大型肉鸭一般日填饲量500~600 g，建昌鸭等小型鸭一般日填饲量为400~500 g。填完料后，如鸭精神良好，活动正常，展翅高叫，喜爱饮水，说明填料合适；如果鸭拼命摇头，欲将玉米甩出，说明量太多。

三、注意事项

1. 填肥仔鸭饲养管理注意事项

(1) 饲养环境。肥肝生产不宜在炎热的季节进行。填饲季节的最适温度为10~15 ℃，在20~25 ℃尚可进行，超过25 ℃以上则不适宜，因为填饲时用的填肥料是高能量饲料，鸭的皮下积存着大量脂肪，不利于体内热量的散发，故环境温度不宜过高。相反，填肥鸭对低温的适应性较强。4℃气温条件对肥肝生产无不良影响，即使环境温度低于0℃，只要做好防冻工作仍可填饲、生产肥肝。但是在低温下，填肥鸭需要消耗更多的能量来维持自身的需要以及抵抗低温。

舍内地面平坦、无硬物，适当垫草，要保持垫草干燥，防止潮湿，通风良好，空气新鲜，清洁卫生，为鸭提供一个良好的休息环境。填饲后期，肥肝已延伸到腹部，如圈舍地面不平，极易造成肝机械损伤，使肥肝局部淤血或有血斑，影响肥肝的质量。舍内光线宜暗，保持环境安静，适当活动，限制下水洗浴，减少惊扰，使鸭得到充分休息，减少能量消耗，利于肥肝生长。

填肥鸭应实行小圈饲养，尽量限制填肥鸭的活动，在减少其能量消耗，加速填肥鸭的肥育和肝内脂肪的沉积。舍内要围成小群，每小群养鸭不超过20只，饲养密度为3～4只/m²。如果采用笼养，可以防止鸭群间的挤压等问题。也可以将鸭养在双层个体笼内，这样可以减少抓鸭过程中出现的堆积、挤压、惊群等所造成的伤残，而且方便捕捉，节省劳力，但笼养加大了资金投入。

（2）疾病防治。在预饲期开始时进行疫苗接种和驱虫，饲料中适当添加有防治疾病、增强抵抗力、促进生长的药物。常用的有土霉素、金霉素、青霉素等，尤以土霉素用得最为普遍，它的性能稳定，抗菌范围广，其用量占日粮的0.01%～0.05%。但是要注意，使用抗生素会在鸭体内残留或产生耐药性，因此一定要注意添加的剂量，并在正式填饲或者填饲前期停止饲喂。强制填饲前1周注射禽霍乱菌苗，并做好驱虫工作。在填饲期间，如果发现有其他疾病的鸭只，需对其进行治疗，康复后才能继续填饲。

（3）平时观察和检查。由于鸭在填饲期间体重的迅速增加和肥肝的逐步形成，填饲时驱赶鸭应缓慢，防止相互挤压碰撞，防止惊吓，减少对鸭的惊扰，捕捉时轻提、轻放。在填饲期间，每次填饲时应检查鸭的状况，如用手抚摩感到鸭翅膀下皮肤松散，有皮下脂肪形成，食道没有积食，说明消化正常，填饲量适当；如发现食道还有积食，说明填饲量过多，应减少或停填1次；如发现皮肤很紧，没有皮下脂肪形成，食道中又无饲料，说明填饲料过少，应增加用量。若发现消化不良，每次可服一些有助于消化的辅助药。在填饲过程中，供应充足饮水，水盆或水槽要经常清洗，保持随时都有清洁水供鸭饮用。但在填料后半小时内不能让鸭饮水，以防止它们甩料。

平时仔细观察鸭群的精神情况，特别是填饲10 d后，根据具体情况决定是否紧急屠宰，减少损失。一旦发现呼吸极端困难、不能或很少行走、严重滞食、眼睛凹陷、嘴壳发白者应随时屠宰。饲料基本不见消化或者停填滞食3 d以上的要屠宰。另外，填喂期如果观察到有已成熟者（主要表现为体态肥胖，腹部下垂，两眼无神，精神萎靡，行动迟缓，出现积食和腹泻等消化不良症状）可先屠宰。相反，已到既定填喂期但未成熟者可适当延期。

2. 填肥操作注意事项

（1）插管时必须小心，填饲管插入口腔后，应顺势使填饲管缓慢通过咽喉部和食道部，如感觉有阻力，说明方向不对，应退出重插，要随时推拉颈部使其伸直，以保证填饲管顺利进入。在整个填饲期间，每只鸭需要插管28～42次，甚至更多，任何一次疏忽和粗心，都会给鸭造成伤害，使伤残率增高。填饲时应注意手脚协调并用，脚踩填饲开关填饲玉米应与鸭食道从填饲管中退出的速度一致，退慢了会使食道局部膨胀形成堵塞，甚至食道破裂；退得太快又填不满食道，影响填饲量，进而影响肥肝增重。当鸭挣扎颈部弯曲时，应松开脚踏开关，停止送料，待恢复正常体位时再继续填饲，以避免填饲事故发生。

（2）在填饲过程中，鸭用嘴吸气时，可能使玉米进入喉头，导致窒息。玉米突然进入气管的症状是呼吸时发鼾声或鸣声，此时应将鸭放在桌上，使头向下垂，牢固地将鸭体固定住，术者即开始探找玉米粒，从颈部的中段起，直到胸部的入口处，拇指和食指猛烈挤压气管，可使玉米上升一些，大玉米粒可以在手指间感觉到，这时，左手应该按住玉米粒，右手打开鸭口腔，设法将玉米抖出来。如果抖不出来，可以突然但不持续地挤压鸭颈，迫使鸭咳嗽，在这一瞬间，设法移动玉米位置，玉米可以随气流的力量排出。

（3）饲料不应过分结实地堵塞食道，否则会引起食道破裂。在前期经过锻炼的鸭食道，可容 300～600 g 玉米，这是获得大肥肝的重要因素之一，但应考虑到这是机体生理负担的极限，不能再加大了。传送玉米的螺旋推进器应比供料管短 3～4 mm，预防食道受伤，但不能太短，以免湿润玉米形成堵塞，无法供给饲料。

思与练

1. 填肥仔鸭如何选择？
2. 仔鸭填肥的操作流程是什么？有哪些注意事项？

任务五　鹅的饲养管理

学习任务

养鹅生产在我国家禽养殖中占有独特的位置，随着居民消费水平的提高和饮食文化的发展，对鹅产品的消费日趋增多，本部分将重点对肉用仔鹅、种鹅等不同对象的生产阶段，进行系统全面的讲解，同时对相关饲养技术、活鹅拔羽技术、鹅肥肝生产技术等进行详细的阐述。

一、雏鹅的饲养管理

1. 雏鹅的生理特点　雏鹅是指 4 周龄以内的苗鹅。刚出壳的雏鹅，绒毛稀薄，体温调节能力差，特别怕冷、怕湿、怕热、怕外界环境突然变化。雏鹅生长速度快，到 20 日龄时的体重是初生体重的 10 倍。雏鹅的生理特点有以下 6 个方面：

（1）体温调节能力不完善。初生雏鹅个体小，绒毛稀少，保温性能差，体温调节机能尚未健全，怕寒冷，对外界温度变化的适应性也很弱。低于 20 日龄的雏鹅，当温度稍低时就易发生扎堆现象，常导致压伤，甚至大批死亡。因此在雏鹅的培育工作中，必须要为雏鹅提供适宜的外界环境温度，以保证其正常的生长发育。

（2）新陈代谢旺盛，生长发育快。一般中、小型鹅种出壳重 100 g 左右，大型鹅种 130 g 左右。生长到 20 日龄时，小型鹅种的体重比出壳时增长 6～7 倍，中型鹅种增长 9～10 倍，大型鹅种可增长 11～12 倍。为保证雏鹅快速生长发育的营养需要，要及时饮水、喂食和喂青绿饲料，饲喂含有较高营养水平的日粮。同样的饲养管理条件下，公雏比母雏增重多 5%～25%，单位增重耗料也少。在饲养条件允许的情况下，育雏时尽量做到公母分开。

（3）消化能力弱。雏鹅消化道短，容积小，吃下去食物通过消化道的速度很快（雏鹅平均保留 1.3 h），肌胃收缩力弱，对食物的研磨能力差，同时消化腺分泌消化液量少，消化酶活性低，为保证雏鹅快速生长发育的营养需要，要为雏鹅提供营养丰富、易于消化的饲料。

（4）抗病力差。雏鹅的免疫系统机能低下，对病原微生物抵抗力弱，抗病力差，容易感染各种疾病，加上密集饲养，一旦发生疾病则损失严重，因此要做好疾病的预防工作。

（5）适应性差。当饲料中某种营养素缺乏或营养不平衡、饲料毒素或抗营养成分偏高等情况出现时，雏鹅容易表现出病态反应。环境条件的突然变化也容易造成雏鹅的应激。

（6）缺乏自卫能力。雏鹅个体小，尤其是 2 周龄以内的雏鹅对鼠类及其他肉食性动物的侵害无法自我防御，因此要做好预防兽害的工作。

2. 雏鹅育成方式　雏鹅的育雏方法主要取决于保温的方式和热源的种类。目前我国广大农村养鹅户普遍采用自温育雏和平面供温育雏两种方法。

（1）自温育雏。此法在养鹅数量较少时用得比较普遍。一般采用鹅篮、箩筐、纸板箱、稻草囤等容器，其上加盖保温物品，通过增减盖物、垫料厚薄或适时起身用手拨散扎堆鹅群等措施来调节温度。通常室温在 15 ℃ 以上时，白天可将 1～5 日龄的雏鹅放在柔软的垫草上，用 30 cm 高的竹围围成直径 1 m 左右的小栏，每栏养 20～30 只，晚上则将雏鹅放在育雏笼内。若室温低于 15 ℃，除每日定时饲喂外，白天、晚上均放在育雏笼内。必要时可在箩筐的垫草中放一盛有热水的高温玻璃瓶以提高育雏笼内的温度。5 日龄以后，视气温的变化逐渐缩短雏鹅在育雏笼内的时间。在育雏期间如发现雏鹅有打堆现象时，应及时用手扒散，以防雏鹅窒息而死。

此法简便，但极其劳累，稍一不慎便使雏鹅因冷而挤堆，造成压死或压伤；鹅体绒毛受潮（起身时手掌有水），会造成"僵鹅"；常因受热致使生长发育受阻，同样形成"僵鹅"。自温育雏仅适合于小群育雏，或气候暖和的季节。

（2）平面供温育雏。又称给温育雏，这是普遍采用的育雏方法，一般采用地面饲养或网上饲养。其育雏形式随热源的种类不同而异，主要有以下几种育雏形式：

① 电热育雏：用铁皮或木板制成直径 1.5 m 的伞形育雏器，伞内安装电热丝、电热板或红外线灯泡作为热源，伞离地面约 30 cm 高，每个保姆伞可育雏鹅 100 只左右。此法简便，调温容易，节省人力，但耗电多，成本较高，无电或供电不正常的地方不能采用。

② 地面垫料育雏：在干燥的地面上，铺垫洁净而柔软，并轧段成 10 cm 长的稻草，一般根据气温铺 5～10 cm 的厚度。采用红外线灯（单个或联合组式）或其他育雏保温条件。

③ 地下烟道育雏：此育雏形式保温结构简单，建造方便，成本低廉，适合各种房舍结构，燃料可就地取材，可使用煤和柴草。温度相当稳定，保温时间长，成本低廉。

④ 网上育雏：将雏鹅饲养在离地 50～60 cm 高的铁丝网或竹板网上，网眼尺寸为 1.25 cm×1.25 cm。热源由通过室内的烟道提供。供热装置为火炉，烟道位于室内网板下，下部距地面 25 cm 高。采用此法育雏，可节省大量垫料，减少雏鹅与粪便接触的机会，因而可减少疾病的发生率，网上设有育雏保温设施，成活率较高。

⑤ 地面平养和网上平养结合：5～7 日龄内的鹅采用网上平养，以后转入地面平养。这种方式，既能满足幼龄雏鹅对温度的要求，提高成活率，又可避免因长时间网上饲养引起雏鹅啄羽等不良现象。

⑥ 笼养：初生雏鹅个体小，5～10 日龄前可采用鸡的育雏笼保温育雏。

3. 育雏准备工作

（1）制订育雏计划。制订育雏计划是合理安排生产，提高生产效益的保证。育雏计划的制订主要包括育雏时间的确立和育雏数量的确定等。育雏时间要根据当地的气候状况、饲料条件和市场的需要等因素综合确定，其中市场需要尤为重要。育雏数量的多少，应根据鹅场的具体情况考虑，这里主要考虑鹅舍的多少、资金条件和生产技术与管理水平等。育雏成活率的高低，将受到这些因素的制约。

（2）育雏舍与设备的准备。首先根据进雏数量计算育雏舍面积，准备育雏舍，并对舍内照明、通风、保温和加温设备进行检修。进雏前要对育雏舍彻底清扫和消毒，用高压水冲洗打扫干净的育雏舍地板、墙壁或网床、笼具，晾干后，地面平养的要铺上垫料，将饲喂和饮水器具放入，用高锰酸钾、福尔马林熏蒸消毒。此时要求门窗密闭，经过 24 h 熏蒸后，打开门窗，彻底通风。如果是长时间使用的棚舍，在熏蒸前地面和墙壁先用 5% 来苏儿溶液喷洒一遍。育雏舍出入处应设有消毒池，进入育雏舍人员必须进行消毒，严防带入病原，使雏鹅遭受病害侵袭。

（3）育雏用品的准备。育雏前要准备好开食饲料、药品及相关的用品等。开食的精饲料要求不霉变、无污染、营养完善、颗粒大小适中、适口性好、易消化。还可事先种一些鹅喜爱吃的青绿饲料，刈割切碎后供雏鹅食用。另外还需准备一些维生素、微量元素等添加剂和药品。育雏期间应准备的药品包括消毒药物、抗菌药物和疫苗。此外还要准备温度计、手电、记录表格和秤等。

（4）预温。为了使雏鹅接入育雏舍后有一个良好的生活环境，在接雏前 1～2 d 启用加热设备，使舍温达到 28～30 ℃。地面平养的在进雏前 3～5 d 在育雏区铺上 1 层厚约 5 cm 的垫料，厚薄要均匀。不同的供温设备预热所需的时间有差别，应灵活掌握。预热期间注意检查供热设备是否存在问题。

4. 育雏饲养管理要点 0～4 周龄为育雏期，雏鹅饲养的好坏直接关系到雏鹅的生长发育和成活率，继而影响到中鹅的生长发育。此期饲养管理的重点是培育出生长发育快、体质健壮、成活率高的雏鹅，充分发挥所选品种的最大生产潜力，提高养鹅生产的经济效益。因此，在养鹅生产中要高度重视雏鹅的饲养管理工作。

（1）雏鹅的选择与运输。

① 种鹅场选择：购雏之前必须进行实地考察，一定要到饲养管理水平高、健康

无疫病的种鹅场或正规的孵化场去购雏。

② 雏鹅个体选择：强壮的雏鹅生活力和抗病力强，成活率高，生长发育快。因此，养好雏鹅，首先要挑选健雏。挑选健雏应做到一看、二摸、三试。一看，即观察雏鹅外形和精神状态，选择个头大、绒毛粗长有光泽、眼睛有神、叫声响亮、活泼好动、脐部收缩完好而无血斑水肿和脐带炎、无畸形的健雏；相反，则为弱雏。二摸，即用手抓鹅，感觉挣扎有力、有弹性、脊骨壮、腹部柔软和大小适中的是健雏；挣扎无力、体软弱、脊骨细、肚子显得过大的"大肚"雏是弱雏。三试，即手臂用力将雏筐中的雏鹅放倒，使雏鹅仰翻放，如能很快翻身站立的是健雏；软软地、迟迟不能翻身站立的是弱雏。

(2) 早饮水（潮口）。雏鹅出壳后 20～24 h 表现出张嘴伸颈、啄食垫草或互相啄咬时，即可给予饮水。用饮水器或饮水槽（水深以 3 cm 为宜）提供清洁的饮水（1～2 周内饮温开水）。因为鹅是水禽，加之雏鹅在孵化室高温环境下存放时间较久，体内水分丧失较多，如果长时间不供水，易造成雏鹅虚脱，影响其健康和食欲，这点必须引起高度重视。如果雏鹅不会饮水，可将部分雏鹅的喙按入饮水器中 2～3 次，让其学会饮水，其他雏鹅便会模仿、跟着饮水。一定要严防雏鹅由于饮水不足而脱水，然后暴饮，而导致雏鹅水中毒。为有效地预防雏鹅腹泻，降低应激危害，头 3 d 饮用水中可添加氟喹诺酮类或抗生素等药物，另加 5% 的多维葡萄糖溶液（每天上、下午各饮 1 次，每次饮用 20～30 min）。出壳后应先饮水后开食，饮水能刺激食欲，促进胎便的排出。一经饮水后切忌断水。

(3) 适时开食。一般在雏鹅饮水后不久，便可开食。如果开食过晚，则会变成所谓的"老口"，常导致雏鹅食欲不振，发育迟缓，甚至会发生死亡。开食宜用配合颗粒饲料，并加入适量切细的鲜嫩青绿饲料，撒在饲料盘中或雏鹅的身上，引诱雏鹅啄食，开食后即转入正常的饲养。2～3 d 后便逐渐改喂雏鹅的全价配合饲料加青绿饲料。每次饲喂时要求少给勤添，不要吃得过饱。雏鹅做到少吃多餐，一般白天喂 6～8 次，夜间加喂 2～3 次。精饲料量每只 20～40 g/d，青绿饲料喂量每只 5 g/d。雏鹅阶段的饲料要相对稳定，观察鹅吃食的状态加料。雏鹅对霉菌特别敏感，杜绝喂给雏鹅发霉变质的饲料。仔鹅 1～4 周龄饲料配方 1：玉米 64.5%，豆粕 29.4%，鱼粉 1.7%，赖氨酸 0.05%，蛋氨酸 0.20%，石粉 1.7%，磷酸氢钙 1.2%，盐 0.25%，预混料 1.0%；饲料配方 2：玉米 54.0%，豆粕 24.0%，饲料酵母 3.0%，稻糠 10.0%，麦麸 5.2%，蛋氨酸 0.12%，石粉 1.0%，磷酸氢钙 2.0%，盐 0.35%，胆碱 0.1%，多种维生素 0.03%，矿物质微量元素添加剂 0.2%。

(4) 清洁卫生。按日龄控制适宜的温度、湿度；搞好舍内外的环境卫生，每天清洗饮水器和料槽 1 次，清除粪便 1 次，勤换垫草，切忌垫草发霉；弱、病雏要做好隔离工作；定期进行全面消毒，每周带鹅消毒 1 次；观察雏鹅采食、饮水、精神状态和粪便情况，及时调整完善饲养管理。

(5) 适时分群。从育雏第 6 天开始就要按强弱、大小等具体情况分群饲养，对体型小的弱雏要单独放在一处，进行特殊看护，加强饲养管理。雏鹅分群饲养时，鹅群不宜太大，每群的数量以 100～200 只为宜。弱雏也可养在温度稍高的地方，为了避免拥挤，减少死亡，还可采用小群看护饲养法，即随着日龄的增长每小群的只数变动为1周龄的15只、2周龄的20只、3周龄的25只、4周龄的30只。

（6）放牧和放水。雏鹅初次放牧时间，可根据气候和健康状况而定，一般在出壳后15 d左右。第1次放牧必须选择晴好天气，在饲喂后将雏鹅驱赶到附近平坦的草地上活动、采食青草，前几次时间不宜过长、距离不宜过远，以后逐渐延长放牧时间与距离。开始放牧后就可放水。初次放水可将雏鹅赶至水浴池或浅水边任其自由下水，切不可强迫将雏鹅赶入水中，否则易受凉感冒。

（7）疫苗免疫。自第1周陆续开始对雏鹅进行疫苗免疫以来，主要涉及禽流感、鹅球虫病、鹅矛形剑带绦虫病、缺硒症、维生素D缺乏症、亚硒酸钠中毒和软脚病等。其中鹅禽流感的防治处于比较重要的位置，应对此高度重视，对雏鹅进行相关疫苗免疫。

二、育成鹅的饲养管理

雏鹅养至4周龄时，即进入育成期。从5周龄开始至产蛋前为止的时期，称为种鹅的育成期，这段时期的鹅称为育成鹅。此期一般分为限制饲养阶段和恢复饲养阶段。

1. 育成鹅的生理特点

（1）消化机能旺盛，耐粗放饲养。育成鹅消化道容积大，消化机能旺盛，采食量大，一次可采食大量的青、粗饲料，比其他家禽消化粗纤维的能力高40%～50%。由于其代谢旺盛，对青、粗饲料的消化能力强，因此，在种鹅的育成期应利用放牧能力强的特性，采取以放牧为主、补饲为辅的饲养方式，加强锻炼，培育出适应性强、耐粗饲、增重快的后备鹅群。

（2）生长速度快。此时鹅的羽毛已丰满，具备了健全的体温调节能力，对外界环境的适应力也逐渐增强，抗病力提高，生长速度快。此阶段鹅的骨骼、肌肉和羽毛生长速度最快，尤其育成期的前期，是鹅骨骼发育的主要阶段。2周龄时骨骼占体重的35%左右，6周龄时达到60%左右，8周龄后生长速度开始下降。因此，8周龄前应供应充足的钙、磷等矿物质饲料，饲喂营养全价平衡的日粮，促进骨骼、肌肉等器官的快速发育。

（3）合群性强、易于调教、喜戏水。合群性强，喜欢群居，神经类型敏感，条件反射能力强，是鹅的重要生活习性，因此，饲喂、放牧、放水等管理工作每天有规律地定时进行，鹅群很容易形成条件反射，养成良好生活规律，给放牧和规模化饲养提供了有利条件。公鹅勇敢善斗、机警善鸣且能相互呼应，常常防卫性地追逐生人，农户常用来守家。育成鹅喜戏水，每天有近1/3的时间喜欢在水中活动。

及时了解鹅育成期的生理特点，科学地制定出相应的饲养管理方案，对育成体质健壮、高产的鹅群具有重要的生产意义。

2. 育成鹅的饲养管理　育成鹅的饲养管理重点是以放牧为主，让鹅吃饱喝足，也就是人们常说的"鹅要壮，需勤放；要鹅好，放青草"。不同品种或品系的种鹅，其生产周期不同；同一鹅种或品系在不同的地区，特别是纬度差异较大时生产阶段划分也不一样。

（1）育成鹅的选择。鹅特殊的繁殖生理特点决定了种鹅的选择成为种鹅育成过程中必不可少的一项技术。种鹅一般应经过以下4次选择,把体型大、生长发育良好、符合品种特征的鹅留作种用,以培育出产蛋量高或交配受精能力强的种鹅。

第1次选择在育雏期结束时进行。选择的重点是选择体重大的公鹅,母鹅则要求具有中等的体重,淘汰那些体重较小的、有伤残的、有杂色羽毛的个体。经选择后,公、母鹅的配种比例为:大型鹅种为1:2,中型鹅种为1:(3~4),小型鹅种为1:(4~5)。

第2次选择在70~80日龄进行。可根据生长发育情况、羽毛生长情况以及体型外貌等特征进行选择。淘汰生长速度较慢、体型较小、腿部有伤残的个体。

第3次选择在150~180日龄进行。此时鹅全身羽毛已长齐,应将具有品种特征、生长发育好、体重符合品种要求、体型结构和健康状况良好的鹅留作种用。公鹅要求体型大、体质健壮,躯体各部分发育匀称,肥瘦和头的大小适中,雄性特征明显,两眼灵活有神,胸部宽而深,腿粗壮有力。母鹅要求体重中等,颈细长而清秀,体躯长而圆,臀部宽广而丰满,两腿结实,耻骨间距宽。选留后的公、母鹅配种比例为:大型鹅种1:(3~4),中型鹅种1:(4~5),小型鹅种1:(6~7)。

第4次选择在种鹅开产前1个月左右进行,具体时间因品种而异。这是最重要的一次选择,重点是选择种公鹅,必须经过体型外貌鉴定与生殖器官检查,有条件进行精液品质检查则更好,符合标准者方可入选,以保证种蛋受精率。种母鹅要求生长发育良好、体型外貌符合品种标准、第二性征明显、精神状态良好。

(2)育成鹅的饲养管理。在育成期间,饲养管理的重点是对种鹅进行限制饲养,其目的在于控制体重,防止体重过大、鹅体过肥,使其具有适合产蛋的体况;达到适时的性成熟时间;训练其耐粗饲的能力,育成有较强体质和良好生产性能的种鹅;延长种鹅的有效利用期,节省饲料,降低成本,提高饲养种鹅的经济效益。

① 限制饲养的方法。目前,种鹅的限制饲养方法主要有两种,一种是减少补饲日粮的喂量,实行定量饲喂;另一种是控制饲料的质量,降低日粮的营养水平。鹅限制饲养期以放牧或喂饲青、粗饲料为主,故大多数采用后者,但一定要根据放牧或青饲料条件、季节以及鹅的体质,灵活掌握饲料配比和喂料量,达到既能维持鹅的正常体质,又能降低种鹅的饲养费用的目的。控料期开始后应逐步降低饲料的营养水平,每日的喂料次数由3次改为2次,放牧饲养的尽量延长放牧时间,逐步减少每次的喂料量;舍饲鹅群则加大青、粗饲料的比例。限制饲养阶段,母鹅的日平均饲料用量一般比生长阶段减少50%~60%。舍饲鹅群的饲料中可添加较多的填充粗料(如米糠、曲酒糟、啤酒糟等),目的是锻炼鹅的消化能力,扩大食管容量。后备种鹅经限制饲养阶段前期的饲养锻炼,放牧采食青草的能力增强,若牧地草质良好,可不喂或少喂精饲料;在放牧条件较差的情况下,每日喂料2次,时间为中午和晚上9:00左右。

② 限制饲养期的管理。在限制饲养阶段,无论给食次数多少,补料都应在放牧前2h左右进行,以防止鹅因放牧前饱食而不愿采食青草;也可在收牧后2h补饲,以免养成急于回巢而不愿大量采食青草的坏习惯。限制饲养阶段的管理要点如下:

a. 观察鹅群动态。在限制饲养阶段,应随时观察鹅群的精神状态、采食情况等,发现弱鹅、伤残鹅要及时剔除。对于个别弱鹅应停止放牧,进行特别管理,可喂以质量较好且容易消化的饲料,到完全恢复后再放牧。

b. 选择适宜的放牧场地。应选择水草丰富的草滩、湖畔、河滩，以及收割后的稻田、麦地等。放牧前要先调查牧地附近是否喷洒过有毒药物，否则，必须经1周以后或下大雨后才能放牧。

c. 注意防暑。种鹅育成期往往处于5—8月，气温高，放牧时应早出晚归，避开中午酷暑。早上天微亮就应出牧，上午10:00左右应将鹅群赶回圈舍或赶到阴凉树林下让鹅休息，到下午3:00左右再继续放牧，待日落后收牧。休息的场地最好有水源，以便于饮水、戏水和洗浴等。

d. 搞好鹅舍的清洁卫生。每天清洗食槽、水槽，并更换垫料，保持垫料和舍内干燥。经限制饲养的种鹅应在开产前60 d左右进入恢复饲养阶段，此时种鹅的体质较弱，应逐步提高补饲日粮的营养水平，并增加喂料量和饲喂次数。日粮蛋白质水平控制在15%~17%为宜，也可以用产蛋日粮催产。经20 d左右的饲养，种鹅的体重可恢复到限制饲养前的水平。如果是公母分群饲养的，可以在恢复饲养后1个月，即产蛋前1个月在完成种鹅的驱虫和预防注射后按比例在母鹅群中配入公鹅。需要注意的是，种鹅经限制饲养，日喂饲量不能提高太快，一般经4~5周过渡到自由采食。刚恢复自由采食的鹅群，采食量可能很高，但不必担心，鹅群采食量很快就会恢复到正常水平（每天每只180~250 g）。

（3）种鹅适时开产。在自然生长条件下，鹅群开产时还没有达到体成熟，如果任其开产，母鹅产蛋小，且蛋重增长缓慢，产小蛋的时间延长。同时，由于公鹅的配种能力和精液品质均未达到应有水平，种蛋的受精率较低，严重影响饲养种鹅的经济效益。控制种鹅适时开产具有以下好处：

① 可以节省饲料。控制种鹅适时开产，一般在限制饲养阶段大大降低种鹅日粮的营养浓度，使种鹅的体重得到有效的控制。如果青饲料充足或放牧条件良好，限制饲养阶段基本可以不喂精饲料。

② 有利于种鹅高产、稳产。适时开产的种鹅群，产蛋量高，蛋的质量也好（合格种蛋率高、受精率高），同时，下一个产蛋年也能维持较高的产蛋量。

③ 有利于管理。采用限制饲养控制种鹅开产，可以使种鹅开产整齐、达到产蛋高峰整齐，甚至停产换羽也相对整齐，这就有利于饲养管理、饲料安排、孵化和出雏管理。

（4）放牧、放水。一般每天放牧9 h，清晨5:00出牧，上午10:00回棚休息；下午3:00出牧，到晚上7:00回棚休息。放牧地尽量选择距离鹅舍较近处，不宜过远。同时，确定最佳放牧路线，一般在下午就应找好次日的放牧场地，不走回头路，使鹅群吃饱喝足。凡牧地小、草料丰盛处，鹅群应赶得慢些，使仔鹅充分采食；如牧地较大，草料欠丰盛处，就应缓，以防惊群而影响采食。在每天放牧过程中，让鹅力争吃到4~5个饱（即上午2个饱，下午3个饱，鹅的食道膨大部俗称嗉囊，可膨胀到喉部下方处，即为1个饱的标志）。茬田也能放牧，养殖户的经验是"夏放麦场，秋放稻场"。洗浴可促进鹅的生长发育，尤其对羽毛的生长有利，禽谚所谓"要鹅长得壮，一天要换三个塘"，说的就是这个意思。每次放水约30 min，上岸休息30~60 min，再继续放水。天热时每隔30 min放水1次。放牧时应注意清点好鹅数，收牧时也要及时清点，如有丢失应及时寻找，如遇混群，可按编群标记追回。

小贴士：开产期控制方法

（5）疾病防治。于 25～30 日龄注射鹅副黏病毒灭活疫苗；30～35 日龄注射鹅大肠杆菌灭活疫苗。

三、种鹅的饲养管理

1. 种鹅饲养方式

（1）放牧饲养。一般规模较小，饲养几十只到几百只的，可利用天然的草地资源，常年以放牧为主。种鹅放牧的要求和注意事项与商品仔鹅相同。进入产蛋季节后，放牧的场地一般在鹅棚的附近，放牧时间也应大大减少，并加大补饲力度。

（2）舍饲饲养。种鹅常年饲养于鹅舍内。一般饲养规模较大，鹅舍建设正规，鹅舍外有运动场和水面，有相应的牧草种植基地。这种饲养方式投入高，但生产水平也高，有利于规模化生产、鹅群的选育和研究、防疫、净化疫病和环境保护等，一般育种场和祖代场以及农区父母代种鹅规模化饲养场采用这种饲养方式。

（3）舍饲与放牧结合饲养。这种饲养方式把放牧与舍饲结合起来。一般育雏期舍饲，育成期尽量放牧，产蛋期基本舍饲，休产期全期放牧。这种方式有利于充分利用自然资源，节约成本，提高经济效益。其规模可以比单纯放牧饲养更大，但一般也仅适合于父母代或单一地方品种饲养。

2. 种用雏鹅的选择

（1）选雏时间。种用雏鹅一般尽量选择早期孵化的雏鹅留做种雏鹅，即 5 月的雏，最迟不宜超过 6 月中旬，使之在次年产蛋时不但能达到性成熟，而且能达到体成熟，有利于生产性能的发挥。再者，此期间孵化所用的种蛋是在产蛋高峰期所产的，遗传素质高，且雏鹅质量好，易于成活。

（2）选择方法。选择免疫程序正规的种鹅场或孵化场生产的符合品种要求、适时出壳、体重适中、绒毛有光泽、无粘毛、卵黄吸收好、脐部收缩良好、活泼好动和眼睛明亮有神的健雏留做种用雏鹅。弱雏及残雏禁止留做种用。

（3）公母比例与数量。在选留种用雏鹅时，要根据各品种的特点，通过雌雄鉴别技术，按一定比例选留，如籽鹅的公母比例为 1:(5～6)，并且在此基础上，雌雏和雄雏的留种数量应适当多一些，为以后淘汰选留做准备。

3. 种用雏鹅的饲养

（1）早饮水。雏鹅出壳后 16～18 h 即可给予饮水。用饮水器或饮水槽（水深以 3 cm 为宜）提供清洁的饮水（1～2 周内饮温开水）。为有效地预防雏鹅腹泻，降低应激危害，前 3 d 饮用水中可添加氟喹诺酮类或其他抗生素类药物，另加 5% 的多维葡萄糖溶液。出壳后应先饮水后开食，一经饮水后切忌断水。

（2）适时开食。一般在雏鹅饮水后不久便可喂食。开食宜用配合颗粒饲料，并加入适量切细的鲜嫩青绿饲料，撒在饲料盘中或雏鹅的身上，引诱雏鹅啄食，开食后转入正常的饲养。

（3）分群。从育雏开始就要按强弱、大小等具体情况分群饲养，对体型小的弱雏要单独放在一处，进行特殊看护与治疗，加强饲养管理。雏鹅分群饲养时，鹅群不宜太大；每群的数量以 100～200 只为宜。弱雏也可养在温度稍高的地方，为了避免拥挤，减少死亡，还可采用小群看护饲养法，即随着日龄的增长，每小群的只数变动为

1周龄15只、2周龄20只、3周龄25只、4周龄30只。

(4) 环境要求。

① 温、湿度：雏鹅阶段必须提供适宜的温、湿度，以保证雏鹅各阶段的正常生长发育。具体的育雏温、湿度参考商品仔鹅育雏期饲养管理内容。

② 密度：饲养密度适宜，以保证雏鹅各阶段的正常生长发育和有效利用饲养场地。饲养的密度过大，鹅群拥挤，采食不均，雏鹅的生长发育易出现两极分化，造成环境条件恶化，易发生啄癖，发病率和死亡率增加；密度过小，虽然有利于雏鹅成活和生长发育，但不利于保温，且房舍的利用率低，成本增加。因此，应随日龄的增长，经常调节饲养密度，适当扩大雏鹅的活动范围。

③ 光照：光照对雏鹅的健康影响较大，适宜的光照是雏鹅采食、饮水和活动所必需的，而且初生的雏鹅视力较弱，光线不良不利于采食和饮水，所以可用人工光照补充光照不足。一般可用白炽灯作为补充光源，灯高2 m，安装灯罩，灯泡与灯罩经常擦亮。为有利于雏鹅夜间采食，舍内昼夜需弱光照明，一般用2个25 W灯泡比用1个60 W灯泡的效果好，夜间补光灯功率为每100 m² 15 W。第1周光照时间为20~24 h，灯泡功率要求为4 W/m²；第2周自然光照加夜间补光灯，灯泡功率要求为3 W/m²；第3~4周自然光照加夜间补光灯，灯泡功率要求为2 W/m²。

④ 通风：雏鹅代谢产生的大量排泄物以及鹅饮浴，易导致舍内空气污浊和潮湿，因此在保证舍内适宜的温度条件下，要有良好的通风换气，以保证舍内空气新鲜。除夏季外，一般宜在温度较高的中午打开门窗或排风扇通风，但要防止贼风，即不能让进入室内的风直接吹到雏鹅身上，以免雏鹅因受凉而感冒；通风换气的同时加强供热，以保持育雏的温度稳定。

⑤ 搞好卫生：搞好舍内外的环境卫生，粪便要及时清除，垫草要勤换，饮水器或饮水槽每天要清洗，切忌用发霉的垫草。病雏要做好隔离工作，舍内外、饲养员、用具、车辆及媒介物要经常进行全面消毒，做到整个养鹅环境清洁、干燥、明亮、舒适。

4. 种鹅后备期饲养

(1) 采食与饮水。此阶段采取放牧加补饲的饲养原则，除保证充分的放牧外，还需酌情补饲全价配合饲料，以保证满足后备鹅充分的生长发育及第1次换羽的营养需要。如果无放牧条件而采取舍饲，则要求备足青绿饲料，每天青绿饲料喂3次，每只喂量500~700 g，做到定时、不定量，并供给清洁充足的饮水，晚上根据青绿饲料饲喂情况补喂一定数量的配合饲料。中雏期鹅处于体格生长发育的关键时期，所以必须保证营养物质的全面供给，以满足中鹅快速生长发育的需要。

(2) 放牧。鹅群放牧总的原则是早出晚归，随着日龄的增加和放牧采食能力的增强，可全天外出放牧。放牧地尽量选择距离鹅舍较近处，不宜过远；同时，确定最佳放牧路线，不走回头路，使鹅群吃饱喝足，每天力争让鹅吃到四五个饱。一般放牧鹅群常常吃到八成饱时即趴下休息，此时应及时将鹅群赶至清洁水源处饮水、戏水，然后上岸梳理羽毛，1 h左右鹅群又出现采食积极性，形成采食—放水—休息—采食的生物节律性。洗浴可促进鹅的生长发育，尤其对羽毛的生长有利，因此要有放水水源。夏季放牧应选择有树荫且凉爽通风的牧地或避开高温时段放牧，可早出晚归、架设遮阳棚或避免中午放牧,且饮水要充足。天热时应增加放水的次数和延长放水时间,以降温、防中暑。

中青年鹅对饥饿极为敏感,为防夜间挨饿,除了正常放牧时间外,还应把最好的草地留在归牧前采食。放牧时能让鹅吃饱喝足,可以不补饲;放牧时如吃不饱,傍晚归牧后应补饲一定量的配合精饲料。因放牧鹅矿物质采食不足,所以应注意补充矿物质添加剂,以满足鹅正常生长发育的需要。放牧和回牧时应注意清点好鹅数,如有丢失应及时寻找,如遇混群,可按编群标记追回。

(3) 分群管理。按体质强弱、批次分群,以防止大欺小、强欺弱而影响个体的生长发育和群体整齐度,一般以200只鹅为一群。来源于不同群体的后备鹅重新组群后,由于彼此不熟悉,常常不合群,甚至有"欺生"现象发生。因此,此期除做好日常的饲养工作外,还必须进行调教使其合群。

(4) 选种。方法与育成鹅一样,可进行4次选择,具体见前面育成鹅选择的内容。

(5) 饲养管理。

① 补料原则:补料要根据放牧的具体情况,按"先紧后松,先粗后精"饲喂的原则。一方面限饲而防止后备鹅过肥;另一方面也要合理供给营养物质,以保证定向培育、生长发育的需要,为以后种用生产性能的正常发挥打好基础。

② 搭好鹅棚,防止淋雨和中暑:可因地制宜、因陋就简搭架临时性鹅棚,做到防雨防兽害,要求场地干燥,以防后备鹅着凉。下雨前,尽早把鹅赶回鹅棚,避免雨淋。在炎热天气,鹅群常在棚内焦躁不安,可及时放水,中午应在树荫下休息纳凉,谨防中暑。

③ 保证一定的运动量:舍饲环境条件下的后备鹅,运动量受到了较大的限制,不利于其骨骼的生长发育,所以要在建舍时规划足够面积的运动场,并做到定时驱赶运动,让鹅群保持一定的运动量,使其具有良好的体质。

④ 保持饲养管理制度恒定:为使鹅群建立良好的条件反射,包括饲养人员、饲料和牧草、喂料和清洁卫生时间等都应基本固定,无特殊情况不应变更。

⑤ 搞好环境卫生:舍内及运动场地要保持清洁卫生,并定期进行消毒处理,垫草要勤换。

5. 产蛋鹅饲养管理

(1) 饲养方式。规模化的养鹅场,种鹅多采用全舍饲的方式饲养。要加强戏水池水质的管理,保持清洁。舍内和舍外运动场也要每日打扫,定期消毒。每日采用固定的饲养管理制度。

小规模和单品种饲养种鹅,采用放牧与补饲相结合的饲养方式比较适合,晚上将鹅赶回圈舍过夜。放牧时应选择路近而平坦的草地,在路上应慢慢驱赶,上下坡时不可让鹅争抢拥挤,以免损伤,尤其是产蛋期的母鹅,行动迟缓,在出入鹅舍、下水时,应呼号或用竹竿稍加阻拦,使其有秩序地出入棚舍或下水。放牧前要熟悉当地的草地和水源情况,掌握农药的使用情况。一般春季放牧采食各种青草、水草;夏、秋季主要放牧麦茬地、收割后的稻田;冬季放牧湖滩、沟边、河边。不能让鹅群在污秽的沟水、塘水、河水等内饮水、洗浴和交配。种鹅喜欢在早晚交配,在早晚各放水1

次，有利于提高种蛋的受精率。

（2）防止产窝外蛋。母鹅有择窝产蛋的习惯，第一次产蛋的地方往往成为它一直固定产蛋的场所，因此，在产蛋鹅舍内应设置产蛋箱（窝），以便让母鹅在固定的地方产蛋。开产时可有意训练母鹅在产蛋箱（窝）内产蛋。可以用引蛋（在产蛋箱内人为放进的蛋）诱导母鹅在产蛋箱（窝）内产蛋。母鹅的产蛋时间大多数集中在下半夜至上午10:00左右，个别的鹅在下午产蛋。舍饲鹅群每日至少集蛋3次，上午2次，下午1次。放牧鹅群，上午10:00以前不能外出放牧，在鹅舍内补饲，产蛋结束后再外出放牧，而且上午放牧的场地应尽量靠近鹅舍，以便部分母鹅回箱（窝）产蛋。这样可减少母鹅在野外产蛋而造成种蛋丢失和破损。

放牧前检查鹅群，如发现个别母鹅鸣叫不安，腹部饱满，尾羽平伸，泄殖腔膨大，行动迟缓，有觅窝的表现，应将其送到产蛋箱（窝）内，而不要随大群放牧。

放牧时如果发现有母鹅出现神态不安，有急欲找窝的表现，或向草丛或较为掩蔽的地方走去时，则应将该鹅送到鹅舍产蛋箱（窝）内产蛋，待产完蛋后就近放牧。

（3）控制就巢性。控制就巢性最根本和有效的方法是遗传育种。我国许多鹅种在产蛋期间都表现出不同程度的就巢性（抱性），对产蛋性能造成很大的影响。生产中，如果发现母鹅有恋巢表现时，应及时隔离，将其关在光线充足、通风、凉爽的地方，只给饮水不喂料，2～3 d后喂一些干草粉、糠麸等粗饲料和少量精饲料，使其体重不过度下降，待醒抱后能迅速恢复产蛋。也可使用市场上出售的一些醒抱药物，一旦发现母鹅抱窝时，立即服用此药，有较明显的醒抱效果。

（4）补充人工光照。

① 光照的作用：光照时间的长短及强弱以不同的生理途径影响鹅的生长和繁殖，对种鹅的繁殖力有较大的影响。光照分自然光照和人工光照两种。人工光照的广泛应用，可克服日照的季节局限性，能够创造符合家鹅繁殖生理功能所需要的昼长光照。人工光照在养鸡、养鹅生产上已被广泛应用，但在养鹅生产上还未被广大养鹅户所认识和应用。光照管理恰当，能提高鹅的产蛋量和种蛋的受精率，取得良好的经济效益。

② 光照的原则：研究表明，光照对鹅的繁殖力的影响十分复杂。在临近产蛋时，延长光照时间，可刺激母鹅适时开产，缩短光照时间可推迟母鹅的开产时间；在生长期采用短光照（自然光照），然后逐渐延长光照时间，可促使母鹅开产；调控光照可以获得非季节性连续产蛋；在休产换羽时突然缩短光照，可加速羽毛的脱换。

③ 光照制度：开放式鹅舍的光照受自然光照的影响较大，因此，光照制度必须根据鹅群生长发育的不同阶段分别制定。

育雏期为使雏鹅均匀一致地生长，0～7日龄提供24 h的光照时间，8日龄以后则应从24 h光照逐渐过渡到只利用自然光照；育成期只利用自然光照；产蛋前期种鹅临近开产期，用6周的时间逐渐增加每日的人工光照时间，使种鹅的光照时间（自然光照＋人工光照）达到16～17 h，此后一直维持到产蛋结束。

鹅是长寿家禽，年产蛋量高峰在第2～4个产蛋年，而且经产母鹅种蛋合格率提高，因此，要充分发挥母鹅的繁殖潜力，母鹅一般饲养3～4年才淘汰。但每个产蛋年结束时也要淘汰部分表现差的母鹅，一般淘汰有抱性或抱性强的个体、换羽早的个体和伤残的个体。公鹅的配种能力一般随年龄增长而下降,因此,公鹅可以每年更新一部分,3～4岁的公鹅尽量少,形成以新配老的结构。

此外,在长江中下游地区普遍采用一个产蛋年全群更新的方式。一般到每年的4—5月,种鹅开始陆续换羽停产时,分批将种鹅淘汰。具体做法是,当产蛋接近尾声时(大约在次年的3月就开始出现母鹅停产),可首先淘汰那些换羽的公鹅和母鹅,以及腿部等有伤残的个体;其次根据母鹅耻骨间隙大小,淘汰那些停止产蛋,但未换羽,且耻骨间隙在3指以下的个体,同时按比例淘汰较差的公鹅。临近产蛋末期,则将种鹅全群淘汰。这种只利用一个产蛋年的制度,种蛋的受精率、孵化率较高,而且可充分利用鹅舍,节省饲料,经济效益较高,但不能充分发挥母鹅的繁殖潜力。

6. 休产鹅饲养管理

(1) 整群与分群。整群,就是重新整理群体;分群,就是整群后把公、母鹅分开饲养。鹅群产蛋率下降到5%以下时,标志着种鹅将进入较长的休产期。种鹅一般利用3～4年才淘汰,但每年休产时都要将伤残、患病、产蛋量低的母鹅淘汰,并按比例淘汰公鹅。同时,为了使公、母鹅能顺利地在休产期后能达到最佳的体况,保证较高的受精率,以及保证活拔羽绒及其以后的管理方便,要在整群后将公、母鹅分群饲养。

(2) 强制换羽。在自然条件下,母鹅从开始脱羽到新羽长齐需较长的时间,换羽有早有迟,其后的产蛋也有先有后,为了缩短换羽的时间,使换羽后产蛋比较整齐,可采用人工强制换羽。

人工强制换羽是通过改变种鹅的饲养管理条件,促使其换羽。一般停止人工光照,停料2～3 d,只提供少量的青绿饲料,并保证充足的饮水;第4天开始喂给由青饲料加糠麸、糟渣等组成的青、粗饲料;第10天左右试拔主翼羽和副翼羽,如果试拔不费劲,羽根干枯,可逐根拔除,否则应隔3～5 d后再拔;最后拔掉主尾羽。

在规模化饲养的条件下,鹅群的强制换羽通常与活拔羽绒结合进行,即在整群和分群结束后,采用强制换羽的方法处理1周左右,对鹅群实施活拔羽绒。一般9周后还可再次进行活拔羽绒。这样可以提高经济效益,并使鹅群开产整齐,利于管理。

(3) 休产期饲养管理要点。进入休产期的种鹅应以放牧为主,将产蛋期的日粮改为育成期日粮,其目的是消耗母鹅体内的脂肪,提高鹅群耐粗饲的能力,降低饲养成本。规模化舍饲的鹅群,要采用维持期的饲养管理方法。

要使鹅群保持旺盛的生产能力,我国部分地区农户多采用自繁自养,在每年休产期间选择和淘汰种鹅,同时每年按比例补充新的后备种鹅,重新组群,淘汰的种鹅作肉鹅肥育出售。一般母鹅群的年龄结构为:1岁鹅占30%、2岁鹅占25%、3岁鹅占20%、4岁鹅占15%、5岁以上鹅占10%,新组配的鹅群必须按公母比例同时换放新的公鹅。

四、商品仔鹅的饲养管理

商品仔鹅是育肥上市的商品鹅,在育成鹅阶段(一般10周龄以后),鹅体重达3.0 kg以上,虽然鹅的骨骼和肌肉发育比较充分,可以上市,但没能达到最佳体重,膘度不够,肉质不佳,为此在上市前应进行短期(2周)的肥育,即开始进入鹅的育肥期,此时的鹅就称为育肥鹅。

1. 商品仔鹅的生活习性　商品仔鹅全身羽毛基本长齐,耐寒性增强,体格进一步增大,对环境的适应能力增强,消化系统逐渐发达,采食能力增强,采食量增加,脂肪沉积速度加快。

(1) 喜水性。育肥鹅习惯在水中嬉戏、觅食和求偶交配,每天约有1/3的时间在水中生活。

(2) 食草性。育肥鹅觅食活动性增强,饲料以植物性为主,能大量觅食天然饲草,一般无毒、无特殊气味的野草和水生植物等都可供育肥鹅采食。

(3) 警觉性。鹅的听觉很灵敏,警觉性很强,遇到陌生人或其他动物时就会高声鸣叫以示警告。

(4) 耐寒性。育肥鹅耐寒性很强,在冬季仍能下水游泳,露天过夜。

2. 商品仔鹅的营养需要　商品仔鹅的营养需要包括用以维持其正常生长发育的需要,以及用于供给产蛋、长肉、长毛、肥肝等生产产品的营养需要。

(1) 蛋白质饲料。大豆粕、花生粕、棉仁粕、菜籽粕、鱼粉、蚕蛹、虾壳、血粉。

(2) 能量饲料。谷类及其加工副产品(糠麸)的主要成分是糖类和少量脂肪,是机体能量的主要来源。主要的谷类饲料有玉米、高粱、稻谷、碎米、米糠、小麦、麸皮等。

(3) 青绿饲料。鹅是食草性水禽,对青绿饲料有较大需求,规模养鹅应建立养鹅人工草地,并注意选择适宜鹅采食、适口性好、耐践踏的品种。适合养鹅用的牧草品种有:多年生黑麦草、冬牧70黑麦、紫花苜蓿、鲁梅克斯、俄罗斯饲料菜、苦麦菜、菊苣、籽粒苋、白三叶。

(4) 矿物质饲料。各类饲料都或多或少地含有矿物质,但在一般情况下不能满足鹅的矿物质需要,因此,要用矿物质饲料加以补充,矿物质饲料对促进雏鹅的生长发育、提高种鹅的产蛋量起很大的作用。鹅日粮中常用的矿物质补充料有食盐、骨粉、贝壳粉、石粉等。

另外,沙粒对鹅来说也很重要,其主要作用是帮助鹅的肌胃研磨饲料,提高饲料的消化率。在放牧条件下,鹅群自行采食沙粒,通常不会缺乏。但长期舍饲,应在日粮中加入1%～2%的沙砾,或在舍内设沙盘,任其自由采食。

3. 商品仔鹅育肥期的饲养管理要点

(1) 舍饲育肥法。舍饲每平方米3～4只。在北方地区育肥鹅主要是进行舍饲育肥,限制运动,喂给含有丰富糖类的玉米,进行短期育肥。舍内供给充足的饮水,帮助消化。一般育肥2周即可出栏。我国南方气候温和,水源充足,把育肥鹅舍建在沟旁,进行短期育肥即可上市。

(2) 圈养育肥法。此法需先建简易的围栏或鹅舍,栏高60 cm,鹅在栏内能站立,但不能昂头鸣叫。把育肥鹅放入栏内,饲槽及水槽放入栏外,鹅可伸出头来吃食饮水,进行育肥饲养。简易鹅每平方米可养4～6只,每天饲喂3次,夜间饲喂1次,2周时就可育肥。所喂的饲料可以玉米、糠麸、豆饼、稻谷为主,效果很好。为了增进鹅的食欲，在育肥期应当有适当水浴和日光浴。

(3) 强制育肥。育肥法俗话称"填鹅"，是将配制好的饲料填条，一条一条地塞进食管里，强制吞下去，再加上安静的环境，活动量减少，鹅就会逐渐肥胖起来，肌肉也丰满、鲜嫩。填肥可采用手工或专门的填肥机进行。手工填肥法有人工操作，一般要2人互相配合（具体操作可参考肉用仔鸭的填肥技术内容）。

(4) 鹅不同时期青绿饲料添加比例。

3~10日龄：用淘洗干净并泡透的碎米和洗净切碎的菜叶、嫩草、水草、浮萍等青绿饲料混在一起饲喂，精饲料和青绿饲料的比例为（8~10）：1。

11~20日龄：以喂青绿饲料为主，精饲料与青绿饲料的比例为1：（4~8）。随着日龄的增长，雏鹅可放牧吃草。

21~30日龄：增加青绿饲料的比例，精饲料与青绿饲料的比例为1：（9~12）。放牧饲养的，可逐渐延长放牧时间。

4周龄至2月龄：能大量利用青绿饲料，以喂青绿饲料或进行放牧饲养为最适合，也是最经济的饲养方法。

2月龄以上：育肥鹅增加精饲料催肥。饲料的配合比例：玉米35％、大麦25％、糠麸30％、豆饼8％、食盐和沙粒各1％，另加青草、碎小麦、煮熟的马铃薯和其他饲料（如饲料添加剂等）混合饲喂。饲料中加入2％~3％骨粉或贝壳粉，有助于鹅骨骼生长，防止软腿病发生。每天喂4次，最后一次在晚上9:00—10:00喂，并供给足够的饮水。育肥前期，精饲料与青绿饲料的比例为1：1；育肥后期，精饲料与青绿饲料比例1：4。活鹅重达3~3.5kg时即可上市。

(5) 肥育程度的判断。

① 饲料情况：在放牧情况下，如果作物茬地面积较大，脱落的麦粒、谷粒等粮食较多时，肥育时间可适当延长；如果没有足够的放牧地或未赶上农作物收割季节，可适当缩短肥育时间，抓紧出售。在舍饲肥育条件下，主要应根据资金、饲料供给等情况确定肥育时间。

② 增重速度：肥育期间仔鹅的体重增长速度反映生长发育的快慢，同时也反映出饲养管理水平的高低。一般在肥育期间，放牧增重0.5~1.0kg，舍饲可增重1.0~1.5kg，填饲肥育可增重1.5kg以上。当然增重速度与所饲养的品种、季节、饲料以及饲养管理水平等因素有密切的关系。

③ 肥度：膘肥的鹅全身皮下脂肪较厚，尾部丰满，胸肌厚实饱满，富含脂肪。肥度的标准主要根据鹅翼下两侧体躯皮肤及皮下组织的脂肪沉积程度来鉴定。若摸到皮下脂肪增厚，有板栗大小、结实、富有弹性的脂肪团者为上等肥度；若脂肪团疏松为中等肥度；摸不到脂肪团而且皮肤可以滑动的为下等肥度。

思与练

1. 种鹅的选择方法是什么？
2. 控制母鹅产蛋的方法有哪些？就巢母鹅如何处理？
3. 商品仔鹅的特点是什么？如何进行催肥？

知 识 链 接

知识链接一　水禽生态健康养殖模式

模式一：稻鸭共作　稻鸭共作技术是一项低投入、高产出且先进的环保型农业技术，在不使用农药、化肥和除草剂的情况下，生产无公害大米和鸭肉、鸭蛋。稻鸭共作技术就是在秧苗栽插成活后（7～10 d），将脱温雏鸭（7～10 d）全天 24 h 都放入稻田，直至水稻抽穗灌浆后收回鸭，稻鸭共生时间在 70 d 左右。主要技术点如下：

(1) 稻田的准备。示范稻田最好选择较为平坦和连片且水源较充足的田地。稻田中应经常保持水深约 15 cm，尤其是应使鸭在活动时，脚爪能抓到浮泥，不需要放水烤田。如是第 1 年推广该技术，由于鸭粪可能跟不上水稻生长需要，因而要施一定的基肥，秧苗采用肥床育秧后栽插，建议栽插的株行距为 20 cm×30 cm。

(2) 鸭的准备。鸭在稻田里自然生长，品种要选择生命力强、抗逆性强、善运动、嗜食野生动植物的鸭品种。根据试验结果，宜选择当地中小型麻鸭、杂交鸭或土鸭。若鸭体型过大，容易压倒压死秧苗，且此种鸭不善于活动，不符合该技术的要求。种蛋的入孵时间为水稻的栽插时间向前推（28±1）d，种蛋来源于健康的、高产的种鸭群，必须来自没有传染病的非疫区。

(3) 防护网及鸭棚的准备。为了防御天敌的袭击和防止鸭在田野里乱窜，鸭在放入田间前，在稻田的四周必须设置防护网，高度以鸭爬不过为宜，一般高 0.3～0.5 m 即可，每 5～10 亩①围一个小区。防护网一般采用价格便宜的、结实的塑料编织网。如条件允许，再在网的中下部放置三道细铁丝，这些铁丝与室内的脉冲电流发生器相连接，一旦有天敌来袭，脉冲电流发生器就会发出瞬间高压电流击退天敌，保护幼小的雏鸭。同时，鸭也不能随意外跑。另外，为了防止强光照射和暴雨袭击，也为了便于喂食，在每小区稻田的一角修建 1～2 个简易鸭棚，为鸭提供休息、补饲和庇护场所。

(4) 鸭放入稻田。秧苗栽插后 7～10 d 开始放鸭，放养密度视鸭的品种而定，一般为 15～20 只/亩。在将鸭苗放入田边简易鸭棚前，在鸭棚的田角上围 10～20 m² 的初放区，鸭在初放区饲养 2～3 d 后再打开初放区的网门放入大田活动。为满足初期鸭对青绿饲料需要，可在稻田中投入些浮萍类水草。

模式二：鱼鸭立体养殖　鱼鸭立体养殖技术就是利用鱼池养鸭，鸭粪可以肥水、为鱼类提供丰富的饲料，有效实施生物链循环利用，有利于保护环境，提高鱼、鸭的产品质量。相关鱼鸭立体养殖技术如下：

(1) 建筑设计。在水面要求方面，水质必须无污染、水源充足，排灌、交通方便，水域面积要有 1 000 m² 以上，水深达 1.5 m 以上；在鸭舍的选择和建造方面，选择临近池塘等水域、地势较高、坐北朝南的平缓坡地为建造鸭棚的地点。活动场地应与水面相连。5～10 亩以上的水面也可将鸭舍建在水面上。

---

① 亩为非法定计量单位，1 亩＝1/15 hm²≈667 m²。

(2) 科学放养。在鱼种放养方面,开春后先将所选养殖水体用每亩100~150 kg生石灰全池泼洒消毒。7 d后注满水即进行鱼种投放。选择的鱼种应体色正常,光泽性好,无病、无损伤、鳞片完整。每亩水面投放各类鱼种800~1 000尾,其中草鱼种占60%,其他鱼种(鳙、鲤、鲫、罗非鱼、鳊等)约占40%为宜;在鸭群放养方面,理想的养鸭规模是每亩水面放养数量以100~150只为宜,早春温度低,蛋鸭进舍日龄一般要在21~25日龄才能转入鱼池饲养;暖春和夏日,商品鸭幼鸭也要在18~20日龄方能下池。

(3) 科学管理。在池鱼管理方面,按池塘的吃食鱼总重量的3%进行日计划投喂全价饲料。日分3次,有条件的地方,早晨可喂1次鲜草。日常管理要采用"四定"投喂方法,即定点、定时、定质、定量。半个月内定时注1次新鲜水,早晚勤巡塘。在养鸭管理方面,经常清理鸭棚,陌生人不能随便进入鸭场,做好消毒和防疫工作;合理搭配饲料,定时、定量投喂,不投喂腐败变质的饲料;注意天气变化,做好鸭的防寒保暖。

模式三:麦田养鹅 麦田养鹅有2个效果:一是提高麦田效益。利用麦田养鹅,每亩麦田可养鹅40~60只,亩增效益1 000元以上,同时不影响粮食生产,能达到种养结合、共同发展的目的。二是改变田间生态环境。鹅在田间活动,其粪便改善了土壤的理化性质,同时减少了田间的农药施用量,有利于小麦的无公害生产。麦田养鹅的技术要点如下:

(1) 选择适宜的品(鹅)种。播种适合本地气候及土壤特性的小麦品种,鹅种选用性情温驯、耐粗饲、生长速度快的四季鹅、隆昌鹅(四川白鹅)、扬州鹅等。

(2) 短期早播。因鹅采食麦叶,用于养鹅的麦田其小麦播期应比当地的正常播期提早7~10 d。

(3) 合理密植。用于养鹅的麦田每亩的播种量应比常规播种量增加1.5~2 kg。

(4) 短期放牧。苗鹅在12月10—15日按每亩50只左右购进,室内饲喂15~20 d后可逐步到麦田放牧,直至2月底肉鹅上市。

(5) 增施肥料。12月中旬和1月中旬各追肥1次,每次每亩施尿素7.5 kg;放牧期间要补施促苗肥,隔20 d左右每亩麦田施尿素5 kg;2月下旬小麦拔节时停止放牧,麦田要重施拔节孕穗肥,同时做好后期管理工作,这样可获得接近常规栽培小麦的产量。

注意事项:麦田养鹅不仅要以收获小麦为目的,而且要以为鹅提供充足的饲料为目的。因此在小麦返青以前要以提高小麦营养体的生长量为目标,提早播期、提高播量、增加施肥量,返青以后要增加肥料投入,以促进麦苗恢复,提高小麦产量。

模式四:林园养鹅 这种模式是在不占用耕地的前提下,利用果园或林下草地养鹅,是一种无公害生态养鹅模式,鹅在放牧时只采食林间的杂草,而不采食树叶、树皮,对果林特别是幼林不会造成危害。林园养鹅一般有3种形式:

1. 落叶林(果林)养鹅 在落叶林中养鹅,可在每年秋季树叶稀疏时,在林间空地播种黑麦草,至来年3月开始养鹅,实行轮牧制,当黑麦草季节过后,林间杂草又可作为鹅的饲料,鹅粪可提高土壤肥力,如此循环,四季可养鹅。

2. 常绿林养鹅 常绿林中养鹅,主要以野生杂草为主,可适当播种一些耐阴牧草如白三叶等，以补充野生杂草的不足，一般采用放牧的方式。

3. 幼林养鹅 在幼林中养鹅可利用树木小、林间空地阳光充足的特点，大量种植牧草，如黑麦草、菊苣、红三叶、白三叶等，充分利用林间空地资源养鹅，待树木粗大后再利用上述两种方法养鹅。

无论何种形式的林园养鹅都应注意要适当地补充精饲料，以满足鹅生长发育的营养需要，同时在苗木、果树施药期间，应停止放牧一段时间。对于树木和林地面积较大的林园还可将鹅棚搭建在林中，既减少土地的占用，又方便管理。

知识链接二 我国水禽资源保护现状

知识链接三 活拔羽绒技术

1. 鹅羽毛的类型分类 从其外表形状不同主要可分为毛片、绒羽和翎羽等；按颜色可分为白色、灰色。

（1）毛片。毛片又称片毛或羽片、正羽，主羽片小羽枝生长在鹅的颈部、胸腹、翅膀、尾部等，覆盖鹅的整个身体外层。毛片主要由羽轴和羽枝组成。毛片羽枝中间的轴即羽轴，羽轴的下部较粗，呈管状，称羽管。羽管上的毛丝称羽丝，羽轴上部的毛丝即羽枝。毛片的保暖性能较差，但产量最高。

（2）绒羽。绒羽又称绒毛、羽绒，包括雏鹅的初生羽和成鹅的绒羽。绒羽位于体表的内层，被正羽所覆盖，外表看不见。每个绒羽有一个短而细的羽基，羽基上长出一条条的绒丝，每条绒丝上又因活拔羽绒鹅的选择与分类分出许多附丝，形似树枝状。绒羽起保温作用，分布在鹅体胸、腹和背部，是羽毛中价值最高部分。

2. 活拔羽绒鹅的选择

（1）适宜拔羽的鹅。健康的成年鹅都可以进行活拔羽绒，一般体型较大的鹅，如狮头鹅、溆浦鹅、皖西白鹅、四川白鹅、浙东白鹅等产绒量越好，售价也就越高。由于白色羽绒比有色羽绒市场价格高，白鹅种更适宜拔羽。

（2）不适宜拔羽的鹅。雏鹅、中鹅由于羽毛尚未长齐，不适宜拔羽；老弱病残鹅不宜拔羽，以免加重病情，得不偿失；换羽期的鹅血管丰富，含绒量少，拔羽易损伤皮肤，不宜拔；产蛋期的公、母鹅不能拔羽，以免影响受精率和产蛋率；出口的整鹅不宜拔羽，拔羽易在胴体上留下斑痕，影响外观，降低品质；饲养年限长的鹅不宜拔羽，因为其羽绒量少，羽绒的再生力也差。

（3）活拔羽绒鹅的分类。

① 商品鹅。出栏上市前的肉用仔鹅或填饲前的产肝鹅，在不影响其产品质量的前提下，可以拔羽1次。

② 后备种鹅。留作后备的3月龄白色种鹅，产蛋配种前可进行2次拔羽。

③ 淘汰鹅。羽毛生长成熟的淘汰鹅，可先活拔羽后再进行育肥上市或留下继续

饲养拔羽。

④ 休产期种鹅。种鹅每年有 5～6 个月的休产期，可拔羽 3 次。

3. 拔羽鹅的准备　拔羽前，对鹅群进行抽样检查，如果绝大部分的羽绒毛根干枯，无血管毛，用手试拔羽绒容易脱落，表明羽绒已经成熟，可以进行拔羽。拔羽前 1 d 应停止喂料，只供饮水，拔羽当天饮水也应停止，以防拔羽时粪便的污染；对羽毛不清洁的鹅，在拔羽前应让其嬉水或人工刷洗羽毛，除去污物，保证毛绒清洁干净；初次拔羽的鹅，为使其皮肤松弛，毛囊扩张，易于拔羽，可在拔毛前 10 min，每只鹅灌服白酒 10～12 mL。

4. 拔羽时间和场地的选择　拔羽时间最好是选择晴朗无风的天气。要在避风向阳的室内进行，门窗关好，室内无灰尘、杂物，地面平坦、干净，地上可铺垫一层干净的塑料布，以免羽绒污染。毛绒的品质与生产季节有关，夏秋时，鹅羽绒的毛片小、绒朵少而小，杂质也较多，故品质较差；冬春时，毛片大、绒朵大而多，色泽与弹性好，血管毛等杂质也少。

5. 拔羽的步骤

(1) 鹅的保定。

① 双腿保定法。操作者坐在矮凳子上，两腿夹住鹅的身体，一只手握住鹅的双翅和头，另一只手拔羽毛绒，此法易掌握，较常用。

② 半站式保定。操作者坐在凳子上，用手抓住鹅颈上部，使鹅呈直立姿势，用双脚踩在鹅的双脚的趾或蹼上面，使鹅体向操作者前倾，然后开始拔羽，此法比较省力，安全。

③ 操作者用左手抓住鹅的两腿和两翅尖部，使其脖子呈自然状态，先使腹部朝上开始拔羽，也有一人进行保定，一人拔羽或一人同时保定几只鹅进行拔羽的。

(2) 拔羽的顺序与方法。

① 拔羽的顺序。拔羽时按顺序进行，一般先拔腹部的羽绒，然后依次是两肋、胸、肩、背颈和膨大部等部位。按着从左到右的顺序，一般先拔片羽，后拔绒羽，可减少拔羽过程中产生飞丝，也容易把绒羽拔干净。

② 拔羽的方向。一般来说，顺毛及逆毛拔均可，但最好以顺拔为主。因为顺毛方向拔，不会损伤鹅毛囊组织，有利于羽绒再生。

③ 拔羽部位。拔羽绒的部位应集中在胸部、腹部、体侧面，绒毛少的肩、背、颈处少拔，绒毛极少的脚和翅膀处不拔，鹅翅膀上的大羽和尾部的大尾羽原则上不拔。

④ 拔羽的方法。操作者用左手按住鹅体皮肤，右手拇指、食指和中指紧贴皮肤，捏住羽毛和羽绒的基部，用力均匀、迅速快猛、一把一把有节奏地拔羽。所捏羽毛和羽绒宁少勿多，以 3～5 根为宜，一撮一撮地一排排紧挨着拔。所拔部位的羽绒要尽可能拔干净，否则会影响新羽绒的长出。拔取鹅翅膀的大翎毛时，先把翅膀张开，左手固定一翅呈扇形张开，右手用钳子夹住翎毛根部以翎毛直线方向用力拔出。注意不要损伤羽面，用力要适当，力求一次拔出。

⑤ 拔羽注意事项。第 1 次拔羽的鹅体毛孔紧，比较难拔，所花时间较长，以后再拔时，毛孔已松弛，拔起来就比较容易了。毛绒要注意保持其自然状态和弹性，不

要强压或揉搓,以免影响质量,降低等级。拔破皮肤时,可擦些红药水或紫药水,防止感染。血管毛太多时应缓拔,遇见少量血管毛应避开不拔。少数鹅拔羽时,毛片根部带有肉质,应放慢拔羽速度,若大部分带有肉质,说明该鹅营养良好,应暂停拔羽。遇见鹅脱肛时,可用0.1%高锰酸钾溶液清洗患部,再自然推进,使其恢复原状,2 d就可痊愈。冬天拔羽要注意避风保温。

⑥ 羽绒的处理与保存。鹅羽绒是一种蛋白质,保温性能好,如储存不当,容易发生结块、蛀、霉变等,尤其是白色羽绒,一旦发潮霉变,容易变黄,影响质量,降低售价。因此,拔后的羽绒要及时处理,必要时可进行消毒,待羽绒干透后装进干净不漏气的塑料袋内,外面套以塑料编织袋,包装后用绳子扎紧口保存。在储存期间,应保持干燥、通风良好、环境清洁。地面经常撒鲜石灰,防止虫蛀、免受潮。可在包装袋上撒杀虫药,有的毛绒拔下后较脏,可先用温水洗1~2次然后装在布袋里悬挂晒干,干燥以后再储存保藏,切忌不装袋晾晒,以防羽绒被风吹散,造成损失。

6. 鹅活拔羽绒后的饲养管理 经历活拔羽绒这一较大的外界刺激后,鹅会现出精神委顿、食欲减退、翅膀下垂、喜站、走路胆小怕人等症状,个别鹅体温还会升高。为确保鹅群健康,促使其尽快恢复羽毛生长,必须加强饲养管理。

(1) 拔羽后鹅体裸露,3 d内不要放牧,7 d内不让鹅下水。1周后,鹅皮肤毛孔已经闭合,可逐渐恢复放牧饲养和下水。恢复放牧后要强调每天下水,这样可使鹅毛绒生长快、洁净有光泽,一般拔羽1周后就可见新的毛绒长出。

(2) 鹅舍应背风、清洁干燥,舍内铺垫一层柔软干净的垫草。夏季要防止蚊虫叮咬;冬季舍内保暖温度不能低于0 ℃。

(3) 饲料中应增加蛋白质的含量,补充微量元素,每只鹅除每天供应充足的青绿饲料和饮水外,第7天要补精饲料150~180 g。

(4) 种鹅拔羽后应公母分开饲养,停止交配,对弱鹅应挑出单独饲养。加强饲养管理,经常检查鹅的羽毛生长和健康状况,预防感染及传染性疾病,避免死亡。

知识链接四 鹅反季节繁殖技术

1. 反季节繁殖的概念 鹅在传统的饲养方式下,一般繁殖活动呈现出强烈的繁殖季节性,表现为从每年的7—8月进入繁殖期,至次年的3—4月进入休产期,产蛋高峰期为11月至次年2月。研究表明,公鹅在母鹅休产的季节,表现为生殖系统萎缩、精液品质严重下降等。人工光照制度、饲料营养、温度及活拔羽绒等技术措施,可使种鹅在非繁殖季节产蛋、繁殖,繁殖季节休产,称为反季节繁殖。这是一项通过环境控制调整鹅繁殖季节和周期的技术。

种鹅的第1个产蛋年开始的时间与品种的关系密切,如四川白鹅180日龄左右开产,朗德鹅230日龄左右开产。因此,要使母鹅在4月开产,6月龄开产的品种应在上一年11月出壳的苗鹅中留种,朗德鹅应在8月上旬出壳的苗鹅中留种,其他品种依开产年龄类推。

2. 实现鹅反季节繁殖的最关键因素 是调整光照程序,在冬季延长光照,在12月至次年1月中旬在夜间给予鹅人工光照(光照度为30~50 lx),加上在白天所接受的自然太阳光照,使1 d内鹅经历的总光照时间达到每天18 h。用长光照持续处理约

75 d 后，将光照缩短至每天 11 h 的短光照，鹅一般于处理后 1 个月左右开产，并在 1 个月内达到产蛋高峰。在春夏季节继续维持短光照制度，一直维持到 12 月，此时再把光照延长到每天 18 h，就可以再次诱导种鹅进入非繁殖季节，从而实施下一轮的反季节繁殖操作。

3. 反季节繁殖生产的管理要求　建造特别的鹅舍，要求完全阻断外界阳光进入鹅舍，即窗户、天窗、通风口都要不透光。要有良好的通风系统，保证高温季节的降温。可以在鹅舍墙壁或者屋顶上安装风机进行通风换气，或者采用水帘在进行负压通风时进一步降温。

在夏季，产蛋料中应加入多种维生素、碳酸氢钠和（或）其他抗热应激类饲料添加剂，以增强母鹅的体质，缓解热应激的不良影响。

在 12 月开始长光照后，改用育成期饲料，降低饲料营养水平，尽量多使用青、粗饲料，促进母鹅停产并换羽。此时可以安排 1 次活拔羽绒（相当于强制换羽），使鹅迅速进入休产期，并有利于下一次开产。

从均衡全年生产的角度考虑，也可以多批种鹅搭配饲养。可以通过在秋季推迟种鹅进入繁殖季节，但不采用人工控制技术，使种鹅完成一个正常的繁殖季节，相应地使繁殖季节结束的时间发生在次年的夏季；同时可以利用另一群种鹅，适当促进繁殖季节在夏季比正常情况提前 2 个月发生。这 2 种结合安排，也可以在一年中进行种鹅的均衡生产和雏鹅的全年均衡供应。反季节生产种鹅其他方面的饲养管理，与前述正常季节生产的种鹅相同。

项目六习题

习题答案

项目七 禽场综合防制技术

知识目标

1. 熟悉国家批准的疫苗和兽药批号。
2. 熟悉禽场综合防制的基本内容和措施。
3. 掌握禽场卫生消毒制度。
4. 掌握禽场综合防治的注意事项。

能力目标

1. 能为禽场制定科学合理的免疫程序和卫生防疫制度。
2. 会运用多种消毒器械对禽场进行消毒。
3. 会对家禽进行免疫接种。

素质目标

1. 具有遵法守法的强烈意识。
2. 具备分析问题、解决问题的能力。
3. 具有团队合作精神。
4. 具有爱岗敬业、保护动物的精神。

任务一 禽场防疫制度

学习任务

家禽疾病的防治工作是维持家禽生产的基本保证，禽场必须高度重视生物安全，认真做好禽病防治和卫生防疫工作，建立生物安全体系。禽病防治，必须坚持"预防为主"的方针，这就要求禽场在管理上必须有一系列严格的防疫制度，把防疫工作纳入禽场正常的管理，把防疫原则、防疫制度贯穿于每一个环节，严格按规程操作，才可避免疫病的发生。因此，建立健全科学合理的兽医防疫制度是提高规模养禽场经济效益的关键措施之一。

一、禽场疫病防控的原则

建立健全防疫机构和疫病防治制度。树立"预防为主、养防结合、防重于治"的意识。建立饲养管理、卫生防疫、预防接种、检疫、隔离等综合性防治措施，以达到提高家禽的健康水平和抗病能力的目的，杜绝和控制传染病的传播和蔓延。

二、禽场环境管理

养禽场的卫生管理与疫病控制密切相关，卫生管理是一项基础的工作，也是一项重要的工作。养禽场的环境卫生直接影响着禽群的健康。

1. 通风 禽舍通风不良，容易导致病原微生物的大量繁殖，禽群长期生活在污浊的空气中，抵抗力下降，极易发生各种疾病。禽舍在做好清洁消毒的基础上，舍内应保持良好的通风，尽量降低舍内病原微生物的数量，减少禽群感染的机会。

2. 排污 禽场中每天产生大量粪便和污水，其中含有大量的微生物，妥善地排出禽舍内的粪便和污水，是保证环境卫生的重要措施。禽舍内应有下水道，排出的污水应进行无害化处理。禽场有专门的净道和污道，净道专门运输饲料和产品，污道运送禽粪、病死禽和垃圾。禽场的粪便处理场应位于主风向的下方或坡度下处，禽粪要经发酵或烘干处理，并进行无害化处理。

3. 绿化 绿化可以改善禽场小气候。在禽舍周围植树种草，夏季可使进入禽舍的空气经过"预冷"，从而降低夏季舍内温度；冬季树木的阻挡，可以降低气流速度，减轻冬季冷风对家禽造成的危害。

绿化同时可以净化空气，保护环境。绿色植物可以利用太阳能吸收二氧化碳，放出氧气。槐、柳、梧桐等树木还可以吸收其他有害气体。绿化还可以吸尘灭菌，净化空气。禽舍排出的粉尘带有大量的毛屑和其他污染物，由树木草皮吸附、过滤、降落后，经雨淋洗被不断清除，从而减少空气中的细菌和污染物的含量。

4. 消毒 消毒是贯彻"预防为主"方针和执行综合性防治措施的重要环节，其目的是消灭被传染源散播在外界的病原体，切断传播途径，阻止疫情继续蔓延。

家禽的疫病可通过两种基本方式传播。一种是禽与禽之间的传播，即水平传播，这种传播包括接触病禽、污染的垫草、有病原体的尘埃，与病禽接触过的饲料、饮水，还可以通过带病原体的野鸟、昆虫等传播。通过水平传播的疾病很多，如新城疫、马立克氏病、禽霍乱等。另一种方式是母禽通过种蛋将病原体传播给子代，为垂直传播。这类疾病包括白血病、鸡白痢等。现代养禽场实行高密度集约化饲养，不同年龄禽群之间更易传播疾病。养禽场通过消毒的方式，切断某些传播的环节，达到防病的目的。因此，养禽场必须制定严格的卫生消毒制度，并贯彻落实。

入舍前，场内、舍内的一切设备、设施都应进行消毒处理。场内应有消毒池、洗浴室、更衣室、消毒隔离间。职工经消毒后，穿工作服、工作鞋方能进入舍内。禽舍严禁外人进入。严格控制人员及车辆进出，做好人员分工，专人或分片负责各自的卫生区，定期或不定期地对饮水、禽体、用具、禽舍及周围环境进行消毒，要经常保持清洁、干燥，防止交叉感染。垫草要定期更换，禽场的垃圾、杂草、粪便及污物要做到及时清除，病死禽经诊断后，应及时焚烧或深埋，防止病原微生物的滋生、蔓延。控制活体媒介和中间宿主。做好环境卫生工作，经常捕捉或毒死鼠类，防止活体媒介和中间宿主与禽接触，是预防疾病发生的重要措施。

三、禽场防疫卫生管理

1. 生活区卫生防疫制度

（1）未经场长允许，非本场员工不能进入禽场。

（2）大门关闭，办事者必须到传达室登记、检查，经同意后，车辆必须经过消毒池消毒后方可入内，自行车和行人从小门经过脚踏消毒池消毒后方准进入。

（3）大门口消毒池内投放 2%～3% 的火碱水，每 3 d 更换 1 次，保持消毒液有效。

（4）任何人不准带禽产品进场。

（5）生活公共区域每天清扫，保持整洁、整齐、无杂物，定期灭蚊、蝇。

（6）进入场内的车辆和人员必须按门卫指示地点停放，按规定路线行走。

（7）做好大门内外和传达室卫生工作，做到整洁、整齐，无杂物。

2. 生产区卫生防疫制度

（1）非本场员工未经允许不得进入生产区。

（2）谢绝参观。必须进入生产区的人员，经领导同意后，在消毒室更换工作衣、帽、鞋，经消毒池消毒后方可进入。消毒池投放 3% 的火碱，每 3 d 更换 1 次，保持有效。

（3）饲养员进入禽舍必须更换指定的工作服、帽、鞋，经门口消毒池方可进入。冬季每周洗涤消毒 1 次，春、秋季 2 次，夏季每天 1 次，工作衣、鞋、帽不准穿出生产区。

（4）非生产需要，饲养人员不得随便出入生产区或串舍。

（5）生产区内不可有闲杂人员的出现。

（6）生产区设有净道、污道，净道为送料、人行专道，每周用 2% 火碱溶液消毒 1 次；污道为清粪专道，每周消毒 2 次。

3. 禽舍卫生防疫制度

（1）生产区内严禁洗涤衣物、烧饭等，不准留宿会客。饲养员不得串栋闲谈，各栋车辆用具专用，相互替班需经主管生产负责人批准。生产区工作人员不得将禽肉及其制品带入场内。

（2）禽场内不可饲养其他动物；一经出场的禽，不得再返回场来。场内定期进行除蚊、蝇，灭鼠工作，防止它们进出禽舍，污染饲料，导致疫病传播。

（3）各禽舍死禽不准随便乱扔，病、死禽不得在生产区内剖检，死禽和需要剖检禽要用专用车运往病死禽处理室、剖检室或指定地点处理。严禁出售病、死禽。生产区饲养员严禁进入剖检或尸体处理污染区。

（4）严禁从疫区购入饲料。装运饲料及其他用品的车辆不得直接驶入生产区，生产区一切用具不准携出场外，进入生产区饲料要用本场专用车，饲料包装要用本场专用消毒包装物，不得将外来包装物带入生产区。

（5）平时全场每季大清扫、大消毒 1 次，食槽每天清洗 1 次，禽舍内外每天小清扫，每周大扫除，每月消毒 2 次，饲管用具每周清洗消毒 2 次。

（6）每天清粪 1 次，清粪后要对粪铲、扫帚进行冲刷清洗。禽粪要按规定堆放，定期撒生石灰进行粪池消毒。

(7) 严禁在生产区内乱抛和堆放杂物，病死禽和剖检禽在粪场附近挖深坑深埋或焚烧。

(8) 认真贯彻自繁自养方针。如需从其他养殖场购买家禽时，必须从非疫区引进，且在隔离区饲养1个月，确认健康无疫情时，方可引入生产群。

(9) 如养禽场地区发现疫情，其内人员和家禽以及管理用具等应进行封锁，待疫情控制和扑灭后一个月再无新增新病例再使用，全场需经彻底清理消毒。

(10) 饲养员每天对饲养的禽进行观察，发现异常，及时汇报并采取相应的措施。

(11) 提高环保意识，搞好粪便和污水处理、环境绿化和美化，净化空气、环境，减少夏季辐射热。

(12) 禽场的防疫卫生管理制度张贴上墙，并认真执行，定期检查。对执行较好的，给予表扬或奖励；对执行不力，甚至违反制度的单位和个人，给予批评或严肃处理。

4. 禽舍空栏后的卫生防疫制度

(1) 禽舍空栏后，应马上对禽舍进行彻底清扫、冲洗，不留死角。将舍内的粪、尿、蜘蛛网、灰尘等彻底清扫干净。

(2) 禽舍消毒程序：清扫禽舍→高压水枪冲洗禽舍→用具浸泡清洗→干燥→消毒液（3%的火碱水）喷洒禽舍→福尔马林熏蒸消毒→空舍2周以上→进禽前2d舍内外消毒。

(3) 化学药品消毒最彻底，最好使用2种消毒液交替进行，如百毒杀、1210含氯消毒片、过氧乙酸等，对杀死病原微生物较有效。

5. 禽群免疫接种

(1) 各批次禽群要严格按照制定的免疫程序及时进行免疫接种，免疫过程必须由专职技术人员监督，并做好免疫接种登记。

(2) 各批次禽群要按计划进行免疫抗体检测，抗体检测不合格的禽群要及时补救。

(3) 发现疫情后的紧急措施。

① 发现疫情后立即报告场领导及兽医技术人员，尽早查明病因，及时诊断。

② 严格隔离封锁，防止疫情扩散。隔离病禽，死禽严禁出售，不准在生产区内解剖，尸体要做无害化处理。控制人员流动，限制外人进入禽场，禽场环境、饲养设备、用具、工作服等严格消毒。

③ 对健康禽群及假定健康禽群紧急免疫接种。

④ 淘汰或治疗病禽，合理处理尸体。对重症家禽彻底淘汰，对细菌性传染病可采用抗生素治疗，对某些病毒性传染病可采取特异性免疫抗体治疗。死亡的家禽和屠宰后废弃的羽毛、血、内脏等要做无害化处理，可焚烧、深埋或集中处理。

6. 淘汰禽销售卫生防疫要求

(1) 淘汰禽由场内车辆运至大门外销售，外来车辆禁止进场。

(2) 销售完毕，所有运载工具（笼、车辆）、交易场地要及时进行清洗和消毒。

四、实行科学的管理

实践证明,规范化的饲养管理是提高养禽业经济效益和兽医综合性防疫水平的重要手段。在饲养管理制度健全的养禽场中,家禽生长发育良好、抗病能力强、人工免疫的应答能力高、外界病原体侵入的机会少,因而疫病的发病率及其造成的损失相对较小。

1. 执行全进全出的饲养制度 全进全出是避免禽群发病的最有效的措施之一,现代家禽生产都应采用全进全出的饲养管理制度。

不同日龄的家禽有不同的易感性疾病,如禽舍内有不同日龄的禽群存在,则日龄较大的患病禽或是已痊愈但仍带毒的禽群,通过不同的途径将病菌传播给日龄较小的禽群,造成经济损失。采用全进全出制,一批禽转出或上市,经彻底消毒后再进下一批禽群,就不会有传染源和传播途径存在,从而减少疫情的循环感染,降低死亡率,提高禽舍利用率。采用全进全出制,还便于生产管理,实行统一的饲养标准、技术方案和防疫措施。

2. 供应全价配合饲料 按照家禽的不同生长时期的营养需要供应全价配合饲料,不仅能保证家禽正常发育和生产的需要,也是预防禽病的基础。饲料配比、加工和储存不当是引起家禽营养代谢病和中毒病的主要原因之一,还会引起免疫功能抑制,并诱发其他各种传染病。如蛋白质含量过高引起痛风,钙及维生素 D 过少引起佝偻病。生产中,饲料厂应按饲养标准进行生产,养殖户应选用质量可靠、正规厂家的全价饲料或浓缩料,所用的饲料要相对稳定,不可突然改变饲料,饲喂做到定时、定量,尽量保证家禽的营养需要。

3. 保证饲料和饮水 俗话说"病从口入",搞不好饲料和饮水卫生,就给病原体的侵入打开了方便之门。因此饲料和饮水卫生是家禽生产的关键因素,也是预防疾病的先决条件。

家禽生产中要防止饲料污染、霉败、变质、生虫等。对每种饲料原料进行化验分析,特别是对鱼粉、肉骨粉等质量不稳定的原料,要经过严格检验后才能使用。生产场应配备专用运料车辆,饲料应分禽舍专用,不能互相混用。饲料要求新鲜,应当每周送到禽舍 1 次,散装饲料塔的容积应能容纳 7 d 的饲喂量和 2 d 的储备量。对运输饲料卡车进行有效的消毒,卡车必须驶过加有消毒液的消毒池,驾驶室和车子底盘部分可以用同样的消毒溶液喷洒。因为运料卡车是致病微生物侵入禽舍的一个重要途径,对饲料槽等应经常清洗,保持干净。

家禽的饮水卫生十分重要,一般要求饮用优质地下水,并定期测定水中大肠杆菌数量和可溶性固形物总量,前者要求每毫升不超过 2 万个,后者不得超过 290 mg/L。饮水消毒一般用氯制剂,并按说明使用。在 10 日龄前用凉开水,每天对饮水器清洗、消毒 1 次,饮水器内的水每天至少更换 2 次,杜绝饮用过夜水。最好使用杯式饮水器或乳头式饮水器,可大幅度地节约供水量,杜绝污染,保证禽群饮水卫生符合要求。

4. 避免禽舍产生不良环境应激 当家禽受到不良因素的影响时,家禽的生理状态会发生改变,机体免疫力降低,不良因素将会给家禽的生长发育、生产性能带来不同程度的伤害,严重的会导致家禽发病,甚至出现死亡。生产中应激因素是多方面的，难以完全消除，但可以通过科学的日常管理来避免发生，让家禽生活在适宜的环境中。

（1）提供合理光照。适宜的光照是家禽生长的必要条件，应根据家禽不同品种、生长阶段的要求，调节光照的时间和光照度，避免光照时间过长、光照度过大。如果光照不足会引起家禽钙的代谢障碍，产蛋禽舍光照不足会直接降低产蛋率。

（2）提供适宜的温度和湿度。不同日龄的禽对温度的要求不同，尤其是雏禽对温度要求较高，温度过低会诱发多种疾病，如雏鸡白痢。禽舍内冬天要防寒保暖，夏季要避暑降温。为防止热应激，可适当调整饲料成分比例，加大通风量，饲料中添加碳酸氢钠、维生素、解热的中草药制剂等，还可采用水帘等降温设备。

雏禽从相对湿度70%的环境中孵出后，如育雏舍内过于干燥，会导致水分随呼吸而散发，腹中蛋黄吸收不良，饮水过多，易发生腹泻，脚趾干瘪，羽毛生长慢。因此，育雏前10 d应保持室内相对湿度在60%～70%，成禽一般相对湿度保持在60%左右。如湿度过高，会导致垫草微生物及寄生虫的滋生、饲料霉变，易引起呼吸道、眼部、消化道疾病。

（3）保持禽舍通风换气。禽群对氧的需求量大，需要不断地呼吸新鲜的空气。禽群饲养密度过大或禽舍通风不良，常蓄积大量二氧化碳，二氧化碳及粪便发酵产生的大量有害气体，对饲养人员和禽群都有不良影响，过量氨刺激易引起眼炎、呼吸道感染，如大肠杆菌、沙门氏菌、支原体感染。禽舍内氨气含量不超过 20 mg/m^3，硫化氢的含量不得超过15 mg/m^3，二氧化碳含量不超过 3 000 mg/m^3，一般以人进入禽舍后无烦闷感觉、眼鼻无刺激感为度。因而在设计禽舍时，不仅要考虑禽舍的保温，也要考虑禽舍的通风换气。

（4）日粮应激。从一阶段到另一阶段更换日粮时，应缓慢过渡，按先少后多的原则，逐步更换日粮，一般经过7～8 d的时间更换完毕。由于每一阶段日粮适应了胃肠道某一特定的菌群，突然大量换料，会导致胃肠菌群失调，引起腹泻及蛋禽产蛋率、肉禽体重迅速下降，甚至停产。因此日粮更换期间应避免各种生理性刺激，如免疫接种、使用消炎药物等，同时饲料中加入多维电解质、微量元素、微生态制剂等。

（5）避免或减少人为刺激。种苗在运输过程中，应防止过热、受凉、挤压、缺水、运输时间过长，并及时进行开食和饮水。降低周围环境的噪声，避免突然的惊吓，在断喙、转群、免疫接种过程中动作要温和，尽量减少刺激，让禽群保持在安静的环境中。适时分群是促进雏禽生长健康、减少疾病、提高成活率的一项重要措施。

5. 建立观察和登记制度

（1）经常观察禽群。观察禽群可以及时了解禽群的健康与采食状况，挑出病禽、停产禽，同时拣出死禽。有些病禽虽经治疗可以恢复，但恢复后也往往要停产很长一段时间，所以病禽以尽早淘汰为好。及时发现和淘汰病禽，可提高全年的产蛋量和饲料效率，减少饲料浪费，节约劳力，预防传染病和降低死亡率。

（2）做好生产记录。工作生产记录的内容很多，最低限度必须包括以下几项：产蛋量，存活、死亡和淘汰只数，饲料消耗量，蛋重和体重。管理人员必须经常检查禽群的实际生产记录，并与该品种禽的性能指标相比较，找出问题，以便及时修正饲养管理措施。

思与练

1. 在生产中，怎样制定禽场综合防制措施？
2. 你认为在家禽的卫生防疫过程中有哪些重要环节，有哪些关键技术？
3. 一名合格的饲养员应遵守哪些防疫制度？
4. 怎样科学管理养禽场？

任务二 禽场消毒技术

学习任务

消毒就是利用一定的方法杀灭或清除外界环境中的病原微生物，将环境中的病原微生物的数量降到最低限度，以减少或防止传染病的发生。因此，消毒是预防和控制疾病传播的重要手段之一。禽舍卫生的核心工作就是消毒，养禽场都应有严格的消毒制度，平时要做好预防性消毒工作，定期对禽舍、场地、饮水、器具进行消毒。发生疫病时，对禽舍、隔离场地、病禽的排泄物、病死禽以及一切可能被污染的场所、用具和物品进行严格的消毒，切断病原微生物的传播。

一、禽场消毒方法及特点

1. 机械消毒法 以机械清扫、冲洗、洗擦等手段达到清除病原体的目的，是最常用的一种消毒方法，也是日常的卫生工作之一。机械清除只是通过清扫、洗刷等办法将圈舍内用具、地面、墙壁以及动物体表被毛上污染的粪便、垫草、饲料、糟渣等污物清理出去，此法能够将大量的病原体清除出来，但是并不能达到杀灭病原体的目的。所以，此法只能作为消毒工作中的一个辅助环节，不能作为一种独立的方法来利用，必须配合其他的消毒方法同时使用，才能将残留的病原体消灭干净。在机械清扫、洗刷过程中，如环境较为干燥，应在清扫前用清水或化学消毒剂喷洒，防止尘土飞扬而造成病原体的散播，同时对清扫出来的污物应进行堆积发酵、掩埋、焚烧，或者用其他药物进行消毒，不能随意堆放。如发生传染病，特别是烈性传染病时，需与其他消毒方法共同施行，且需先用药物消毒，然后再用机械清除。

通风换气虽然不能直接杀灭空气中的病原微生物，但可在短期内使舍内空气交换，具有明显降低空气中病原微生物数量的作用。同时，通风换气可加快舍内水分蒸发，使物体干燥，缺乏水分会致使许多微生物不能存活。通风换气的方法有横向通风、纵向通风、正压过滤通风以及正压坑道式通风等。通风的时间长短根据舍内外温差的大小灵活掌握，一般不少于 30 min。冬季饲养时应严格掌握通风和保温之间的协调，防止家禽冷应激的发生。

在有疫情发生时，尤其是经呼吸道传染的疾病发生时，禽舍排出的空气中，可能含有病原微生物，这种污染的空气排出会威胁或传染相邻的禽群，为防止禽舍排出的污染的空气、尘埃等进入相邻禽舍，禽舍间应保持 50 m 以上的距离，或将圈舍改为纵向通风，有条件的禽场，禽舍内可实行正压过滤通风。即在风道的始端设置送风机，利用风机形成的正压将过滤后的新鲜空气通过风道输送到各个房间，并在能够与各个送风房间相通的公共空间的外墙上设置一个卸压风口（出风口），以实现室内空气的对流和室内外气压的平衡。

2. 物理消毒法　物理消毒法是指通过高温、干燥、照射、辐射、激光等物理方法杀灭或消除环境和物品中病原微生物及其他有害微生物的方法。物理消毒方法的特点是作用迅速，消毒物品上不遗留有害物质，是简便又经济的方法。常用的物理消毒法有：日光（紫外线）照射、干燥，烘箱内干热消毒，煮沸、流通蒸汽和高压蒸汽湿热消毒，火焰焚烧等。超声波、激光、X射线消毒等也属物理消毒法。

（1）日光（紫外线）照射、干燥。日光照射消毒是一种最经济、方便的消毒方法。它是将需要消毒的物品放在日光下暴晒，利用光谱中的紫外线、热量以及干燥等因素的作用，将物体表面的多种病原微生物直接杀灭而达到消毒的目的。此法适用于畜禽圈舍的垫草、用具等的消毒，对被污染的土壤、牧场、草地、动物圈舍外的运动场表层的消毒也有一定作用。养殖场一般在入口处也装有紫外灯，用于对进入人员的消毒。

（2）高温灭菌法。高温灭菌法又称热力杀菌法，是通过热力学作用导致病原微生物中的蛋白质和核酸变性，最终引起病原体失去生物活性的过程。在所有的消毒和灭菌方法中，热力消毒和灭菌是一种应用最早、效果可靠、用途广泛且非常实用和有效的消毒方法。它可分为干热灭菌法和湿热灭菌法两类。

① 干热灭菌法。

a. 焚烧。这是一种最为彻底的消毒方法。常用于圈舍内的料盘、笼具等金属工具的消毒，当病原体抵抗力较强时，如对于发生过严重传染病的禽舍内的垫草、粪便、场地、墙壁、笼具、病死禽尸体、死胚以及其他无利用价值的废弃物品，可以通过火焰喷射器进行烧毁处理或炉内焚烧。

b. 火焰烧灼。是直接以火焰灼烧，立即杀死全部微生物的杀菌方法。主要适用于微生物实验室的接种针、接种环、玻璃棒、试管口、玻片等不怕热的器材的物品消毒。实行全进全出制的养禽场圈舍中的地面、墙壁、金属制品也可以用火焰烧灼灭菌。

c. 热空气灭菌法。此法是在干燥的情况下，在一种特制的电热干燥器内，利用热空气灭菌消毒的一种方法，适用于干燥的玻璃器皿。

② 湿热灭菌法。

a. 煮沸灭菌法。此法是利用沸水的高温作用杀死病原体的一种杀菌法。这是一种较为简单易行、经济有效的消毒方法。由于大部分非芽孢病原微生物在 100 ℃沸水中煮沸能迅速死亡，而细菌的芽孢经过煮沸 1~2 h 后亦能致死，因此，将待灭菌的物品置于一定容器中煮沸 1~2 h 即可达到杀灭所有病原体的目的。适用于大多数器械如玻璃器皿、针头、金属器械、工作服、帽等物品的消毒。煮沸消毒时，消毒时间应从水煮沸后计算。

b. 高压蒸汽灭菌法。此法是通过高热水蒸气的高温使病原体丧失活性的灭菌方法。因热蒸汽穿透力较强，使物品快速均匀受热，且在高压的情况下，水的沸点增高，饱和蒸汽比热高、杀菌力强，故能在短时间内达到灭菌的效果。此法也是一种应用比较广泛、效果可靠的消毒方法。

c. 巴氏消毒法。此法是利用病原体不是很耐热的特点,用适当的温度和保温时间处理,将其全部杀灭。但经巴氏消毒后,仍保存小部分无害或有益、较耐药的细菌或细菌芽孢。

3. 化学消毒法 化学消毒法是利用化学药品杀灭传播媒介上的病原微生物以达到预防感染、控制传染病的传播和流行的方法。化学消毒法具有适用范围广、消毒效果好、无需特殊仪器和设备、操作简便易行等特点,是目前养殖场消毒工作中最常用的方法。

（1）浸洗法。如接种或打针时,对注射部位用酒精棉球、碘酒擦拭,以及对一些器械、用具、衣物等的浸泡。一般应洗涤干净后再浸泡,药液要浸过物体,浸泡时间应长些,水温应高些。养鸡场入口处、消毒槽内,可用浸泡药物的草垫或草袋对人员的鞋靴消毒。

（2）喷洒法。喷洒地面、墙壁、禽舍内固定设备等,可用细眼喷壶。对禽舍内空间消毒,则用喷雾器。喷洒要全面,药液要喷洒到物体的各个部位。

（3）熏蒸法。适用于可以密闭的禽舍和其他建筑物。这种方法简单、方便,对房屋结构无损,消毒全面。实际操作中要严格遵守下列基本要点:禽舍及设备必须清洗干净,因为气体不能渗透到粪便和污物中去,如不干净,不能发挥应有的效力;禽舍要密封,不能漏气,应将进气口、出气口、门、窗和排气扇等的缝隙封严。

（4）气雾法。气雾粒子是悬浮在空气中的气体与液体的微粒,能悬浮在空气中较长时间,可飘移到禽舍内各角落。气雾法是消灭气携病原微生物的理想办法。

4. 生物热消毒法 利用自然界中广泛存在的微生物氧化分解有机物时所产生的大量热能来杀死病原体。常用的生物消毒方法有堆积法和发酵池法等。

（1）堆积法。适用于干固粪便的处理,堆积地点应选择在距离禽舍、水池、水井较远处。挖一宽 1.5～2 m、两侧深 25 cm、向中央稍倾斜的浅坑,坑的长度据粪便的多少而定。坑底用黏土夯实,用小树枝条或小圆棍横架于中央沟上,以利于空气流通,沟的两端冬天关闭,夏季打开。在坑底铺一层 30～40 cm 厚的干草或非传染病的禽粪便,然后将要消毒的粪便堆积于上,粪便堆放时要疏松,或掺点稻草。干粪需加水浸湿,冬天应加热水,粪堆高 1.2 m。粪堆好后,在粪堆的表面覆盖一层厚 10 cm 的稻草或杂草,然后再在草外面封盖一层 10 cm 厚的泥土。这样堆放 1～3 个月后即达消毒目的,即可挖出肥田。

（2）发酵池法。饲养量较大的养殖场,收集的粪便比较稀薄,可采用发酵池法进行生物消毒。在远离居住点和水源的地方,挖筑圆形或方形的消毒池,消毒池的边缘与池底用砖砌好,抹上一层水泥,防止渗水,消毒池深度、宽度均可达到 3 m,长度根据实际情况定,池口盖上水泥盖板,只留一个倒粪口。发酵池的数量和大小视粪便的多少而定。每天将清除的粪便、垫草倒入池内,发酵池装满后,堆积发酵 1～3 个月即可挖出当作肥料使用。另外,在生产沼气的地方,可将堆放发酵与生产沼气结合在一起。

生物发酵消毒法只能杀灭粪便中的非芽孢性病原微生物和寄生虫幼虫及虫卵;若粪便中含有芽孢或患危险疫病禽的粪便,则应焚毁或加有效化学药品处理。为减少堆肥过程中产生的有机酸，促进纤维分解菌的生长繁殖，可加入适量的草木灰、石灰等调节 pH。

二、禽场消毒制度

1. 生活区消毒制度

（1）办公室、食堂、宿舍及其周围环境每周大消毒 1 次。

（2）更衣室、工作服、便服每天紫外线消毒 3 次，工作服清洗后用消毒水消毒，每周用固体福尔马林熏蒸 1 次，扒禽粪工作服每半天或一天更换消毒。

2. 生产区环境消毒制度

（1）生产区正门设消毒池、洗手盆。正门消毒池水每周不少于更换 3 次，洗手盆的消毒水每天更换 1 次，保持有效浓度。

（2）禽舍内走道、工作间每天打扫干净，每天喷雾消毒 2 次；公共场所、禽舍外道路、空地等地方每周消毒 2 次。

（3）禽舍消毒池与盆每天更换 2 次，保持有效浓度。

（4）售禽、转群周转区。周转禽舍、出禽场地、磅秤及周围环境每售一批家禽后大消毒 1 次。禽舍一般消毒空置不少于 2 周。

3. 生产区人员、车辆消毒制度

（1）人员消毒。任何人进出生产区必须更衣换鞋，脚踏消毒池，消毒盆洗手，工作服只准许在生产区内穿，不准带出，且衣服和鞋子必须经常清洗消毒。

（2）车辆。进入生产区的车辆车身必须彻底用高压喷枪进行消毒，随车人员消毒方法同生产人员，随车所有物品（包括蛋筛、蛋箱等）必须严格消毒后才能进入。

4. 生产区消毒制度

（1）禽舍、禽群。禽舍消毒、带禽消毒每天各 1 次（怀疑有疾病的禽群应加强消毒），冬季消毒要控制好温度与湿度，防止腹泻。

（2）禽笼消毒。场内禽笼每次使用前后必须严格消毒，各分场之间不允许交换使用，外来禽笼不能进场，育雏、育成和产蛋笼分开使用。

三、禽场消毒措施

1. 空禽舍消毒 每栋禽舍全群移出后，在下一批家禽进舍之前，必须对空禽舍及用具进行全面彻底的严格消毒，然后至少空闲 2 周。为了确保消毒效果，禽舍全面消毒应按一定的顺序进行，即清扫→冲洗→干燥→喷洒消毒剂→干燥→熏蒸消毒。

（1）清除粪污。首先用 2%～3% 的氢氧化钠或常规消毒液轻轻喷雾整个禽舍（防止禽舍尘土飞扬），将所有能移动的饲养设备（料槽、饮水器、底网等），全部搬到禽舍外面的专用消毒池，彻底清洗消毒，将笼具、天花板、墙壁、排风扇、通风口等部位的尘土清扫干净（顺序为由上到下、由里向外），清除所有垫料、粪便。

（2）高压冲洗。使用高压水枪按由上到下、由里向外的顺序用清水冲洗禽舍的地面、墙壁、门、屋角等，直到清洗干净为止，做到不留死角。对较脏的地方，可先进行人工刮除。

(3) 喷洒消毒剂。待地面、墙壁干燥后，对禽舍和器具进行整修，即可进行喷洒消毒。为了提高消毒效果，禽舍最好使用2种以上不同类型的消毒药至少2次消毒，即24 h后用高压水枪冲洗，干燥后再喷雾消毒1次。消毒剂可使用氢氧化钠、来苏儿、百毒杀或过氧乙酸等。在喷洒消毒药之前，还可使用火焰喷射器灼烧墙壁、金属笼具等。

(4) 熏蒸消毒。待消毒液稍干燥后，把所有用具搬入禽舍，关闭门窗，提高室内湿度（60%~80%）和温度（25~27 ℃），熏蒸消毒。最常用的消毒剂是38%~40%的甲醛溶液（也称福尔马林），通过热作用使甲醛以气体形式挥发，扩散于空气中和物体表面，对物体面消毒。甲醛能使蛋白质变性凝固和溶解类脂，对细菌、芽孢、真菌和病毒等微生物均有好的杀灭作用。

方法一：福尔马林＋高锰酸钾。原理是高锰酸钾与甲醛发生反应，产生大量的热量，使药液沸腾，甲醛挥发。配合比例是每立方米空间用福尔马林28 mL、高锰酸钾14 g。将高锰酸钾倒入耐腐蚀的陶瓷容器内，再加入福尔马林，人即迅速离开。密闭门窗，消毒12~24 h后，打开门窗，通风换气2 d以上，散尽余气后，方可使用。如不急用，最好密闭2周。盛放药液的容器要耐腐蚀，且深、大，比消毒液容量至少大4倍，以免药液反应时溢出。

方法二：福尔马林＋水。按每立方米空间用28 mL福尔马林，加等量水，置于大容器里，放在热源上直接加热蒸发消毒，但应注意及时关掉热源。

经上述消毒程序后，有条件的禽场应进行舍内空气采样，进行细菌培养，若没有达到要求，需重复消毒。一般来说，舍内甲醛气体的含量越高、留存的时间越长及禽舍内的温、湿度越高，消毒效果越好。

福尔马林溶液中甲醛的浓度如果低于38%，会影响熏蒸消毒的效果。为了减少气体逸出禽舍外，在进行熏蒸消毒前，一定要检测禽舍是否密闭，门窗的玻璃是否完好。熏蒸消毒时要求舍温不低于20 ℃，相对湿度不低于60%，若温度较低时要提供热源增温。

2. 带禽消毒 带禽消毒是从禽入舍后至出栏前整个饲养期内的一种消毒方式，定期使用有效的消毒剂对禽舍环境及禽体表面进行喷雾，以杀死空气中悬浮和附着在禽体表面的病原微生物，达到预防性消毒的目的。

(1) 带禽消毒的作用。带禽消毒是集约化养禽综合防疫的重要措施之一，是保证禽舍环境和防止疫病传播的主要手段，尤其是对那些隔离条件差、不同日龄的禽群在同一禽场饲养及经常发生各种疫病的老禽场更为有效。

实践证明，家禽通过吸入和皮肤接触消毒药液，可有效地防止多种疾病的发生与流行。带禽消毒能沉降禽舍内漂浮尘埃，抑制氨气的产生和吸附氨气，在夏季还有降温防暑的作用。

(2) 带禽消毒的消毒剂。带禽消毒需慎重选择消毒剂，要求广谱、高效、强力、无毒、无害、无残留，对人和禽刺激性小、腐蚀性小。

常用的消毒剂有0.015%百毒杀、0.1%新洁尔灭、0.2%~0.3%过氧乙酸、0.2%次氯酸钠等。消毒剂配成消毒液后稳定性较差，不宜久存，应一次用完。最好用温自来水配制，消毒液的浓度要均匀。各类消毒药要交替使用，每月换1次，单一消毒剂长期使用，会使微生物或细菌产生耐药性，杀灭效率有所下降。

(3) 带禽消毒的程序和方法。

① 清扫禽舍。首先要彻底打扫圈舍，清除禽粪、羽毛、垫料、屋顶蜘蛛网及墙壁、地面、物品上的尘土，从而降低环境中的有机物含量，保证消毒效果。

② 清水冲洗。用清水将污物冲出禽舍，提高消毒效果。冲洗后的污水应由下水道排到距禽舍较远的地方，不能排到禽舍周围，以防污水干后病原体重新污染禽舍。

③ 正确喷雾。首先关闭门窗，使用高压喷雾器或背负式手摇喷雾器，将消毒药液均匀到墙壁、屋顶和地面，一般喷雾量以每立方米空间约 15 mL 计算。喷雾时不要直接对着禽体喷，应高于禽体 60 cm 左右，使喷雾颗粒落下，以禽体表微湿为宜。雾粒大小应为 $80\sim120~\mu m$，不要小于 $50~\mu m$。雾粒过大，容易造成喷雾不均匀或在空中下降速度太快，与空气中的病原微生物、尘埃接触不充分，起不到消毒作用；雾粒太小，则易被家禽吸入肺泡，诱发呼吸道疾病。消毒宜在傍晚或暗光下进行，且喷雾的动作要缓慢，防止惊吓禽群。消毒后要进行通风换气。

④ 注意事项。首次带禽消毒的鸡、鸭日龄不得低于 8 d，鹅不得低于 10 d，以后根据家禽的健康状况而定。

带禽消毒的次数：一般雏禽每周 1 次，育成禽每 10 d 1 次，成禽每 15 d 1 次，禽场发生疫病时每天 1 次，在清除粪便后进行。

适宜的消毒时间：禽群接种疫苗前后 3 d 内停止喷雾消毒。消毒时间最好安排在禽群休息或安静时进行，特别是平养的禽群，以免在消毒时，造成禽群惊吓，引起飞扑、骚乱而使舍内的灰尘增加、出现拥挤等现象，否则严重者会造成生产力下降，甚至死亡。炎热夏季，消毒时间可选在一天中最热的时间，在消毒的同时也起到防暑降温的作用。

合理的消毒方法：应先内后外喷雾，雾滴要细，喷头向上，不可直接喷向禽体，距离禽体 $60\sim80$ cm，动作要轻，声音要小，避免引起禽群大的骚动不安。喷雾量以禽体和笼具微湿为宜，不要喷得太湿。

注意配伍禁忌：不同的消毒剂联合使用时可能出现相互干扰的现象。酸性和碱性消毒液不能同时应用，以免发生中和而失效，也不能错误配伍消毒剂，否则不仅会使药物失效，有时甚至引起禽群中毒，造成较大损失。

3. 设备用具消毒

(1) 饲喂、饮水用具消毒。饲喂、饮水用具每周洗刷消毒 1 次，炎热季节应增加洗刷次数。饲喂雏禽的开食盘或塑料布，正反两面都要清洗消毒。可移动的食槽和饮水器放入水中清洗，刮除食槽上的饲料结块，放在阳光下暴晒。固定的食槽和饮水器，应彻底水洗刮净、干燥。用阳离子清洁剂或两性清洁剂消毒，也可用高锰酸钾、过氧乙酸等消毒，亦可使用 5% 漂白粉溶液喷洒消毒。

(2) 拌饲料用具及工作服消毒。拌饲料的用具及工作服每天用紫外线照射 1 次，照射时间 $20\sim30$ min。

(3) 医疗器械消毒。医疗器械及其他用具必须先冲洗后再煮沸消毒。

(4) 垫料消毒。使用碎草、稻壳或锯屑作垫料时，必须在进雏前 3 d 用消毒液进行掺拌消毒。这样做不仅可以杀灭病原微生物，而且能补充育雏器内的湿度，以维持适合育雏需要的湿度。垫料消毒的方法是取 2 根木椽子，相距一定距离（数厘米）。将农用塑料薄膜铺在上面，在薄膜上铺放垫料，掺拌消毒液，然后将其摊开（厚约 3 cm）。这种方法，不但可维持湿度，而且是一种物理性的防治球虫病的措施，同时也便于育雏结束后，将垫料和粪便无遗漏地清除至舍外。

进雏后，每天对垫料喷雾消毒 1 次。湿度低时，可以使用消毒液喷雾。如果只用水喷雾增加湿度，起不到消毒的效果，且有危害。这是因为育雏器内的适宜温度和湿度适合细菌和霉菌急剧增长，成为呼吸道疾病发生的原因。

清除的垫料和粪便应集中堆放，如无可疑传染病时，可用生物自热消毒法。如确认发生某种传染病时，需将全部垫料和粪便深埋或焚烧。

4. 场区环境消毒 在生产区出入口设置喷雾装置，喷雾消毒药可采用 0.1% 新洁尔灭或 0.2% 过氧乙酸。生产区大门口和禽舍的门前设有消毒池，消毒液要定期更换，也可用草席或麻袋等浸湿药液后置于禽舍进出口处。禽舍周围、生产区道路可用 3%～5% 的氢氧化钠喷洒消毒，每周 1～2 次。禽场周围及场内的污水池、排粪坑和下水道出口等，每月撒布漂白粉消毒 2 次，定期清除场内杂草、垃圾，做好灭鼠和杀虫工作，保持良好环境卫生。当禽群周转、禽群淘汰及禽场周围有疫情时，要加强对场区环境的消毒。有条件的禽场最好每年将场内的表层土翻新一次，清除环境中的有机物，以利于环境消毒。

5. 人员、车辆消毒 养禽场一般谢绝外人参观，必须进入时，需经批准后进行严格的消毒。消毒池内常用 3%～5% 来苏儿、10%～20% 石灰乳或 3% 火碱溶液等消毒。所有人员进入禽场或禽舍，需按以下程序消毒进场：脱衣→洗澡→更衣换鞋→进场工作。场内技术人员很容易成为传播疾病的媒介，应特别注意自身的消毒，每免疫完 1 批禽群，用消毒药水洗手 1 次，工作服用消毒药水泡洗 10 min 后在阳光下暴晒消毒。

养禽场大门设车辆消毒池和脚踏消毒池，并保持有新鲜的消毒液。车轮胎必须从消毒液中驶过，且确保消毒药浸湿轮胎 1 周。选择 2 种或 2 种以上消毒药交替使用，不定期地更换最新类型的消毒药，防止因长期使用一种消毒药而使细菌产生耐药性。对车体及其所载物品，选用不损伤车体涂漆和金属的消毒剂喷洒消毒，如 0.1% 新洁尔灭。

6. 饮水消毒 饮水消毒的目的主要是控制大肠杆菌等条件性致病菌，同时对控制饮水管中的细菌也非常重要。实践证明，饮水消毒对控制病毒和细菌性疾病极为有利，尤其是呼吸道疾病。

常用的饮水消毒法有 2 种，即物理消毒法和化学消毒法。物理消毒法是用煮沸的方法杀灭水中的病原微生物，即饮用温开水。这种方法适用于用水量少时的育雏阶段。化学消毒法是在水中加入化学消毒剂消毒。目前市售的很多消毒剂都可作饮水消毒用，可按外包装上的使用说明进行配制。

饮水消毒注意事项：

（1）消毒用的消毒剂要慎重，消毒药的浓度按照饮水浓度为宜。消毒剂现配现用，2 种不同成分消毒剂不要同时混合使用。消毒剂要经常交替使用，否则影响消毒效果。

(2) 免疫与投药。接种弱毒活疫苗前后 3 d 不能饮水消毒。饮水投药后，要及时冲洗饮水管线以减少药物残留在管壁，成为细菌的培养基。

(3) 微生物监测。有条件的禽场要建立自己的微生物监测室，定期监测饮水中微生物的含量和消毒效果。推荐饮水标准：每毫升饮水中细菌总数小于 1 000，大肠杆菌数小于 10。

如果禽群反复出现细菌性的死亡高峰，就要关注饮水的卫生，有条件的可通过监测判断饮水的微生物情况采取相应措施，没有条件的直接进行饮水系统的清理和消毒，使用干净卫生的饮水。

7. 粪便和尸体的消毒

(1) 粪便消毒。禽粪中往往含有各种病原体，特别是在患传染病期间，含有大量的病原体和寄生虫卵，如不进行消毒处理，直接作为农田肥料，往往成为传染源，因此，必须对禽粪进行严格消毒处理。常用的消毒方法有生物热消毒法和化学消毒法。

① 生物热消毒法。此法是粪便消毒最常用的方法，禽粪中有好热性细菌，经堆积封闭后，可产生热量，使内部温度达到 80 ℃左右，从而杀死病原微生物和寄生虫卵，达到无害化处理的目的。

常用堆粪法：在距离禽舍 100～200 m 的地方，挖一个宽 1.5～2.5 m、深约 20 cm 的坑，从坑底两侧至中央有缓慢的斜度，长度视粪便量的多少而定。在坑底垫上少量干草，其上堆放欲消毒的禽粪，高度为 1～1.5 m，然后再在粪堆外围堆上 10 cm 厚的干草或干土，最后抹 10 cm 厚的泥土，如此密封发酵 2～4 个月即可用作肥料。

② 化学消毒法。此法是对恶性或对人有危害的某些传染病的禽粪处理法，即将粪填入坑内，再加水和适量化学药品，如 2% 来苏儿（煤酚皂溶液）、漂白粉、3% 甲醛或 20% 石灰乳等，使消毒剂浸透均匀后，填土长期封存。

(2) 尸体消毒。禽尸体能很快地分解、腐败、散发恶臭，不但污染环境，还可能传播疾病，如果处理不当，会成为传染病的污染源，威胁禽群健康。合理而安全地处理病死禽，对于防止禽场传染病发生和维护公共卫生都有重大意义。

① 堆肥法。此法是目前小型禽场处理病死禽的最佳途径，经济实用，若设计合理、管理得当，不会对地下水及空气造成污染。此法可与禽粪、垫料一起进行堆肥处理。建造堆肥设施按 1 000 只种鸡的规模，建造高 2.5 m、宽 3.7 m 的堆肥池，至少分隔为 2 个隔间，每个隔间不得超过 3.4 m^2。地面为混凝土结构，屋顶要防雨，边墙用 5 cm×20 cm 的厚木板制作，既可以承受肥料的重量压力，又可使空气进入肥料之中使需氧微生物发酵。

堆肥的操作方法：在堆肥设施的底部铺放一层 15 cm 厚的禽舍地面垫料，再铺上一层 15 cm 厚的棚架垫料，在垫料中挖出 13 cm 深的槽沟，再放入 8 cm 厚的干净垫料，将死禽顺着槽沟排放，但四周要离墙板边缘 15 cm，将水喷洒在禽体上，再覆盖上 13 cm 部分地面垫料和部分未使用过的垫料。堆肥过程在 30 d 内全部完成，可有效地将昆虫、细菌和病原体杀灭。堆肥后的物质可用作改良土壤的材料或肥料。

② 掩埋法。该法是利用土壤的自净作用使其达到无害化。此法简便易行，但不

是彻底的处理的方法，某些病原微生物能长期生存，从而污染土壤和地下水，并会造成二次污染，此法主要用于小规模的禽场，对于患了烈性传染病的尸体不能用此法。在掩埋病死禽尸体时，应注选择远离住宅、水源及道路的僻静地方；土质干燥、地势高、地下水位低，避开水流、山洪的冲刷；掩埋坑的深度不得小于2 m，掩埋前，在坑底铺上2~5 cm的石灰，病死禽投入后再撒上一层石灰，填土夯实。

③ 焚烧法。该法是一种传统的处理方法，是杀灭病原微生物最彻底的方法，避免了地下水的污染，但要消耗大量燃料，成本较高，而且在焚烧时易造成对空气的污染，处理烈性传染病死亡禽尸最好用此法。方法是挖一个长2.5 m、宽1.5 m、深0.7 m的焚尸坑，坑底放上木柴，在木柴上倒上煤油，病死禽尸体放上后再倒煤油，最后点火，一直到禽尸体烧成黑炭样为止，焚烧后就地埋入坑内。也可用专用的焚尸炉或锅炉进行焚烧。

四、禽场消毒效果检测

1. 消毒效果检测的原理 在喷洒消毒液或经其他方法消毒处理前后，分别用灭菌棉棒在待检区域采样，并置于一定量的生理盐水中，再以10倍稀释法稀释成不同倍数，然后分别取定量的稀释液，置于加有固体培养基的培养皿中，培养一段时间后取出，进行细菌菌落计数，比较消毒前后细菌菌落数，即可得出细菌杀灭率，根据结果判定消毒效果的好坏。

杀灭率＝(消毒前菌落数－消毒后菌落数)/消毒前菌落数×100%

2. 消毒效果的检测方法

(1) 地面、墙壁和顶棚消毒效果的检查。

① 棉拭子法。对禽舍地面、墙壁、顶棚进行未经任何处理前和消毒后2次采样，采样点为至少5块相等面积（3 cm×3 cm）。具体做法是用高压灭菌过的棉棒蘸取含有中和剂的缓冲液，在采样点内轻轻滚动涂抹，然后将棉棒放在生理盐水管中。振荡后将洗液样品接种在普通琼脂培养基上，置于37 ℃恒温箱培养18~24 h后进行菌落计数。

② 影印法。将50 mL注射器去头并灭菌，无菌分装普通琼脂柱，用琼脂柱分别对禽舍地面、墙壁、顶棚各采样点进行未经任何处理和消毒剂消毒后2次影印采样，并用灭菌刀切成高度约1 cm厚的琼脂柱，正置于灭菌平皿中，在37 ℃培养箱中培养18~24 h后计算菌落总数。

(2) 对空气消毒效果的检查。

① 平皿暴露法。将待检禽舍的门窗关闭好，取普通琼脂平板4~5个，打开盖子后，分别放在禽舍的四角和中央暴露5~30 min，根据空气污染程度而定。取出后放入37 ℃恒温箱中培养18~24 h，计算生长菌落数。消毒后，再按上述方法在同样地点取样培养，根据消毒前后的细菌数的多少，即可按杀灭率公式计算出空气的消毒效果。但该方法只能捕获直径大于10 μm病原颗粒，对体积更小、流行病学意义更大的传染性颗粒很难捕获，故准确性差。

② 液体吸收法。先在空气采样瓶内放10 mL灭菌生理盐水或普通肉汤，抽气口上安装抽气筒，进气口对准欲采样的空气，连续抽气100 L，抽气完毕后分别吸取其

中液体0.5 mL、1 mL和1.5 mL，分别接种在培养基上培养。按此法在消毒前、后各采样1次，即可测出空气的消毒效果。

③ 冲击采样法。用空气采样器先抽取一定体积的空气，然后强迫空气通过狭缝直接高速冲击到缓慢转动的琼脂培养基表面，经过培养，比较消毒前、后的细菌数。此方法是目前公认的标准空气采样法。

(3) 水体消毒效果检查。首先测定水中微生物污染情况，如细菌总数、大肠杆菌指数及菌值、病原微生物等，然后进行水的消毒处理，再检查消毒后各种微生物污染的减少程度，来判定消毒效果。需要注意的是，在进行化学消毒剂的消毒效果检查时，必须将预定时间后残留的消毒剂去除，否则在消毒后微生物的分离培养中，残留的微生物将继续受到消毒剂的作用，而影响消毒效果的测定。一般用化学中和法消除上述影响。

3. 消毒效果的评定

(1) 清洁程度的检查。检查车间地面、墙壁、设备及圈舍场地清扫的情况，要求做到干净、卫生、无死角。

(2) 消毒药剂正确性的检查。查看消毒工作记录，了解选用消毒药剂的种类、浓度及其用量。检查消毒药液的浓度时，可从剩余的消毒药液中取样进行化学检查。要求选用的消毒药剂高效、低毒，浓度和用量适宜。

(3) 消毒对象的细菌学检查。消毒以后的地面、墙角及设备随机分块（10 cm×10 cm），用消毒的湿棉签，擦拭1~2 min后，将棉签放于30 mL生理盐水中浸泡5~10 min，然后到实验室检验菌落总数、大肠菌群和沙门氏菌。根据检查结果，评定消毒效果。消毒以后如果细菌减少80%以上为良好，减少70%~80%为较好，减少60%~70%为一般，减少60%以下则为不合格，应重新消毒。

(4) 粪便消毒效果的检查。

① 一般卫生指标：主要是指高温堆肥中的温度，堆温越高，细菌的致死时间越短。蝇蛹和蛆应全部杀死。腐熟的堆肥，体积较小，颜色呈黑褐色或棕黑色。杂草、秸秆等有机物完全腐烂，质地松软，一搓即碎，没有坚硬的土块、粪块，无粪臭味，也不招引苍蝇。

② 测温法：用装有金属套管的温度计，测量发酵粪便的温度，根据粪便在规定的时间内达到的温度来评定消毒的效果。当粪便生物发热达60~70 ℃时，经过1~2个昼夜，可以使其中的巴氏杆菌、布鲁氏菌、沙门氏菌死亡。

③ 细菌学检查法：按常规方法检查，要求不得检出致病菌。

思与练

1. 禽场消毒有何生产意义？
2. 常用的消毒方法有哪些，各有哪些特点？
3. 禽场消毒常用哪些消毒剂，生产中如何使用消毒剂？
4. 空禽舍和带禽舍分别有哪些消毒方法及消毒措施？
5. 禽舍消毒效果如何检测和判断？

任务三　家禽用药与免疫接种技术

学习任务

免疫接种是指用人工方法把疫苗或菌苗等引入禽体内，从而激发家禽产生对某种病原微生物的特异性抵抗力，防止发生传染病，使易感动物转化为不易感动物的一种手段。在常发生疫病的地区，或有某些传染病潜在危险的地区，有计划地对健康家禽进行免疫接种，是预防和控制家禽传染病发生的重要措施之一。特别是对禽流感、鸡新城疫等重点疾病的防治措施中，免疫接种起着关键性的作用。

免疫接种可分为两种：一种是预防接种，即为了预防某些传染病的发生和流行，有计划地给健康家禽进行的免疫接种；另一种为紧急接种，是在发生传染病时，为了迅速控制和扑灭疫病的流行，而对疫区和受威胁区尚未发病的禽进行的应急性免疫接种。

一、家禽给药的途径及方法

1. 群体给药法　对于大型禽场而言，除了不适宜饮水接种的疫苗需要单独给药外，禽群在防治疾病时一般不单独给药。群体给药节省人力物力，且可以避免因捉禽、灌药或注射等刺激对禽群造成的应激。群体给药的方式主要有混饮给药、混饲给药和气雾给药。

（1）混饮给药。将药物溶解到水中，让禽通过饮水摄取药物。在疾病发展过程中，患禽食欲常减少，而饮欲一般较强，故水溶性好的药物制剂以饮水方式给药比混饲给药更为有利。难溶于水的药物在混饮给药时，应采取适当的措施，提高溶解度，以保证疗效。同时使用2种以上药物饮水给药时，必须注意它们之间的配伍禁忌。

在水中不易破坏的药物，如磺胺类、氟喹诺酮类药物，其药液可以让禽全天自由饮用。对于在水中容易破坏或失效的药物，药液量不宜太多，药物混水量以禽在1～2 h内集中饮完为宜，以保证药效，一般把全天投药量集中投到1/5～1/4全天饮水量中，供禽在短时间内饮完。集中混饮给药时，为取得较高的血药浓度，用药前应适当控水，寒冷季节可控水2～3 h；夏季为避免出现热应激，一般控水1 h。

（2）混饲给药。将药物均匀地混入饲料中，让禽群在采食的同时摄入药物。在现代集约化养禽业中，混饲给药是常用的一种群体给药途径，该法简单易行，节省人力，减少应激，效果可靠，适用于不溶于水、适口性较差或需要长期性投服的药物。抗球虫药及抗组织滴虫药，只有在一定时间内连续使用才有效，因此多采用拌料给药。抗生素用于促进生长及控制某些传染病时，也可混于饲料中给药。

混饲给药应注意以下几个问题：

① 当病禽不吃料或采食很少的情况下，不宜混饲给药，否则疗效很差。

② 采用逐级混合法，充分搅拌，防止搅拌不匀造成中毒。方法是先把全部用药

混合在少量饲料中，充分拌匀，再把这部分饲料混合到一定量的饲料中，再充分拌匀，最后再和所需的全部饲料拌匀。切忌把全部药量一次加入所需饲料中简单混合，造成部分家禽中毒或吃不到药，达不到防治目的。

③ 严格掌握药物的浓度。准确计算所需要的药量和饲料用量，切不可估计，以免浓度小不起作用或浓度大时药物中毒。同一种药用药的目的不同，在饲料中添加的浓度也不相同。

④ 用药后密切注意有无不良反应。有些药物混入饲料后，可与饲料中的某些成分发生拮抗反应，这时应密切注意不良作用。如饲料中长期混合磺胺类药物，容易引起维生素 B_1 和微量元素钾的缺乏，这时应适当补充这些维生素和微量元素。另外还要注意防止出现中毒等反应。

(3) 气雾给药。采用气雾发生器，使药物雾化，雾化的药物以一定直径的液体小滴或固体微粒形式弥散到空气中，使禽在呼吸的同时摄入药物。用于呼吸道吸入给药或舍内带禽消毒。用药期间禽舍应按规定时间密闭。喷头高度高于禽背 60~80 cm，并离开禽体一定距离。药液喷洒量每立方米 15~20 mL。

气雾给药时应注意以下几个问题：

① 应选择对禽的呼吸道无刺激，且能溶解于禽呼吸道分泌物中的药物。

② 喷雾的雾滴大小要适当，雾滴直径以 1~10 μm 为宜，粒度过细或过粗都会降低吸收率。

③ 药物剂量应选择适合的浓度。

④ 气雾给药期间禽舍应密闭，保证禽均匀地得到规定的剂量。

2. 个体给药法 主要有经口法、注射、点眼、滴鼻等，以经口法、注射给药法最为常用。

(1) 经口法。此方法的优点是给药剂量准确，效果确切，但费时费力。经口法适用于驱除体内寄生虫及对小群家禽或者对隔离病禽的个体治疗，也适合较珍贵的禽类。对于某些弱雏，经口注入无机盐、维生素及葡萄糖混合剂，可提高成活率和生长速度。

给药时把片剂或胶囊经口投入食道的上端，或用带有软塑料管的注射器把药物经口注入禽的嗉囊内。流体药物如果直接灌服于禽的口腔时，或软塑料管插入食道过浅时，可能引起窒息死亡，这点必须注意。

(2) 注射法。最常用的方法是肌内注射和皮下注射，尤其是禽群的免疫接种和疾病治疗。肌内注射吸收速度快，药效迅速、稳定，注射部位多选择胸部肌肉和腿外侧肌肉；皮下注射常选择在颈部皮下或腿内侧皮下。在进行肌内注射时操作要熟练细心，以免将药物注射到体腔或肝内。腿部外侧肌内注射时还要防止伤及神经，以免引起跛行。注射前对针头和注射器进行彻底的消毒，对已经发病的禽群注射时必须 1 只使用 1 根针头，切不可用 1 根针头注射到底。

3. 给药次数及时间间隔 除少数药物只需用药一次即可见效外，多数药物必须重复用药方可达到治疗目的。给药次数和时间一般因病情的需要而决定。一般混饲药物 3~5 d，个别治疗为 2~4 d。

二、禽场用药及疫苗使用

1. 家禽用药特点　由于家禽的生理特点与其他动物不同。因此，要尽量避免套用家畜甚至人的临床用药经验，而应根据家禽的生理特点选用药物。家禽的某些生理特点与选用的药物有密切的关系。

（1）家禽没有牙齿，舌黏膜的味觉乳头较少，所以家禽对苦味药照食不误。当家禽消化不良时，苦味健胃药不起作用，所以不宜使用苦味健胃药，而应当选用大蒜、醋酸等助消化的药物。

（2）家禽一般无逆呕动作，所以当家禽服药过多或其他毒物中毒时，不能采用催吐药物，而应采用嗉囊切开术排除毒物，疗效较佳。

（3）家禽对咸味无鉴别能力，但喜爱挑食盐颗粒，而引起食盐中毒，因此食盐在饲料中的含量一定不能很高，并且粒度一定要细小。

（4）家禽的呼吸系统中，具有其他动物所没有的气囊，它能增加肺通气量，在吸气、呼气时增强肺的气体交换。同时，家禽的肺不像哺乳动物的肺那样扩张和收缩，气体经过肺运行，并循肺内管道进出气囊。家禽呼吸系统的这种结构特点，可促进药物增大扩散面积，从而增加药物的吸收量，故喷雾法是适用于家禽的有效给药途径之一。

（5）家禽的消化道呈酸性，而呋喃类药物在酸性消化道内效力和毒力同时增强，使家禽发生中毒，故对家禽禁用呋喃类药物。

（6）家禽的胆汁呈酸性，与胃内酸性内容物一起中和了碱性的胰液和肠液，使肠内 pH 保持在 6 左右。

（7）家禽的蛋白质代谢产物为尿酸，故尿液的 pH 与家畜亦有明显的区别，一般为 5.3，在使用磺胺类药物时，应考虑禽尿液的 pH，如在治疗禽传染性支气管炎、传染性法氏囊病时应尽量避免使用损害肾的磺胺类药物，并禁用呋喃类药物，以防尿酸盐在肾沉积或肾衰竭。

（8）家禽无汗腺，又有丰富的羽毛，对高热十分敏感，在夏季，宜使用抗热应激药物。

此外，当大群用药时，应注意药物的残留问题，为此，要根据各种药物的特性，制定必要的停药时间。

2. 疫苗的种类及其作用特点　疫苗是用于人工预防接种的生物制品，分菌苗、疫苗和类毒素 3 种。菌苗是用细菌、支原体和螺旋体制成的，疫苗是用病毒制成的，类毒素是用细菌外毒素经甲醛脱毒后制成的制品，通常将三者统称为疫苗，又称抗原。

根据疫苗的性质和制备方法不同，疫苗可分为以下几种：

（1）活苗。活苗是利用活的微生物给家禽预防接种，常用的有弱毒苗、中毒苗和异源苗。

① 弱毒苗。利用毒力较弱但仍保持良好的免疫原性的毒（苗）株制成。其优点

是免疫力产生快，一般用后 5～7 d 即可产生良好的免疫保护作用，大小雏禽均可使用；不需使用辅佐剂，引起过敏的机会少；使用成本低，便于大群免疫。缺点是免疫期较短，需多次进行免疫；由于保存期较短，多制成冻干苗，以延长其保存期，但需一定的低温冷冻设备保存。

② 中毒苗。在毒力上比强毒弱、比弱毒强，具有良好的免疫原性。此种疫苗接种幼雏具有较强的副反应，但对大雏和成年禽有较好的免疫作用。如新城疫Ⅰ系、鸡传染性支气管炎 H52 冻干苗等。

③ 易源苗。即不用本病毒，而是用抗原关系密切的其他病毒制备疫苗。这是由于病毒之间存在着共同保护性抗原。如鸽痘病毒苗可保护鸡不感染鸡痘，火鸡疱疹毒疫苗可用于鸡马立克氏病的免疫。

除上述外，还有强毒苗，因使用有一定风险，一般不提倡使用。

（2）灭活苗。灭活苗是将病原微生物用理化方法灭活，但仍保持其免疫原性即为灭活苗，亦称死苗。其优点是安全无毒，常温下即可保存，不需低温设备，免疫力强，免疫期长，免疫次数少，缺点是不能在体内增殖复制，用量较大，成本较高，免疫力产生较慢。

（3）代谢产物疫苗。细菌的代谢产物如毒素、酶等亦可制成疫苗。某些细菌的毒素经福尔马林处理后失去毒性作用，但仍保持其抗原性，此称为类毒素，是一种良好的自动免疫制剂。致病大肠杆菌的肠毒素等也是良好的免疫原。禽大肠杆菌灭活苗及禽霍乱灭活苗中均含有菌体抗原和代谢产物抗原成分。家禽代谢产物疫苗目前还未广泛应用。

（4）多价苗或联苗。以同一细菌（或病毒）的不同血清型混合制苗，称为多价苗，如鸡传染性气管炎多价油乳剂灭活苗。以 2 种以上的细菌或病毒联合制苗，称为联苗。如新城疫-传染性支气管炎-产蛋下降综合征油乳剂灭活苗，具有注射一针可预防几种疾病、减少接种次数等优点。

3. 疫苗使用前检查

（1）检查瓶签。包括疫苗名称、批准文号、生产批号、出厂日期、有效期、生产厂家等。

（2）检查有效期。疫苗的有效期是指在规定的储藏条件下能够保持质量的期限。疫苗的失效期是指疫苗超过安全有效范围的日期。

（3）检查物理性状。色泽改变、发生沉淀、破乳或超过规定量的分层、制剂内有异物或不溶凝块、发霉和异味等不可使用。

（4）检查包装。疫苗瓶破裂、瓶盖或瓶塞密封不严或松动、失真空的不可使用。

（5）检查保存方法。没有按规定方法保存的不可使用，如加氢氧化铝的死菌苗经过冻结后，其免疫力可降低。

经过检查，确实不能使用的疫苗，应立即废弃，不能与可用的疫苗混放在一起，决定废弃的弱毒疫苗应煮沸消毒或予以深埋。

4. 疫苗稀释

（1）检查疫苗。经检查合格的疫苗，按疫苗使用说明书要求进行稀释，同时了解疫苗的用法、用量和使用注意事项等。

（2）选择稀释液。稀释液无特殊规定时，用注射用水或生理盐水稀释。

（3）吸取疫苗。轻轻振摇稀释瓶，使疫苗混合均匀。用75%酒精棉球消毒稀释瓶瓶塞，注射器针头刺入稀释瓶疫苗液面下，吸取疫苗。

三、禽场免疫注意事项

1. 疫苗的使用

（1）充分振荡。灭活苗相对稳定，保存期长，但应避免冻结；使用前需要充分振荡成均匀的混悬液。活苗多制成冻干品，在室温下保存较短，如需长时间保存，应放低温冰箱中保存。

（2）仔细阅读。接种前仔细阅读疫苗使用说明书，准备好镊子、酒精棉球、注射器和针头。应多准备些注射器和针头，并且用沸水煮沸10~15 min后使用。注射器和针头注射一定数量的禽后，一定要更换（在实际生产中可每100只更换针头1次）。如果有疫情发生，最好1只禽用1根针头。

（3）冻干苗使用前需加稀释液，充分摇匀溶解后使用。对需要特殊稀释液的疫苗，应用指定的稀释液，而其他的疫苗一般可用生理盐水或纯化水稀释。稀释液的用量应准确。稀释过程应避光、避尘和无菌操作，尤其是注射用疫苗应严格无菌操作。

（4）冻干苗应现用现配。疫苗稀释或开瓶后，在最短的时间内用完（2 h内），不能放到第2天用。马立克氏病疫苗要求在稀释后1 h内用完，超过1 h，剂量加倍，2 h以上废弃不用。切忌将已经稀释好的疫苗放在直射阳光下。

（5）疫苗的保存。所有疫苗都应在低温条件下保存，避免高温和阳光直射。一般情况下，弱毒苗应在−15 ℃下保存，灭活苗在2~5 ℃保存，细胞结合型马立克氏病疫苗应在液氮中保存。不同种类、不同血清型、不同毒株、不同有效期的疫苗应分开保存，使用时先用有效期短的，后用有效期长的。电冰箱或冷藏柜内如结霜或结冰太厚时，应及时除霜，使冰箱达到预定的冷藏温度。保存期较长的和较重要的疫苗应与常用疫苗分开保存，并尽可能减少打开冰箱门的次数，尤其是天气炎热时，应保持恒定的低温环境。

（6）运输疫苗。凡是要求在低温条件下保存的，同样要求在低温冷冻条件下运输。在运输过程中切忌过热，严防日光照直射，避免反复换车，尽量缩短运输时间。

（7）接种前应对疫苗质量进行严格检查。检查疫苗瓶封口是否严密、有无破损和吸湿等；逐瓶检查名称、有效期、剂量；对于没有瓶签的疫苗、瓶塞松动的疫苗、过期失效的疫苗、没有按规定保存的疫苗应废弃不用。油乳剂灭活苗若发现分层则不能使用。

（8）接种前要对预定接种禽的健康状况做详细认真的了解。若禽群正处于传染病发病期间，则不宜对禽进行疫苗接种，应先控制原发病，推迟接种。

（9）接种后半个月内应经常检查禽群的临床表现并进行抗体监测，发现问题及时解决。

（10）减轻禽应激。为了减轻禽的应激，增强禽的免疫力，在免疫接种前后几天内应加强禽群饲养管理，在饮水或饲料中加电解多维或者维生素 C 等。

（11）为减少应激，最好在晚上或光线较暗的环境下接种。

（12）不同的疫苗应选用不同的免疫接种方法。

（13）为防止人为散毒，不可将盛过疫苗的包装瓶、器皿等随意丢弃，应焚烧或深埋。

2. 免疫接种的副反应

生物制品对机体来说都是异物，接种以后可引起机体的副反应，包括正常反应、严重反应和并发症 3 种类型。

（1）正常反应。正常反应是由制品本身的特性而引起的反应，如某些制品有一定毒性，接种后可引起一定的局部或全身反应；某些制品是活菌苗或疫苗，接种后实际是一次轻度感染，也会产生某种程度的局部或全身反应。

（2）严重反应。和正常反应在性质上没有区别，但程度轻重或发生反应的动物数超过正常比例。其原因是某一批生物制品较差，或是使用方法不当。

（3）并发症。是与正常反应性质不同的反应。包括过敏症（过敏性休克）、扩散为全身感染（由于接种活疫苗后，防御机能不全或遭到破坏时可发生）和诱发潜伏感染（如新城疫疫苗气雾免疫可诱发慢性呼吸道病等）。

思与练

1. 常见疫苗种类有哪些？
2. 接种疫苗可以通过哪些途径？
3. 疫苗接种的注意事项有哪些？
4. 家禽给药的方法有哪些？
5. 了解一所禽场的周边环境，再结合禽场实际，制定一份免疫程序。

知 识 链 接

知识链接一　禽病的传播

凡是由致病性微生物引起的疾病，均有一定的传染性。其传播一般具备以下 3 个基本环节：一是传染源，也就是受病原微生物感染的禽，包括病禽和带毒（菌）禽；二是传播途径，指病原微生物由传播源排出后，经一定的方式再侵入易感动物所经的途径，如消化道、呼吸道、空气、饲料、饲养管理用具、昆虫、其他动物及人等；三是易感动物，指对某种传染病缺乏抵抗力的动物。传染源、传播途径、易感动物这 3 个因素相互联系，构成了传染病的流行过程。如果采取措施切断其中任何一个环节，传染病均不能发生和流行。

知识链接二　发病时的应激措施

禽场一旦发生传染病或可疑传染病时，必须按照"早、快、严、小"的原则，及时诊断、严格封锁，隔离病禽、迅速扑灭，并把疫情立即报告给当地有关部门，以便及时通知周围禽场采取防范措施，防止疫病扩大蔓延。

当确诊为鸡新城疫、鸭瘟、小鹅瘟等烈性传染病时，立即对健康鸡群、鸭群、鹅群，用该病的疫苗或高免血清进行紧急防治（疫苗的稀释倍数、剂量及接种方法与预防接种相同）。一般在流行初期进行紧急接种，能使禽体对该病产生特异性免疫力，可以使疫病在短期内得到有效控制。当确诊为禽霍乱时，可先用高免血清或抗生素、磺胺类药物进行大群防治，待病禽痊愈，恢复正常以后，再用禽霍乱菌苗进行预防接种。

凡发病禽场应停止家禽买进卖出；病重的家禽要坚决淘汰，及时扑杀，高温处理，死禽不要随处乱丢，应烧毁或深埋；粪便、垫料运到离禽舍较远的地方，集中堆积发酵；禽舍、场地及一切用具应进行严密消毒，以消灭病原，防止扩散。

知识链接三　禽的免疫程序

1. 蛋鸡参考免疫程序（表 7-1）

表 7-1　蛋鸡参考免疫程序

日　龄		疫　苗	使用方法
1 日龄		马立克氏病双价苗	颈部皮下注射 0.2 mL
7 日龄		新城疫Ⅳ系苗	滴鼻
11 日龄		传染性支气管炎 H120	滴口、滴鼻
14 日龄		传染性法氏囊病中毒株疫苗	滴口
18 日龄		呼吸型、肾型、腺胃型传染性支气管炎油乳剂灭活苗	肌内注射 0.3 mL
22 日龄		传染性法氏囊病中毒株疫苗	饮水
27 日龄		新城疫、鸡痘活疫苗与灭活苗	新城疫活苗 2 羽份饮水，新城疫油乳剂苗 0.2 mL 肌内注射
50 日龄		鸡传染性喉气管炎活疫苗	滴鼻、滴口、滴眼
60 日龄		新城疫-传染性支气管炎油乳剂灭活苗（小二联）	肌内注射 0.5 mL
90 日龄		大肠杆菌灭活苗	肌内注射 1 mL
120 日龄		新城疫-传染性支气管炎-减蛋综合征油乳剂灭活苗（大三联）	肌内注射 0.5 mL
种鸡、蛋鸡	14 日龄	H5 亚型禽流感疫苗	肌内注射 0.3~0.4 mL
	35~40 日龄		肌内注射 0.5~0.6 mL
	以后每 4 个月加强免疫 1 次		肌内注射 0.6~0.8 mL

2. 蛋鸭参考免疫程序（表7-2）

表7-2 蛋鸭参考免疫程序

日龄或周龄	疫苗	使用方法
4日龄	鸭传染性浆膜炎-大肠杆菌二联多价蜂胶苗	颈部皮下注射
7日龄	鸭肝炎高免血清或卵黄抗体	肌内注射
10日龄	禽流感（H5+H9）灭活苗	颈部皮下注射
15日龄	鸭传染性浆膜炎-大肠杆菌二联多价蜂胶苗	颈部皮下注射
21日龄	鸭瘟活疫苗	颈部皮下注射
28日龄	巴氏杆菌多价蜂胶疫苗	肌内注射
20周龄	禽流感（H5+H9）灭活苗 鸭传染性浆膜炎-大肠杆菌二联多价蜂胶苗	肌内注射
21周龄	鸭瘟-鸭肝炎二联活疫苗	肌内注射
42周龄	鸭瘟活疫苗	肌内注射
43周龄	鸭传染性浆膜炎-大肠杆菌二联多价蜂胶苗	肌内注射
44周龄	巴氏杆菌多价蜂胶疫苗	肌内注射

3. 种鹅参考免疫程序（表7-3）

表7-3 种鹅参考免疫程序

日龄或周龄	疫苗	使用方法
1日龄	抗雏鹅新型病毒性肠炎-小鹅瘟二联高免血清或卵黄抗体	皮下注射
7日龄	鹅传染性浆膜炎-小鹅大肠杆菌二联多价蜂胶苗	皮下注射
3周龄	鹅副黏病毒灭活苗	皮下注射
4周龄	鹅巴氏杆菌蜂胶灭活苗	皮下注射
25周龄	鹅副黏病毒灭活苗	皮下注射
26周龄	鹅蛋子瘟（种鹅大肠杆菌）灭活苗	皮下注射
27周龄	鹅巴氏杆菌蜂胶灭活苗	皮下注射
28周龄	雏鹅新型病毒性肠炎-小鹅瘟二联弱毒苗	皮下注射
29周龄	雏鹅新型病毒性肠炎-小鹅瘟二联弱毒苗	皮下注射
44周龄	鹅巴氏杆菌蜂胶复合佐剂灭活苗	皮下注射
45周龄	雏鹅新型毒性肠炎-小鹅瘟二联弱毒苗	皮下注射
46周龄	雏鹅新型毒性肠炎-小鹅瘟二联弱毒苗	皮下注射
47周龄	鹅副黏病毒灭活苗	皮下注射
48周龄	鹅蛋子瘟（种鹅大肠杆菌）灭活苗	皮下注射

知识链接四　免疫失败的原因分析

1. 疫苗质量不佳　疫苗质量不合标准，如病毒或细菌的含量不足，冻干或密封不佳，油乳剂疫苗水分层，氢氧化铝佐剂颗粒过粗等。疫苗在运输或保管中因温度过高或反复冻融减效或失效，油佐剂疫苗被冻结或已超过有效期等。

2. 疫苗选择不当　疫病诊断不准确，造成使用的疫苗与发生疾病不对应，例如鸡群患新城疫，却使用传染性喉气管炎疫苗；或弱毒活疫苗、灭活苗、血清型、病毒株、菌株等选择不当，例如，在传染性法氏囊病流行的地区仅选用低毒力或单一血清型的疫苗；或使用与本场、本地区血清型不对应的菌苗等。

3. 免疫程序安排不当　在安排免疫接种时对下列因素考虑不周到，以致免疫接种达不到满意的效果：疾病的龄期敏感性；疾病的流行季节；当地、本场疾病威胁；家禽品种或品系之间差异；母源抗体的影响；疫苗的联合或重复使用的影响；其他人为因素、社会因素、地理环境和气候条件的影响等。

4. 疫苗稀释不当　疫苗稀释液不当，例如稀释马立克氏病疫苗没有使用指定的特殊稀释液；饮水免疫时仅用自来水稀释而没有加脱脂乳；或用一般井水稀释疫苗，其酸碱度及离子均会对疫苗有较大的影响。由于操作人员粗心大意造成稀释液量的计算出差错，致使稀释液的量偏大。从稀释后到免疫接种之间的时间间隔太长，例如有些鸡场一次需要接种几千甚至几万只鸡，接种前将几十瓶甚至上百瓶疫苗一次稀释完，置于常温下不断使用，这样越往后用的疫苗，效价就越低，尤其是在稀释液质量不好或环境温度偏高的情况下，效果更差。

5. 接种途径的选择不当　每一种疫苗均具有其最佳接种途径，如随便改变接种途径可能会影响免疫效果。例如鸡新城疫Ⅰ系疫苗采用饮水免疫，喉气管炎疫苗采用饮水或者肌内注射免疫，效果都较差。

6. 多种疫苗之间的干扰作用　多种疫苗同时使用或在相近时间接种时，疫苗病毒之间可能会产生干扰作用。例如传染性支气管炎疫苗病毒对鸡新城疫病毒有干扰作用，使鸡新城疫疫苗的免疫效果受到影响。

7. 使用抗生素和抗病毒药对免疫接种的影响　在接种弱毒活菌苗期间使用抗微生物药物，会明显影响菌苗的免疫效果。

8. 免疫缺陷或免疫抑制　禽群内如某些个体缺乏免疫球蛋白等时，抗原的刺激不能使其产生正常的免疫应答，从而影响免疫效果。引起免疫抑制的原因很多，如机体营养状况不佳，缺乏维生素E、维生素C，缺乏锌、氯、钠等；各种应激因素；禽体健康状况不佳，尤其是在存在某些疾病时进行免疫接种；鸡贫血因子病毒、传染性法氏囊病病毒和马立克氏病病毒感染等。

9. 免疫麻痹　在一定限度内，抗体的产量随抗原的用量而增加；但抗原用量超过一定的限度，抗体的形成反而受到抑制，这种现象称为免疫麻痹。有些养禽场超剂量多次注射免疫，这样可能引起机体的免疫麻痹，往往达不到预期效果。

10. 幼禽免疫器官未成熟　有些疫苗，即使在实验室内对SPF鸡的作用效果很好，但在生产中对幼龄禽群实际应用时，由于幼龄禽的免疫器官尚未完全成熟，免疫反应也不完全，所以往往不能获得坚强的免疫保护作用，这也常是幼龄禽发生传染病的重要原因之一。

11. 抗原的变异，超强毒株或新血清型的出现等 如超强毒力型的鸡传染性法氏囊病病毒、马立克氏病病毒的出现，禽群接种一些常规疫苗后，未能有效抵抗超强毒株的感染。

实 践 训 练

技能　家禽尸体剖检技术

【实训目标】掌握家禽尸体剖检方法，能正确地进行家禽尸体剖检操作。

【材料和用具】

① 场地：尸体剖检室或实验室。

② 材料：3％来苏儿或1％石炭酸等消毒药。

③ 用具：剪子、镊子、一次性塑胶手套，根据需要还可准备骨剪，手术刀、标本缸、广口瓶、福尔马林、解剖盘等。

【实训内容与方法】

一、外部检查

（1）羽毛是否光泽，有无污染、蓬乱、脱毛等现象。泄殖腔周围的羽毛是否有粪便污染，有无脱肛、血便等。

（2）口、眼、鼻等部位有无分泌物及分泌的量。

（3）冠和髯的颜色、厚度，是否有疫疹，脸部的颜色及有无肿胀。

（4）骨骼是否增粗或骨折，关节有无肿胀。

（5）腹部是否变软或有积液。

（6）皮肤有无外伤感染和肿瘤，禽足有无鳞足病及足底趾瘤。脚鳞是否出血。

（7）用手触摸胸骨两侧的肌肉及龙骨的情况来判断营养状况。

二、内部检查

剖检前用消毒药将尸体表面及羽毛浸湿。

1. 皮下检查　将尸体仰卧，用力或用剪刀将两大腿向外翻压，使髋关节脱位，让禽的尸体固定于解剖盘中，在胸骨正中线纵行切开皮肤，然后剪开颈、胸、腹部皮肤，剥离皮肤，暴露颈、胸、腹部和腿部肌肉，观察皮下血管状况，有无出血或水肿；观察胸肌的丰满程度、颜色，胸部和腿部肌肉有无出血或坏死，观察龙骨是否弯曲、变形；检查颈椎两侧的胸腺大小及颜色，有无出血和坏死；检查嗉囊是否充盈食物，内容物的数量及性状。

2. 内脏检查　将腹壁横向切开（或剪开），顺切口的两侧分别向前剪断胸肋骨、锁骨，掀开胸骨、暴露体腔。

（1）观察各脏器的位置、颜色。浆膜是否光滑、有无渗出物及其性状，血管分布状况，体腔内有无液体及其性状，各脏器之间有无粘连。

(2) 检查胸、腹气囊。是否增厚、混浊，有无渗出物及其性状，气囊内有无干酪样团块，团块上有无霉菌菌丝。

(3) 检查肝。肝大小、颜色、质度、边缘及形状有无异常，表面有无出血点、出血斑、坏死点或大小不等的圆形坏死灶。在肝门处剪断血管，再剪断胆管及肝与心包囊、气囊之间的联系，取出肝。纵向切开肝，检查肝切面及血管情况，肝有无变性、坏死点及肿瘤结节。检查胆囊大小，胆汁的多少、颜色、黏稠度及胆囊黏膜的状况。

(4) 检查脾。在腺胃和肌胃交接处的右方，找到脾。检查脾的大小、颜色，表面有无出血点和坏死点，有无肿瘤结节；剪断脾动脉取出脾，将其切开，检查淋巴滤泡及脾髓状况。

(5) 检查胃肠食谱。在心脏的后方剪断食道，向后牵拉腺胃，剪断肌胃与其背部的联系，再顺序地剪断肠道与肠系膜的联系，在泄殖腔的前端剪断直肠，取出腺胃、肌胃和肠道。

① 检查肠系膜。肠系膜是否光滑，有无肿瘤结节。

② 剪开腺胃。检查内容物的性状，黏膜及腺乳头有无充血和出血，胃壁是否增厚，有无肿瘤。

③ 观察肌胃浆膜。观察肌胃浆膜上有无出血，肌胃的硬度，然后从大弯部切开，检查内容物及角质膜的情况，再撕去角质膜，检查角质膜下的情况，看有无出血和溃疡。

④ 检查小肠、盲肠和直肠。从前向后观察各段肠管有无充气和扩张，浆膜血管是否明显，浆膜上有无出血、结节或肿瘤。然后沿肠系膜附着部剪开肠道，检查各段肠内容物的性状，黏膜有无出血和溃疡，肠壁是否增厚，肠壁上的淋巴集结和盲肠起始部的盲肠扁桃体有无出血、坏死，盲肠腔中有无出血或土黄色干酪样的栓塞物，横向切开栓塞物，观察其断面情况。

⑤ 检查法氏囊。将直肠从泄殖腔中拉出，可看到法氏囊，剪去与其相连的组织，摘取法氏囊。检查法氏囊的大小，观察其表面有无出血，然后剪开法氏囊检查黏膜是否肿胀，有无出血，皱襞是否明显，有无渗出物及其性状。

⑥ 检查心脏。纵行剪开心包囊，检查心囊液的性状，心包膜是否增厚和混浊；观察心脏外形，纵轴和横轴的比例，心外膜是否光滑，有无出血、渗出物、尿酸盐沉积、结节和肿瘤，随后将进出心脏的动、静脉剪断，取出心脏，检查心冠脂肪有无出血点，心肌有无出血和坏死点，剖开左、右两心室，注意心肌断面的颜色和质度，观察心内膜有无出血。

(6) 其他脏器检查。

① 肺。从肋骨间挖出肺，检查肺的颜色和质度，有无出血、水肿、炎症、实变、坏死、结节和肿瘤，观察切面上支气管及肺泡囊的性状。

② 肾、输尿管。检查肾的颜色、质度、有无出血和花斑状条纹、肾和输尿管有无尿酸盐沉积及其含量。

③ 睾丸。检查睾丸的大小和颜色，观察有无出血、肿瘤，两侧睾丸是否一致。

④ 卵巢、输卵管。检查卵巢发育情况，卵泡大小、颜色和形态，有无萎缩、坏死和出血，卵巢上是否有肿瘤，剪开输卵管，检查黏膜情况，有无出血及渗出物。产

蛋母鸡，在泄殖腔的右侧常见一水疱样的结构，这是退化的右侧输卵管。

3. 口腔及颈部器官的检查

（1）鼻腔。在两鼻孔上方横向剪断鼻腔，检查鼻腔和鼻甲骨，压挤两侧鼻孔，观察鼻腔分泌物及其性状。

（2）喉头、气管和食道管。剪开一侧口角，观察后鼻孔、腭裂及喉头，检查黏膜有无出血，有无伪膜、痘斑，有无分泌物堵塞。再剪开喉头、气管和食道，检查黏膜的颜色，有无充血和出血，有无伪膜和痘斑，管腔内有无渗出物、黏液及渗出物的性状。

（3）脑部检查。切开顶部皮肤，剥离皮肤，露出颅骨，用剪刀在两侧眼眶后缘之间剪断额骨，再从两侧剪开顶骨至枕骨大孔，掀去脑盖，暴露大脑、丘脑及小脑。观察脑膜有无充血、出血，脑组织是否软化等。

三、尸体剖检注意事项

1. 剖检准备工作 工作人员在剖检前应穿戴好工作服、胶靴、围裙、套袖、橡胶手套、帽子和口罩，做好自身防护。

2. 剖检态度及方法 剖检人员应严肃认真地检查病变，切勿草率从事。如需要进一步检查病原及病理变化，应取材送检。

3. 剖检注意事项 在剖检中，如工作人员不慎割破自己的皮肤，应立即停止工作，先用清水冲洗，挤出污血，涂上碘酒，包敷纱布和胶布。若剖检中的液体（血液、分泌物、污水等）溅入眼内时，先用清水冲洗，再用2%硼酸水冲洗。

4. 剖检后的注意事项 所用的工作服、胶靴等防护用具应及时冲洗、消毒。剖检用具要刷洗干净，消毒后保存。剖检人员洗手、洗脸，用75%酒精消毒手，如手仍有残留脓、粪等恶臭气味时，可用温的、较浓的高锰酸钾溶液浸泡，然后用20%草酸溶液洗手，褪去紫色，再用清水冲洗即可。

【实训作业】剖检1只家禽，记录剖检操作过程及各组织器官病理变化，写出尸体剖检报告。

项目七习题　　　　　习题答案

项目八

禽场经营管理

知识目标

1. 熟悉家禽主要经济性状。
2. 掌握禽场投入预算和成本核算的方法。
3. 掌握家禽生产远景规划内容和目标。

能力目标

1. 根据劳动定额计算劳动报酬。
2. 会根据禽舍类型对投入和产出进行合理预算。
3. 能核算养禽场生产成本和分析经济效益。
4. 能制订禽场生产计划。

素质目标

1. 具有生态优先、节约集约、绿色低碳发展的理念。
2. 培养团队协作能力。
3. 具有吃苦耐劳、爱物动物的职业精神。

任务一 禽场的经济性状指标

学习任务

家禽经济性状能够有效地从数量性状上反映家禽的生产性能，便于在饲养管理的过程中对家禽的生产特点进行量化比较，也给饲养者提供了更明确的方向以便对养殖效果进行调整，分析不同家禽饲养的经济效益，并且可以根据这些指标了解在饲养管理过程中需要测定的数据，设置岗位并合理安排劳动形式，提高管理效益。

一、孵化性能

1. 种蛋合格率　指种禽所产符合本品种、品系要求的种蛋数占产蛋总数的百分比。

$$种蛋合格率=合格种蛋数/产蛋总数\times100\%$$

2. 受精率 受精蛋占入孵蛋的百分比。血圈、血线蛋按受精蛋计数,散黄蛋按未受精蛋计数。

$$受精率=受精蛋数/入孵蛋数\times100\%$$

3. 孵化率(出雏率)

(1) 受精蛋孵化率。出雏数占受精蛋数的百分比。

$$受精蛋孵化率=出雏数/受精蛋数\times100\%$$

(2) 入孵蛋孵化率。出雏数占入孵蛋数的百分比。

$$入孵蛋孵化率=出雏数/入孵蛋数\times100\%$$

4. 健雏率 指健康雏禽数占出雏数的百分比。健雏指适时出雏,绒毛正常,脐部愈合良好,精神活泼,无畸形者。

$$健雏率=健雏数/出雏数\times100\%$$

5. 种母禽产种蛋数 指每只种母禽在规定的生产周期内所产符合本品种、品系要求的种蛋数。

6. 种母禽提供健雏数 每只入舍种母禽在规定生产周期内提供的健雏数。

二、生长发育性能

1. 体重

(1) 初生重。雏禽出生后 24 h 内的重量,以克为单位;随机抽取 50 只以上,个体称重后计算平均值。

(2) 活重。鸡禁食 12 h 后,鸭、鹅禁食 6 h 后的重量,以克为单位。

测定的次数和时间根据家禽品种、类型和其他要求而定。育雏和育成期至少称重 2 次,即育雏期末和育成期末;成年体重按蛋鸡和蛋鸭、肉种鸡和肉种鸭 44 周龄、鹅 56 周龄测量。每次至少随机抽取公、母各 30 只进行称重。

2. 日绝对生长量和相对生长率

$$日绝对生长量=(W_1-W_0)/(t_1-t_0)$$
$$相对生长率=(W_1-W_0)/W_0\times100\%$$

式中,W_0 为前一次测定的重量或长度;W_1 为后一次测定的重量或长度;t_0 为前一次测定的日龄;t_1 为后一次测定的日龄。

3. 体尺测量 除胸角用胸角器测量外,其余均用卡尺或皮尺测量;单位以厘米计,测量值取小数点后 1 位。

(1) 体斜长。体表测量肩关节至坐骨结节间距离。

(2) 龙骨长。体表龙骨突前端到龙骨末端的距离。

(3) 胸角。用胸角器在龙骨前缘测量两侧胸部角度。

(4) 胸深。用卡尺在体表测量第一胸椎到龙骨前缘的距离。

(5) 胸宽。用卡尺测量两肩关节之间的体表距离。

(6) 胫长。从胫部上关节到第 3、4 趾间的直线距离。

(7) 胫围。胫部中部的周长。

(8) 半潜水长(水禽)。从嘴尖到髋骨连线中点的距离。

4. 存活率

(1) 育雏期存活率。育雏期末合格雏禽数占入舍雏禽数的百分比。

育雏期存活率＝育雏期末合格雏禽数/入舍雏禽数×100％

(2) 育成期存活率。育成期末合格育成禽数占育雏期末入舍雏禽数的百分比。

育成期成活率＝育成期末合格育成禽数/育雏期末入舍雏禽数×100％

三、产蛋性能

1. 开产日龄　个体记录以产第 1 个蛋的平均日龄计算。

群体记录时，蛋鸡、蛋鸭按日产蛋率达 50％的日龄计算，肉种鸡、肉种鸭、鹅按日产蛋率达 5％时日龄计算。

2. 产蛋数　母禽在统计期内的产蛋个数。

(1) 入舍母禽产蛋数。

入舍母禽产蛋数（个）＝统计期内的总产蛋数/入舍母禽数

(2) 母禽饲养日产蛋数。

母禽饲养日产蛋数（个）＝统计期内的总产蛋数/平均日饲养母禽只数

＝统计期内的总产蛋数/统计期内累加日饲养只数/统计期日数

3. 产蛋率　母禽在统计期内的产蛋百分比。

(1) 饲养日产蛋率。

饲养日产蛋率＝统计期内的总产蛋数/实际饲养日母禽只数的累加数×100％

(2) 入舍母禽产蛋率。

入舍母禽产蛋率＝统计期内的总产蛋数/（入舍母禽数×统计日数）×100％

(3) 高峰产蛋率。指产蛋期内最高周平均产蛋率。

4. 蛋重

(1) 平均蛋重。个体记录群每只母禽连续称 3 个以上的蛋重，求平均值；群体记录连续称 3 d 产蛋总重，求平均值；大型禽场按日产蛋量的 2％以上称蛋重，求平均值，以克为单位。

(2) 总产蛋重量。

总蛋重（kg）＝平均蛋重（g）×平均产蛋量/1 000

5. 母禽存活率　入舍母禽数（只）减去死亡数和淘汰数后的存活数占入舍母禽数的百分比。

母禽存活率＝［入舍母禽数－（死亡数＋淘汰数）］/入舍母禽数×100％

6. 蛋品质　在 44 周龄测定蛋重的同时，进行下列指标测定。测定应在产出后 24 h 内进行，每项指标测定蛋数不少于 30 个。

(1) 蛋形指数。用游标卡尺测量蛋的纵径和横径。以毫米为单位，精确度为 0.1 mm。

蛋形指数＝纵径/横径

(2) 蛋壳强度。将蛋垂直放在蛋壳强度测定仪上，钝端向上，测定蛋壳表面单位面积上承受的压力，单位为牛/厘米^2。

(3) 蛋壳厚度。用蛋壳厚度测定仪测定，取钝端、中部、锐端的蛋壳剔除内壳膜后，分别测量其厚度，求平均值。以毫米为单位，精确到 0.01 mm。

（4）蛋的相对密度。用盐水漂浮法测定。测定蛋相对密度溶液的配制与分级：在 1 000 mL 水中加氯化钠 68 g，定为 0 级，以后每增加 1 级，累加氯化钠 4 g，然后用相对密度法对所配溶液进行校正。蛋的级别相对密度见表 8-1。

表 8-1 蛋相对密度分级

级别	0	1	2	3	4	5	6	7	8
相对密度	1.068	1.072	1.076	1.080	1.084	1.088	1.092	1.096	1.100

从 0 级开始，将蛋逐级放入配制好的盐水中，漂上来的最小盐水密度级，即为该蛋的级别。

（5）蛋黄色泽。按罗氏蛋黄比色扇的 30 个蛋黄色泽等级对比分级，统计各级的数量与百分比，求平均值。

（6）蛋壳色泽。以白色、浅褐色（粉色）、褐色、深褐色、青色（绿色）等表示。

（7）哈氏单位。取产出 24 h 内的蛋，称蛋重。测量破壳后蛋黄边缘与浓蛋白边缘的中点的浓蛋白高度（避开系带），测量成正三角形的 3 个点，取平均值。

$$哈氏单位 = 100 \times \lg(H - 1.7W^{0.37} + 7.57)$$

式中，H 为以毫米为单位测量的浓蛋白高度值；W 为以克为单位测量的蛋重值。

（8）血斑和肉斑率。统计含血斑和肉斑蛋的百分比，测定数不少于 100 个。

$$血斑和肉斑率 = 带血斑和肉斑蛋数/测定总蛋数 \times 100\%$$

（9）蛋黄比率。

$$蛋黄比率 = 蛋黄重/蛋重 \times 100\%$$

四、肉用性能

1. 宰前体重 鸡宰前禁食 12 h，鸭、鹅宰前禁食 6 h 后称活重，以克为单位。

2. 屠宰率 放血，去除羽毛、脚角质层、趾壳和喙壳后的重量为屠体重。

$$屠宰率 = 屠体重/宰前体重 \times 100\%$$

3. 半净膛重 屠体去除气管、食道、嗉囊、肠、脾、胰、胆和生殖器官、肌胃内容物以及角质膜后的重量。

4. 半净膛率

$$半净膛率 = 半净膛重/宰前体重 \times 100\%$$

5. 全净膛重 半净膛重减去心、肝、腺胃、肌胃、肺、腹脂和头脚（鸭、鹅、鸽、鹌鹑保留头脚）的重量。去头时在第 1 颈椎骨与头部交界处连皮切开；去脚时沿跗关节处切开。

6. 全净膛率

$$全净膛率 = 全净膛重/宰前体重 \times 100\%$$

7. 分割

（1）翅膀率。将翅膀向外侧拉开，在肩关节处切下，称重，得到两侧翅膀重。

$$翅膀率 = 两侧翅膀重/全净膛重 \times 100\%$$

（2）腿比率。将腿向外侧拉开使之与体躯垂直，用刀沿着腿内侧与体躯连接处中线向后，绕过坐骨端避开尾脂腺部，沿腰荐中线向前直至最后胸椎处，将皮肤切开，用力把腿部向外掰开，切离髋关节和部分肌腱，即可连皮撕下整个腿部，称重，得到两侧腿重。

$$腿比率＝两侧腿重/全净膛重×100\%$$

（3）腿肌率。腿肌指去腿骨、皮肤、皮下脂肪后的全部腿肌。

$$腿肌率＝两侧腿净肌肉重/全净膛重×100\%$$

（4）胸肌率。沿着胸骨脊切开皮肤并向背部剥离，用刀切离附着于胸骨脊侧面的肌肉和肩胛部肌腱，即可将整块去皮的胸肌剥离，称重，得到两侧胸肌重。

$$胸肌率＝两侧胸肌重/全净膛重×100\%$$

（5）腹脂率。腹脂指腹部脂肪和肌胃周围的脂肪。

$$腹脂率＝腹脂重/全净膛重×100\%$$

（6）瘦肉率（肉鸭）。瘦肉重指两侧胸肌和两侧腿肌重量。

$$瘦肉率＝两侧胸肌和腿肌重/全净膛重×100\%$$

（7）皮脂率（肉鸭）。皮脂重指皮、皮下脂肪和腹脂重量。

$$皮脂率＝（皮重＋皮下脂肪重＋腹脂重）/全净膛重×100\%$$

（8）骨肉比。将全净膛禽煮熟后去肉、皮、肌腱等，称骨骼重量。

$$骨肉比＝骨骼重/（全净膛重－骨骼重）$$

五、饲料转化率

1. 平均日耗料量　按育雏期、育成（育肥）期、产蛋期分别统计。

$$平均日耗料（g）＝全期耗料/饲养只数$$

2. 饲料转化比　指生产每一单位产品实际消耗的饲料量。

（1）蛋禽，按下式计算。

$$产蛋期饲料转化比＝产蛋期消耗饲料总量/总产蛋重量$$

（2）肉禽，按下式计算。

$$肉禽饲料转化比＝全程消耗饲料总量/总增重$$

（3）种禽，按下式计算。

生产每个种蛋耗料量（g）＝初生到产蛋末期总耗料（包括种公禽）/总合格种蛋数

如何根据获得数据，合理计算禽的生产性能指标？

任务二　禽场预算

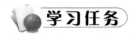

要建造一个禽场，首先考虑的就是资金问题，那么就需要对禽场的生产规模和投资进行经费预算，并且要结合当时当地市场价格对建设项目进行成本统计，并且根据

禽场生产规模计算回报，以便后期饲养管理过程中资金能够正常流通并获取经济效益，从而做出某时期建设禽场的可行性分析报告。

一、禽场预算的构成

建设禽场投资包括基本建设投资和设备投资两部分。

（一）基本建设投资

简称基建投资，指用于建设禽舍、孵化场、生产附属用房、办公及生活用房等费用。这类建筑投资的预算，先按建场规模计算出所需的总投资，为筹集资金及资金的投入、回收和利率评估提供依据。

以筹建10万只生产规模蛋鸡场为例，其基建投资情况见表8-2。

表8-2 10万只生产规模蛋鸡场基建投资计划

投资项目	单位	单价（元）	面积或数量	金额（万元）
蛋鸡舍	m²	280	7 524	210.7
育成鸡舍	m²	280	2 280	63.8
育雏舍	m²	310	727.5	22.6
商品蛋库	m²	300	60	1.8
饲料加工车间	m²	280	350	9.8
材料仓库	m²	260	200	5.2
汽车房	m²	270	80	2.2
兽医室	m²	360	60	2.2
营养分析室	m²	360	60	2.2
机修车间	m²	270	80	2.2
变电所	m²	290	80	2.3
锅炉房	m²	320	100	3.2
办公室	m²	340	200	6.8
宿舍、食堂	m²	320	500	16.0
洗澡间	m²	450	60	2.7
大门值班室	m²	320	60	1.9
防疫围墙	m²	78	2 000	15.6
粪污处理设施	个	6 000	7	4.2
水塔	座		1	5.0
机井	眼		1	4.0
泵房	m²	270	20	0.5
道路	m²	70	2 300	16.1
平整土地	m²			30.0
征地费	亩	12 000	150	180
合计				611

在建场基建投资中，鸡舍是工程的主要投资，约占总投资的50%。其中征地费，按年每亩租金约400元计，30年为12 000元/m²，该项投资约占30%，但各地征用方式不同，其为一个变动值。另外，若建种鸡场还应增加孵化场的建设投资。

（二）设备投资

根据各类禽舍和设施的建筑结构要求，对所需的生产设备进行选型配套，并计算出设备购置、运输、安装等费用。设备投资是建场投资的第二部分费用。所需的设备主要包括各种笼具、供料、通风、采暖、照明、清粪等设备，以及水、电供应和运输设备等。其中禽舍装配设备的多少，与禽场机械化程度有关，各场在这方面投资差别很大。一般10万只以上的大型禽场生产设备齐全，机械化程度较高，小型禽场以手工操作为主，则所需机械设备较少。我国养禽生产发展的方向是以利用劳动力资源与采用先进生产设备相结合，逐步向半机械化或机械化生产发展。以10万只生产规模蛋鸡场为例，实行机械化生产所需的设备投资，见表8-3。

表8-3　10万只蛋鸡场机械化生产所需设备的投资计划

投资项目	单位	单价（万元）	数量	投资金额（万元）
蛋鸡笼	组	0.048	1 080	51.84
育成鸡笼	组	0.06	288	17.28
育雏笼	组	0.50	30	15.00
输料机	组	0.22	16	3.52
喂料机	组	0.40	48	19.20
喂料链条	m	0.001	16 100	16.10
各种饮水器	个	0.001 8	1 200	2.20
风机	台	0.15	68	10.20
湿帘	m²	0.01	600	6.00
拣蛋车	台	0.025	24	0.60
供水系统				12.00
供暖系统				25.00
供电系统				39.00
发电机组	台			5.00
消毒设备				1.5
工具费				4.00
运输车辆	部			15.00
化验分析仪器				12.00
电话、计算机设备				4.00
设备运输费				25.00
设备安装费				10.00
合计				294.44

在设备投资计划中,笼具和饲喂设备费用约占30%,水、电、暖系统费用约占30%,这2项为禽场必需的设备,其余40%左右的费用可根据实际投入资金的多少选择配置。

(三) 其他投资

包括筹建费、办公费、交通费等方面,该项费用由于不便预计,也应计入建场投资费用内。

二、禽场投入预算

(一) 笼养蛋鸡舍基本建设投资预算

1. 鸡舍规模与饲养方式 饲养规模为5 000只商品蛋鸡,采用三层三列式笼养。由此可确定鸡笼的数量、鸡舍的面积。

(1) 笼架数量的确定。若每组笼饲养96只,单笼长度为1.92 m,三列式排列,每列需要18组笼,5 000只共需要54(18组笼,3列)个笼架。每架笼按500元计算,共计27 000元。

(2) 鸡舍面积的确定。鸡舍长:单列笼长34.56 m(18组笼,单笼长1.92 m);前过道2.5 m、后过道1.5 m,因此,鸡舍长38.56 m(18组笼,过道4 m);鸡舍宽:鸡笼排列的方式为三列四过道,其中每架笼宽度为1.835 m,过道宽1 m,共计鸡舍宽度为9.505 m(3组笼,4条过道)。鸡舍的建筑面积为366.5 m^2,基建成本按每平方米200元计算,共计73 300元。

2. 通风降温设备 按照鸡舍饲养商品蛋鸡的数量,根据通风、防暑降温的需要应安装直径1.4 m的轴流式风机4台,湿帘面积为50 m^2。

3. 照明设备 灯泡应高出鸡笼顶层50 cm,位于过道中间和两侧墙上。灯泡间距为3.0 m,4列灯泡交错安装,两侧灯泡安装在两侧墙上,地面的光照度为20 lx,需要安装白炽灯52个(鸡舍长38.56 m,4列)。

4. 喂料设备 若采用自动喂料,自动喂料系统按照20 000元计算。

5. 清粪设备 产蛋鸡舍采用三列四过道式笼养,需要3个清粪系统,共计5 000元。

6. 设备选型 鸡笼采用冷镀锌或热镀锌,饮水器采用乳头饮水器或自动控制,料槽采用塑料料槽或镀锌铁质料槽,光照采用手动光照或自动光照,降温采用湿帘,喂料采用人工或自动喂料等。

7. 投资成本预算 采用三层三列式笼养5 000只规模的商品蛋鸡投资成本预算见表8-4。

表8-4 5 000只商品蛋鸡舍投资成本预算

项　　目	每栋数量	低档(元)	中高档(元)
土建费用	366.5 m^2	150×366.5=54 975	300×366.5=109 950
笼架	54组	500×54=27 000	1 200×54=64 800
清粪系统	3个	5 000	5 000

(续)

项　目	每栋数量	低档（元）	中高档（元）
光照系统	52个	52×20＝1 040	1 040＋200（定时钟）＝1 240
通风系统	通风小窗	26×100＝2 600	26×100＝2 600
	风机	6 000	6 000
降温系统	湿帘	5 000	5 000
喂料系统	自动喂料	20 000	20 000
总计费用（元）		121 615	214 590

（二）平养商品肉鸡舍基本建设投资预算

1. 鸡舍规模与饲养方式　饲养规模为10 000只商品肉鸡，采用地面平养或网上平养。由此可确定鸡舍的面积。

（1）预先确定鸡舍的宽度。舍内2条鸡床宽度均为5.0 m，为便于管理，设置3条走道，中央走道宽度为0.9 m，靠近两侧墙各有一条宽度为0.8 m的走道。

鸡舍总宽度＝10 m（饲养区宽度）＋2.5 m（3条走道宽度）＋0.5 m（两侧墙宽度）＝13 m。

（2）鸡舍长度的确定。鸡舍的长度应根据饲养的数量而定，若饲养到肉用仔鸡的体重为2.3 kg/只，则饲养密度为9～11只/m²，为便于计算饲养密度取10只/m²。则1栋鸡舍的面积为：10 000只/10只/m²＝1 000 m²。

鸡舍饲养的有效宽度为10 m，鸡床长度为1 000 m²/10 m＝100 m，排污端设置走道2.50 m，则鸡舍总长度为：

鸡舍总长度＝100 m（饲养区长度）＋3.5 m（值班室和工具室长）＋2.50 m（排污端走道）＝106 m。

（3）鸡舍面积的确定。鸡舍的总面积＝总长度×总宽度＝106 m×13 m＝1 378 m²。

2. 供温设备　有保温伞、红外线灯、火炕、烟道、煤炉子、暖气、热风炉等形式，可根据实际情况加以选用。

3. 通风降温　按照鸡舍饲养商品肉鸡的数量，根据通风、防暑降温的需要应安装直径1.4 m的轴流式风机6台，湿帘面积为50 m²，热风炉可使用1台或相邻2栋鸡舍共用1台。常用的降温设备有湿帘风机降温系统、喷雾降温系统等。

4. 照明设备　目前禽舍实行人工控制光照或补充照明。采光的灯具比较简单，主要有白炽灯、荧光灯和节能灯3种。白炽灯具有成本低、耗损快的特点，一般25 W、40 W、60 W灯泡能使舍内照度均匀，饲养场使用白炽灯较多。荧光灯的灯具虽然成本高，但光效率高且光线比较柔和，一般使用40 W的荧光灯较多。

商品肉鸡在弱光下能获得较好的增重效果，5～10 lx就能满足需要。因此，在饲养过程中，为使肉用仔鸡更好地生长增重，可适当调整灯源的大小，将40 W灯泡降低到15 W，就可使舍内的光照度由10 lx降低到5 lx。为了更好地控制光照度，可设置变压器。为便于光照的控制，也可设置定时钟，自动控制光照时间。

5. 喂料、饮水设备　若采用自动喂料，根据鸡舍的宽度应设置自动喂料、饮水系统。网上平养设置2条料线和4条饮水线，地面平养设置3条料线和5条饮水线。

6. 清粪设备 鸡舍内常用的清粪方法有两类。一类是经常性清粪，即每天清粪1~3次，所用设备有刮板式清粪机、带式清粪机和抽屉式清粪板。刮板式清粪机多用于阶梯式笼养和网上平养；带式清粪机多用于叠层式笼养；抽屉式清粪板多用于小型叠层鸡笼。另一类是一次性清粪，即每隔数天、数月甚至一个饲养周期才清1次粪，常用的人工清粪设备是拖拉机前悬挂式清粪铲，多用于高床笼养。

7. 设备类型 在商品肉鸡舍的建造、饲养过程中，可采用地面平养或网上平养，饲养过程中用到供温设备、喂料设备、饮水设备、光照设备、清粪设备、消毒设备等，饮水器采用乳头饮水器或真空饮水器等，喂料采用料桶或自动喂料设备，光照采用手动光照或自动光照，降温采用湿帘，供温采用分散式或集中式等。

8. 投资成本预算 采用地面平养或网上平养10 000只规模的商品肉鸡舍投资成本预算见表8-5。

表8-5 10 000只商品肉鸡舍投资成本预算

项　　目	每栋数量	地面平养（元）	网上平养（元）
土建费用	1 378 m²	150×1 378＝206 700	260×1 378＝358 280
喂料系统	自动喂料	32 000	16 000
光照系统	75个	75×20＝1 500	1 500＋200（定时钟）＝1 700
通风系统	通风小窗	30×100＝30 000	30×100＝3 000
通风系统	风机	6 000	6 000
降温系统	水帘	7 500	7 500
供温系统	热风炉	20 000	20 000
清粪系统	4个	6 000	6 000
总计费用（元）		309 700	418 480

1. 建设禽场怎样进行投资和生产预算？
2. 如何对禽场产出进行预算并判断盈亏？

任务三　禽场成本核算与效益分析

饲养管理禽场时，每一个管理者的目标都是提高养禽场的经济效益，而提高利润的主要途径在于降低成本和提高产出利润。要想降低成本，就必须要了解禽场成本的构成要素，并对生产过程中产生的流通环节进行成本预算，做好科学的饲养和管理，并时刻掌握市场动态，把握时机，使销售利润最大化。

一、禽场成本的构成

生产成本一般分为固定成本和可变成本两大类。

（一）固定成本

固定成本与养禽场场房、饲养设备、运输工具、动力机械及生活设施等有关，在会计账面上称为固定资金，其特点是使用周期长，以完整的实物形态参加多次生产过程，并可以保持其固有的物质形态，随着养禽生产不断进行，其价值逐渐转入到禽产品当中，并以折旧费用方式支付。固定成本除上述设备折旧费用外，还包括土地税、利息、工资、管理费用等。组成固定成本的各种费用必须按时支付，即使养禽场不生产，都得按时支付。一般由下列项目构成：

1. 雇工工资 指直接从事养禽生产的人员的工资、津贴、奖金、福利等。

2. 固定资产折旧费 指禽舍和专用机械设备的折旧费。房屋等建筑物一般按10~15年折旧，禽场专用设备一般按5~8年折旧。

3. 固定资产修理费 是为保持禽舍和专用设备的完好所发生的一切维修费用，一般占年折旧费的5%~10%。

4. 期间费用 包括企业管理费、财务费和销售费用。企业管理费、销售费是指禽场为组织管理生产经营、销售活动等发生的各种费用，包括非直接生产人员的工资、办公、差旅费等，以及各种税金、产品运输费、产品包装费、广告费等。财务费主要是贷款利息、银行及其他金融机构的手续费等。按照我国新的会计制度，期间费用不能计入成本，但是养禽场为了便于各群禽的成本核算，便于横向比较，都会把各种费用列入来计算单位产品的成本。

（二）可变成本

可变成本以货币表示，是养禽场在生产和流通过程中使用的资金，在成本管理中称为流动资金。其特点是只参加一次养禽生产过程即被全部消耗，价值全部转移到禽产品当中，而且它随着生产规模、产品产量而变化。属于可变成本的物质资料包括饲料、兽药、疫苗、燃料、水电、临时工工资等。一般由下列项目构成：

1. 饲料费 指禽场各类禽群在生产过程中实际耗用的自产和外购的各种饲料原料、预混料、饲料添加剂和全价配合饲料等的费用及其运杂费。

2. 疫病防治费 指用于禽病防治的疫苗、药品、消毒剂、检疫费、专家咨询费等。

3. 燃料及动力费 指直接用于养禽生产的燃料、动力、水电费和水资源费等。

4. 种禽摊销费 是指生产每千克或每千克活重所分摊的种禽费用。

$$种禽摊销费 = \frac{种蛋原值（元）- 种禽残值（元）}{种禽产蛋重（kg）}$$

5. 低值易耗品费用 指低价的工具、材料、劳保用品等易耗品的费用。

6. 其他直接费用 凡不能列入上述各项而实际已经消耗的直接费用。

二、禽场生产成本核算

生产成本核算就是把禽场生产产品所发生的各项费用，按用途、产品进行汇总、分配，计算出产品的实际总成本和单位产品成本的过程。生产成本核算是成本管理的重要组成部分，通过成本核算可以确定养禽场在本期的实际水平成本，准确反映养禽场生产经营的经济效益,以便为进一步改进管理、降低成本、增加盈利提供可靠的依据。

1. 种蛋生产成本的计算

$$每枚种蛋成本=\frac{种蛋生产费用-副产品价值}{入舍种禽出售种蛋数}$$

式中,种蛋生产费用为每只入舍种禽自入舍至淘汰期间的所有费用之和,其中入舍种禽自身价值以种禽育成费体现;副产品价值包括期内淘汰禽、期末淘汰禽、禽粪等的收入。

2. 种雏生产成本的计算

$$种雏只成本=\frac{种蛋费+孵化生产费-副产品价值}{出售种雏数}$$

式中,孵化生产费包括种蛋运输费、孵化生产过程的全部费用和各种摊销费、雌雄鉴别费、疫苗注射费、雏禽发运费、销售费等;副产品价值主要是无精蛋、毛蛋和公雏等的收入。

3. 雏禽、育成禽生产成本的计算

雏禽、育成禽的生产成本按平均每只每日雏禽、育成禽的饲养费用计算。

$$雏禽(育成禽)饲养只成本=\frac{期内全部饲养费-副产品价值}{期内饲养只数}$$

期内饲养只数=期初只数×本期饲养日数+期内转入只数×自转入至期末日数-死淘禽只数×死淘日至期末日数

式中,期内全部饲养费用是上述所列生产成本核算内容中各项费用之和,副产品价值是指禽粪、淘汰禽等项收入。雏禽(育成禽)饲养只成本直接反映饲养管理的水平。饲养管理水平越高,饲养只成本就越低。

4. 肉用仔鸡生产成本的计算

$$每千克肉用仔鸡成本=\frac{肉用仔鸡生产费用-副产品价值}{出栏肉用仔鸡总量(kg)}$$

$$每只肉用仔鸡成本=\frac{肉用仔鸡生产费用-副产品价值}{出栏肉用仔鸡数}$$

式中,肉用仔鸡生产费用包括入舍雏鸡鸡苗费与整个饲养期其他各项费用之和;副产品价值主要是鸡粪收入。

5. 商品蛋生产成本的计算

$$每千克鸡蛋成本=\frac{蛋鸡生产费用-副产品价值}{入舍母鸡总产蛋量}$$

式中,蛋鸡生产费用是指每只入舍母鸡自入舍至淘汰期间的所有费用之和;副产品价值包括期内淘汰鸡、期末淘汰鸡、鸡粪等的收入。

三、禽场效益分析

(一)经济效益分析的方法

经济效益分析是对生产经营活动中已取得的经济效益进行事后的评价,一是分析在计划完成过程中,是否以较少的资金占用和生产耗费,取得较多的生产成果;二是分析各项技术组织措施和管理方案的实际成果，以便发现问题，查明原因，提出切实可行的改进措施和实施方案。

经济效益分析方法一般有对比分析法、因素分析法、结构分析法等，禽场常用的方法是对比分析法。对比分析法又称比较分析法，它是把同种性质的2种或2种以上的经济指标进行对比，找出差距，并分析产生差距的原因，进而研究改进的措施。比较时可以利用以下方法：

（1）采用绝对数、相对数或平均数，将实际指标与计划指标相比较，以检查计划执行情况，评价计划的优劣，分析其原因，为制订下期计划提供依据。

（2）将实际指标与上期指标相比较，找出发展变化的规律，指导以后的工作。

（3）将实际指标与条件相同的经济效益最好的禽场相比较，来反映在同等条件下所形成的各种不同经济效果及其原因，找出差距，总结经验教训，以不断改进和提高自身的经营管理水平。

采用比较分析法时，必须注意进行比较的指标要有可比性，比较时各类经济指标在计算方法、计算标准、计算时间上必须保持一致。

（二）经济效益分析的内容

生产经营活动的每个环节都影响着禽场的经济效益，其中产品的产量、禽群工作质量、成本、利润、饲料消耗和职工劳动生产率的影响尤为重要。下面就上述因素进行经济效益分析。

1. 产品产量（值）分析

（1）计划完成情况分析。用产品的实际产量（值）与计划产量（值）相比较，分析计划完成情况，对禽场的生产经营总状况作概括评价，分析超额或未完成计划的情况及原因。

（2）产品产量（值）增长动态分析。通过对比历年历期产量（值）增长动态，查明是否发挥自身优势，是否合理利用资源，进而找出增产增收的有效途径。

2. 禽群工作质量分析　禽群工作质量是评价养禽场生产技术、饲养管理水平、职工劳动质量的重要依据。禽群工作质量分析主要依据家禽的生活力、产蛋力、繁殖力和饲料报酬等指标的计算、比较来进行分析。

3. 成本分析　产品成本直接影响着养禽场的经济效益。进行成本分析，可弄清各个成本项目的增减及其变化情况，找出引起变化的原因，寻求降低成本的具体途径。分析时应对成本数据认真检查核实，严格划清各种成本费用界限，统一计算口径，以确保成本资料的准确性和可比性。

（1）成本项目增减及变化分析。根据实际生产报表资料，与本年度计划指标或先进的禽场进行比较，检查总成本、单位产品成本的升降，分析构成成本的项目增减情况和各项目的变化情况，找出差距，查明原因。如成本项目增加了，要分析该项目增加的原因，有没有增加的必要；某项目成本数量变大了，要分析费用支出增加的原因是管理的因素还是市场等因素。

（2）成本结构分析。分析各生产成本构成项目占总成本的比率，并找出各阶段的成本结构。成本构成中饲料是一大项支出，而该项支出最直接地用于生产产品，它占生产成本比率的高低直接影响着禽场的经济效益。对相同条件的禽场，饲料支出占生产总成本的比率越高,禽场的经济效益就越好。不同条件的禽场,其饲料支出占生产总成本的比率对经济效益的影响不具有可比性。如家庭养鸡,各项投资少,其主要开支就是饲料费用,所以饲料费用占生产总成本的比率就高;而种鸡场由于引种费用高,设备、人工、技术投入等比例大,饲料费用占生产总成本的比率就低一些。

4. 利润分析 利润是经济效益的直接体现,任何一个企业只有获得利润,才能生存和发展。禽场利润分析包括以下指标。

(1) 利润总额。

利润总额=销售收入-生产成本-销售费用-税金+营业外收支净额

营业外收支是指与养禽场生产经营无直接关系的收入或支出。如果营业外收入大于营业外支出,则收支相抵后的净额为正数,可以增加养禽场利润;如果营业外收入小于营业外支出,则收支相抵后的净额为负数,养禽场的利润就会减少。

(2) 利润率。由于各个养禽场生产规模、经营方向不同,利润额在不同养禽场之间不具有可比性,只有反映利润水平的利润率,才具有可比性。利润率一般有下列表示方法:

产值利润率=年利润总额/年总产值×100%

成本利润率=年利润总额/年总成本额×100%

资金利润率=年利润总额/(年流动资金额+年固定资金平均值)×100%

养禽场盈利的最终指标应以资金利润率作为主要指标,因为资金利润率不仅能反映养禽场的投资状况,而且能反映资金的周转情况。资金在周转中才能获得利润,资金周转越快,周转次数越多,养禽场的获利就越大。

5. 饲料消耗分析 从养禽场经济效益的角度上分析饲料消耗,应从饲料消耗定额、饲料利用率和饲料日粮3个方面进行。首先根据生产报表统计各类禽群在一定时期内的实际耗料量,然后同各自的消耗定额对比,分析饲料在加工、运输、储藏、保管、饲喂等环节上造成的浪费情况及原因。此外,还要分析在不同饲养阶段饲料的转化率,即饲料报酬。生产单位产品耗用的饲料越少,说明饲料报酬越高,经济效益就越好。

对日粮除了从饲料的营养成分、饲料转化率上分析外,还应从经济上进行分析,即从饲料报酬和饲料成本上进行分析,以寻找成本低、报酬高、增重快、产蛋多的日粮配方和饲喂方法,最终达到以同等的饲料消耗取得最佳经济效益的目的。

6. 劳动生产率分析 劳动生产率反映着劳动者的劳动成果与劳动消耗量之间的对比关系。常用以下形式表示:

(1) 全员劳动生产率。养禽场每一位成员在一定时期内生产的平均产值。

全员劳动生产率=年总产值/职工年平均人数

(2) 生产人员劳动生产率。指每一位生产人员在一定时期内生产的平均产值。

生产人员劳动生产率=年总产值/生产工人年平均人数

(3) 每工作日(或小时)产量。用于直接生产的每个工作日(或小时)所生产的某种产品的平均产量。

每工作日(或小时)产量=某种产品的产量/直接生产所用工日(或小时)数

以上指标表明，分析劳动生产率，一是要分析生产人员和非生产人员的比例，二是要分析生产单位产品的有效时间。

（三）提高禽场经济效益的措施

1. 提高产品产量 提高产品产量，良种是前提，饲养是基础，管理是关键，防疫是重点。养禽场提高产品产量要做好以下几方面的工作：

（1）饲养优良品种。品种是影响养禽生产的第一因素。不同家禽品种生产方向、生产潜力不同。在确定品种时必须根据本场的实际情况，选择适合本场的饲养条件、技术水平和饲料条件的品种。

（2）提供优质饲料。按家禽品种、生长或生产各阶段对营养物质的需求，供给全价优质的饲料，以保证家禽的生产潜力充分发挥。同时也要根据环境条件、禽群状况变化，及时调整日粮。

（3）科学饲养管理。

① 创设适宜的环境条件。科学、细致、规律地为各类禽群提供适宜的温度、空气、光照和卫生条件，减少噪声、尘埃及各种不良气体的刺激。对能引起有碍禽群健康生长、生产的各种应激因素，都应力求避免和减轻至最低限度。

② 采取合理的饲养方式。根据自己的具体条件为不同生产用途的家禽选择适宜的饲养方式，便于管理，利于卫生防疫。

③ 采用先进的饲养技术。采用先进的、适用的饲养技术，抓好各类禽群不同阶段的饲养管理，以适应快速发展的养禽业。

（4）适时更新禽群。母禽第1个产蛋年产量最高，以后每年递减15%~20%。禽场可根据禽源、料蛋比、蛋价等情况决定适宜的淘汰时机，淘汰时机可根据产蛋率盈亏临界点确定。同时，加快禽群周转，加快资产周转速度，提高资产利用率。

（5）加强卫生防疫。养禽场必须制定科学的免疫程序，严格执行防疫制度，降低家禽死淘率，提高禽群的健康水平。

2. 科学决策 在市场广泛调查的基础上，分析各种经济信息，结合养禽场内部条件如资金、技术、劳动力等，作出经营方向、生产规模、饲养方式、生产安排等方面的决策，以充分挖掘内部潜力，合理使用资金和劳力，提高劳动生产率，最终实现经济效益的提高。正确的经营决策可收到较高的经济效益，错误的经营决策就能导致重大经济损失甚至破产。如生产规模决策，规模大虽然能形成高的规模效益，但规模过大，就可能超出自己的管理能力，超出自己的资金、设备等承受能力，顾此失彼，得不偿失；规模过小，则不利于现代设备和技术的利用，也难以得到大的收益。

3. 降低生产成本 增加产出、降低投入是企业经营管理永恒的主题。禽场要获取最佳经济效益，就必须在保证增产的前提下，尽可能减少消耗，节约费用，降低单位产品的成本。其主要途径有：

（1）减少燃料动力费。合理使用设备，减少空转时间，节约能源，降低消耗。

（2）降低饲料成本。从养禽场的生产成本构成来看，饲料费用占生产总成本的70%左右，因此通过降低饲料费用来减少成本的潜力最大。

① 降低饲料价格。在保证饲料全价性和满足家禽的营养需要的前提下，配合饲

料时要考虑原料的价格，尽可能选用廉价的饲料代用品，尽可能开发廉价饲料资源，如选用无鱼粉日粮，开发利用蚕蛹、蝇蛆、羽毛粉等饲料资源。

② 科学配合日粮，提高饲料转化率。

③ 合理饲喂。喂料时间、喂料次数、喂料量和喂料方式等要科学合理。

④ 减少饲料浪费。根据家禽的不同生长阶段设计使用合理的料具，及时断喙，减少储藏损耗，防鼠害，防霉变，禁止变质或掺假饲料进库。

(3) 降低更新禽的培育费。

① 加强饲养管理及卫生防疫，提高育雏、育成率，降低禽只死淘摊损费。

② 提高雌雄鉴别准确率，蛋用家禽及早淘汰公禽，肉仔禽实行公母分养制度，减少饲料消耗。

(4) 正确使用药物。对禽群投药要及时、准确。在疫病防治中，能进行药敏试验的要尽量开展，能不用药的尽量不用，对无饲养价值的家禽要及时淘汰，不再用药治疗。

(5) 提高设备利用率。充分合理利用各类禽舍、各种机器和设备，减少单位产品的折旧费和其他固定支出。

① 制定合理的生产工艺流程，减少不必要的空舍时间，提高禽舍、禽位的利用率。

② 合理使用机械设备，尽可能满负荷运转，减少空转时间，同时加强设备维护和保养，提高设备完好率。

(6) 提高全员劳动生产率。全员劳动生产率反映的是劳动消耗与产值间的比率。全员劳动生产率提高，不仅能使养禽场产值增加，也能使单位产品的成本降低。

① 尽量减少非生产人员数量。

② 对生产人员实行经济责任制。将生产人员的经济利益与饲养数量、产量、质量、物资消耗等具体指标挂钩，严格奖惩，调动员工的劳动积极性和主动性。

③ 加强职工的业务培训，不断提高工作熟练程度，及时采用新技术、新设备等。

(7) 合理利用鸡粪。鸡粪量约为鸡精饲料消耗量的75%，鸡粪含丰富的营养物质，可替代部分精饲料，用于喂猪、养鱼，也可干燥处理后用作牛、羊饲料，增加经济收入。

(四) 搞好市场营销

市场经济是买方市场，禽场要获得较高的经济效益就必须研究市场、分析市场、搞好市场营销。

1. 树立品牌意识，扩大销售市场　养禽业的产品都是鲜活商品，经营者必须牢固树立品牌意识，生产优质的产品，树立良好的商品形象，创造自己的品牌，把自己的产品变成活的广告，提高产品市场占有率。

2. 实行产供加销一体化经营　随着养禽业的迅猛发展，单位产品利润越来越低，实行产、供、加、销一体化经营，可以减少各环节的层层盘剥。但一体化经营对技术、设备、管理、资金等方面的要求很高，可以通过企业联手或共建养禽合作社等形式，以形成群体规模。

3. 以信息为导向，迅速抢占市场　在商品经济日益发展的今天，市场需求瞬息万变,企业必须及时准确地捕捉信息,迅速采取措施,适应市场变化,以需定产,有需必供。同时,根据不同地区的市场需求差别,找准销售市场。

4. 签订经济合同　在双方互惠互利的前提下,签订经济合同,正常履行合同,一方面可以保证生产的有序进行,另一方面又能保证销售计划的实施,特别是对一些特殊商品如种雏,签订经济合同显得尤为重要,因为离开特定时间,其价值将会消失,甚至成为企业的负担。

思与练

1. 如何计算禽生产成本?
2. 如何提高禽场经济效益?

任务四　家禽生产计划的制订

学习任务

要想统筹管理好一个禽场,一定要确立好长期目标和短期目标,并为实现目标而奋斗,对禽场进行有效的组织和规划,而如何使养禽场达到管理者的预期,并实现生产目标,这就需要管理者提前制订可行性计划,制订合理的发展规划方案,使禽场发展和员工收入达到更高的水平。

一、家禽生产远景规划

远景计划又称长期计划,从总体上规划家禽场若干年内的发展方向、生产规模、进展速度和指标变化等,以便对生产与建设进行长期、全面的安排,统筹成为一个整体,避免生产的盲目性,并为职工指出奋斗目标。长期计划一般为5年,其内容、措施与预期效果如下。

1. 内容与目标　确定经营方针;规划禽场生产部门及其构成、发展速度、专业化速度、生产结构、工艺改造进程;技术指标的进度;主产品产量;对外联营的规划与目标;科研、新技术与新产品的开发与推广等。

2. 措施　实现奋斗目标应采取的技术、经济和组织措施。如基本建设计划、自己筹集和投放计划、优化组织和经营体制的改革等。

3. 预期效果　主产品产量与增长率、劳动生产率、利润、全员收入水平等的增量与增幅。

二、家禽生产年度计划

它是禽场每年编制的最基本的计划,根据新的一年里实际可能性编制的生产和财务计划,反映新的一年里禽场生产的全面状况和要求。因此,计划内容和确定生产指标应详尽、具体和切实可行,以作为引导禽场一切生产和经营活动的纲领。

(一) 生产计划

生产计划是一个禽场全年生产任务的具体安排,反映禽场最基本的经营活动,是企业年度计划的中心环节。

1. 鸡群周转计划的制订 鸡群周转计划应根据鸡场的生产方向、鸡群构成和生产任务来编制。鸡场应以鸡群周转计划作为生产计划的基础,以此来制订引种、孵化、产品销售、饲料供应、财务收支等其他计划。在制订鸡群周转计划时要考虑鸡位、鸡位利用率、饲养日和平均饲养只数、入舍鸡数、存活率、月死亡淘汰率等因素。

(1) 成鸡周转计划。

① 根据鸡场生产规模确定年初、年终各类鸡的饲养只数。
② 根据鸡场生产工艺流程和生产实际确定鸡群死淘率指标。
③ 计算每月各类鸡群淘汰数和补充数。
④ 统计全年总计饲养只数和全年平均饲养只数。

$$全年总计饲养只数 = \sum(1月+2月+\cdots\cdots+12月饲养只数)$$

$$月饲养只数 = (月初数+月末数)/2 \times 本月天数$$

$$全年平均饲养只数 = 全年总计饲养只数/365$$

例如某父母代种鸡场年初饲养规模为10 000只种母鸡和800只种公鸡,年终保持这一规模不变,实行全进全出饲养制度,种鸡只饲养1个产蛋年,在11月大群淘汰,其鸡群周转计划见表8-6。

表8-6 鸡群周转计划

群别	1月	2月	3月	4月	5月	6月	7月	8月	9月	10月	11月	12月	合计	全年总计饲养只数	全年月平均饲养只数
一、成鸡															
1. 种公鸡															
月初现有数	800	800	800	800	800	800	800	800	800	800	800			9 600	800
淘汰率(%)											100		100		
淘汰数											800		800		
由雏鸡转入												800	800		
2. 一年种母鸡															
月初现有数	10 000	9 800	9 600	9 400	9 200	9 000	8 750	8 500	8 200	7 900	7 400			97 750	8 146
淘汰率(占年初数%)	2.0	2.0	2.0	2.0	2.0	2.5	2.5	3.0	3.0	5.0	74.0		100		
淘汰数	200	200	200	200	200	250	250	300	300	500	7 400		10 000		
3. 当年种母鸡															
月初现有数											10 440	10 231		20 671	1 723
淘汰率(%)(占转入数%)											2.0	2.0	4.0		
淘汰数											209	209	418		

(续)

群别	1月	2月	3月	4月	5月	6月	7月	8月	9月	10月	11月	12月	合计	全年总计饲养只数	全年月平均饲养只数
二、雏鸡															
1. 种公雏															
转入数(月底)															
月初现有数					1 800	1 800	1 620	1 404	1 381	1 340				9 345	779
死淘率(%)						10.0	12.0	1.3	2.3	30			55.6		
(占转入数%)															
死淘数						180	216	23	41	540			1 000		
转入当年种公鸡数(月底)									800				800		
2. 种母雏															
转入数(月底)															
月初现有数					12 000	12 000	11 040	10 800	10 680	10 560				67 080	5 590
死淘率(%)						8.0	2.0	1.0	1.0	1.0			13.0		
(占转入数%)															
死淘数						960	240	120	120	120			1 560		
转入当年种母鸡数(月底)										10 440			10 440		

(2)雏鸡周转计划。

① 根据成鸡的周转计划确定各月需要补充的数。

② 根据鸡场生产实际确定育雏、育成期的死淘率指标。

③ 计算各月初现有数、死淘数及转入成鸡群数,并推算育雏日期和育雏数。

④ 根据表8-6,统计出全年总饲养只数和全年平均饲养只数。

在实际编制鸡群周转计划时,还应考虑鸡群的生产周期。一般蛋鸡的生产周期为育雏期42 d(0~6周龄)、育成期98 d(7~20周龄)、产蛋期365 d(21~72周龄),而且每批鸡生产结束后要留一定时间清洗、消毒、空舍等。不同经济类型的鸡群生产周期不同,在编制计划时,要根据各类鸡群的实际生产周期,确定合适的鸡舍类型比例,使各类型鸡舍既能满足需要又能正常周转,以减少空舍时间,提高鸡舍利用率,保证工艺流程正常运转。在实际生产中,育雏舍、育成鸡舍和成年蛋鸡舍之间的比例按1∶2∶6设置较为合理。

2. 鸭群周转计划的制订 以引进父母代肉种鸭年生产30 000只商品代肉鸭为例,制订计划如下:

首先计算年生产30 000只商品代肉鸭需要饲养父母代肉种鸭的数量。在计算种鸭数量时,要考虑公母鸭的比例,种母鸭产蛋量,种蛋合格率、受精率,受精蛋孵化率和雏鸭成活率等因素。父母代肉种鸭在公母比例为1∶5的情况下,种蛋合格率和受精率均为 90% 以上，受精蛋孵化率为 80%~90%。每只种母鸭年产蛋数量在 200 个以上，雏鸭成活率平均为 90%。

生产 30 000 只雏鸭，以育成率为 90% 计算，最少要孵出的雏鸭数为：

$$30\,000/90\% \approx 33\,333（只）$$

需要受精种蛋数为：

$$33\,333/80\% \approx 41\,666（个）$$

全年需要种鸭生产合格种蛋数量为：

$$41\,666/90\% \approx 46\,296（个）$$

全年需要种鸭产蛋总量为：

$$46\,296/90\% \approx 51\,440（个）$$

全年需要饲养的种母鸭只数为：

$$51\,440/200 \approx 257（只）$$

公、母鸭配种比例为 1∶5 考虑到种鸭在饲养过程中的病残、死亡等因素，应留一些余地，可饲养母鸭 280 只饲养种公鸭 60 只，共需饲养父母代肉种鸭 340 只。

由于种母鸭在一年中各个月产蛋率不同。所以，在分批孵化、分批育雏、分批育肥时，各批次的总数就不会完全相同。养鸭场在安排人力和场舍设施时，要与每个批次饲养规模相适应，同时在孵化、育雏及育肥等方面要做具体安排。

在孵化方面，当鸭群进入产蛋高峰，产蛋率达 70% 以上时，280 只种母鸭每天可产 200 个种蛋，每 7 d 入孵一批种蛋，则每批入孵种数为 1 400 个，鸭的孵化期为 28 d，有 2 d 为机动时间，以 30 d 计，则在产蛋高峰每月可入孵近 5 批种蛋，孵化种蛋数量可达 7 000 个。养鸭场孵化设备的孵化能力应完成 7 000 个种蛋的孵化任务。

在育雏方面，肉种鸭种蛋受精率 90%，受精蛋孵化率为 90%，则 7 000 个种蛋可孵出 5 670 只雏鸭，平均每批约 1 134 只。育雏期 20 d，所以，养鸭场的育雏场舍、用具和饲料每个月应能承担培育 3 批约 3 402 只雏鸭的育雏任务。

在育肥方面，以雏鸭成活率平均为 90% 计算，每批孵出的雏鸭约 1 134 只，可育肥肉鸭约 1 021 只（1 134×90%≈1 021）。鸭的育肥期为 25 d，则养鸭场的场舍、用具和育肥饲料应能完成饲养 4 批约 4 084 只肉鸭的育肥任务。

通过以上计算，养鸭场要年生产 30 000 只商品肉鸭，每月孵化数最高时需要种蛋 7 000 个，饲养数量最高时包括种鸭、雏鸭和育肥鸭在内，共计 7 826 只，其中饲养种鸭 340 只，最多饲养雏鸭 3 402 只，育肥鸭 4 084 只。此外，还要考虑种鸭的更新，应饲养一些后备种鸭。然后可根据以上数据制订雏鸭、育肥鸭的日粮定额，安排全年和各月饲料计划。

（二）产品生产计划

主要包括产蛋计划和产肉计划。产蛋计划包括各月及全年每只鸡平均产蛋数、产蛋率、蛋重、全场总产蛋量等。产蛋指标须根据饲养的商品系饲养标准，综合本场的具体饲养条件，同时考虑上年的产蛋量，计划应切实可行，经过努力可完成或超额完成。商品蛋鸡场的产肉计划比较简单，主要根据每月及每年的淘汰鸡数和重量来编制。商品肉鸡场的产品计划中除每月的出栏数、出栏重外，应确定出合格率与一级品率，以同时反映产品的质量水平。

1. 种蛋生产计划

（1）根据种鸡的生产性能指标（表8-7）和鸡场的生产实际，确定月平均产蛋率和种蛋合格率。

表8-7 父母代蛋种鸡生产性能指标

项目	1月	2月	3月	4月	5月	6月	7月	8月	9月	10月	11月	12月	平均
产蛋率（%）	30	75	85	85	80	75	70	70	65	65	60	60	68.3
种蛋合格率（%）	20	60	90	95	95	95	95	95	94	93	90	90	84.3
入孵蛋孵化率（%）	70	80	85	86	86	85	84	82	81	80	78	76	81

（2）计算每月每只种母鸡产蛋量和每月每只种母鸡合格种蛋数。

　　　每月每只种母鸡产蛋量＝月平均产蛋率×本月天数

　每月每只种母鸡合格种蛋数＝每月每只种母鸡产蛋量×月平均种蛋合格率

（3）根据成鸡周转计划中的月平均饲养母鸡数，计算月产蛋量和月产种蛋数。

　　　月产蛋量＝每月每只种母鸡产蛋量×月平均饲养母鸡数

　　月产合格种蛋数＝每月每只种母鸡合格种蛋数×月平均饲养母鸡数

（4）计全年平均数。

根据鸡群周转计划成鸡资料，编制种蛋生产计划（表8-8）。

表8-8 种蛋生产计划

项目	1月	2月	3月	4月	5月	6月	7月	8月	9月	10月	11月	12月	全年平均数
平均饲养母鸡数（只）	9 900	9 700	9 500	9 300	9 100	8 875	8 625	8 350	8 050	7 650	14 036	10 127	9 434.4
平均产蛋率（%）	50	70	75	80	80	70	65	60	60	60	50	70	65.8
种蛋合格率（%）	80	90	90	95	95	95	95	95	90	90	90	90	91.3
平均每只产蛋量（个）	16	20	23	24	25	21	20	19	18	19	15	22	20.2
平均每只产种蛋数（个）	13	18	21	23	24	20	19	18	16	17	14	20	18.6
总产蛋量（个）	158 400	194 000	218 500	223 200	227 500	186 375	172 500	158 650	144 900	145 350	210 540	222 794	188 559.1
总产种蛋量（个）	128 700	174 600	199 500	213 900	218 400	177 500	163 875	150 200	128 800	130 050	196 504	202 540	173 714.1

注：月平均饲养母鸡数为成鸡周转计划数（月初现有数＋月末现有数）/2。

2. 孵化计划

（1）根据鸡场孵化生产成绩和孵化设备条件，确定月平均孵化率。

（2）根据种蛋生产计划，计算每月每只母鸡提供雏鸡数和每月总出雏数。

每月每只母鸡提供雏鸡数＝平均每只母鸡产种蛋数×平均孵化率

每月总出雏数＝每月每只母鸡提供雏鸡数×月平均饲养母鸡数

（3）统计全年平均数。仍以前例，在鸡场全年孵化生产情况下，孵化计划编制见表8-9。在制订孵化计划的同时，对入孵工作也要有具体的安排，包括入孵的批次、入孵日期、入孵数量、照蛋、移盘、出雏日期等，以便统筹安排生产和销售工作。此外，虽然鸡的孵化期为21 d，但种蛋预热及出雏后期的处理工作也需要一定时间，在安排入孵工作时也要予以考虑。

表8-9 孵化计划

项目	1月	2月	3月	4月	5月	6月	7月	8月	9月	10月	11月	12月	全年平均数
平均饲养母鸡数（只）	9 900	9 700	9 500	9 300	9 100	8 875	8 625	8 350	8 050	7 650	14 036	10 127	9 434.4
平均孵化率（%）	80	80	85	86	86	85	84	82	80	80	78	76	81.8
入孵种蛋数（个）	128 700	174 600	199 500	213 900	218 400	177 500	163 875	150 300	128 800	130 500	196 504	202 540	173 759.9
每只母鸡提供雏鸡数（只）	10.4	14.4	17.9	19.9	20.6	17.0	16.0	14.8	12.8	13.6	10.9	15.2	15.3
总出雏数（只）	102 960	139 680	170 050	185 070	187 460	150 875	138 000	123 580	103 040	104 040	152 992	153 930	142 639.8

3. 商品蛋生产计划

（1）按每饲养日即每只鸡日产蛋克数，计算出每只每月产蛋重量。

（2）按饲养日计算每只鸡产蛋数。

（3）按笼位计算每鸡位产蛋数。

（4）据以上数据可以计算出每只鸡产蛋个数和产蛋率。

产蛋计划可根据月平均饲养母鸡数和历年的生产水平，按月规定产蛋率和各月产蛋数。商品蛋生产计划见表8-10。

表8-10 商品蛋生产计划

项目	1月	2月	3月	4月	5月	6月	7月	8月	9月	10月	11月	12月
产蛋母鸡月初数（只）												
月平均饲养产蛋母鸡数（只）												

(续)

项目	1月	2月	3月	4月	5月	6月	7月	8月	9月	10月	11月	12月
产蛋率(%)												
产蛋总数(个)												
总产量(kg)												
破损率(%)												
破损蛋数(个)												

(三) 饲料供应计划

根据各阶段鸡群每月的饲养数、月平均耗料量编制。饲料费用一般占生产总成本的65%~75%，所以在制订饲料计划时要特别注意饲料价格，同时又要保证饲料质量。

(1) 根据鸡群周转计划，计算月平均饲养鸡数。月平均饲养成鸡数为种公鸡、一年种母鸡和当年种母鸡的月平均数之和；月平均饲养雏鸡数为母雏、公雏的月平均饲养数之和。

(2) 根据鸡场生产记录及生产技术水平，确定各类鸡群每只每月饲料消耗定额。

(3) 计算每月饲料需要量。

每月饲料需要量＝每只每月饲料消耗定额×月平均饲养鸡数

(4) 统计全年饲料需要总量。

鸡场在使用全价配合饲料时的饲料计划见表8-11。

表8-11 饲料计划

	项目	1月	2月	3月	4月	5月	6月	7月	8月	9月	10月	11月	12月	全年总计
成鸡	平均饲养数(只)	10 700	10 500	10 300	10 100	9 900	9 675	9 425	9 150	8 850	8 450	14 836	10 927	
	消耗量(kg/只)	3.3	3.2	3.5	3.4	3.4	3.3	3.4	3.4	3.3	3.3	3.2	3.3	40
	月累计耗料(kg)	35 310	33 600	36 050	34 340	33 660	31 928	32 045	31 110	29 205	27 885	47 475	36 059	408 667
雏鸡	平均饲养数(只)						13 230	12 432	12 133	11 981	11 570			
	消耗量(kg/只)						0.6	1.6	1.8	2.0	2.2			8.2
	月累计耗料(kg)						7 938	19 891	21 839	23 962	25 454			99 084
月总累计耗料(kg)		35 310	33 600	36 050	34 340	33 660	39 866	51 936	52 949	53 167	53 339	47 475	36 059	507 751

另外，在编制饲料计划时还应考虑以下因素。

一是鸡的品种类型及日龄。不同品种类型和不同日龄的鸡对饲料需要量各不相同，在确定鸡的饲料消耗定额时，一定要严格对照品种标准，结合本场生产实际，决不能盲目照搬，否则将导致计划失败，造成严重经济损失。

二是饲料来源。如果鸡场自配饲料，需按照上述计划中各类鸡群的饲料需要量和相应的饲料配方中各种原料所占比例，折算出原料用量，另外增加 10%～15% 的保险量；如果采用全价配合饲料且质量稳定，供应及时，每次购进饲料一般不超过 3 d 用量为宜。饲料来源要保持相对稳定，禁止随意更换，以免使鸡群产生应激。

三是饲养方案。采用分段饲养时，在编制饲料计划时还应注明饲料的类别，如幼雏料、中雏料、大雏料、蛋鸡 1 号料、蛋鸡 2 号料等。

（四）物资供应和产品销售计划

为保证生产计划和基本建设计划得以顺利实现，需要对全年所需的生产资料作出全面安排，尤其是饲料、燃料、基建材料中应包括各种物资的需要量、库存量和采购量，通过平衡，确定供应量和供应时期。

（五）产品成本计划

此计划是加强成本管理的重要环节，是贯彻勤俭办企业的重要手段。计划中一定要有各种生产费用指标、各部门总成本、降低率指标，主产品的单位成本，可比成本降低、降低率和降低成本的主要措施。如产品成本上升，也一定要阐明其上升额（率）的上升原因。

（六）基本建设计划

计划新的一年里进行基本建设的项目和规模，是生产与扩大再生产的重要保证，其中包括基本建设投资和效果的计划。

（七）劳动工资计划

计划包括在职职工、合同工、临时工的人数和公职总额及其变化情况，各部门职工的分配情况、工资水平和劳动生产率等。

（八）财务计划

对禽场全年一切财务收入进行全面核算，保证生产对资金的需要和各项资金的合理使用。内容包括财务收支计划、利润计划、流动资金与专用资金计划和信贷计划等。

思与练

1. 如何制订生产年度计划和禽群周转计划？
2. 如何制订产品生产计划和饲料计划？

实 践 训 练

技能　2 万只商品蛋鸡场的鸡群周转计划、产蛋计划和饲料供应计划制订

【实训目标】学会为 2 万只商品蛋鸡场制订周转计划、产蛋计划和饲料供应计划。

【实训内容与方法】

1. 制订鸡群周转计划

（1）成鸡周转计划。

① 根据鸡场生产规模确定年初、年终各类鸡的饲养只数。

② 根据鸡场生产工艺流程和生产实际确定鸡群死淘率指标。

③ 计算每月各类鸡群淘汰数和补充数。
④ 统计全年总饲养只数和全年平均饲养只数。
（2）雏鸡周转计划。
① 根据成鸡的周转计划确定各月需要补充的鸡数。
② 根据鸡场生产实际确定育雏、育成期的死淘率指标。
③ 计算各月初现有鸡数、死淘鸡数及转入成鸡群数，并推算出育雏日期和育雏数。
④ 统计出全年总饲养只数和全年平均饲养只数。

2. 制订产蛋计划

（1）按每饲养日即每只鸡日产蛋克数，计算出每只每月产蛋重量。
（2）按饲养日计算每只鸡产蛋数。
（3）按笼位计算每鸡位产蛋数。
（4）根据以上数据统计出鸡群产蛋量和产蛋率。

3. 制订饲料计划

（1）根据鸡群周转计划，计算月平均饲养鸡数。
（2）根据鸡场生产记录及生产技术水平，确定各类鸡群每只每月饲料消耗定额。
（3）计算每月饲料需要量。

　　　　每月饲料需要量＝每只每月饲料消耗定额×月平均饲养鸡数

（4）统计全年饲料需要总量。

项目八习题

习题答案

参 考 文 献

豆卫,2001. 禽类生产 [M]. 北京:中国农业出版社.
刘福柱,张彦明,牛竹叶,2002. 最新鸡鸭鹅饲养管理技术大全 [M]. 北京:中国农业出版社.
邱文然,欧阳清芳,2014. 禽生产 [M]. 西安:西安交通大学出版社.
席克奇,2014. 禽类生产 [M]. 3版. 北京:中国农业出版社.
杨慧芳,2006. 养禽与禽病防治 [M]. 北京:中国农业出版社.
杨山,李辉,2002. 现代养鸡 [M]. 北京:中国农业出版社.
中国畜禽遗传资源状况编委会,2011. 中国畜禽遗传资源志·家禽志 [M]. 北京:中国农业出版社.

图书在版编目（CIP）数据

家禽生产 / 段修军，李小芬主编 . —2 版 . —北京：中国农业出版社，2019.6（2024.6 重印）
"十二五"职业教育国家规划教材　经全国职业教育教材审定委员会审定　高等职业教育农业农村部"十三五"规划教材
ISBN 978-7-109-25011-6

Ⅰ.①家…　Ⅱ.①段…②李…　Ⅲ.①养禽学-高等职业教育-教材　Ⅳ.①S83

中国版本图书馆 CIP 数据核字（2018）第 268214 号

家禽生产
JIAQIN SHENGCHAN

中国农业出版社出版
地址：北京市朝阳区麦子店街 18 号楼
邮编：100125
责任编辑：徐　芳　　　文字编辑：张庆琼
版式设计：杨　婧　　　责任校对：沙凯霖
印刷：北京通州皇家印刷厂
版次：2011 年 12 月第 1 版　2019 年 6 月第 2 版
印次：2024 年 6 月第 2 版北京第 7 次印刷
发行：新华书店北京发行所
开本：787mm×1092mm　1/16
印张：18.25
字数：440 千字
定价：48.00 元

版权所有·侵权必究
凡购买本社图书，如有印装质量问题，我社负责调换。
服务电话：010-59195115　010-59194918